AF377818

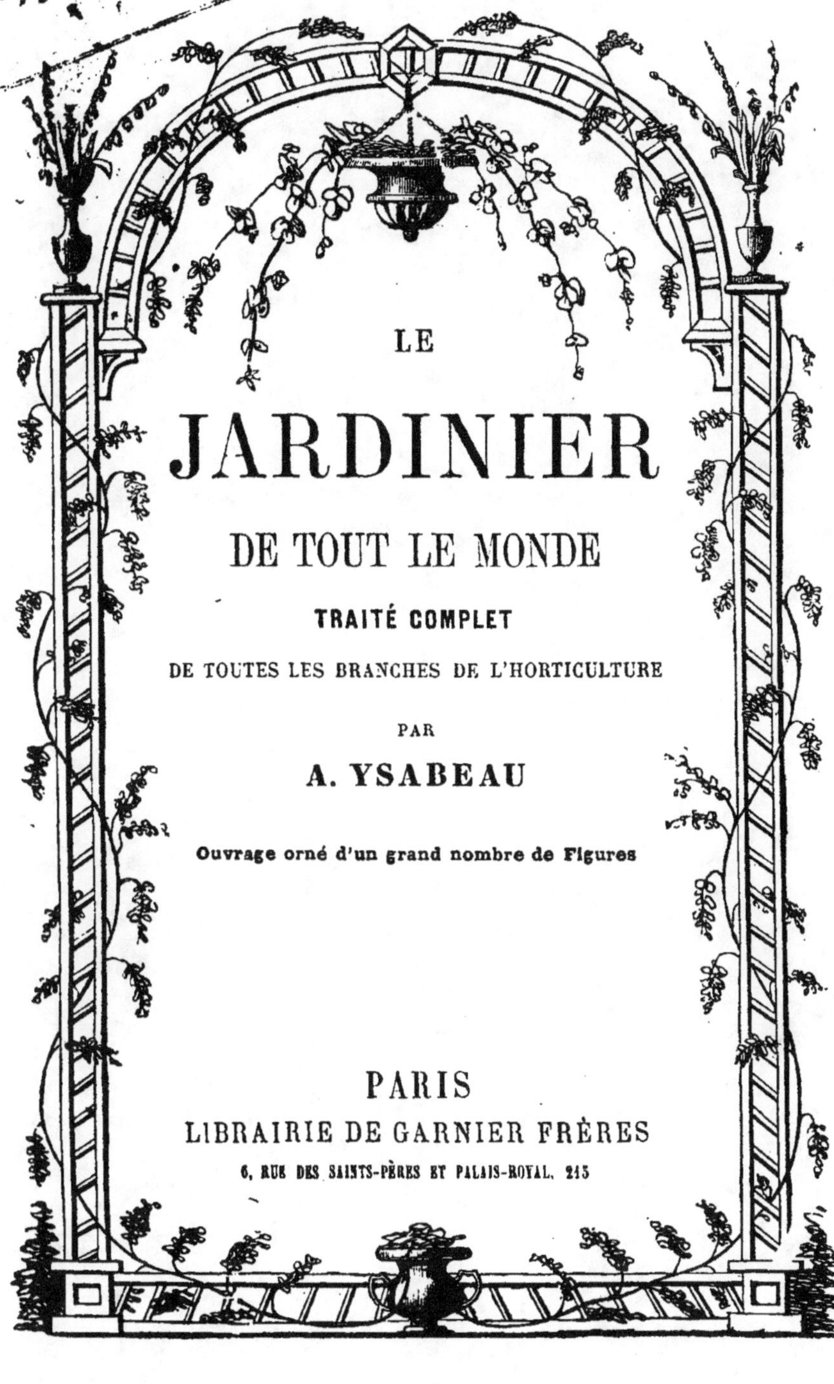

LE
JARDINIER
DE TOUT LE MONDE

TRAITÉ COMPLET

DE TOUTES LES BRANCHES DE L'HORTICULTURE

PAR

A. YSABEAU

Ouvrage orné d'un grand nombre de Figures

PARIS

LIBRAIRIE DE GARNIER FRÈRES

6, RUE DES SAINTS-PÈRES ET PALAIS-ROYAL, 215

LE
JARDINIER

DE TOUT LE MONDE

Paris. — Imp. Viéville et Capiomont, rue des Poitevins, 6.

A. YSABEAU

LE JARDINIER

DE

TOUT LE MONDE

TRAITÉ COMPLET

DE TOUTES LES BRANCHES DE L'HORTICULTURE

OUVRAGE

NÉCESSAIRE AUX JARDINIERS ET AUX AMATEURS DE JARDINAGE,

CONTENANT TOUS LES DÉTAILS RELATIFS

AU JARDIN POTAGER, FRUITIER ET FLEURISTE

Orné de plus de 100 figures

Intercalées dans le texte.

PARIS

GARNIER FRÈRES, LIBRAIRES-ÉDITEURS

6, RUE DES SAINTS-PÈRES ET PALAIS-ROYAL, 215

AVANT-PROPOS

Le goût du jardinage n'a été à aucune époque aussi répandu qu'il l'est de nos jours ; ce goût, comme toutes les choses de ce monde, a revêtu dans un siècle fécond en transformations une forme entièrement nouvelle. Depuis l'amateur qui n'a pour se satisfaire que le jardin sur la fenêtre, jusqu'à celui qui dispose d'un vaste jardin paysager avec son accompagnement obligé de serres froides, chaudes et tempérées, il n'est pour ainsi dire plus personne qui consente à s'occuper du jardinage sans vouloir s'y connaître au moins un peu. Le temps n'est pas encore bien loin de nous où les classes les plus éclairées de la société possédaient de très-beaux jardins et se piquaient de ne rien entendre au jardinage ; aujourd'hui, il est presque honteux de posséder un jardin quelconque et d'ignorer comment viennent les fruits et les légumes, les plantes et les arbustes d'ornement, en un mot il n'est plus permis d'avoir un jardin et de n'être pas un peu jardinier. Comme expression de ce besoin nouveau, les trente dernières années ont vu naître, grandir, se multiplier les sociétés d'horticulture et se répandre parmi les diverses classes d'amateurs les traités généraux ou spéciaux sur l'ensemble de l'horticulture ou sur ses principales branches. Ces ouvrages, dont plusieurs ont rendu d'éminents services au jardinage en France, ont vieilli pour la plupart, en dépit des efforts quelquefois heureux, tentés pour les rajeunir. C'est qu'en effet, en jardinage comme en toute autre division du savoir appliqué aux choses de la vie, le progrès ne s'arrête pas; il ne peut pas s'arrêter. Que demain, par un procédé nouveau, l'on parvienne à imprimer au daguerréotype l'ensemble complet des connaissances humaines, juste au point précis où il en est à ce moment; avant que le livre soit imprimé et mis en vente, il sera dépassé.

En France, et dans l'Europe entière, le réseau de chemins de fer qui supprime les distances, a rendu possible et profitable la pratique du jardinage là où précédemment il ne pouvait en être question. La rapidité et l'extrême facilité des communications maritimes mettent toutes les plantes du globe, soit d'utilité, soit d'agrément, à la portée de tous les amateurs de tous les pays. La perfection de fabrication et le bas prix de revient du fer et du verre, ont permis de multiplier partout les serres, et d'étendre pour ainsi dire à tous les climats tous les genres de culture jardinière. Ce ne sont là que quelques-uns des traits les plus saillants de la transformation de l'horticulture contemporaine. Au moment où, pour ainsi dire, tout le monde est jardinier ou aspire à le devenir, l'instant semble favorable pour publier LE JARDINIER DE TOUT LE MONDE.

Ce livre, inspiré par les conseils bienveillants des plus habiles horticulteurs, écrit presque sous la dictée des membres les plus éclairés de l'horticulture parisienne, ne s'adresse pas exclusivement aux jardiniers de profession; les faits et les notions y sont présentés de manière à pouvoir, sans entrer trop avant dans la partie purement technique de l'horticulture, rappeler à ceux qui savent, apprendre à ceux qui ignorent, tout ce qu'il importe de connaître, tout ce qui peut éclairer la pratique, et permettre de goûter complétement la somme de plaisirs élégants et inoffensifs que peut procurer la passion si douce et heureusement si générale en France, du jardinage. Qu'il nous soit permis de rappeler avec un peu d'orgueil national et professionnel, que si l'une de nos anciennes provinces, la Touraine, a porté le beau titre de *Jardin de la France*, la France entière est en droit de réclamer celui de *Jardin de l'Europe*. Exempte par l'heureuse variété de sols et de climats de ses départements, des chaleurs dévorantes du Midi, des glaces du Nord, des brouillards et des brumes glacées de l'extrême Occident, la France est le pays du monde où l'on peut obtenir avec le plus de perfection, les fruits, les légumes, les fleurs, tous les produits utiles ou agréables du jardinage.

Le JARDINIER DE TOUT LE MONDE embrasse l'horticulture du point de vue le plus général et le plus avancé; il est naturellement divisé en cinq parties distinctes, comprenant : 1re partie, *Notions générales;* 2me, *Culture maraîchère;* 3me, *Culture des arbres fruitiers;*

4me, *Culture des végétaux d'ornement;* 5me, *Orangeries et serres.*

Si, pour bien accomplir un travail de cette nature, il faut avoir vécu de longues années dans la fréquentation des plus habiles praticiens de la France et de l'étranger, avoir étudié dans leurs langues les écrits des plus célèbres horticulteurs d'Angleterre et d'Allemagne, et par-dessus tout être soi-même animé au plus haut degré du goût le plus passionné pour le jardinage, l'auteur du JARDINIER DE TOUT LE MONDE, croit être dans les meilleures conditions pour offrir aux amis de l'horticulture un guide à la hauteur des connaissances de l'époque. Quant à la forme, il s'est appliqué à la rendre assez simple, assez précise pour être sans effort intelligible pour tous, assez correcte pour être acceptée de la partie éclairée et lettrée du public horticole, avec l'espoir d'être non pas seulement consulté, mais lu avec profit; et pourquoi n'ajouterait-il pas, avec plaisir.

A. YSABEAU.

LE

JARDINIER DE TOUT LE MONDE

PREMIÈRE PARTIE

NOTIONS GÉNÉRALES

CHAPITRE PREMIER

Du Jardinage

Rapports intimes entre les jardins et ceux qui les cultivent. — Jardins de Sémiramis. — Jardins des sauvages de la Nouvelle-Zélande. — Rapports de fonctions entre l'agriculture et l'horticulture. — Divers genres de jardins. — Potager. — Marais. — Culture maraîchère. — Jardin fruitier. —Jardin fruitier et paysager. — Parterre. — Situation qui lui convient.— Jardin paysager. — Jardin anglais. — Parc. — Bosquet. — Jardins symétriques. — Servant de promenade publique. — Conservés comme souvenirs. — Jardin de Sully. — Choix de l'emplacement du jardin. — Exposition. — Clôture. — Murs de clôture. — Chaperons. — Leur utilité. — Haies vives. — Arbustes dont elles peuvent être formées. — Haies vives au fond d'un fossé. — Distribution intérieure. — Murs de refend. — Haie de pommiers greffés par greffe naturelle en approche.— Clôture intérieure entre le potager et le reste du jardin.

Si l'on écrivait, de siècle en siècle et dans tous les pays du monde connu, l'histoire des jardins, depuis ceux de Sémiramis, l'une des sept merveilles du monde ancien, jusqu'à ceux des sauvages de la Nouvelle-Zélande qui cachent au cœur des plus impénétrables forêts un potager accessible par des sentiers connus seulement du propriétaire, il en résulterait un tableau non moins instructif que curieux. Partout et à toutes les époques, les jardins ont offert les rapports les plus frappants avec les mœurs, les idées et les habitudes de ceux qui les cultivent. Sans sortir de la France à notre époque, le caractère dominant des habitants de chacune de nos régions agricoles est reflété dans les jardins ; l'état plus ou moins avancé du jardinage donne la mesure assez exacte de l'état de l'agriculture locale. On sait par quels liens intimes l'agriculture et le jardinage se tiennent et s'entr'aident. Le mot *horticulture*, devenu de nos jours d'un usage vulgaire pour toutes les divisions du jardinage, semble rapprocher encore plus l'une de l'autre pour les placer au même niveau, les deux branches de l'art d'utiliser le sol cultivable. Nous nous conformerons à l'usage du temps en employant indifféremment dans le cours de cet ouvrage les mots *jardinage* et *horticulture.*

D'un point de vue général, l'horticulture offre à l'activité humaine un débouché aussi avantageux aux individus qu'à la société. Comme profession, l'horticulture conduit avec certitude à ce degré d'aisance relative qui donne plus de satisfaction réelle que l'opulence ; comme délassement, il n'en est aucun autre qui soit plus favorable au maintien de la santé, ou qui procure une plus forte somme de plaisirs élégants et variés, dont chacun peut jouir selon la situation humble ou élevée où il a plu à Dieu de le placer.

Divers genres de jardins. — Les dimensions, la forme et la distribution d'un jardin, peuvent varier à l'infini ; tous les jardins rentrent néanmoins dans quatre divisions comprenant : 1° LE POTAGER ; 2° LE JARDIN FRUITIER ; 3° LE PARTERRE ; 4° LE JARDIN PAYSAGER.

1. **Potager**. — Le potager est assez souvent entouré de plates-bandes consacrées à la culture des plantes d'ornement de pleine terre ; il réunit dans ce cas les attributions du parterre à celles du potager proprement dit. Lorsque le potager est cultivé par un jardinier de profession qui en destine les produits à l'approvisionnement en légumes des marchés des villes, il prend le nom de *marais*, et celui qui le cultive est désigné sous le nom de *maraîcher;* la culture maraîchère est considérée à juste titre comme la culture des plantes potagères portée à sa plus grande perfection.

2. **Jardin fruitier.** — Ce genre de jardin n'est distinct

des autres que dans les très-grands jardins, tels que ceux qui dépendent des châteaux entourés d'un parc spacieux ; partout ailleurs, les arbres fruitiers sont plantés, soit en espaliers, le long des murs de clôture, soit dans les plates bandes qui bordent les compartiments du potager.

Depuis quelques années, l'on a introduit aux environs de Paris et des villes de département les plus importantes, un genre tout nouveau de jardin fruitier. Le terrain est dessiné et distribué comme pour un bosquet ; de beaux tapis de gazon, sur lesquels se détachent des massifs de fleurs, en occupent la plus grande partie ; les points de vue y sont habilement ménagés ; mais tous les arbres d'ornement y sont remplacés par des arbres et arbustes à fruits de toute espèce : c'est ce qu'on nomme un jardin *fruitier-paysager.*

3. **Parterre.** — Le plus souvent, le parterre, également désigné sous le nom de *jardin fleuriste,* est une des dépendances d'un autre genre de jardin, soit que, dans le potager, les plates-bandes les mieux placées soient décorées des plus belles fleurs de chaque saison, soit que, dans un grand jardin paysager, les compartiments les plus rapprochés de l'habitation soient consacrés à la même culture. C'est dans tous les cas la plus agréable des divisions du jardin.

4. **Jardin paysager.** — Ce genre de jardin a porté longtemps le nom de *jardin anglais,* parce qu'il est en effet d'origine anglaise ; sous de vastes dimensions, c'est un *parc,* sous des proportions moins larges, c'est un *bosquet.*

On ne mentionne ici que pour mémoire les *jardins symétriques,* à allées larges et droites, à compartiments de formes régulières et géométriques, genre actuellement abandonné si ce n'est pour les jardins servant de promenade publique ; les Tuileries, le Luxembourg et Versailles en sont en France les plus beaux spécimens. On trouve encore, dans quelques départements, des jardins de ce style consacrés comme souvenirs d'un autre temps. Tel est, entre autres, celui du château de Sully, dont les charmilles, les larges allées et la terrasse ont été restaurées et remises exactement dans l'état où elles se trouvaient quand ce jardin servait de promenade à l'ami de Henri IV.

Choix de l'emplacement.—Il dépend rarement du jardinier de choisir l'emplacement du jardin, même quand il s'agit d'une création nouvelle, sur un terrain précédemment consacré à d'autres cultures. Quand il a le choix, il doit placer le potager, le jardin fruitier et le parterre autant que possible en pente, aux expositions du sud, de l'ouest, du sud-ouest et du sud-est. Les expositions du nord, de l'est et du nord-est sont les moins favorables. Le potager doit être isolé et placé assez loin de l'habitation pour ne pas être vu des appartements habités; le parterre doit, au contraire, en être assez rapproché pour que l'aspect des massifs de fleurs continue à la rendre agréable.

Clôtures. — La meilleure des clôtures pour un jardin grand ou petit, c'est un bon mur, de pierre ou de brique, de 2 mètres 50 centimètres à 3 mètres de hauteur, dont les surfaces les mieux exposées peuvent être utilisées pour la culture des arbres en espalier. Mais la dépense d'une clôture complétement composée de murs, est quelquefois trop élevée relativement aux ressources dont dispose le propriétaire. Dans ce cas, il se contente d'enclore de murs les deux côtés du nord ou du nord-est, et de l'ouest ou du nord-ouest, afin que les surfaces intérieures de ces murs se trouvent dans les meilleures conditions pour la culture des arbres fruitiers en espalier et en contre-espalier. Les murs sont garnis à leur sommet d'un double rebord en forme de toit, saillant de 20 ou 25 centimètres en dehors de l'aplomb de leur surface :

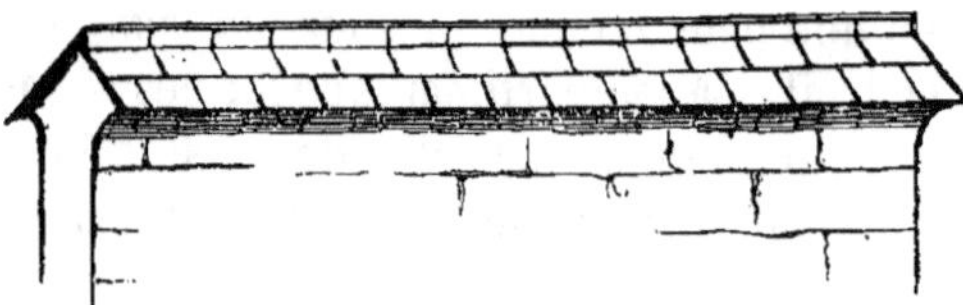

Fig. 1. Le chaperon.

c'est ce qu'on nomme un *chaperon* (fig. 1). Le chaperon d'un mur de clôture de jardin a pour principal avantage celui de préserver les arbres fruitiers en espalier du froid excessif qui résulte du rayonnement pendant les nuits d'hiver où le ciel n'est pas couvert de nuages ; c'est aux rebords du chaperon qu'on suspend les paillassons ou les canevas destinés à préserver les arbres en fleurs des

atteintes des gelées tardives du printemps, et de la grêle qui
accompagne trop souvent les *giboulées de mars*, prolongées
sous le climat de Paris jusqu'au milieu du mois d'avril.

Les deux côtés du jardin qu'on juge plus avantageux et
plus économique de ne pas entourer de murs, peuvent être
enclos de haies. Les plus solides et les plus serrées sont celles
d'aubépine, à cause de la facilité avec laquelle cet arbuste se
laisse tailler et tondre avec des ciseaux, ce qui permet de lui
donner la forme d'un mur épais, impossible à franchir. Le
liciet d'Europe, le cornouiller et le troène sont, après l'aubépine, les arbustes le mieux appropriés à la plantation des
haies servant de clôture aux jardins.

Dans le midi de la France, on rencontre assez fréquemment
des haies bien tondues, à surfaces unies, comme celles d'une
haie d'aubépine, formées entièrement avec des rosiers du
Bengale. Lorsqu'on n'a pas de motifs pour ménager le terrain, et qu'on désire conserver à l'intérieur du jardin l'aspect
du paysage extérieur, on creuse un fossé en pente, à fond
étroit, au milieu duquel sont plantés les arbustes dont la haie
doit être composée. Quand ces arbustes sont parvenus à la
hauteur du bord supérieur du fossé, la haie constitue une
clôture aussi complète et plus difficile à franchir que si elle
était établie selon l'usage ordinaire, sans fossé sur la limite
extérieure du jardin (fig. 2).

Fig. 2. Haie dans le fossé.

4.

Distribution intérieure. — Lorsque le potager est suffisamment étendu, et qu'il n'est point accompagné d'un autre
jardin plus particulièrement consacré à la culture des arbres
fruitiers, on y construit de distance en distance des murs parallèles à celui d'entre les murs de clôture qui fait face à l'exposition la plus favorable, afin de disposer des plus grandes
surfaces possibles pour la culture des arbres fruitiers en espalier. C'est ce que les jardiniers nomment *murs de refend;* ils
sont percés de fausses portes pour la communication libre
entre les divers compartiments du potager; leur construction
est la même que celle des murs de clôture.

Le potager est assez souvent isolé du parterre et du jardin
paysager par une clôture intérieure de haies vives. Ces haies
peuvent être avec avantage composées de pommiers dont on
dirige les branches de façon à leur faire figurer un treillage à
compartiment en losanges. A tous leurs points de contact, les
branches se soudent les unes aux autres par greffe naturelle
en approche; la haie finit ainsi par se trouver être d'une
seule pièce, ce qui lui donne une grande solidité, sans que
les arbres dont elle est composée en soient moins productifs.

CHAPITRE II

Des terres et des eaux propres au jardinage.

Des terres et des eaux propres au jardinage. — Comment le jardinage est possible partout. — Origine des terrains cultivables. — Leurs éléments. — Terres fortes. — Terres argileuses. — Terres à briques. — Dose de l'argile dans une bonne terre forte. — Nécessité du drainage des terres fortes. — Du drainage dans les jardins. — Principe du drainage. — Terre légère. — Sable siliceux sans cohésion. — Sa stérilité. — Dose du sable dans une bonne terre légère. — Terre calcaire ou crayeuse. — Dose de la chaux dans une bonne terre calcaire. — Terre argilo-calcaire. — Terre argilo-siliceuse. — Terre de bois. — Terre de bruyère. — Composts. — Terre à orangers. — Terre à camellias. — A œillets. — A tulipes. — A jacinthes. — A renoncules. — Des eaux propres au jardinage. — Matières qu'elles tiennent en dissolution. — Eau de puits. — De pluie. — De source. — Eau courante. — Eau stagnante. — Effet utile de l'eau dans la pratique du jardinage.

C'est surtout au jardinage qu'il faut appliquer le vieux proverbe flamand : » De mauvaise terre, il n'y en a pas ; il n'y a que de mauvais cultivateurs. » Partout où l'on peut avoir de la terre et de l'eau, il est possible de créer et d'entretenir un bon jardin. Cela ne veut pas dire qu'on peut cultiver avec succès à l'air libre des melons au Groënland, et des ananas en Sibérie ; mais en appropriant les cultures à la nature du sol dont on dispose, le succès n'est impossible nulle part.

Avant de passer en revue les propriétés des diverses terres cultivables par rapport à l'horticulture, prenons un aperçu de la composition générale de ces terres et de la manière dont on comprend qu'elles ont pu se former. Dans la portion de la surface du globe qui n'est pas recouverte par les eaux, le domaine réel de l'homme, c'est-à-dire ce qu'il lui est possible de convertir en champs cultivés et en jardins, n'est pas très-étendu ; lorsqu'on en a retranché les déserts de glace du nord, les déserts de sable du midi, les rochers stériles et les pentes abruptes des hautes montagnes, il lui reste les plaines traversées par les vallées des fleuves, des rivières et de leurs affluents. La couche de terre qui recouvre ces plaines et ces vallées s'est formée du mélange des débris de diverses roches, brisées, divisées, décomposées, violemment transportées par les eaux à la suite des cataclysmes qui ont bouleversé la surface de notre planète, ainsi que le constate la géologie. Sans ces mélanges et ces déplacements, il n'y aurait pas de sol cultivable; l'agriculture et le jardinage seraient également impossibles.

Les terres propres à la culture ont pour base l'argile, la chaux, le sable et une quantité quelconque de matières organiques provenant de la décomposition des végétaux et des animaux; ces substances, considérées à part, constituent ce qu'on nomme l'*humus* ou *le terreau*. Ces divers éléments du sol cultivable peuvent être associés en toutes proportions; si l'argile domine, la terre est *forte;* si le sable domine, elle est *légère;* si la chaux s'y rencontre en excès, elle est *calcaire* ou *crayeuse;* elle peut être, selon les proportions de ses principaux éléments, *argilo-calcaire* ou *argilo-siliceuse.*

Toutes ces variétés de terres, dont la nomenclature peut être augmentée d'une foule de désignations ayant le défaut de manquer de précision, doivent, pour être propres aux diverses cultures jardinières, contenir une assez forte dose de terreau.

Terre forte. Ce genre de terre porte aussi le nom de *terre grasse* ou *terre argileuse.* Quand l'argile s'y rencontre en trop grand excès, elle n'est pas cultivable; ne laissant pas filtrer l'eau des pluies, elle forme une boue pâteuse en hiver; elle devient dure comme de la brique en été; sa surface alors se crevasse, se fendille dans tous les sens, s'échauffe au point de dessécher et de brûler les racines des plantes; toute végétation y devient impossible. Les terres dans ce cas ne sont pas communes; elles contiennent 85 pour cent d'argile; on les désigne vulgairement sous le nom de *terres à briques,* parce qu'en effet, elles servent à fabriquer des briques, des tuiles et de la poterie.

Lorsqu'au lieu de contenir 85 pour cent d'argile, une terre

forte n'en contient que 45 à 50 pour cent, et que, d'ailleurs, la chaux, le sable et le terreau s'y trouvent dans de justes proportions, elle est de bonne qualité et peut devenir une bonne terre de jardin. Les modifications dont elle peut avoir besoin à cet effet ne seraient pas praticables dans la grande culture ; elles sont très-praticables, au contraire, dans un jardin, où l'on n'agit jamais que sur des surfaces relativement peu étendues.

Toute terre assez argileuse pour mériter le nom de terre forte, retient plus ou moins l'eau des pluies et présente, bien qu'à un degré moindre, les inconvénients de l'argile à brique. La première chose à faire, avant de la convertir en jardin, c'est de l'assainir par un bon système de *drainage*.

Du drainage dans les jardins. Depuis que l'agriculture anglaise a démontré, par de larges applications couronnées du plus éclatant succès, les avantages résultant du drainage des terres fortes, cette opération est devenue la plus grande et la plus féconde des améliorations agricoles des temps modernes. Il ne peut entrer dans le plan de ce livre de donner une idée, même sommaire, du drainage et des moyens de l'appliquer ; le drainage doit être étudié dans des traités spéciaux ; on doit se borner ici à en rappeler le principe.

La terre, pour pouvoir être labourée, soit à la charrue dans les champs, soit à la bêche dans les jardins, ne doit être ni trop sèche, ni trop humide. Labourée trop sèche, elle se lève en gros blocs très-difficiles à diviser ; labourée trop humide, elle se pétrit, se prend en masse, et se trouve après le labour en pire état que si l'on s'était abstenu d'y toucher ; elle doit donc, aussi bien dans les jardins que dans les champs, être *prise à son point*. Le degré de sécheresse auquel la terre doit être parvenue pour être bien labourée au printemps, à la suite des fortes pluies et de la fonte des neiges, se fait plus ou moins attendre, selon que la couche cultivable laisse plus ou moins difficilement filtrer et évaporer l'excès d'humidité dont elle est pénétrée ; il en peut résulter des retards très-préjudiciables au succès des opérations du jardinage ; car, en horticulture, il importe au plus haut degré que chaque chose soit, non-seulement bien faite, mais encore faite en son temps.

Lorsque, par l'application d'un bon système de drainage, l'eau superflue séjournant dans le sous-sol trouve une issue prompte et facile, la terre, au printemps, se trouve de bonne heure à son point pour la reprise de toutes les cultures ; la chaleur qu'elle reçoit de l'élévation de la température extérieure n'est plus absorbée par l'évaporation de son excès d'humidité ; la végétation des plantes vivaces est précoce et vigoureuse ; les semis de graines de plantes annuelles sont faits en temps utile ; les racines des arbres fruitiers ou des arbres d'ornement sont préservées du chancre et de la pourriture ; la terre forte, assainie par le drainage, semble avoir subitement changé de nature et se prêter avec une docilité parfaite à tous les genres de culture jardinière.

En présence de tels avantages, si l'on doit créer un jardin dans une terre forte argileuse, il ne faut pas hésiter à drainer. La distance entre les lignes parallèles de tuyaux, le diamètre des tuyaux et la profondeur à laquelle ils doivent être enterrés varient selon la constitution du sol et les circonstances atmosphériques du climat local ; rien ne peut être précisé à cet égard. Le propriétaire, résolu à réaliser cette féconde amélioration, s'il n'a pas lui-même les connaissances requises, doit s'adresser à un homme compétent, et agir sous sa direction. On doit faire observer que le drainage dans les jardins a généralement besoin d'être plus profond qu'en plein champ, afin que les racines des arbres et arbustes ne puissent arriver jusqu'aux tuyaux, s'y introduire par les jointures et les obstruer partiellement.

Après leur assainissement par le drainage, les terres fortes, pour se trouver dans le meilleur état possible relativement au jardinage, doivent encore être modifiées dans leur composition par divers amendements. (Voyez *Amendements*, chap. III.)

Terre légère. — Quand la terre légère manque tout à fait de cohésion et qu'elle contient jusqu'à 70 pour cent de silice, ce n'est plus une terre à proprement parler ; c'est un sable siliceux frappé d'une stérilité absolue, impropre au jardinage comme à toute autre culture. Mais, lorsqu'elle ne contient pas au delà de 50 à 55 pour cent de silice, la terre légère peut être facilement amenée à constituer une très-bonne terre de jardin. Son défaut principal, c'est de s'échauffer avec excès, et de ne pas retenir l'eau des pluies et des arrosages pendant assez de temps pour que les plantes cultivées en profitent complétement. Parmi les terres légères, les meilleures sont celles qui sont à la fois légères et profondes; l'épaisseur de la couche cultivable compense alors jusqu'à un certain point les inconvénients résultant de son défaut de cohésion. Toute terre légère qu'on veut consacrer au jardinage a besoin d'être préalablement amendée avec la chaux et l'argile. (Voyez *Amendements*, chap. III.)

Terre calcaire ou **crayeuse.**—La présence de la chaux dans le sol, même à dose très-élevée, ne le rend nullement impropre au jardinage; mais lorsque la terre en contient 70 à 80 pour cent, elle n'admet que très-difficilement les cultures jardinières; elle prend alors le nom de *terre crayeuse* ou *terre blanche,* terre peu fertile qui couvre en France d'assez grands espaces, notamment dans le département de l'Aube. (*Champagne pouilleuse.*) La terre calcaire qui ne contient pas plus de 40 à 50 pour cent de chaux est excellente pour toutes les branches du jardinage; elle se laboure très-facilement en toute saison et se dessèche moins vite que la terre siliceuse.

Terre argilo-calcaire. Dans la plupart des terres de jardin, l'argile et la chaux sont en proportion plus forte que le sable siliceux; ces terres sont par conséquent argilo-calcaires. Lorsqu'en outre elles sont très-riches en humus ou terreau, elles constituent la meilleure *terre franche de jardin;* partout où cette terre n'existe pas naturellement, le jardinier, par l'emploi judicieux de divers amendements, doit s'appliquer à ramener le sol de son jardin aux conditions d'une bonne terre argilo-calcaire de consistance moyenne.

Terre argilo-sableuse.—Cette nature de terre, où l'argile et le sable sont associés à une faible proportion de chaux, peut être assez bonne pour le jardinage quand elle contient assez d'humus ; elle est souvent un peu trop compacte, lente à s'échauffer, et doit être amendée avec la chaux à haute dose.

On emploie en jardinage divers genres de terres adaptées à des cultures spéciales ; telles sont la *terre à œillets*, la *terre à orangers*, la *terre à camellia* et plusieurs autres ; ces terres sont des mélanges pour lesquels l'horticulture a adopté l'expression anglaise de *composts*.

La *terre de bois* et la *terre de bruyère* employées de même que les composts, pour différentes cultures particulières, sont néanmoins des terres naturelles dont on se sert sans en modifier la composition. L'une et l'autre ont pour base des débris de végétaux associés à la terre siliceuse légère sur laquelle les bois et les bruyères croissent généralement. Le terreau de feuilles décomposées est la partie utile de la terre de bois ; le terreau de bruyères, de genêt et de fougères est le principe agissant de la terre de bruyère. Beaucoup d'arbustes et de plantes d'ornement d'une grande valeur, entre autres les Azaléas, les Rhododendrums et les Fuchsias, ne croissent que dans la terre de bruyère pure.

Composts. Le jardinage moderne a renoncé aux mélanges très-compliqués, employés jadis avec une confiance en quelque sorte superstitieuse et préparés à grands frais pour diverses destinations spéciales. Telle était surtout l'ancienne *terre à orangers*, dont l'orangerie de Versailles conservait soigneusement la recette comprenant une foule d'ingrédients : c'était une espèce de thériaque. Les orangers ne recevaient ce compost qu'après qu'il avait été conservé pendant trois ans et brassé à plusieurs reprises durant ce long intervalle. On sait aujourd'hui que tout engrais quelconque, au bout d'un temps plus ou moins long, se réduit en terreau. Les orangers de Versailles ne reçoivent aujourd'hui, quand leur terre a besoin d'être renouvelée, que la terre à oranger en usage partout ailleurs, et ils ne s'en portent pas plus mal. Ce compost comprend : terre franche de jardin deux parties, terreau de couches une partie, terre de bruyère naturelle une partie, le tout exactement mélangé à la bêche ; on peut l'employer au moment même où on vient de le préparer. La *terre à camellia* la plus usitée se compose de : terre franche de jardin une partie, terreau de feuilles une partie, terre de bruyère une partie. Afin d'en augmenter la fertilité, on ajoute à ces ingrédients exactement mélangés de l'engrais humain non désinfecté, délayé dans assez d'eau pour lui donner la consistance d'un brouet clair. La dose est de deux à trois litres de ce brouet par mètre cube de terre à camellia; on l'y incorpore un mois avant de donner cette terre aux camellias, qu'elle fait végéter avec une grande vigueur.

La *terre à œillets* n'est autre qu'une bonne terre de jardin mêlée à un tiers de son volume de bon terreau. La terre où l'on plante les oignons de tulipe et de jacinthe est un compost de terre de jardin et de terreau, par parties égales. La *terre à renoncules* se compose de terre franche de jardin et de vase d'étang desséchée, par parties égales.

Des eaux nécessaires au jardinage. Il faut de l'eau pour bien tenir un jardin, il en faut beaucoup. Il n'y a d'exception à cette règle, en France, que dans le nord et dans les départements maritimes de l'ouest, où il pleut presque tous les jours. Rarement le jardinier peut choisir l'eau nécessaire à l'arrosage de ses plantes; il faut qu'il se contente de celle qu'il trouve à sa portée; le plus souvent, il n'a que de l'eau de puits, très-chargée de principes calcaires, par conséquent de mauvaise qualité, et dont il peut seulement chercher à atténuer les défauts en la laissant le plus longtemps possible dans les réservoirs, au contact de l'air, avant de l'employer. Lorsqu'il a les moyens de s'en procurer en quantité suffisante, l'eau de pluie est la meilleure que le jardinier puisse distribuer à ses plantes; viennent ensuite, par ordre de valeur relative, l'eau de source, l'eau courante, c'est-à-dire l'eau des ruisseaux et des rivières, et enfin, l'eau stagnante, puisée dans les mares et les étangs de peu d'étendue. Au point de vue de son action fertilisante, cette dernière eau est assurément la meilleure; mais comme les matières organiques qu'elle contient, et qui s'y décomposent incessamment, lui communiquent une odeur repoussante, d'une part son emploi est malsain pour le jardinier, de l'autre elle gâte la saveur de certains produits du jardinage, celle des fraises, par exemple, qu'il est nécessaire d'arroser tandis que le fraisier porte à la fois des fleurs, des fruits à demi-formés et des fruits mûrs.

L'eau n'agit pas seulement comme moyen d'étancher la soif des plantes et de les préserver des effets de la sécheresse; l'eau la plus pure en apparence, telle que celle qui coule sur un lit de sable siliceux pur ou sur des terrains granitiques, renferme toujours en dissolution de l'air, du gaz acide carbonique, de l'ammoniaque et divers sels en proportion variable; toutes ces substances influent sensiblement sur la végétation des plantes cultivées dans les jardins.

On voit par ce qui précède, combien il importe au jardinier, avant de créer un jardin, de s'assurer de la nature des eaux qu'il lui sera possible de se procurer; car sans eau en abondance et de qualité au moins passable, pas de jardinage possible. (Voyez *Arrosages*, chap. VII.)

CHAPITRE III

Des engrais et des amendements.

Des engrais et des amendements. — Fumiers. — Fumier des bêtes ovines.— Rarement utilisé pour le jardinage. — Fumier de cheval. — Ses avantage en horticulture. — Terrains auxquels il convient. — Fumier de bêtes cornes. — Ses propriétés. — Fumier de porc. — Préjugés répandus à son sujet. — Terreau. — Colombine. — Fiente d'oiseaux de basse-cour. — Engrais pulvérulents. — Guano. — Poudrette. — Noir de raffinerie. — Goëmon. — Tangue ou vase de mer. — Vase d'étang. — Chiffons de laine. — Os broyés.— Rognures de cuir.— Râpure d'os. — Râpure de cornes.— Amendements. — Chaux. — Sable. — Argile. — Préparation des amendements. — Cendres tamisées. — Terres rapportées.

La culture jardinière, soit qu'elle ait pour but l'agrément personnel de ceux qui s'en occupent, soit que le jardinier se propose d'en vendre les produits, exige de très-grandes quantités de toute sorte d'engrais. Tandis que le laboureur fume de son mieux sa terre tous les trois ou quatre ans, et prend forcément plusieurs récoltes sur une fumure, le jardinier doit renouveler la fumure plusieurs fois par an. S'il cherche à se soustraire à cette nécessité, c'est pour lui la plus ruineuse des économies; il n'obtient, dans ce cas, que des produits misérables qui ne lui payent même pas le peu d'engrais distribué au sol du jardin avec trop de parcimonie.

Fumiers. Le fumier des bestiaux parvenu à un degré plus ou moins avancé de décomposition est le genre d'engrais le plus usité pour les jardins. Pour cette partie de ses attributions, comme pour beaucoup d'autres, le jardinier n'a pas toujours la liberté du choix; il faut qu'il accommode ses cultures au genre de fumier qu'il lui est possible de se procurer. Le plus souvent les jardiniers de profession ne peuvent avoir que le fumier des chevaux de luxe ou de service employés en grand nombre dans les villes. Loin des grands centres de population, c'est le fumier des bêtes à cornes qu'il leur est le plus facile d'acheter. Quant au fumier des moutons, bien qu'il soit excellent pour toute espèce de culture jardinière, il n'y est presque jamais employé ; les fermiers qui entretiennent des troupeaux de moutons ne vendent jamais de fumier de leurs bêtes ovines.

Le fumier de porc passe pour nuisible à plusieurs des produits les plus délicats du jardinage ; il vaut mieux que sa réputation. C'est celui de tous les fumiers qui, par sa composition chimique, se rapproche le plus de l'engrais humain, dont il égale presque la puissance fertilisante. On peut donc l'employer sans crainte dans les jardins, soit seul, soit mélangé avec d'autres engrais.

Le fumier de cheval est précieux pour le jardinage à cause de la propriété qu'il possède au plus haut degré de suspendre sa fermentation lorsqu'il est sec, et de la reprendre dès qu'il est mouillé ; c'est pour cette raison le seul dont on puisse se servir pour la construction des couches tièdes et chaudes à l'usage de la culture forcée. Le fumier de bêtes à cornes, plus aqueux et plus froid, ne peut rendre au jardinier le même genre de services. Quand la terre du jardin est plus ou moins froide, compacte et lourde, il ne faut lui donner que du fumier de cheval ; ce fumier, à un état peu avancé de décomposition, agit mécaniquement en soulevant et divisant la terre qu'il empêche de *se fermer*, et à laquelle il cède promptement ses principes fertilisants, en raison de l'activité de sa fermentation. Si la terre du jardin est chaude et légère, il faut lui donner de préférence, soit du fumier de bêtes à cornes, soit du fumier de cheval à demi décomposé.

Terreau. Tout fumier, quel qu'il soit, lorsqu'on l'abandonne à lui-même, finit par épuiser sa fermentation ; ce n'est plus alors qu'une masse noire, friable, douce au toucher, d'un volume beaucoup moindre que celui du fumier récent, c'est ce qu'on nomme du *terreau*. Le terreau est le même et jouit des mêmes propriétés, quel que soit le genre de fumier dont il provient. Dans les jardins, le terreau, dont on a constamment besoin pour toutes les cultures, provient des couches qu'on démonte lorsqu'elles ne donnent plus de chaleur :

le terreau des couches rompues possède encore une partie des propriétés du fumier dont les couches ont été construites; lorsqu'on doit l'employer en qualité de terreau pour la culture de certaines plantes qui ne supportent pas le contact du fumier, on le conserve en tas avant de s'en servir, jusqu'à ce qu'il soit parvenu au degré de décomposition le plus complet.

Colombine. — La colombine, à proprement parler, est la fiente des pigeons, provenant du nettoyage des *colombiers* ou *pigeonniers*, d'où dérive son nom. C'est un engrais des plus actifs; on le conserve sec pour l'employer en poudre; il exerce une influence très-énergique sur la végétation, même à faible dose, spécialement sur celle des melons, concombres, cornichons, citrouilles, courges, coloquintes, et de toutes les plantes de la même famille. Le jardinier peut toujours, à défaut de vraie colombine, se procurer une assez grande quantité de fientes d'oiseaux de basse-cour, par le nettoyage fréquent du poulailler; cet engrais possède les mêmes propriétés que la colombine; il est propre aux mêmes cultures.

Engrais pulvérulents. — Le commerce livre à l'agriculture plusieurs engrais pulvérulents, les uns naturels, les autres artificiels, dont quelques-uns peuvent être utilisés avec beaucoup d'avantage par l'horticulture; ce sont particulièrement le *Guano* du Pérou, dont les propriétés sont à peu près celles de la colombine; la *Poudrette*, ou engrais humain désinfecté, doué de propriétés du même genre, mais très-affaiblies; et le *Noir animalisé*, ou *noir de raffinerie*, moins énergique que le guano, mais d'un prix moins élevé, qui s'emploie à plus haute dose et s'applique, surtout dans les terres légères siliceuses, à un grand nombre de cultures.

Indépendamment de ces engrais qu'on peut se procurer en France à peu près partout, le jardinier, selon les circonstances locales et la nature du terrain qu'il cultive, peut encore utiliser pour activer la végétation des plantes objet de ses soins, le *Goëmon*, la *Tangue* ou vase de mer, la *boue des étangs* après qu'elle s'est desséchée à l'air libre, les *chiffons de laine*, les *os broyés*, les *rognures de cuir*, et la *râpure d'os et de cornes* provenant des fabriques de boutons.

Amendements. L'action des amendements diffère essentiellement de celle des engrais. Les engrais activent la végétation pendant un temps plus ou moins court, après lequel il n'en reste rien dans le sol : les récoltes venues sur la fumure ont tout absorbé, il faut la renouveler ; la nature du sol, après que l'effet utile du fumier est épuisé, ne se trouve pas sensiblement changée. Les amendements, au contraire, ont un effet peu sensible d'abord, mais très-durable ; ils modifient la composition de la couche cultivable et changent les proportions des éléments qui la constituent.

Lorsqu'on crée un jardin et que la terre a besoin d'être amendée, elle l'est dans des proportions beaucoup plus fortes que les champs cultivés auxquels on donne les mêmes amendements, afin qu'il n'y ait plus à y revenir. Supposons un jardin établi sur une terre schisteuse, argileuse, qui ne peut devenir propre au jardinage qu'en recevant une forte proportion de *chaux* ; dans un champ de 4 hectares seulement d'étendue dont la couche arable aurait 25 centimètres d'épaisseur, pour ajouter à cette couche un dixième de chaux, il en faut *mille mètres cubes*, quantité très-considérable, d'une valeur tellement élevée en ajoutant au prix d'achat le prix du transport, que l'opération est impossible à réaliser ; dans un jardin d'un hectare, la terre peut être chaulée avec 250 mètres cubes de chaux ; c'est une dépense une fois faite, et les avantages certains qu'elle doit produire seront proportionnés à la somme dépensée : il n'y a pas à hésiter.

Il en est de même du *sable siliceux* employé pour amender les terres argileuses trop compactes, et de l'argile ajoutée comme amendement à la terre des jardins lorsqu'elle a le défaut d'être trop légère, et de manquer de consistance.

La *chaux*, le *sable* et l'*argile* sont, comme on vient de le voir, les amendements les plus usités pour l'amélioration du sol des jardins. Les cendres n'y sont pas moins utiles, quand le sol est dépourvu des principes fertilisants qu'elles contiennent.

Préparation des amendements. La *chaux*, lorsqu'on a reconnu que la terre d'un jardin a besoin de cet amendement, ne doit pas lui être donnée sans préparation; il serait difficile de l'incorporer exactement à la couche cultivable; elle s'y trouverait trop inégalement distribuée. Pour en obtenir tout l'effet utile qu'elle peut produire, on la stratifie, à la dose voulue, par lits alternatifs avec des gazons minces ou de la boue d'étang desséchée. Les tas sont formés en automne, remaniés une ou deux fois à la bêche dans le courant de l'hiver, et démontés au printemps. La chaux intimement mêlée à la terre des gazons décomposés ou bien à la vase d'étang est dans le meilleur état possible pour être distribuée à la surface du sol et enfouie par un labour profond très-soigné. Les avantages de ce procédé pour le chaulage des terres sont tellement évidents que les cultivateurs éclairés n'en emploient pas d'autre, dans la grande culture aussi bien que dans la culture jardinière.

Le sable, ajouté comme amendement à la terre argileuse trop compacte qu'il sert à rendre moins pesante et plus facilement divisible, n'a besoin d'aucune préparation préalable; il suffit de le répandre sur la terre, à la dose convenable, et de le bien mêler à la terre par un labour d'automne ou de printemps.

L'argile incorporée à une terre de jardin trop légère pour en augmenter la cohésion doit être exposée à l'air libre et parfaitement desséchée avant d'être employée. En cet état, il est facile de la réduire en poudre grossière qu'on répand à la main dans la raie ou *jauge* ouverte par la bêche pendant le labour. De cette manière, elle se mélange très-également avec la terre labourée, sans former de blocs difficiles à diviser; elle produit tout son effet utile.

Les cendres, spécialement les cendres de houille très-usitées dans le nord comme amendement, en raison de la chaux et de la potasse qu'elles contiennent en assez forte proportion, produisent plus d'effet pour l'amendement des terres un peu fortes, lorsqu'elles sont mêlées au fumier, que lorsqu'on les emploie seules. Après les avoir grossièrement tamisées pour en séparer les scories; en les passant à la claie, on commence

par démonter le tas de fumier pour le refaire couche par couche. A chaque lit superposé à un autre, on ajoute un lit de
cendres tamisées ; le fumier mêlé de cendres est ensuite répandu sur les carrés du jardin à l'époque des labours de printemps ou d'automne, et enterré à la bèche, comme une fumure ordinaire.

Le jardinier soigneux ne néglige aucune occasion d'amender la terre de son jardin, soit avec les amendements qu'on
vient d'indiquer, soit en y rapportant de bonne terre lorsqu'il
en trouve de disponible ; il doit à cet effet avoir l'œil ouvert sur
ce qui se fait autour de lui. Si, par exemple, une construction
dans son voisinage doit être élevée sur un terrain suffisamment fertile, il ne manque pas de profiter de l'occasion pour
ajouter à peu de frais une forte dose de bonne terre à celle de
son jardin, qui ne saurait recevoir d'amendement plus efficace
et d'un effet utile plus durable.

CHAPITRE IV

Des instruments de jardinage.

Instruments de jardinage. — Leur classement. — Instruments de labourage
— Bêche commune. — A lame courbe. — Bêche flamande. — Pioche. —
Pic. — Leur emploi dans les défoncements. — Houe à lame carrée. —
A lame triangulaire. — A deux dents plates. — Binette ou serfouette. —
Râteau à dents pointues. — A dents obtuses. — Fourche à dents droites.
— A dents courbes. — Instruments d'irrigation. — Arrosoir à côtés plats.
— A long goulot. — Pompe portative. — Instruments de transport. —
Brouette commune. — Garnie en tôle. — A claire-voie. — Civières. —
Instruments d'arboriculture. — Serpette. — Sécateur. — Scie. — Gref-
foir. — Pince. — Croissant. — Échenilloir. — Instruments divers. —
Rouleau. — Ratissoires. — Plantoir ferré. — Ses avantages. — Claie. —
Truelle. — Son emploi dans la serre.

Il importe beaucoup au jardinier d'être muni d'un assortiment des meilleurs outils pour les divers travaux du ressort
de sa profession ; avec de mauvais outils, il ne saurait faire
que de mauvaise besogne. Les outils et instruments à l'usage
de l'horticulture sont classés dans quatre divisions principales, comprenant les instruments *de labourage, d'irrigation,
de transport* et *d'arboriculture ;* une cinquième division réunit
les instruments pour diverses destinations qui ne rentrent
dans aucune des divisions précédentes.

Instruments de labourage. — Les principaux instruments de labourage à l'usage du jardinier sont : *la bêche, la
pioche, la houe, la binette, le râteau* et *la fourche.*

Bêche. — La perfection des labours à la bêche étant une
des conditions de succès les plus indispensables de toute culture jardinière, la bêche, soit pour le poids, soit pour le diamètre et la longueur du manche, doit être parfaitement en
rapport avec la taille et la force de celui qui doit s'en servir ;
une bonne bêche est pour le jardinier ce qu'un bon fusil est
pour le soldat. Dans un jardin d'une certaine étendue, le ter-

rain n'est jamais homogène ; il s'y rencontre des veines de terres dures et fortes à côté d'autres veines de terres douces et légères : de là la nécessité d'avoir plusieurs bêches différentes ; car, les terrains qui diffèrent essentiellement entre eux ne peuvent être tous bien labourés avec la même bêche.

Bêche commune (fig. 3). — Pour labourer une bonne terre ordinaire de jardin, ni trop forte, ni trop légère, il n'y a pas d'instrument meilleur que la *bêche commune*, à fer plat, un peu plus étroite à son bord tranchant qu'à son bord supérieur. Lorsqu'elle doit fonctionner dans un sol un peu dur, il faut que les deux portions du bord supérieur, à droite et à gauche de la douille dans laquelle est passé le manche, soient assez larges pour que l'ouvrier puisse appuyer dessus son pied chaussé d'un lourd sabot.

Bêche a tranchant courbe (fig. 4). — Quand le sous-sol est pierreux et difficile à entamer, on substitue à la bêche commune une autre bêche qui n'en diffère qu'en un point ; le tranchant, au lieu d'être en ligne droite, décrit une courbe et forme aux deux angles deux pointes qui facilitent le travail sans augmenter la fatigue de l'ouvrier.

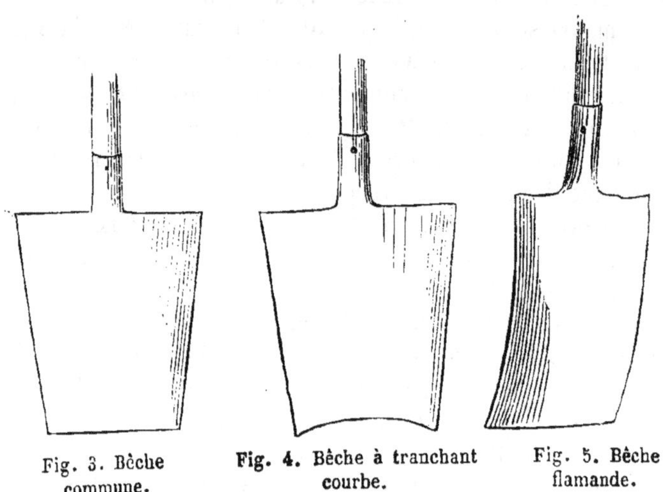

Fig. 3. Bêche commune.

Fig. 4. Bêche à tranchant courbe.

Fig. 5. Bêche flamande.

Bêche flamande (fig. 5). —Le jardinier a souvent à labourer

des terres très-bonnes d'ailleurs, mais tellement légères que lorsqu'elles sont un peu sèches, si l'on veut les travailler avec l'une des deux bêches précédentes, la portion prise à chaque fois par l'instrument, s'émiette, glisse sur la lame, et retombe sans avoir été convenablement retournée, ce qui rend le labour plus ou moins imparfait. Les terres de cette nature étant très-communes dans les Flandres, les cultivateurs de ce pays ont adopté une bêche à lame longue, étroite, et qui, au lieu d'être plate comme la bêche commune, forme vers le milieu de sa longueur une légère courbe qui retient la motte de terre déplacée et donne à l'ouvrier tout le temps de la retourner à son gré. La *bêche flamande*, très-usitée dans tout le nord de la France, est d'un excellent usage pour toutes les terres de jardin qui sont plus légères que fortes.

Pioche (fig. 6). — La pioche proprement dite n'est utile au jardinier que dans les opérations de défoncement, où le sol doit être retourné et fouillé à 0^m,60 et quelquefois 0^m,80 de profondeur. (Voy. *Opérations du jardinage*, chap. V.) Dans

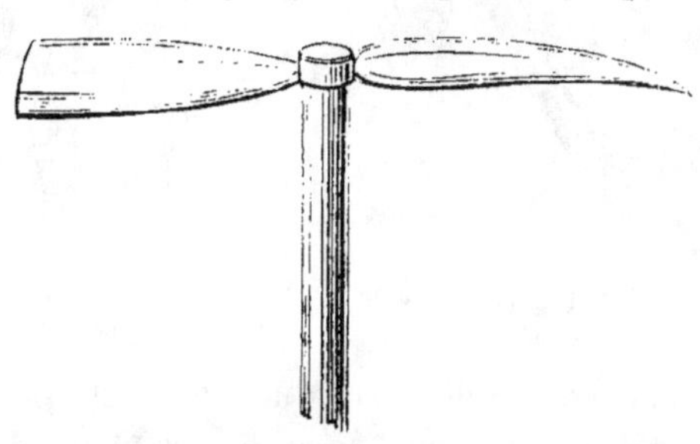

Fig. 6. Pioche.

l'exécution des travaux de ce genre, on rencontre fréquemment, soit de grosses racines, soit des pierres qui ne doivent pas être laissées dans le sous-sol. On les arrache à l'aide de la pioche commune ;

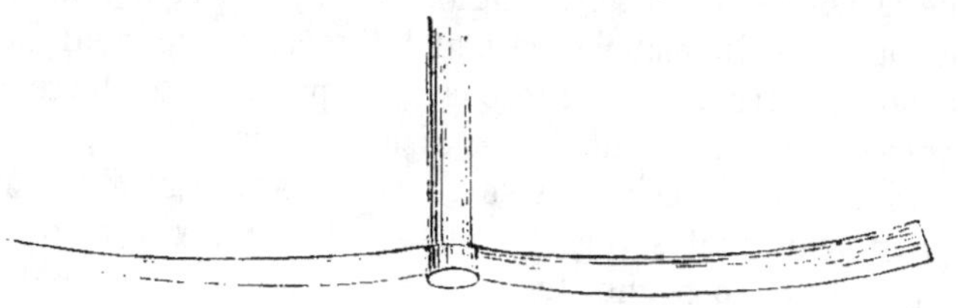

Fig. 7. Pic.

quand cet instrument ne suffit pas, on a recours à un genre particulier de pioche nommée *pic* (fig. 7), semblable à l'ins-

trument du même nom à l'usage des paveurs; il ne diffère
de la pioche que par la force et la longueur de sa lame étroite
et épaisse, et de sa pointe qui peut, entre les mains d'un ouvrier robuste et adroit, pénétrer dans le sous-sol le plus dur,
où la pioche ordinaire se briserait.

Houe. — *La houe* est un des instruments les plus utiles au
jardinier; elle sert à donner de la manière la plus expéditive
les façons superficielles à tous les genres de terrains; elle
est le meilleur des instruments pour le buttage des pommes
de terre et une foule d'autres travaux courants. La plus usitée est à lame carrée (fig. 8), un peu courbe en dedans; elle

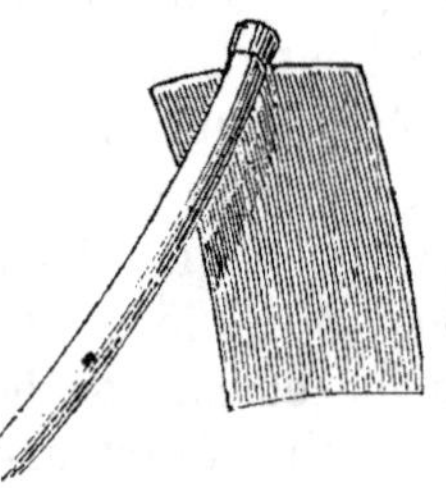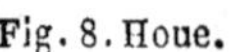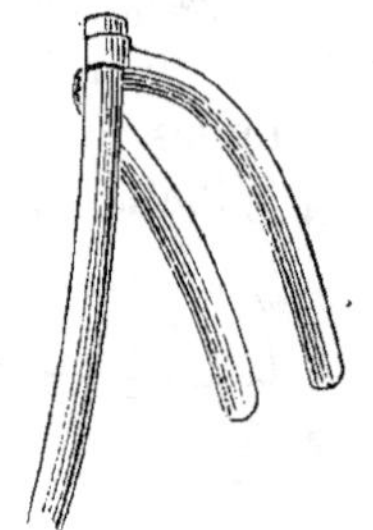

Fig. 8. Houe.   Fig. 9. Houe à lame   Fig. 10. Houe à
                          triangulaire.   deux dents.

est adaptée à un manche court, de sorte que l'ouvrier qui
l'emploie ne peut travailler que courbé, en avançant droit
devant lui, tandis que, lorsqu'il laboure à la bêche, il ne
peut travailler qu'en allant à reculons. Pour entamer les terrains sujets à se durcir par la sécheresse, on donne à la lame
de la houe une forme triangulaire (fig. 9), la longueur et la
disposition du manche restant les mêmes que pour la houe
à·lame carrée. Pour arracher les pommes de terre et les
autres légumes-racines qu'on risque souvent de couper en les
arrachant à la bêche, on se sert avec avantage d'une houe à
deux dents plates (fig. 10) qui éxécute très-vite et très-bien
ce genre de besogne. La longueur et la force des dents peuvent varier selon la résistance du terrain et la profondeur à
laquelle l'instrument doit y pénétrer.

Binette. — *La binette* ou serfouette (fig. 11) est l'outil par

excellence pour donner les sarclages et binages soignés, entre les lignes de plantes cultivées, sans
risquer de les endommager ; le jardinier doit en avoir plusieurs de force
et de grandeur différentes, mais toutes
composées d'une lame d'un côté et de
deux dents de l'autre, avec une courte
douille dans laquelle est passé le manche, assez long pour que l'ouvrier
puisse travailler sans se courber.

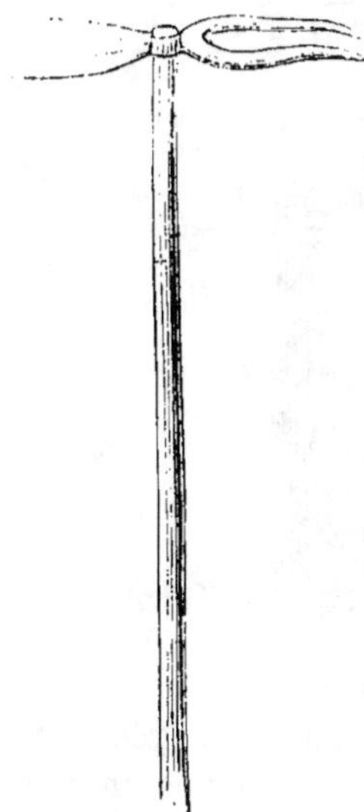

Fig. 11. Binette.

Rateau. — Cet instrument est pour
le jardinier ce que la herse est pour
le laboureur. Il doit en avoir au moins
deux, dont un à dents pointues, fortes
et assez longues pour donner aux terrains labourés à la bêche l'équivalent
d'un hersage, l'autre à dents rondes
et obtuses par le bout, servant au nettoyage des allées, ainsi que pour *parer*
la surface des plates-bandes du parterre et pour enterrer légèrement les graines fines du potager.

Fourche. — On emploie assez souvent la fourche à trois
dents de fer, soit droites, soit légèrement courbées en dedans,
pour égaliser le sol après l'arrachage d'une récolte de légumes, et lui donner rapidement une façon très-superficielle, ce
qui permet de ranger la fourche parmi les instruments de labourage, bien que sa destination la plus ordinaire soit de travailler le fumier, surtout pour le montage des couches, et
aussi d'enlever les mauvaises herbes provenant du sarclage
des jardins.

Instruments d'irrigation. — On emploie principalement
pour l'arrosage des jardins, l'*arrosoir* et la *pompe portative.*

Arrosoir. — La forme de l'arrosoir ancien, à flancs très-
bombés, est à peu près abandonnée de nos jours ; on préfère
avec raison l'arrosoir à côtés plats (fig. 12), que l'ouvrier
peut porter sans être forcé de tenir les bras écartés et tendus ; cela seul diminue très-sensiblement la fatigue de l'ar-

rosage. La gerbe qui termine le goulot de l'arrosoir s'enlève

Fig. 12. Arrosoir à côtés plats.

à volonté ; le jardinier doit en avoir plusieurs de rechange, percées de trous plus ou moins fins ; les semis de plantes délicates ne supportent pas les arrosages donnés avec une gerbe percée de gros trous, ce qui forme l'équivalent d'une forte pluie d'orage. Pour le service des serres, on emploie des arrosoirs à goulots très-allongés avec lesquels on peut donner de l'eau aux pots des rangs supérieurs des étagères, sans être forcé de les déplacer ou de recourir au marchepied.

Fig. 13.
Pompe portative.

POMPE PORTATIVE (fig. 13). — L'horticulture possède plusieurs bons modèles de pompe portative, pouvant, pour un grand nombre de cultures, remplacer avec économie l'emploi de l'arrosoir ; elles sont surtout très-utiles pour *bassiner* en été la surface des arbres fruitiers dont le feuillage a besoin d'être rafraîchi pendant les longues sécheresses.

Instruments de transport. — Les transports dans les jardins s'effectuent à l'aide de deux instruments différents : *le brouette* et *la civière*.

Brouette.—La brouette commune est trop connue pour qu'il soit nécessaire de la décrire. Le jardinier doit en avoir une doublée en tôle et munie d'un couvercle à charnière, pour le transport des engrais liquides, très-utiles dans le potager. Il lui faut aussi une brouette à longs brancards, sans rebords, à fond à claire-voie, pour le transport facile des paillassons et des objets volumineux, plus emcombrants que lourds.

Civière. — La plus commune, à double brancard, exigeant le concours de deux ouvriers, est à claire-voie, sans rebords ; elle est fort commode pour le transport des fumiers et l'enlèvement des produits du potager, partout où la brouette ne peut pas circuler aisément. Il faut en outre au jardinier une civière en forme de trémie, pour le transport de certains objets qui, comme le terreau, par exemple, ne tiennent pas sur la civière à claire-voie.

Instruments d'arboriculture. — La taille, la conduite et l'entretien des arbres fruitiers et des arbres d'ornement exigent l'emploi d'un assez grand nombre d'instruments, dont les principaux sont : *la serpette, le sécateur, la scie, le greffoir, la pince, le croissant* et *l'échenilloir.*

Fig. 14.
Serpette.

Serpette (fig. 14). — Bien que, de nos jours, l'emploi de plus en plus général du sécateur ait sensiblement diminué l'usage de *la serpette*, cet instrument n'en reste pas moins d'une utilité indispensable pour le jardinier; plusieurs opérations ne peuvent être bien faites qu'avec la serpette; c'est ainsi, notamment, que nul autre instrument ne saurait convenablement parer les plaies résultant de l'enlèvement de grosses branches coupées avec la scie. On doit avoir plusieurs serpettes de dimensions différentes; le manche des plus fortes, destinées à la taille des branches d'un assez fort diamètre, doit être muni d'un rebord saillant qui maintient l'instrument ferme dans la main de l'ouvrier. Il importe que l'acier des serpettes soit d'une très-bonne trempe ; les serpettes de Rouen jouissent, sous ce rapport, d'une réputation méritée.

Sécateur (fig. 15). — L'emploi de cet instrument est si expéditif et si commode que malgré quelques inconvénients signalés à son début, il est devenu d'un usage universel dans

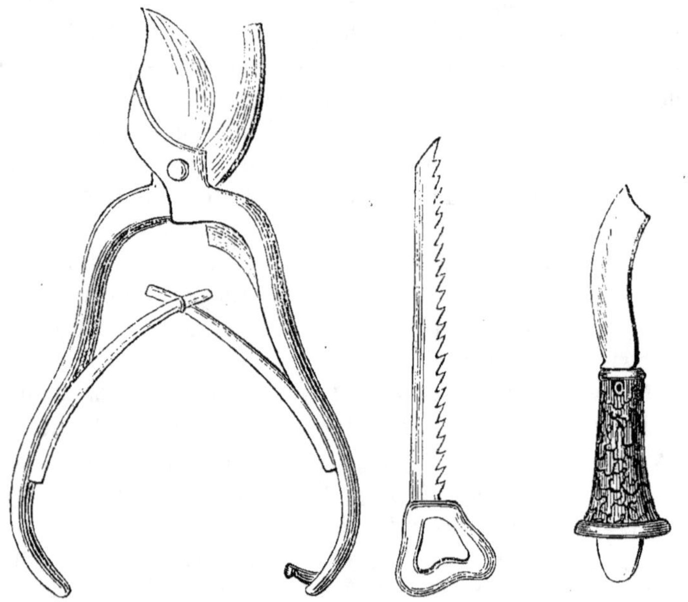

Fig. 15. Sécateur.   Fig. 16. Scie.   Fig. 17. Greffoir.

les jardins. Il faut en avoir de plusieurs grandeurs, dont les plus petits servent à la taille des rosiers et des arbustes délicats. Quelques jardiniers font usage pour la taille des branches élevées des arbres de sécateurs armés de deux longs manches ; il vaut mieux se servir du sécateur ordinaire, et ne pas reculer devant la nécessité de recourir à l'échelle double ; si l'on taille de trop loin, on ne voit pas bien ce qu'on fait et il en peut résulter des erreurs irréparables.

Scie (fig. 16). — Les scies à l'usage du jardinier sont emmanchées de telle sorte qu'il puisse toujours les faire agir entre les rameaux des arbres trop touffus, lorsqu'ils doivent être élagués ou rabattus sur leurs branches principales. Partout où la scie a passé, la serpette doit passer à son tour, afin que la surface de la coupe soit rendue nette et lisse, comme si le retranchement n'avait point été fait avec la scie.

Greffoir. — Les divers genres de greffe exigent l'emploi d'un assez grand nombre de greffoirs, dont le plus usité est

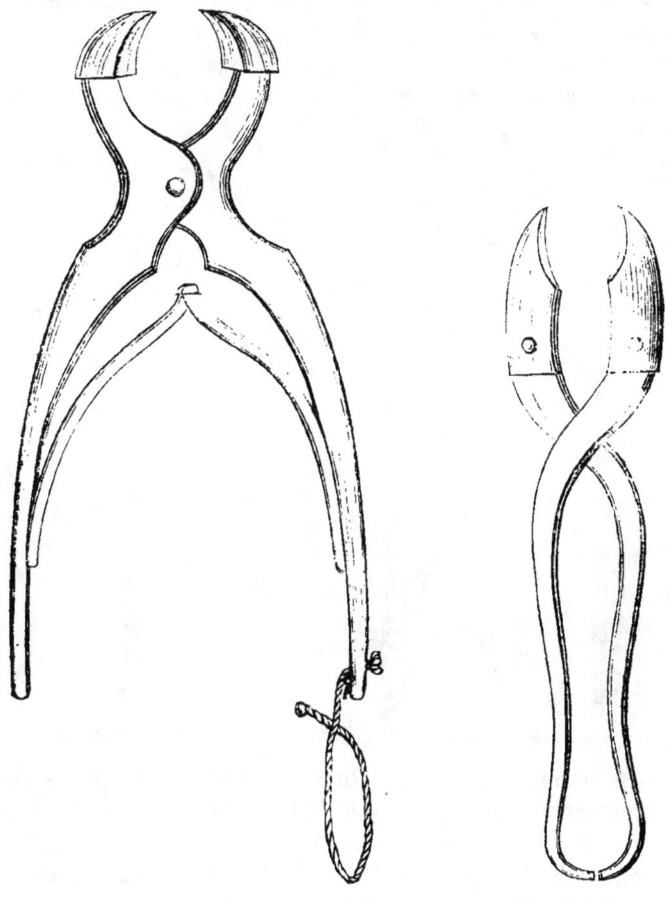

Fig. 18. Pince. Fig. 19. Pince.

un couteau à lame arrondie par le bout et dont le manche porte, à sa partie inférieure, une petite spatule d'ivoire destinée à soulever l'écorce des arbres pour la greffe en écusson (fig. 17). (Voyez *Opérations du jardinage*, chap. V.)

Pince. — Depuis quelques années, les jardiniers font un usage fréquent de diverses pinces appropriées les unes au pincement et à l'ébourgeonnement des arbres fruitiers (fig. 18), les autres à la pratique de l'incision annulaire (fig. 19), sur les branches des arbres trop lents à se mettre à fruit.

Croissant (fig. 20).—Cet instrument n'est usité que dans les bosquets et les grands jardins paysagers, pour l'élagage des grands arbres d'ornement; le très-long manche auquel il est adapté en rend l'emploi fort commode pour cette destination spéciale.

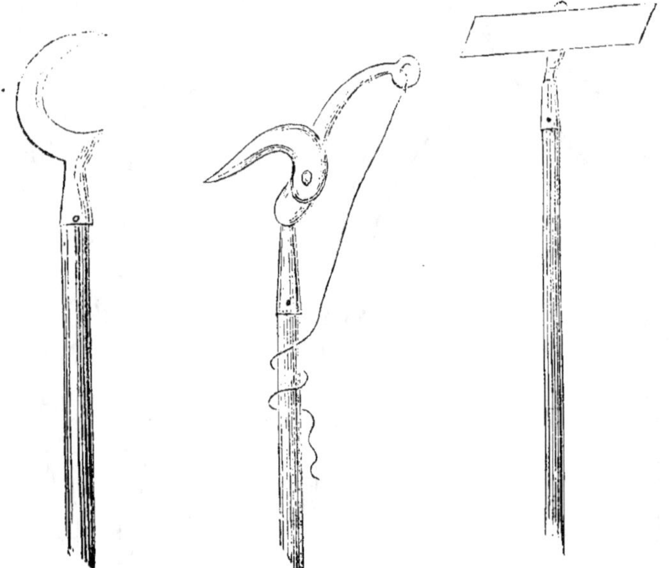

Fig. 20. Croissant.   Fig. 21. Échenilloir.   Fig. 22. Ratissoire.

Échenilloir (fig. 21). — On se sert avec avantage de cet instrument au printemps, avant le développement des feuilles des arbres, pour enlever les toiles dans lesquelles les chenilles se sont enfermées pour hiverner. La longueur de son manche lui donne accès sur les branches les plus hautes, sans qu'il soit nécessaire de se servir d'une échelle.

Instruments divers. — Les instruments les plus utiles à la pratique du jardinage, et qui ne rentrent dans aucune des divisions précédentes, sont principalement : *le rouleau, la ratissoire, le plantoir, la claie* et *la truelle.*

RATISSOIRE (fig. 22).—Les deux formes les plus usitées de la ratissoire, d'un usage continuel pour l'entretien de la propreté des allées, permettent de s'en servir, soit en la ramenant à soi, soit en la poussant en avant ; elle coupe entre deux terres les racines de la mauvaise herbe, et l'empêche de repousser dans les allées.

ROULEAU (fig. 23). — Pour raffermir la terre des allées des

Fig. 23. Rouleau.

grands jardins, on emploie avec avantage le rouleau de fonte, consistant en un cylindre creux muni d'un manche à poignée, que l'ouvrier pousse devant lui. On peut à volonté le rendre plus pesant en chargeant de pierres l'intérieur du cylindre.

PLANTOIR. — Le plantoir le plus commode est en bois, muni d'une poignée en forme de crosse. On le rend plus durable en entourant sa pointe d'une bande de fer qui se polit par l'usage, de sorte que le plantoir entre en terre avec peu d'effort et en sort de même, sans faire ébouler les bords dans le trou. Le plantoir ferré ne s'empâte pas dans la terre un peu mouillée

comme le plantoir non ferré dont l'usage est, pour cette raison, beaucoup moins commode.

Claie (fig. 24). — Le jardinier a souvent besoin de faire
subir une sorte de criblage aux terres, terreaux et composts
nécessaires à ses cultures. Il emploie à cet effet une claie
fixée à un cadre de bois et composée de baguettes plus ou
moins rapprochées. La claie est maintenue par un support
dans une position inclinée; les substances à cribler sont jetées
dessus à la pelle; les parties les plus divisées tombent d'un
côté, les plus grosses de l'autre. Les claies sont plus durables et d'un meilleur service, quand les baguettes de bois y
sont remplacées par des tiges de fer.

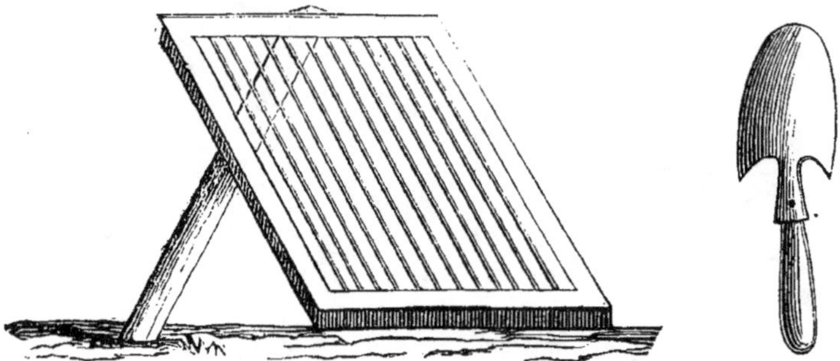

Fig. 24. Claie.   Fig. 25. Truelle.

Truelle (fig. 25). — Cet instrument est exclusivement employé dans la serre pour disposer la terre dans les pots où
doivent vivre les plantes, et pour ouvrir dans la tannée
les trous où ces pots doivent être enfoncés (Voyez *Serres,*
chap. VII).

CHAPITRE V

Des abris et des couches.

Abris proprement dits. — Murs de pierre. — De briques. — De planches. Palissades ou brise-vents de topinambours. — D'if. — De thuya. — De peupliers d'Italie. — Paillassons. — Manière de les fabriquer. — Toiles. — Leur usage comme abris. — Cloches. — Verrines. — Cages. — Contre-sols. — Châssis. — Panneaux. — Coffres. — Châssis et coffres de tôle. — Plancher de bois sous les coffres chauffés à l'eau chaude. — Châssis économiques. — Couches chaudes. — Réchauds. — Manière de monter les couches. — Couches tièdes. — Éléments dont elles se composent. — Couches sourdes. — Leurs caractères distinctifs. — Fosses pour les établir. — Durée de leur chaleur. — Genre d'utilité des couches sourdes.

La plus grande partie des produits de nos jardins est d'origine étrangère; nous les avons empruntés, les uns dans les temps modernes, les autres depuis l'antiquité la plus reculée, à des climats plus méridionaux que le nôtre; il en est, et des meilleurs, qui, sous le climat moyen de la France, ne peuvent végéter à l'air libre que depuis l'époque où les gelées cessent au printemps, jusqu'à celle où elles recommencent en automne. Il en résulte que pendant la plus grande partie de leur vie végétale, ces plantes ne peuvent se passer d'abri. On comprend sous le nom d'abris, en horticulture, tout ce qui sert à abriter les plantes contre le froid; dans ce sens, les serres de tout genre, auxquelles le chapitre suivant est consacré, sont toutes également des abris.

Les abris proprement dits ne servent pas seulement contre le froid; ils garantissent aussi certaines plantes délicates contre l'ardeur des rayons solaires et contre l'action destructive des vents violents. Les plus usités sont les *murs*, les *palissades* ou *brise-vents*, les *paillassons*, les *toiles*, les *ados* ou *côtières*, les *cloches*, les *verrines*, les *contre-sols*, les *châssis vitrés* et les *couches*.

Murs. — On a vu dans le chapitre précédent quelle est la hauteur et quel est le mode de construction des murs de clôture et de refend; ces murs sont les meilleurs de tous les abris pour les arbres à fruits plus ou moins sensibles au froid. Dans les pays où la pierre manque et où la brique est chère, on élève pour les espaliers des murs de planches dont l'effet utile est à peu près celui des murs en maçonnerie. C'est sur des murs de planches que sont palissés les pêchers et les ceps de vigne dont les produits parviennent à parfaite maturité dans les îles de la Zélande, sous un climat beaucoup plus défavorable que celui du nord de la France. Ces murs, dirigés du nord-est au sud-ouest, ont, comme la plupart des murs de clôture des jardins, 2 mètres 50 c. de hauteur; leur surface garnie d'arbres est tout unie; l'autre surface est de distance en distance soutenue par des contre-forts en charpente. Bien qu'ils soient construits en bois blanc, les couches de goudron dont on a soin de les enduire tous les ans les rendent assez durables.

Palissades ou brise-vents. — Les plantes de serre froide et tempérée qui passent l'été en plein air seraient fréquemment renversées et endommagées par les vents, si elles n'étaient garanties d'une manière quelconque. D'un autre côté, les semis faits pendant l'été seraient détruits par la sécheresse sans la protection qu'ils reçoivent des palissades ou brise-vents, genre d'abri tout à fait indispensable dans un grand jardin. Les plus simples consistent en une ou deux rangées de topinambours. La croissance très-rapide de cette plante et l'ampleur de son feuillage abondant la rendent très-propre à servir de brise-vent, tout en laissant passer de distance en distance un rayon de soleil affaibli. On plante à demeure pour le même usage des haies d'if, de thuya et de peuplier d'Italie; ces derniers ne doivent pas être conservés au delà de 6 à 7 ans.

Paillassons. — On improvise dans les jardins des diminutifs d'espalier d'un excellent usage, en plantant dans la direction de l'est à l'ouest des lignes de piquets d'environ un mètre de hauteur hors de terre, auxquels on suspend des paillassons faisant face au sud. Ces abris temporaires qu'on enlève quand on n'en a plus besoin, hâtent la végétation des plantes semées sous châssis et transplantées à l'air libre quand la température extérieure le permet. Le jardinier a constamment besoin des paillassons, non-seulement pour cet usage, mais aussi pour garantir du froid des semis recouverts de branchages sur lesquels les paillassons doivent être posés pendant la nuit, lorsqu'un froid un peu vif semble à redouter. C'est encore avec des paillassons que les châssis, les bâches et les vitrages des serres sont couverts pour empêcher le froid de pénétrer à leur intérieur. Ces usages multipliés des paillassons obligent le jardinier à en avoir toujours une assez grande quantité à sa disposition. Il lui serait difficile de s'en procurer à prix d'argent, ce qui d'ailleurs lui coûterait fort cher ; la plupart du temps il les fabrique lui-même par le procédé suivant. Le dessus d'une grande table, ou bien une porte décrochée de ses gonds, est placé au moyen d'un support quelconque sous une de ses extrémités, dans une position légèrement inclinée. Trois clous à crochet, en ligne, à des distance égales entre elles, sont fixés à chaque bout de cette surface ; de grosses ficelles sont tendues solidement au moyen de ces clous. Cela fait, on étend le plus également possible sur la table une couche de paille de seigle ; on doit avoir soin de prendre alternativement une poignée du côté de l'épi et une du côté opposé, sans quoi le paillasson se trouverait trop mince sur un de ses bords et trop épais sur l'autre. On charge ensuite de ficelle forte, mais assez fine, une navette avec laquelle on passe le long des trois lignes de ficelles tendues, en prenant à chaque fois une petite quantité de paille d'égale épaisseur, qu'on fixe par un nœud coulant. Le paillasson étant fait de la longueur de la planche sur laquelle on opère, est roulé en arrière de cette planche et continué indéfiniment par le même procédé, jusqu'à ce qu'il ait la longueur voulue. Ce travail très-peu fatigant est facilement exécuté par les femmes et les enfants pendant les loisirs forcés des plus mauvais jours de la mauvaise saison, où les travaux du dehors sont interrompus.

Toiles. — Dans tout le nord de la France, on suspend aux chaperons des murs garnis d'arbres en espalier, à l'époque de la floraison de ces arbres, des toiles qui peuvent être très-claires, pourvu qu'elles soient suffisamment solides ; on se sert habituellement pour cet usage de gros canevas, non-seulement pour préserver du froid les fleurs du pêcher et de l'abricotier, mais encore pour empêcher que ces fleurs, espoir de la récolte, ne soient détruites par la grêle assez fréquente en avril.

Ados. — On comprend parmi les abris les *ados* ou *côtières*, qui consistent simplement en plates-bandes disposées en talus inclinés au midi. Plusieurs plantes très-basses, spécialement des salades d'hiver, des choux verts et des semis de plantes à transplanter au printemps, s'y trouvent suffisamment abritées contre les vents d'est et du nord, de sorte qu'elles hivernent rès-bien sur les ados, sans autre protection.

Cloches (fig. 26). — Les cloches de verre sont un des abris les plus usités dans la culture maraîchère ; on les pose à plat sur le sol quand les plantes qu'elles abritent peuvent se passer d'air. Quand la température est adoucie, on soulève du côté du midi le bord de la cloche afin d'y laisser pénétrer un peu d'air. Pendant les nuits froides, on jette par-dessus les cloches de la litière longue ou des paillassons, comme supplément de protection pour les plantes délicates.

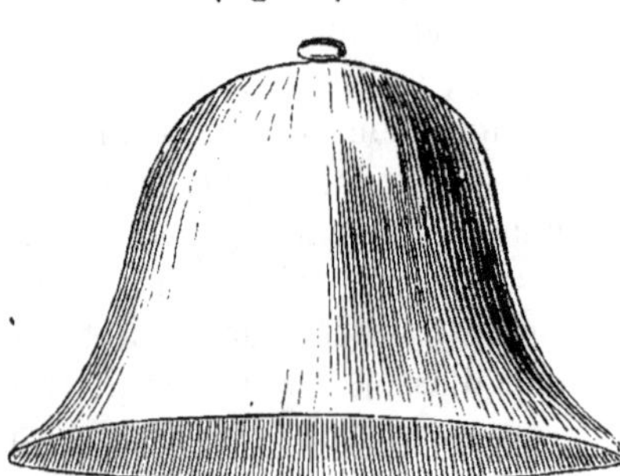

Fig. 26. Cloche.

Verrines (fig. 27). — L'usage des verrines est à peu près abandonné dans les jardins, à cause de leur prix élevé ; ce sont des cloches formées de compartiments de verre réunis par des bandes de plomb. Leur avantage le plus prononcé sur les cloches de verre d'une seule pièce, c'est la solidité, par conséquent la durée. Les verrines ont habituellement, des deux côtés opposés de leur partie supérieure, deux compar-timents qui s'ouvrent à charnière pour donner à volonté de l'air aux plantes que la verrine abrite.

Cages (fig. 28). — Les jardiniers emploient, sous le nom de *cages*, des cylindres en ouvrage de vanne-

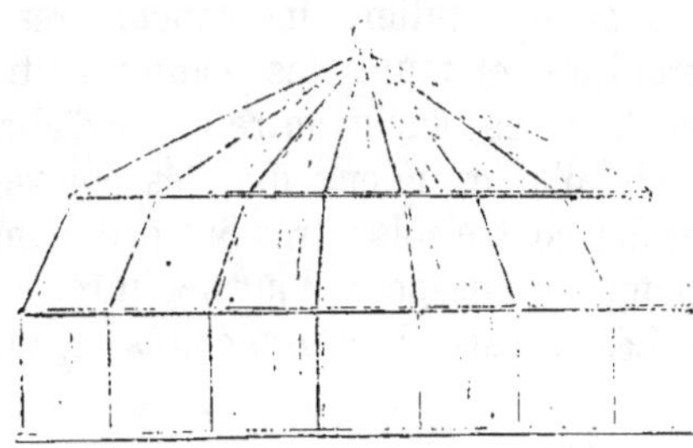

Fig. 27. Verrines.

rie, munis de pieds affilés en pointe qu'on enfonce en terre

Fig. 28. Cages.

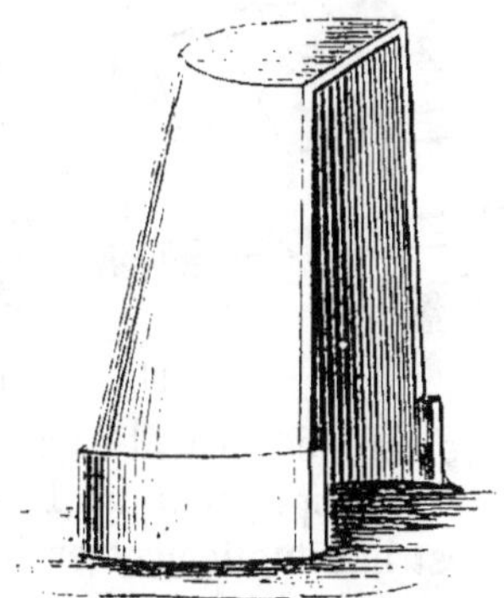

Fig. 29. Contre-sols.

afin que la cage ne puisse être renversée par le vent. Ce genre d'abri est fort utile à plusieurs végétaux délicats pen-dant la première période de leur croissance; dès que ces plantes, habituées au contact de l'air, sont devenues assez ro-bustes, les cages sont enlevées.

Contre-sols (fig. 29). — On mentionne ici les contre-sols, bien qu'ils soient peu usités dans la plupart des jardins, malgré leur incontestable utilité. Ce sont des pots à fleurs de gran-des dimensions coupés en deux dans le sens de leur longueur. On les place derrière certaines plantes, soit du côté du midi pour les garantir du soleil, soit dans la direction du vent dont la violence peut nuire à des végétaux délicats et très-aqueux,

au moment où le plant élevé sur couche est transplanté en
pleine terre. Telles sont, en particulier, les concombres,
cornichons, courges, citrouilles, et toutes les plantes cultivées de la famille des cucurbitacées; aucun autre genre d'abri
n'assure la reprise de ces plantes mieux que les contre-
sols. On peut se procurer des contre-sols à très-bas prix dans
toutes les fabriques de poterie à l'usage de l'horticulture.

Châssis (fig. 30). — Les châssis, d'un usage très-étendu

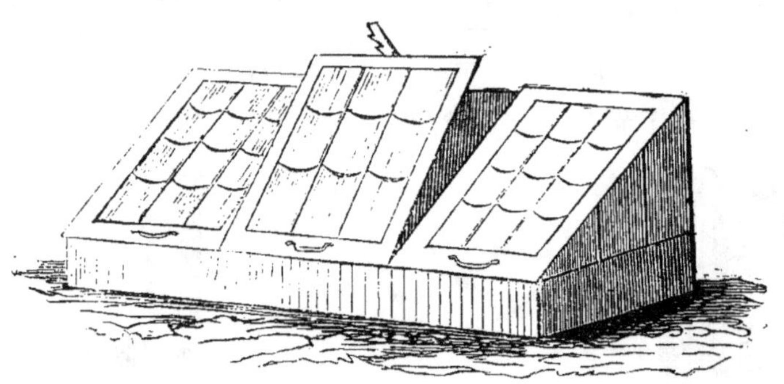

Fig. 30. Châssis.

en horticulture, consistent en deux parties distinctes, le coffre
et le châssis proprement dit. Le coffre, destiné à supporter le
châssis, est habituellement en bois; sa longueur varie à volonté; néanmoins elle dépasse rarement quatre mètres, longueur suffisante pour trois châssis ou *panneaux*, selon l'expression reçue parmi les jardiniers parisiens. La largeur est
d'un mètre seulement quand le coffre doit renfermer une
couche chaude pour la culture forcée des légumes de grande
primeur; elle est d'un mètre trente centimètres pour les couches tièdes ou sourdes. La partie postérieure du châssis est
toujours un peu plus élevée que la partie antérieure, afin
que le châssis ne soit point posé horizontalement, mais
qu'il ait une certaine pente en avant. La différence de hauteur
varie de huit à dix centimètres, selon la hauteur que doivent
acquérir les plantes qu'on se propose de cultiver sous ce
genre d'abri. Les coffres sont le plus souvent de bois de
chêne, bien goudronné à l'intérieur et peint extérieurement

à l'huile, à plusieurs couches, afin de le rendre plus durable. On en construit aussi en tôle de fer, des dimensions ci-dessus indiquées, servant aux mêmes usages. Quand la chaleur artificielle doit être produite à l'intérieur du coffre par une couche de fumier en fermentation, il repose sur le sol, dans lequel même ses bords inférieurs entrent d'un ou deux centimètres ; quand cette chaleur doit être produite par les tuyaux d'un thermosiphon, le coffre repose sur un plancher de bois sous lequel passent les tuyaux de chaleur. (Voyez *Thermosiphon*, chap. VI.)

Les châssis qu'on pose sur les coffres afin de concentrer intérieurement la chaleur au profit des plantes élevées en culture forcée, sont le plus souvent couverts de carreaux de vitres posés en recouvrement les uns sur les autres. Il importe que le verre en soit bien transparent et en même temps assez épais pour résister aux diverses chances de casse qui peuvent rendre leur entretien très-coûteux. Un support à crémaillère permet de soulever plus ou moins les châssis, soit pour nettoyer les carreaux de vitre, soit pour laisser un libre accès à l'air extérieur. Chaque châssis est, en outre, muni de deux poignées de fer servant à le déplacer et à le remettre en place au besoin.

Les amateurs de jardinage auxquels leurs moyens ne permettent pas de faire usage de châssis vitrés supportés par des coffres de bois de chêne ou de tôle de fer, peuvent y substituer des *châssis économiques*, consistant en coffres de bois blanc surmontés de simples cadres en bois brut sur lequel est tendue une toile enduite d'huile de lin, ou même un papier huilé. La culture forcée des plantes les plus délicates n'y réussit sans doute pas aussi bien que sous de bons châssis vitrés ; mais presque tous les genres de culture forcée les plus usités y sont praticables avec avantage et à très-peu de frais, d'autant plus qu'avec un peu d'adresse et d'activité, le premier venu peut, à la campagne, fabriquer pour le service de son jardin des châssis économiques, tandis que les châssis ordinaires ne peuvent être établis que par des menuisiers ou des tôliers de profession. Les châssis, quels qu'ils soient, sont rendus très-durables par la double précaution de leur donner tous les ans, au printemps, une forte couche de peinture, et de les déposer à l'abri d'un hangar durant tout le temps pendant lequel on n'en a pas besoin.

Couches. — Les couches sont formées de fumier en fermentation, soit seul, soit associé aux feuilles mortes et à la mousse pouvant produire une chaleur artificielle plus ou moins intense et durable. Le fumier et les autres éléments fermentescibles dont on construit les couches ne servant pas directement à la nourriture des plantes cultivées sur couches, on les recouvre d'un lit plus ou moins épais de terreau ou bien d'un mélange de terreau et de terre de jardin en diverses proportions. C'est aux dépens de ce lit, plus ou moins échauffé par la fermentation de la couche, que végètent les plantes forcées.

Les couches, d'après le degré de chaleur qu'elles doivent donner, sont *chaudes*, *tièdes* ou *sourdes*.

Couches chaudes. — On ne peut construire ce genre de couches qu'avec du fumier de cheval dans toute la force de sa fermentation. Si l'on a fait provision de ce fumier dans le but de s'en servir au moment où les couches doivent être montées, il faut avoir soin de le conserver en tas peu comprimés, dans lesquels on fait passer de distance en distance de longues perches au moyen desquelles on soulève la masse, afin que l'air y pénètre et que les tas se dessèchent à l'intérieur. Le fumier de cheval possède, par-dessus tous les autres, la propriété précieuse d'interrompre sa fermentation lorsqu'il est sec, et de la reprendre lorsqu'il est mouillé. Ainsi, au moment où l'on veut monter les couches, on défait les tas et l'on mouille largement le fumier qu'on emploie sans retard ; la fermentation s'y établit aussitôt : elle est très-active, mais elle dure peu. On a soin, pour cette raison, de faire les couches chaudes plus hautes que larges. Quand leur chaleur commence à baisser, on la ranime au moyen de *réchauds*. On désigne sous ce nom la ceinture de fumier récent dont on entoure une couche chaude à moitié refroidie, et qui la réchauffe pour un certain temps. Dans la culture maraichère qui fait usage d'un grand nombre de couches, elles sont disposées près les unes des autres, de telle sorte que les réchauds de fumier neuf occupent les sentiers de service; ils produisent ainsi tout leur effet utile sans causer aucun embarras.

Pour bien *monter* une couche chaude, il faut d'abord bien mêler au moyen de la fourche toutes les parties du fumier; si ce mélange n'est pas fait avec assez de soin, la fermentation des différentes parties de la couche est très-inégale. Il faut ensuite, en se servant d'un arrosoir muni de sa gerbe, mouiller suffisamment le fumier; beaucoup de jardiniers montent les couches avec du fumier presque sec qu'ils mouillent et piétinent quand la couche est toute dressée; mais il vaut beaucoup mieux arroser le fumier avant de s'en servir; on est certain par ce moyen qu'il est plus complétement et plus également humecté, ce qui contribue à l'égalité de fermentation de la couche.

Ces dispositions étant prises, la place de la couche est marquée par quatre piquets sur lesquels des cordeaux sont tendus, afin que les bords de la couche soient parfaitement droits. La couche est alors montée en commençant par l'un de ses bouts, le jardinier travaille en reculant jusqu'au bout opposé; il a soin de frapper sur le fumier avec le dos de la fourche à mesure que sa besogne avance, afin que la masse soit très-également tassée.

Couches tièdes. — On les monte ordinairement avec moitié fumier, moitié feuilles récemment tombées, mousse fraîche ou autres substances végétales capables de donner une chaleur douce et longtemps prolongée. Le tout bien mélangé, et convenablement humecté, est dressé en forme de couche d'après les procédés décrits pour les couches chaudes.

Couches sourdes. — Pour monter une couche sourde, on ouvre en terre une tranchée de la longueur et de la largeur que la couche doit avoir, et à la profondeur de 30 centimètres. C'est dans cette fosse qu'on entasse, soit le fumier seul, soit le mélange de fumier, de feuilles et de mousse, qui doit produire la chaleur de la couche. Cette chaleur doit durer longtemps; mais une fois épuisée elle ne peut pas être

renouvelée au moyen des réchauds que ce genre de couche
n'admet pas; aussi ne commence-t-on à monter des couches
sourdes qu'à l'approche du printemps, pour pouvoir y transplanter des végétaux qui ont commencé à croître sur d'autres
couches chaudes ou sourdes, pendant la mauvaise saison. Au
lieu de terreau, l'on étend à la surface de la couche sourde
un lit épais de bonne terre prise dans la fosse ouverte pour la
loger ; elle est ensuite, comme les autres, recouverte d'un
châssis vitré supporté par un coffre, afin de concentrer la
chaleur douce qui se maintient dans ce genre de couche pendant fort longtemps.

CHAPITRE VI

De l'orangerie et des serres.

Origine des serres en Europe. — Orangerie. — Ce qui la distingue de la
serre froide. — Pourquoi l'on a cessé d'en construire. — Distribution
intérieure. — Étagères. — Poêle. — Serre froide. — Serre flamande.
— Serre hollandaise. — Serre à camellias, — A Pelargoniums, — A
calcéolaires. — Jardin d'hiver. — Châssis froid. — Serre tempérée. —
Mode de chauffage. — Thermosiphon. — Ses avantages. — Ventilation. —
Réservoir. — Serre salon. — Serre chaude. — Ses divisions intérieures.
— Vestibule. — Aquarium. — Serre à forcer. — Serre à multiplication.
— Manière d'ombrager les serres. — Serre mobile. — Se place devant
les arbres en espalier. — Serre portative chauffée. — Non chauffée. —
Aquarium d'appartement.

La nécessité de donner à un grand nombre de végétaux,
originaires des contrées les plus chaudes du globe, un climat
artificiel aussi semblable que possible au climat naturel de
leur pays natal a donné naissance aux serres, dont les premières furent construites, dit-on, au XVe siècle, pour le jardin
botanique de l'université de Padoue. Depuis cette époque, on
n'a pas cessé de multiplier ce genre de construction; il n'est
plus actuellement de maison de campagne, tant soit peu con-
fortable, qui ne soit accompagnée de l'accessoire obligé d'une
serre.

Les serres, d'après leur destination, sont classées dans
l'ordre suivant : *Orangeries. — Serres froides. — Serres tempérées. — Serres chaudes. — Aquarium. — Serres à forcer. —
Serres à multiplication.* Il faut ajouter à cette nomenclature
les *serres et les aquarium en miniature,* qui se placent facilement sur un guéridon et servent à la partie la plus agréable
de l'horticulture d'appartement.

Orangerie (fig. 31). — L'orangerie diffère de la serre
proprement dite par un caractère essentiel; la serre, quelle
que soit sa destination, est couverte d'un toit vitré; il n'entre

dans sa construction que du bois ou du fer d'une part, et du
verre de l'autre ; le mur du fond auquel elle est habituelle-

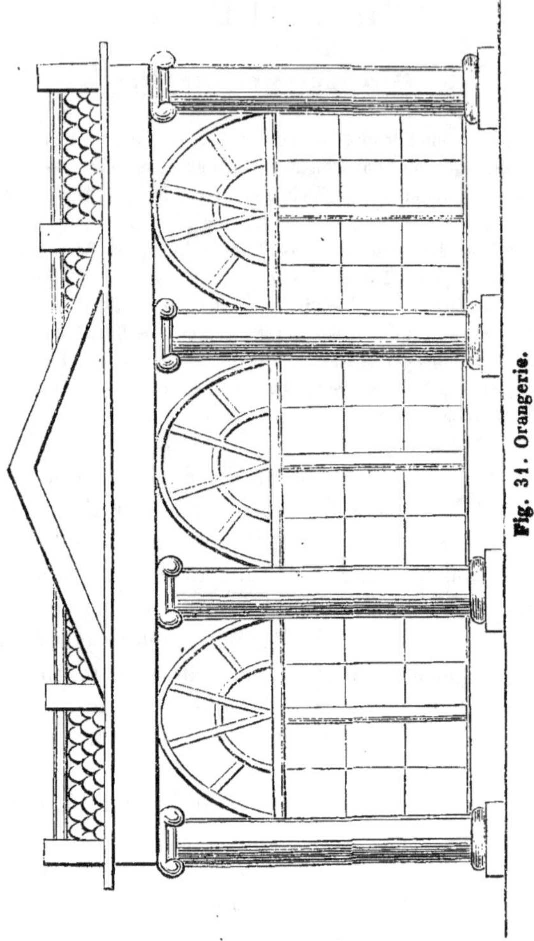

Fig. 34. Orangerie.

ment adossée en est la seule maçonnerie ; les plantes qu'on y
cultive reçoivent, par conséquent, la lumière dans toutes les
directions. L'orangerie est, au contraire, une construction
toute en maçonnerie, percée de larges fenêtres du côté du
midi, couverte d'un toit en tuiles, ardoises, zinc ou plomb.

comme le serait un bâtiment d'habitation. Les plantes n'y reçoivent la lumière que par un seul côté. Cela seul rend l'orangerie bien moins utile que la serre froide; aussi ne construit-on presque plus d'orangeries, bien qu'on se serve encore de celles qu'on a bâties en grand nombre le siècle dernier; à dépense égale, on préfère se donner une serre froide, où il est possible de cultiver une plus grande variété de végétaux d'ornement.

Quand l'orangerie est destinée, comme l'indique son nom, à loger principalement des orangers et d'autres arbres du même tempérament, tels que des grenadiers, des myrtes et des lauriers-roses servant à décorer les grands jardins en été, elle doit être d'assez grandes dimensions. Le mur du fond, ainsi que la façade, fait face au sud; la porte, très-élevée pour faciliter l'entrée et la sortie des grands arbustes cultivés dans des caisses, est ouverte du côté du couchant. Un plafond, ordinairement à la hauteur du sommet de la porte, couvre intérieurement toute l'orangerie, qui se trouve ainsi surmontée d'un vaste grenier. En hiver, le froid résultant du séjour de la neige sur le toit, ne peut, grâce à ce plafond, pénétrer dans l'intérieur de l'orangerie. La santé des plantes, arbres et arbustes qu'on fait hiverner dans l'orangerie n'est pas compromise tant que la température intérieure ne descend pas au-dessous de zéro; il est par conséquent inutile d'y établir un appareil permanent de chauffage, il suffit d'y installer un poêle qu'on allume pendant les grands froids seulement; on y fait tout juste assez de feu pour empêcher qu'il ne gèle dans l'orangerie; on le démonte en été.

La façade antérieure de l'orangerie doit être percée de fenêtres hautes et larges; les meilleures orangeries sont celles dont toutes les fenêtres se touchent. Les dimensions intérieures de l'orangerie peuvent varier à volonté; comme elle ne reçoit la lumière que par les fenêtres de sa façade antérieure, on ne doit pas la faire trop profonde, autrement la dernière rangée de plantes placées le long du mur du fond, se trouvant trop éloignée des fenêtres, aurait à souffrir du manque de jour et d'air, ce qui ferait perdre aux plantes une grande partie de leur feuillage, et pourrait même compromettre leur existence.

Les murs de l'orangerie doivent être d'autant plus épais que le climat local est plus rigoureux; quand elle ne doit abriter pour l'hivernage que de grands arbustes en caisse, le poêle avec ses tuyaux constitue tout son matériel. Si l'orangerie sert en outre à loger diverses plantes de petites dimensions, cultivées dans des pots, on place devant les fenêtres des étagères sur lesquelles les pots sont rangés pour être le plus près possible de la lumière. Ces étagères ne doivent jamais être assez élevées pour intercepter trop complétement l'air et la lumière dont les grands arbustes placés en arrière, entre les étagères et le mur du fond, réclament leur juste part.

Serre froide (fig. 32). — Les horticulteurs anglais nomment ce genre de serre *conservatoire* (*conservatory*); ce terme exprime très-bien la destination de la serre froide, où le jardinier loge une très-grande variété de plantes d'ornement, dans le seul but de les conserver. Parmi ces plantes, les unes suspendent naturellement leur végétation en hiver, sans perdre leurs feuilles; d'autres éprouvent un sommeil végétal complet; d'autres, enfin, sont naturellement disposées à végéter sans s'arrêter, l'hiver étant inconnu sous leur climat natal. Cette dernière série de plantes est la plus difficile à conserver dans la serre froide; on y parvient seulement en ralentissant le mouvement de leur végétation. Dans la serre froide, comme dans l'orangerie, il fait toujours assez chaud quand il ne gèle pas; le poêle ne doit être allumé qu'en cas d'absolue nécessité. La serre froide se construit à un ou à deux versants, à surface plate ou bombée. Les constructions qu'on désigne sous les noms de *serre flamande* (fig. 33), *serre hollandaise, serre à camellias, à pelargoniums, à calcéolaires,* ne sont pas autre chose que des serres froides, dont la construction ne présente aucune particularité qui les distingue entre elles. Afin de n'y faire du feu que le plus tard et le moins longtemps possible, quand la serre froide est à deux versants, le côté nord est recouvert d'une couche épaisse de litière longue ou de feuilles, maintenue en place par une cou-

verture de planches minces en bois blanc; le côté sud, pendant les petites gelées, n'est couvert que de paillassons qu'on

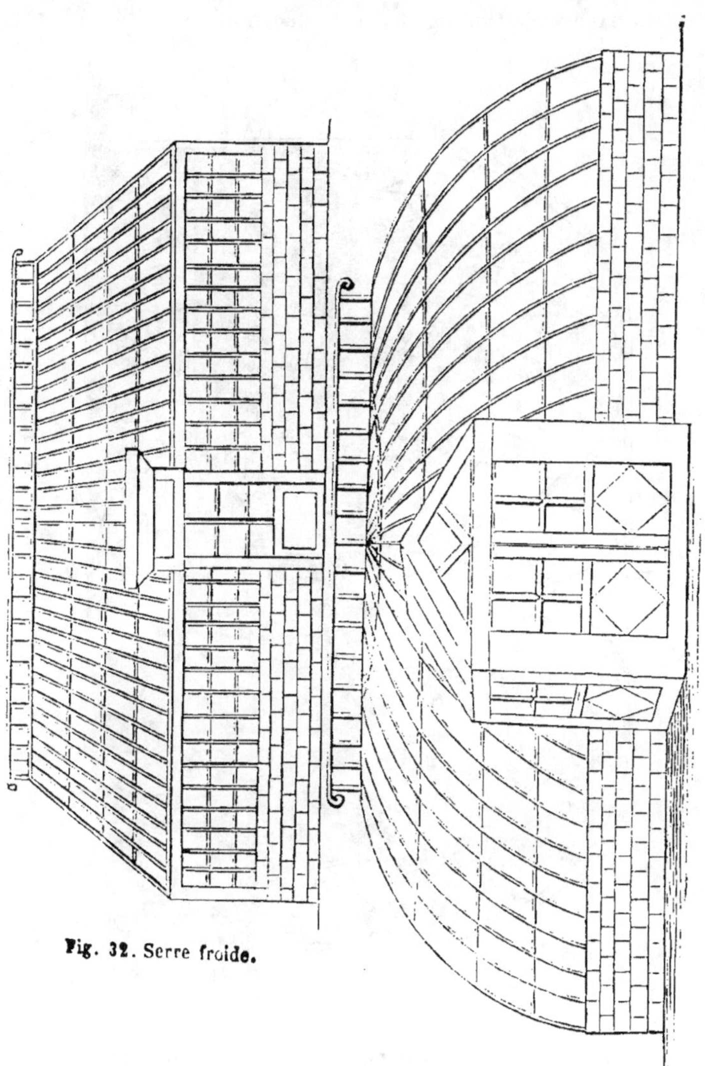

Fig. 32. Serre froide.

Fig. 33. Serre flamande.

a soin d'enlever dès que la température s'adoucit ; car les

plantes de serre froide souffrent plus en hiver du **manque de**
lumière que des atteintes d'un froid modéré.

Le jardin d'hiver (fig. 34) est encore une variété de la serre

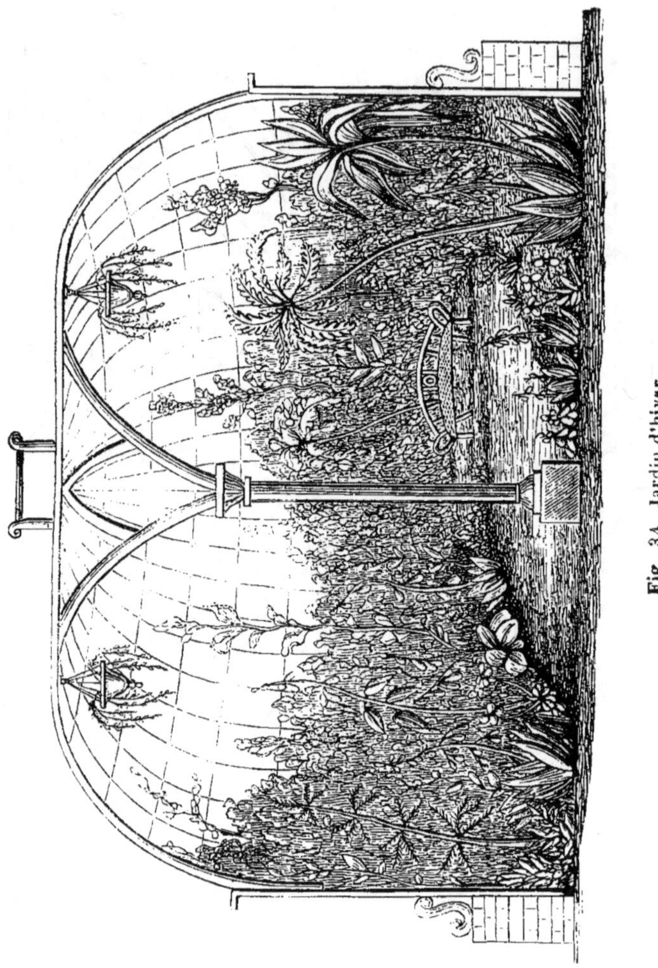

Fig. 34. Jardin d'hiver.

froide, fort en faveur de nos jours. C'est une serre à **deux**
versants, assez spacieuse pour qu'on y trace des sentiers **et**
qu'on y dispose des siéges rustiques. Les plantes, **arbre**

et arbustes d'orangerie et de serre froide, spécialement les
camélias, y végètent toute l'année en pleine terre ; un bassin
alimenté par un filet d'eau courante doit être considéré
comme un accessoire indispensable du jardin d'hiver.

Le châssis froid est la serre froide réduite à sa plus simple
expression ; il a la forme du châssis ordinaire ; seulement,
le coffre en planches qui supporte les vitrages est élevé de
deux mètres à sa partie postérieure et d'un mètre soixante
centimètres sur le devant. Une crémaillère solide soutient
les panneaux redressés, quand le jardinier doit travailler
à l'intérieur du châssis froid. Le plus souvent, ses dimensions restant les mêmes, il est enfoncé de quarante à cinquante centimètres dans le sol. Quand le froid est rigoureux,
des feuilles, de la litière et des paillassons amoncelés tout
autour du châssis froid, et étendus temporairement sur ses
vitrages, empêchent la gelée d'y pénétrer. Tous les végétaux
d'orangerie et de serre froide peuvent hiverner sous le châssis
froid.

Serre tempérée. — La serre tempérée est la plus utile
de toutes dans la pratique de l'horticulture. Sa construction ne diffère en rien de celle de la serre froide ; mais
elle admet la culture d'une bien plus grande variété de végétaux empruntés à la flore des régions tropicales. Ces végétaux ne passent en plein air qu'une période assez courte de
la belle saison ; tout le reste de l'année, ils ne peuvent se
passer du secours de la chaleur artificielle. Les divers modes
de chauffage appliqués autrefois à la serre tempérée ont tous
cédé la place au thermosiphon, dont la supériorité ne peut
pas être contestée. L'appareil connu sous le nom de thermosiphon consiste en une chaudière hermétiquement fermée, sous
laquelle on allume du feu à volonté ; la chaudière et son foyer
sont ordinairement placés en dehors de la serre tempérée,
soit dans un compartiment isolé, soit dans un caveau pratiqué
au-dessous pour cette destination. Des tuyaux de fonte de fer
ou de cuivre (ces derniers sont les meilleurs) partent de la
chaudière et font une ou plusieurs fois le tour de la serre
avant de rentrer dans la chaudière par un point de sa sur-

face latérale situé plus bas que leur point de départ; ces tuyaux sont, comme la chaudière, remplis d'eau et clos hermétiquement. Lorsqu'on allume le feu sous la chaudière, la portion d'eau en contact avec la paroi chauffée s'échauffe aussitôt, ce qui la rend plus légère que le reste de la masse liquide; il s'établit des courants d'eau chaude ascendante et d'eau froide descendante, jusqu'à ce que toute l'eau contenue, soit dans les tuyaux, soit dans la chaudière, soit arrivée à la même température. (Thermosiphon, fig. 35).

Les avantages du chauffage des serres à l'eau chaude, au moyen du thermosiphon, sont évidents. Si par exemple une serre tempérée est chauffée par des tuyaux de chaleur ordinaire, partant d'un foyer alimenté par la combustion du bois ou de la houille, le jardinier doit, pendant les gelées, veiller jour et nuit pour entretenir le feu, et il ne réussit qu'avec peine

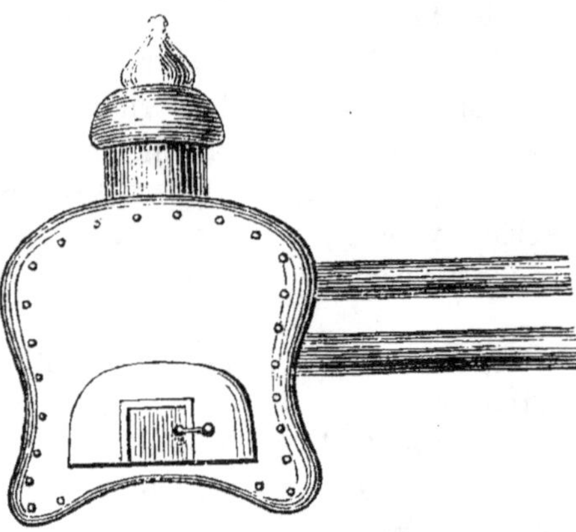

Fig. 35. Thermosiphon.

à maintenir cette égalité de température qui est la première condition de succès pour la culture des plantes tropicales. Qu'il s'endorme ou qu'il manque de vigilance, ses plantes peuvent se trouver grillées par un coup de chaleur trop vif, ou bien détruites par la gelée; car, avec ce système de chauffage, une heure après que le feu est éteint, il gèle dans la serre au même degré qu'au dehors. Qu'il survienne une crevasse à l'un des tuyaux de chaleur, voilà la fumée introduite dans la serre; puis, pour réparer l'accident, il faut appeler le maçon; or, la fumée et le maçon ne sont pas moins à redouter que la gelée pour les plantes cultivées dans les serres.

Avec le thermosiphon, il n'y a pas de coups de chaleur à craindre; l'égalité de température s'établit d'elle-même; jamais de fumée ni de maçons dans la serre : le jardinier peut aller se coucher et dormir un bon somme; plusieurs heures s'écouleront après que le feu sera éteint sous la chaudière du thermosiphon, sans que la température intérieure de la serre s'abaisse d'une manière dangereuse pour les plantes.

Le renouvellement de l'air dans la serre tempérée s'obtient au moyen de vitrages à charnière qu'on ouvre et qu'on ferme à volonté, à la partie supérieure du toit; ces ouvertures servent à la sortie de l'air chaud; l'air du dehors est introduit par des tuyaux communiquant avec l'extérieur; afin d'éviter les graves inconvénients que pourrait avoir pour la santé des plantes le contact de cet air souvent glacial, les tuyaux d'introduction sont appuyés contre les tuyaux du thermosiphon; lorsque l'air débouche dans la serre tempérée, il est suffisamment échauffé par le contact des tuyaux à air et des tuyaux remplis d'eau chaude; on obtient ainsi la meilleure ventilation possible, sans refroidissement subit.

L'eau destinée à l'arrosage des plantes de serre tempérée doit être amenée à la température de la serre avant d'être employée. Un réservoir en pierre, alimenté par un filet d'eau, est à cet effet construit dans la serre tempérée; on a soin d'y entretenir des poissons rouges qui se nourrissent des animalcules microscopiques contenus dans l'eau, et l'empêchent de se corrompre.

La serre tempérée est souvent construite de plain-pied avec le salon du rez-de-chaussée d'une maison de campagne; elle prend dans ce cas le nom de *serre-salon* (fig. 36). Les plantes y sont disposées sur des étagères qu'on range à droite et à gauche les jours où la serre doit faire l'office de salon. Un tapis est étendu sur l'espace devenu libre au milieu de la serre; des lustres chargés de bougies sont suspendus à son sommet; les plantes n'en souffrent pas sensiblement, pourvu que les jours de réception ne reviennent pas à des intervalles trop rapprochés; car l'affluence des visiteurs, l'air vicié et la combustion des bougies leur font toujours plus ou moins de tort.

Serre chaude. — La construction de la serre chaude, son mode de chauffage, son réservoir et ses moyens de ventilation sont les mêmes que pour la serre tempérée. Comme il y règne constamment une température très-élevée, il pour

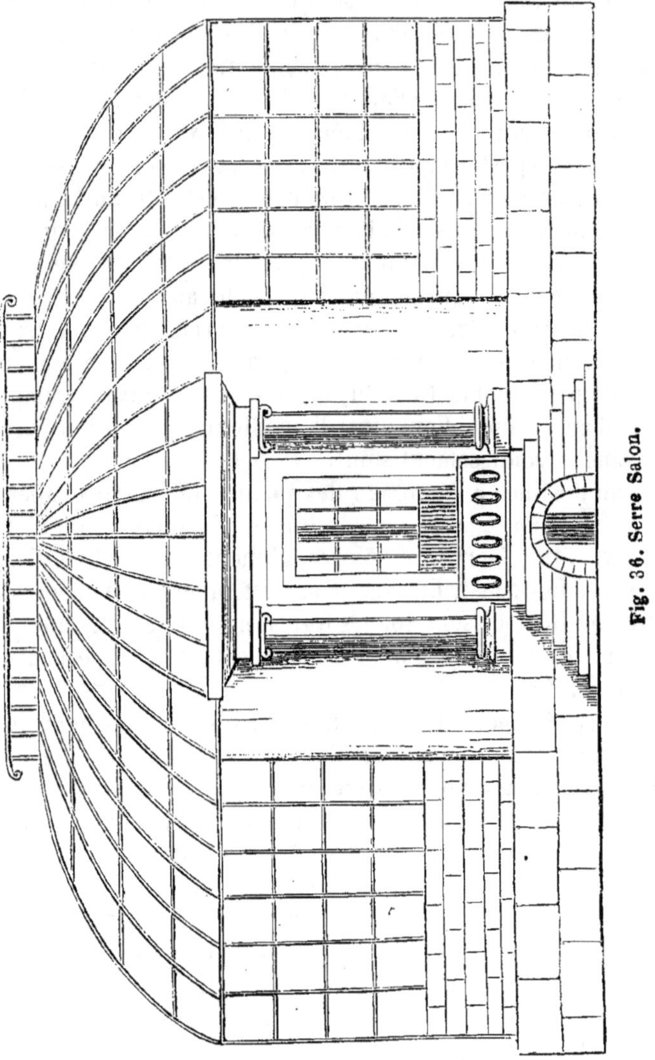

Fig. 36. Serre Salon.

rait être dangereux pour le jardinier de passer sans transition de cette température à celle du dehors; on ménage, pour parer à cet inconvénient, un cabinet vitré servant de vestibule, à l'entrée de la serre chaude. Le jardinier y suspend sa veste avant d'entrer et la reprend avant de sortir. Les plantes de serre chaude ne veulent pas toutes le même degré de chaleur sèche ou humide ; afin de pouvoir donner à chaque série de ces plantes la température qui lui convient le mieux, on divise la serre chaude en plusieurs compartiments par des cloisons vitrées ; le jardinier modifie selon le besoin la température intérieure de chaque compartiment.

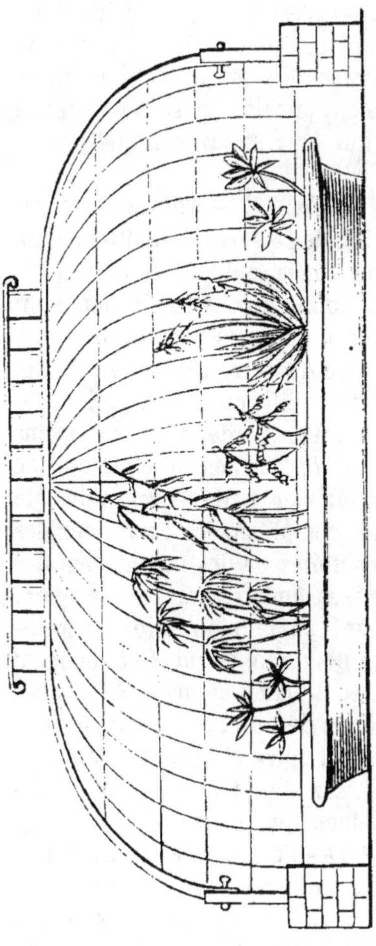

Aquarium (fig. 37). — Depuis quelques années, le nombre des très-belles plantes aquatiques tropicales introduites en Europe s'est tellement accru, qu'on a construit exprès pour ce genre particulier de culture des serres dont l'intérieur est occupé par un bassin plein d'eau maintenue constamment à la température désirée ; tout autour de ce genre de serre, pour lequel a été créé le terme nouveau d'*aquarium*, règne une plate-bande dans laquelle sont cultivées les plus belles plantes d'ornement de serre chaude, choisies parmi celles qui ont besoin d'une atmosphère à la fois très-chaude et très-humide.

Serre à forcer. — La serre à forcer est une serre tempérée ou chaude, consacrée tout

Fig. 37. Aquarium.

entière à forcer, soit des plantes d'ornement à fleurir avant l'époque de leur floraison naturelle, soit des arbres fruitiers à donner leurs fruits à l'époque où les mêmes arbres cultivés en plein air n'ont encore que des fleurs. La construction et la distribution intérieure de la serre à forcer ne diffèrent pas de celles des autres serres chaudes ou tempérées.

Serre à multiplication. — C'est une serre froide ordinaire, construite habituellement aux expositions du nord ou du couchant, afin que les plantes de serre qu'on y multiplie de greffe ou de bouture n'y soient jamais exposées au contact direct des rayons solaires, qui leur serait essentiellement nuisible.

Manières d'ombrager les serres. — Toutes les serres décrites ci-dessus, à l'exception de la serre à multiplication sur laquelle le soleil ne frappe jamais, ont besoin d'être préservées par divers moyens des coups de chaleur brûlante qui pourraient en été y causer des dommages irréparables. En Angleterre, on fait un grand usage du verre à surface inégale, qui brise les rayons solaires et affaiblit ainsi leur action. En France, lorsqu'il s'agit de diminuer l'ardeur de ces rayons sans les exclure complétement, on barbouille d'un lait de chaux un peu épais la surface intérieure des vitrages du côté du midi. Pour ombrager plus complétement l'intérieur des serres, on étend au-dessus des toiles ou des paillassons. Ces derniers, outre qu'ils sont assez embarrassants à manier, donnent une ombre trop épaisse; on leur préfère généralement les toiles, avec raison. En Belgique, on fait fréquemment usage, pour ombrager les serres, de lattes minces réunies par du fil de fer, qu'on peut rouler et dérouler au besoin, comme des paillassons. Ces lattes laissent entre elles de petits intervalles par lesquels il passe assez de lumière, bien que les coups de soleil soient parfaitement prévenus.

Serres mobiles (fig. 38). — Ce sont des châssis vitrés qu'on accroche au chaperon des murs garnis d'arbres en espalier, spécialement de pêchers et de vigne. Ces châssis sont inclinés en avant de manière à laisser entre eux et le mur un espace libre de 1 mètre 30 centimètres au niveau du sol. Le bas des châssis repose sur une planche posée sur champ, enfoncée de quelques centimètres en terre, et maintenue soli-dement par deux rangs de piquets, l'un en dedans, l'autre en dehors. Aux deux extrémités du mur abrité temporairement sous les châssis de la serre mobile, deux cloisons triangulaires en planches interceptent toute communication avec le dehors. Un poêle avec un long tuyau, ou mieux, un thermosiphon, est établi à l'un des bouts de la serre mobile dont il chauffe l'in-térieur ; c'est un procédé aussi sûr que peu dispen-dieux de forcer les arbres fruitiers en espalier. La serre mobile s'établit en février sous le climat de Paris ; on la démonte après la récolte des fruits forcés.

Serre portative (fig. 39). — Les amateurs d'hor-ticulture, retenus chez eux par des occupations séden-taires à l'intérieur des vil-

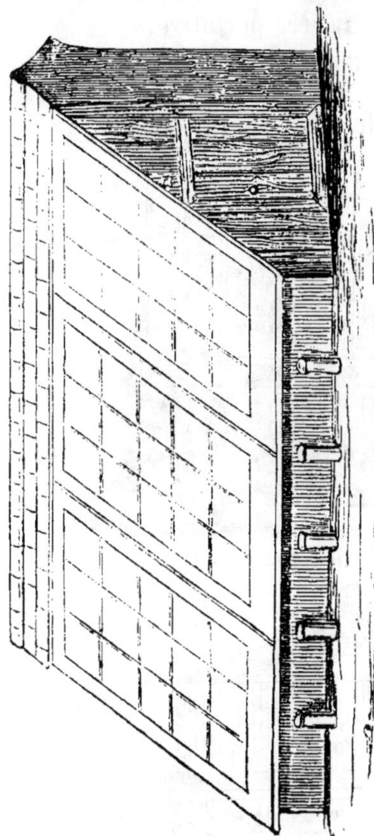

Fig. 38. Serre mobile.

les, peuvent trouver un grand plaisir à multiplier de semis, de bouture ou de greffe des plantes d'ornement de serre froide et de serre tempérée, dans une serre portative. Si l'on se borne à la culture de celles d'entre ces plantes auxquelles suffit la température ordinaire d'un appartement habité, il est inutile d'y adapter un appareil de chauffage ; pour celles qui demandent un peu plus de chaleur, on se sert d'une serre portative munie d'un réservoir plein d'eau (fig. 40), sous

lequel on place une lampe allumée; la flamme de la lampe
échauffe doucement l'eau du réservoir qui communique sa
température à l'intérieur de la serre portative.

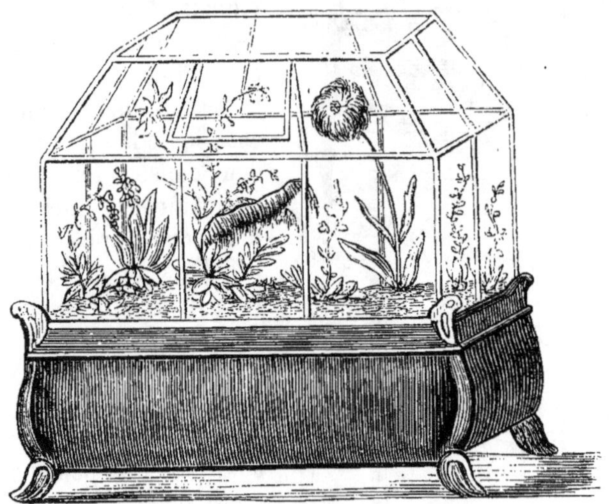

Fig. 39. Serre portative non chauffée.

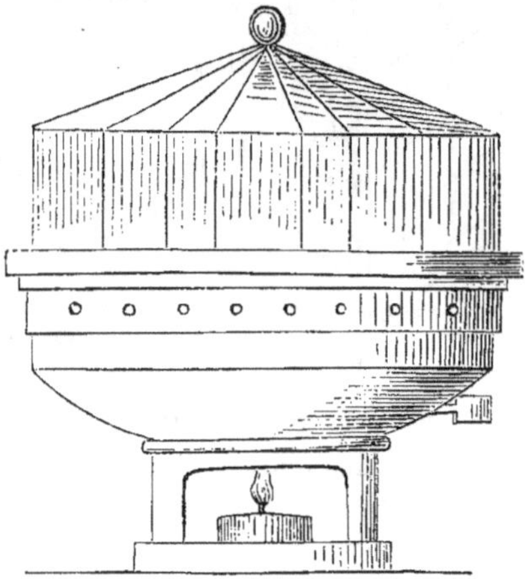

Fig. 40. Serre portative chauffée.

Aquarium d'appartement (fig. 41). — La prédilection
accordée par un grand nombre d'amateurs aux plantes aqua-

tiques d'ornement a fait inventer, de nos jours, l'aquarium d'appartement. Ce charmant appareil ne peut être établi qu'au

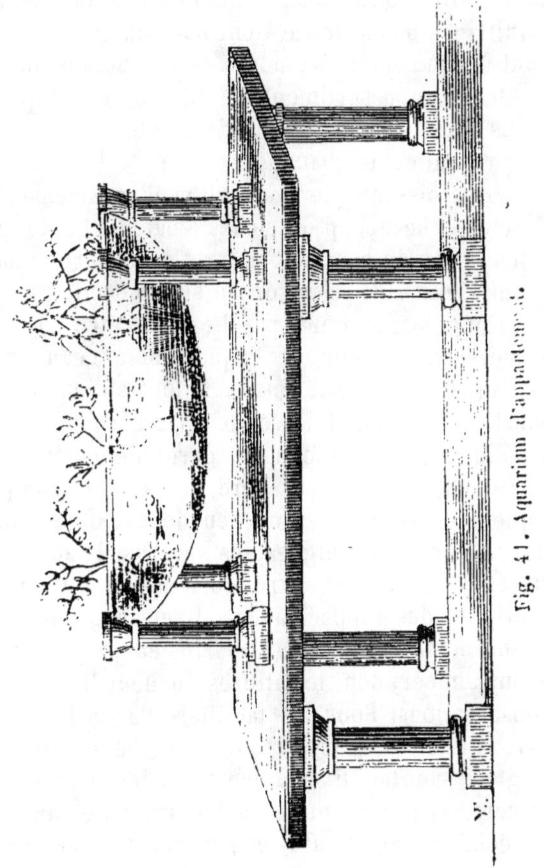

Fig. 41. Aquarium d'appartement.

rez-de-chaussée, sur une table à quatre colonnes, dans l'une desquelles passe un conduit de plomb destiné à amener l'eau dans l'aquarium, supporté lui-même par quatre colonnes de cuivre, dont l'une contient l'extrémité supérieure du même tuyau, tandis qu'une autre est percée d'un trou par lequel s'échappe la même quantité d'eau, l'aquarium étant alimenté par un filet continu d'eau vive.

4

Outre les plantes aquatiques d'ornement de petites dimensions, l'aquarium d'appartement sert à faire multiplier des *Épinoches*, petits poissons aux mœurs fort singulières, et divers coquillages d'eau douce dont les phases de développement sont fort curieuses à étudier. L'aquarium d'appartement peut contenir un assortiment de plantes aquatiques assez varié, sans qu'il soit nécessaire de recourir à l'emploi d'un appareil particulier de chauffage.

La faveur croissante de l'aquarium d'appartement a fait introduire chez beaucoup de riches amateurs, à la place de l'eau douce, l'eau de mer, soit naturelle, soit artificielle, dans l'aquarium. Cette eau, en raison du sel dont elle est chargée, ne se corrompt pas, et n'a pas besoin d'être constamment renouvelée, comme celle de l'aquarium à l'eau douce. On donne à l'aquarium à l'eau de mer la forme d'une caisse carrée, dont les côtés sont formés de glaces sans tain réunies par un solide mastic. Le fond est garni de *galets*, cailloux plats, arrondis, ramassés au bord de la mer, auxquels on ajoute quelques rocailles et un peu de sable de mer. Dans cet aquarium, outre les algues, les varechs, la zostère et une foule de végétations marines très-curieuses à étudier, on peut faire multiplier des hippocampes, divers coquillages et un assez grand nombre d'animaux marins et de petites espèces de poissons de mer, dont les allures donnent lieu à d'intéressantes observations. Pour les faciliter, l'aquarium peut être placé près d'une fausse fenêtre, dont le châssis est remplacé par une glace sans tain fixée à demeure. L'eau de l'aquarium étant traversée par la lumière du dehors, cette eau est constamment éclairée dans toutes ses parties, et rien de ce qui s'y passe ne peut échapper à l'observateur.

CHAPITRE VII

Des opérations du jardinage.

Des opérations du jardinage. — Labours; — A la bêche. — Mode d'exécution. — Jauge. — Manière d'enterrer le fumier. — Labours à la houe carrée, — A la houe triangulaire, — A la houe à deux dents, — Sous les arbres dans le bosquet. — Défoncements. — En quoi ils diffèrent des labours. — Binages et sarclages. — Arrosages. — Irrigation. — En quoi elle diffère de l'arrosage. — Arrosage dans la serre. — Age auquel les plantes ont le plus besoin d'être arrosées. — Paillis. — Son effet utile.— Tonneaux enterrés. — Bassin de ciment romain. — Multiplication des plantes. — Semis et plantations. — Semis en place, — En pépinière. — Semences stratifiées.— Plantation des tubercules. — Repiquage des plantes herbacées, — Des arbres et arbustes dans la pépinière.

Il importe beaucoup au jardinier que toutes les opérations du ressort de sa profession soient bien exécutées; acquérir pour chacune d'elles la plus grande habileté pratique, c'est l'étude de toute sa vie. Les plus importantes de ces opérations sont : *les labours, les défoncements, les binages et sarclages, les arrosages* et les divers procédés de multiplication des végétaux, *par semis, par plantation, par bouture, par marcotte et par greffe.*

Labours. — La plupart des labours se donnent dans les jardins à la bêche, qui doit être pour le jardinier ce que la charrue est pour le laboureur. Les labours à la bêche se commencent toujours par l'ouverture d'une fosse à l'une des extrémités de la planche à labourer; la profondeur de cette fosse est habituellement égale à la longueur d'un fer de bêche; elle se règle, d'ailleurs, d'après l'épaisseur plus ou moins grande de la couche de terre végétale. La terre extraite de la fosse est reportée à l'extrémité de la planche, où elle reste en réserve pour combler la fosse, quand l'ouvrier, travaillant à reculons, a terminé sa besogne. Les jardiniers donnent à cette fosse le nom de *jauge*; ils disent, pour faire l'éloge d'un ouvrier qui bêche avec soin, sans ménager sa peine : *On l'enterrerait dans sa jauge.* La jauge doit être partout de même largeur et de même profondeur, pendant toute la durée du labour. Si l'opération a pour but d'enfouir une fumure, le jardinier a soin que le fumier soit distribué partout très-également, et qu'il soit placé *entre deux terres*, à 5 ou 6 centimètres seulement de la surface; s'il était trop profondément enfoui, les racines des plantes cultivées n'en profiteraient pas. Quand la terre est plutôt forte que légère, on doit avoir soin de la couper et de la diviser avec le tranchant de la bêche, à mesure qu'on la déplace, afin qu'elle se trouve dans l'état d'ameublissement le plus parfait possible. Il y a néanmoins une exception à cette règle; si l'on donne à l'entrée de l'hiver un labour à ceux des carrés du potager qui ne sont pas occupés par des légumes vivaces ou bisannuels, on lève la terre en gros blocs qu'on pose debout sur le sol, sans les diviser, afin que, pendant l'hiver, les alternatives de gelées et de dégels les mûrissent et les émiettent, ce qui donne à la terre une très-bonne préparation pour les cultures de printemps.

La terre du jardin n'est pas toujours labourée à la bêche; dans le potager, le jardinier fait un fréquent usage de la houe à lame carrée ou triangulaire, avec laquelle il donne rapidement des façons superficielles qui suffisent pour préparer le sol lorsqu'une culture doit succéder à une autre; dans les massifs d'arbres et d'arbustes du jardin paysager, la bêche ne pourrait fonctionner convenablement à cause des racines que son tranchant rencontrerait en terre; cette partie du jardin ne peut être façonnée qu'avec la houe à deux dents, qui fonctionne entre les racines des arbres et arbustes sans les endommager.

Défoncement. — Le défoncement est un labour donné à une profondeur double de celle des labours ordinaires. Le jardinier ne défonce le terrain que lorsqu'il veut créer un jardin sur une pièce de terre précédemment occupée par d'autres cultures, ou bien lorsqu'il doit planter des arbres fruitiers ou des arbres d'ornement. Le travail s'exécute comme celui du labour, en ouvrant, sur l'un des bouts du terrain, une fosse de 0^m.80 à 1 mètre, dont la terre est portée à l'autre bout de la pièce. Quand le sous-sol est de mauvaise nature, on a soin de ne pas le mêler avec la couche de la surface qu'on dispose par bandes, de manière à pouvoir la répartir également partout, quand le défoncement est achevé. Pendant l'opération, on enlève les pierres et les racines des mauvaises plantes vivaces, ainsi que les morceaux de bois mort que le sous-sol peut renfermer ; ce dernier point est fort important, parce que les champignons souterrains qui naissent sur le bois pourri peuvent se propager sur les racines des arbres et arbustes et les faire pourrir.

Binages et Sarclages. — Ces façons, les plus superficielles de toutes, se donnent au moyen de l'instrument nommé binette ou serfouette, en ameublissant avec précaution la terre dans les intervalles des plantes cultivées. Moins on peut donner d'eau aux différentes divisions du jardin, plus il est nécessaire de leur donner de fréquents binages, qui empêchent la terre de se fermer et la laissent dans les meilleures conditions pour que les plantes puissent profiter complétement de la rosée des nuits. Quand le jardin est de longue main bien entretenu, il ne s'y montre de mauvaises herbes que celles dont les graines sont apportées accidentellement par le vent ou par les oiseaux, ou qui se trouvent mêlées au fumier sans perdre leurs propriétés germinatives. Les labours profonds d'automne et de printemps, les labours superficiels donnés pendant la belle saison, et les binages souvent renouvelés suffisent pour tenir le jardin dans un état de propreté parfaite. Si le sol en est infesté de racines de mauvaises plantes vivaces, on doit les extirper à la main à mesure qu'elles poussent, et couper avec un couteau assez long ces racines entre deux terres ; ce mode de sarclage fréquemment répété et le contact du fumier frais finissent par faire disparaître toutes les mauvaises plantes vivaces dont la culture jardinière ne tarde pas à débarrasser le terrain.

Arrosages. — Les arrosages sont l'une des opérations

les plus importantes du jardinage, excepté dans les cantons voisins des côtes de la mer et de l'embouchure des fleuves, où il pleut presque tous les jours. Dans le midi, l'évaporation causée par la chaleur du climat est si rapide que le jardinage est impossible partout où l'on ne peut pas pratiquer l'irrigation. L'irrigation diffère de l'arrosage en ce qu'elle consiste à faire arriver l'eau par des rigoles sur les planches du jardin nivelées à cet effet, et à les saturer d'eau par imbibition. C'est ce qui se pratique sur une grande échelle dans les jardins de Cavaillon, de Pézénas et des environs de Perpignan. Sous le climat de Paris et du centre de la France, on pratique l'arrosage proprement dit en se servant de l'arrosoir. Toutes les plantes cultivées dans les jardins ont besoin de beaucoup d'eau du printemps à l'automne. On arrose avec le bec de l'arrosoir, sans sa gerbe, le pied des choux, des choux-fleurs et des autres plantes dont le feuillage n'a pas besoin d'être mouillé; toutes les autres reçoivent l'eau sous forme de pluie. En principe, on doit arroser très-largement, ou pas du tout. Quand les plantes, fatiguées par la sécheresse et la chaleur du jour, ne reçoivent qu'une faible quantité d'eau promptement dissipée par évaporation, l'arrosage leur fait plus de tort que de bien; il faut, comme disent les jardiniers des environs de Paris, *mouiller à fond*, ou s'abstenir d'arroser; mais, dans ce cas, on court grand risque de ne rien récolter.

Dans la serre, l'arrosage ne peut se donner qu'avec l'arrosoir sans gerbe, à très-long goulot; toutes les plantes n'ont pas besoin de la même quantité d'eau; chacune veut être arrosée séparément, selon son tempérament et l'état plus ou moins avancé de sa végétation, ce qui deviendrait impossible si l'on arrosait sous forme de pluie toutes les plantes en pot, rangées sur les étagères d'une serre. Quand le feuillage des plantes a besoin d'être rafraîchi, on prend le pot pour le porter au dehors et le tenir dans une position inclinée, pendant qu'avec la gerbe de l'arrosoir la plante reçoit une ondée de pluie fine, sans que la terre du pot soit saturée d'un excès d'humidité nuisible aux racines de la plante.

En pleine terre, c'est pendant la première période de leur

croissance que les plantes ont le plus besoin d'eau; quelques-
unes, néanmoins, entre autres les fraisiers et les citrouilles,
veulent être saturées d'eau pendant qu'elles portent des fleurs
et des fruits. Pour la plupart des plantes potagères, il est
utile de couvrir le sol des planches d'un bon paillis de litière
longue, tant pour rendre le dessèchement par évaporation
moins rapide, que pour empêcher l'eau des arrosages de battre trop fortement la surface du sol, de la durcir, de *plomber*
la terre, selon l'expression reçue.

Dans les jardins qui ne sont pas favorisés d'une prise d'eau
dans un étang, ou du voisinage d'un cours d'eau, il est nécessaire d'établir un système de conduits souterrains, habituellement en terre cuite, par lesquels l'eau provenant d'un puits
ou d'une pompe, est amenée dans des tonneaux enterrés à
fleur de terre, de sorte qu'elle se trouve sur tous les points
du jardin, à la portée de l'arrosoir. Depuis quelques années
on a substitué aux tonneaux, dans beaucoup de jardins, des
bassins circulaires, plus profonds que larges, construits en
briques posées sur champ, empâtées dans du ciment romain;
ces bassins résistent très-bien à la gelée; ils sont plus durables que les tonneaux, et d'un meilleur usage sous tous les
rapports.

Multiplication des plantes. — Cette opération, but
principal de toute l'horticulture, comprend quatre procédés
distincts; les plantes cultivées peuvent être multipliées par
semis et *plantation*, par *bouture*, par *marcotte* et par *greffe*.

Semis et plantations. — Les semis exigent, de la part
du jardinier, une étude spéciale et des soins très-attentifs; il
n'y a, pour ainsi dire, pas deux plantes dont les graines doivent être semées exactement de la même manière. Les grosses
graines, à écorce dure, se sèment profondément, sans quoi
la sécheresse les atteindrait et elles ne lèveraient pas; les
autres veulent être recouvertes seulement d'une mince couche de terre ou de terreau pulvérisé; toutes les graines très-
fines sont dans ce cas; les plus petites sont seulement répandues sur le sol où elles lèvent sans être enterrées. Si
l'on s'en rapportait à la marche suivie par la nature, on ne

couvrirait jamais les graines; car les semis naturels ne sont jamais recouverts; mais la nature prodigue les semences dont la plus grande partie est destinée à périr sans servir à la multiplication des plantes : le jardinier, lui, ne sème que dans l'espoir que chaque graine produira une plante.

On sème en place les plantes qui supportent difficilement la transplantation, ou qui, sans être transplantées, peuvent donner les produits qu'on en espère. Les semis en place se font *en ligne* ou *à la volée;* les semis en lignes, dans des rigoles tracées d'avance à une profondeur proportionnée avec le volume des graines, rendent les sarclages et les binages plus faciles, et permettent d'espacer régulièrement les plantes entre elles, ce qui n'a jamais lieu par les semis à la volée.

On sème en pépinière les plantes qui ne donnent leurs produits qu'après une ou plusieurs transplantations. Les semis ont une grande importance dans les pépinières d'arbres fruitiers et d'ornement. Toutes les semences volumineuses, noyaux, noix, châtaignes, glands, faînes, doivent être *stratifiées* pour passer l'hiver. La stratification consiste à placer les semences par lits alternatifs, dans de la terre ou du sable frais, soit à la cave, soit au pied d'un mur à l'exposition du sud, à la profondeur de 30 à 40 centimètres, afin que la gelée ne puisse les atteindre. Dès les premiers beaux jours de la fin de l'hiver, au moyen de quelques arrosages modérés, les semences germent; elles sont alors prises une à une avec ménagement pour ne pas endommager leur radicule, et plantées en lignes dans des rigoles convenablement espacées.

Les graines de mélèzes, revêtues d'une enveloppe très-dure, ont besoin d'être tenues, pendant un jour ou deux, en tas qu'on humecte afin qu'ils s'échauffent par un mouvement de fermentation qui, poussé trop loin, ferait périr les germes, mais qui, arrêté à temps, favorise leur développement; on les sème ensuite soit en lignes, soit à la volée.

On donne le nom de *repiquage* à toute transplantation qui n'est pas définitive. Dans le potager, par exemple, on repique une ou deux fois le plant de chou-fleur obtenu de semis; le repiquage a pour but de rendre ce plant plus robuste et de hâter la formation de sa pomme; il n'est définitivement mis en place que quand, par le repiquage, il a pris assez de développement.

Les plantes qui, comme le dahlia dans le parterre, et la pomme de terre dans le potager, ne se multiplient pas habituellement par le semis de leurs graines, sont propagées par la division de leurs tubercules; on les plante, on ne les sème pas. La profondeur à laquelle on doit les enterrer varie selon leur volume.

Pendant l'opération de la transplantation du plant élevé en pépinière, on doit veiller à ce que les racines ne soient pas repliées sur elles-mêmes dans le trou ouvert par le plantoir, ce qui peut arriver quand l'ouvrier n'est point assez attentif à sa besogne.

Le repiquage des arbres et arbustes de semis, en attendant le moment où ils pourront être greffés, exige de grandes précautions; l'avenir des jeunes arbres en dépend. (Voyez chap. XXIX, 3e partie.)

CHAPITRE VIII

Des boutures et des marcottes.

Boutures. — Moyen rapide de propagation. — Bouturage à l'air libre. — Bouturage par plançons. — Arbres qui se multiplient par plançons. — Boutures simples. — Boutures en crossette. — Boutures à bourrelet. — Incision ou ligature pour faire naître le bourrelet. — Bouturage sous cloche ou sous châssis. — Applicable aux arbres résineux conifères. — Aux rosiers du Bengale et de la Chine. — Bouturages dans la serre. — Terres qui leur conviennent. — Sable pur. — Pots et terrines à boutures. — Boutures de laurier-rose dans l'eau. — Boutures de feuilles et de portions de feuilles. — Époques favorables au bouturage dans la serre. — Temps que mettent les boutures à s'enraciner. — Marcottes simples. — Par cepée. — Par incision. — Par amputation. — En pots ou godets suspendus.

La multiplication des végétaux par *bouture* et par *marcotte* constitue les deux opérations qui offrent le plus de ressource au jardinier pour la propagation des plantes, arbres et arbustes d'utilité ou d'ornement ; ce sont aussi celles qui, comme délassement, sont la source des plaisirs les plus variés pour le jardinier amateur.

Boutures. — Bouturer une plante, c'est en placer une portion, rameau, tronçon de tige ou de racine, feuille entière ou simple fragment de feuille, dans des conditions telles qu'il s'y développe des racines, et qu'il en résulte une nouvelle plante. C'est un des progrès les plus saillants de l'horticulture moderne, que d'avoir réussi à multiplier de bouture la presque totalité des végétaux cultivés dans les jardins et les serres. Sauf un petit nombre de plantes restées jusqu'à présent rebelles au bouturage, toutes les autres, placées dans les conditions qui leur conviennent, peuvent s'enraciner, ou, selon l'expression reçue, *reprendre* de bouture. Les progrès récents de l'art du bouturage sont même, pour le dire en passant, ce qui contribue le plus efficacement à rendre promptement communes et à bas prix les plantes étrangères peu après leur introduction. Le plus ou moins de facilité que le jardinier trouve à multiplier de bouture une plante nouvelle, en détermine la valeur; si elle se bouture aisément, elle cesse bientôt d'être rare; son prix, très-élevé dans le principe, descend au taux le plus modéré.

Les procédés très-variés du bouturage se rangent naturellement dans trois divisions comprenant *le bouturage à l'air libre, le bouturage sous cloche ou sous châssis,* et *le bouturage dans la serre.*

BOUTURAGE A L'AIR LIBRE. — Ce procédé s'applique principalement aux arbres et arbustes d'une reprise facile, et qui, pour cette raison, ne sont multipliés par le semis de leurs graines que quand on en espère de nouvelles sous-variétés. Les plus rustiques, tels que les peupliers et les diverses espèces de saules, peuvent se bouturer en place, de préférence dans les terrains frais, plutôt légers que forts, et sur le bord des eaux. On prépare pour boutures des rameaux qui peuvent avoir de 1 mètre 50 centimètres à 2 mètres de long; on donne à ce genre de bouture le nom particulier de *plançons.* L'extrémité inférieure du plançon, taillée en pointe, est mise en terre dans un trou pratiqué au moyen d'une barre de fer; on élague les pousses latérales du bas du plançon, en laissant subsister celles du sommet; un tuteur solide, auquel le plançon est rattaché par un ou deux liens d'osier ou de paille tordue, empêche qu'il ne soit renversé par le vent. L'activité de la séve chez les arbres habituellement multipliés par bouture en plançon, ne tarde pas à déterminer la formation, à la partie inférieure, d'un bourrelet duquel partent de jeunes racines, et le plançon devient un arbre tout formé.

BOUTURES SIMPLES. — Divers arbustes à bois tendre, spécialement les groseilliers, tant ceux des espèces cultivées pour leur fruit que les variétés d'ornement, reprennent de bouture sans aucune préparation; une portion de rameau de deux ans ou de l'année précédente est fichée en terre, à quelques centimètres de profondeur, en laissant deux ou trois bons yeux hors de terre; ces boutures reprennent toutes au gré du jardinier; ce sont les plus simples de toutes les boutures.

Boutures en crossette. — D'autres arbres et arbustes, la vigne entre autres, s'enracinent avec plus de certitude, quand le rameau d'un an, employé comme bouture, est accompagné à sa partie inférieure d'une portion de bois de deux ans, formant une

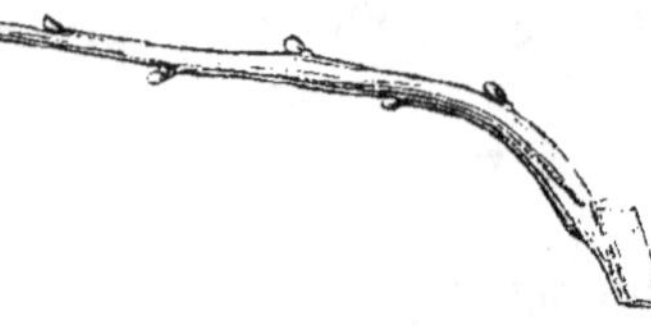

Fig. 42. Bouture en crossette.

sorte de crochet ; c'est ce que les jardiniers et les vignerons nomment une *crossette* (fig. 42). Les boutures en crossette ne se plantent pas droites, ou légèrement inclinées, comme les boutures en plançon et les boutures simples ; elles se placent horizontalement, à quelques centimètres sous terre ; on a soin de redresser pour le faire sortir au dehors, le bout supérieur muni d'un ou deux bons yeux. Les boutures de vigne en crossette se font le plus souvent en place ; dans ce cas, le sarment né de l'œil supérieur de la bouture devient un cep à la place même où il doit grandir et fructifier.

Boutures a bourrelet. — Les procédés de bouturage qui précèdent s'appliquent exclusivement aux plantes qui, par leur manière de végéter, se prêtent le plus docilement au bouturage. Beaucoup d'autres ne sont point dans ce cas ; il faut les préparer un an d'avance pour en obtenir des racines. Le moyen le plus usité consiste à pratiquer, vers le milieu de l'été, soit une incision annulaire de l'écorce, soit une ligature un peu serrée avec du fil de fer, autour du rameau qu'on veut utiliser comme bouture au printemps de l'année suivante. A la fin de l'automne, le rameau est détaché avec une portion de bois au-dessous de la ligature ; il est alors enterré, soit à l'air libre, soit sous châssis froid, assez profondément pour que la partie ligaturée soit recouverte. Il s'est formé immédiatement au-dessus de la ligature ou de l'incision, un bourrelet duquel doivent sortir les racines ; le séjour en terre, pendant l'hiver de la bouture à bourrelet, la dispose à s'enraciner lorsqu'elle est mise en place au printemps, après qu'on a retranché toute la portion réservée au-dessous du bourrelet.

Bouturage sous cloche ou sous châssis. — Pour qu'une bouture vive et qu'elle devienne une jeune plante, quel que soit le procédé employé, il faut qu'elle puisse soutenir sa vie végétale aux dépens de ses propres ressources, depuis le moment où elle est détachée de la plante jusqu'à celui où elle a produit assez de racines pour continuer à végéter aux dépens du sol. Chez les plantes très-lentes à s'enraciner, l'évaporation incessante produite par la transpiration des feuilles amènerait la dessiccation complète et la mort de la bouture longtemps avant la formation des racines, si le jardinier ne prenait le soin de la rendre nulle ou très-faible, en plaçant les boutures de ce genre, soit sous cloche, soit sous châssis. On applique spécialement ce genre de bouturage à ceux d'entre les arbres résineux à feuillage persistant, de la famille des conifères, dont il est difficile de se procurer des graines fertiles pour les multiplier de semis. En soulevant à propos la cloche ou le châssis pour donner un peu d'air en cas de besoin, et en réglant avec soin la température ainsi que le degré d'humidité réclamé par chaque genre de plantes, ce mode de bouturage réussit toujours. Beaucoup de conifères bouturées sous cloche donnent de meilleurs résultats quand on les bouture avec des tronçons de racines, que quand on emploie pour boutures des portions de rameau.

C'est de même sous cloche ou sous châssis qu'il faut bouturer les rameaux des rosiers remontants du Bengale et de la Chine, dont les boutures simples ne réussiraient pas à l'air libre.

Bouturage dans la serre. — Les végétaux délicats, qui s'enracinent difficilement, ne peuvent être bouturés sous cloche ou sous châssis ; la suppression ou la diminution de l'évaporation ne suffit pas pour les déterminer à émettre des racines ; il faut en outre que leurs boutures y soient sollicitées par une température douce ou élevée qu'elles trouvent dans la serre tempérée ou la serre chaude. La plupart de ces plantes ne forment, au bout d'un temps plus ou moins long, que des racines fibreuses excessivement délicates, que le moindre excès d'humidité fait pourrir. On ne peut donc pratiquer ce genre de bouture que dans de la terre de bruyère, soit pure, soit mêlée à une petite quantité de terreau, ou même dans du sable siliceux sans mélange de terre, maintenu au degré d'humidité convenable jusqu'à la formation des racines, après quoi la bouture, devenue une jeune plante, est transplantée dans une terre ou un compost approprié à sa nature.

Les boutures en serre se font dans des pots de petites dimensions; les plus petits possibles, par rapport au volume des boutures, sont regardés comme les meilleurs. On peut aussi placer avec succès plusieurs boutures autour d'une terrine ou d'un pot à large orifice; plus elles sont rapprochées de la paroi interne du pot, plus vite elles s'enracinent, ce qu'on attribue à l'action favorable de l'air qui filtre à travers l'épaisseur du pot ou de la terrine.

Dans l'orangerie, plusieurs végétaux se bouturent sans grandes précautions; les pélargoniums, les chrysanthèmes de l'Inde et plusieurs fuchsias sont dans ce cas; il suffit de les couvrir d'une cloche surbaissée qui concentre l'évaporation et prévient le dessèchement. Le laurier-rose et ses sous-variétés forment facilement leurs racines dans l'eau. Quand la température commence à devenir assez douce au printemps, on coupe une jeune pousse de laurier-rose de l'année précédente, qu'on met tremper dans une bouteille, près du vitrage, afin qu'elle y reçoive l'influence du soleil. Quand on voit des racines blanches, filamenteuses, se former au bas de la bouture, on la retire de l'eau pour la planter dans un pot rempli de terre à oranger où elle continue à végéter comme si elle y avait émis ses premières racines.

Dans la serre chaude, le bouturage de feuilles ou de portions de feuilles se fait sous l'influence d'une température élevée sous de petites cloches adaptées à cet usage; un verre renversé en fait parfaitement l'office au besoin. Quand la feuille est munie d'un pétiole, c'est au bas de celui-ci que se forme le bourrelet d'où partent les racines. Dans le genre *Bégonia*, par exemple, les feuilles amples et assez épaisses, employées comme boutures, se fanent et se détruisent peu à peu; le pétiole seul vit assez longtemps pour s'enraciner. Quand le bourrelet est bien prononcé, on peut fendre le pétiole, dans le sens de sa longueur, en trois ou quatre morceaux;

chacun d'eux s'enracine et devient une bonne bouture. Les
plantes de la famille des gloxinicées et celles de la famille
des gesnériacées ont une tendance encore plus prononcée à
donner des racines au moyen des boutures de fragments de
feuilles, sous cloche dans la serre chaude; une seule feuille
d'*achimènes*, par exemple, découpée dans le sens de ses principales nervures, fournit un grand nombre de boutures dont
pas une ne manque de s'enraciner.

Les mois de juin et de juillet passent, dans l'opinion des jardiniers, pour ceux pendant lesquels les boutures sous cloche,
dans la serre, réussissent le mieux; le bouturage dans la
serre peut réussir en toute saison, pourvu que, chez la plante
bouturée, la vie végétale soit en activité Ainsi les boutures
des plantes appartenant à la flore des tropiques qui n'ont pas
de sommeil annuel végétal et qui ne perdent jamais leur
feuillage, peuvent se faire en tout temps; d'autres, sans sommeiller tout à fait, éprouvent un temps d'arrêt dans la marche
de leur végétation; c'est quand elles se remettent à pousser
avec une nouvelle vigueur qu'il convient de les bouturer.

Chez certains végétaux à bois sec, à feuillage coriace, la
formation des racines se fait attendre pendant des mois, quelquefois pendant une année entière; le jardinier doit s'armer
de patience et ne pas désespérer du succès tant que la vie végétale se soutient dans la bouture, bien qu'elle reste stationnaire, sans avancer ni reculer; un beau jour, il finira par voir
de jeunes feuilles, puis de jeunes pousses annoncer la reprise
de la bouture, qui ne peut pas commencer à croître tant
qu'elle ne s'est pas donné de jeunes racines.

Marcottes. — Les marcottes sont de véritables boutures
auxquelles on donne plus de chances de succès en laissant à
la plante mère le soin de les nourrir jusqu'à ce qu'elles soient
suffisamment enracinées pour se nourrir elles-mêmes; alors
seulement, les marcottes sont *sevrées*, c'est-à-dire détachées
de la plante mère. Le marcottage consiste donc toujours à
placer en terre une portion d'un végétal dont une extrémité
est laissée saillante au dehors, tandis que l'autre adhère à la
plante qu'on cherche à propager par ce moyen. Le *provignage*,

d'un usage si général dans les pays vignobles, est un marcottage. La marcotte est *simple* quand l'opération se borne à couvrir de terre maintenue suffisamment humide le rameau marcotté. Quelques végétaux, les œillets entre autres, qui se multiplient principalement de marcotte, ne s'enracineraient pas si les nœuds de la partie enterrée n'étaient *incisés* en travers, à la moitié environ de leur épaisseur. L'incision provoque la formation du bourrelet qui donne naissance aux racines.

Dans les pépinières, les tilleuls et plusieurs espèces d'arbres d'alignement se marcottent *par cépée*, c'est le terme reçu. L'arbre mère est recépé près de terre, ce qui lui fait émettre autour de lui une multitude de rejetons. Chacune de ces pousses, parvenue à la longueur convenable, est recouverte de terre et traitée comme une marcotte simple qu'on sèvre quand elle a pris racine, pour la transplanter à la place où elle doit continuer à croître. Le cognassier se marcotte de la même manière.

Quelques végétaux ne s'enracinent par le marcottage que quand, au lieu d'une simple incision des nœuds enterrés, on en retranche une partie; c'est la marcotte *par amputation*, d'un usage assez fréquent dans la serre pour les plantes difficiles à s'enraciner.

Les pousses annuelles propres à devenir des marcottes ne sont pas toujours placées sur les plantes assez bas pour qu'il soit possible de les marcotter dans la terre même où vivent ces plantes. On rattache dans ce cas la plante à un tuteur assez fort pour supporter un petit pot fendu sur le côté (fig. 43), ou mieux un 'godet formé d'une feuille de plomb ou de zinc roulée en cornet (fig. 44). La pousse qui doit y être marcottée y est introduite et entourée de terre qu'on arrose assez souvent pour en prévenir le dessèchement; cette manière de marcotter se pratique par marcotte simple, par incision ou par amputation, selon les dispositions plus ou moins prononcées de chaque genre de plantes à émettre des racines.

Fig. 43. Pot à marcotter.

Fig. 44. Cornet à marcotter.

CHAPITRE IX

De la greffe

La greffe est un mariage forcé, mariage souvent mal assorti, qui ne donne pas toujours d'heureux résultats. C'est un végétal qu'on force à vivre aux dépens d'un autre d'une espèce voisine, comme il vivrait par ses propres racines aux dépens du sol. Les physiologistes ne sont pas d'accord sur les relations intimes de la greffe et du sujet : les uns admettent l'influence du sujet sur la greffe, les autres la nient d'une manière absolue. Dans la pratique, le jardinier est journellement en présence de faits d'une incontestable valeur, qui prouvent l'existence de cette influence dans un grand nombre de cas. Par exemple, s'il greffe un pommier sur Paradis, il a pour résultat un arbre nain; sur doucin, il obtient un arbre de taille moyenne; sur *égrain*, c'est-à-dire sur un sujet né d'un pépin de pomme, il a un arbre de première grandeur. N'y eût-il que ce fait, et il n'est certes pas le seul de même nature, le jardinier serait assurément fondé à soutenir que le sujet influe *quelquefois* sur la greffe, et à croire que cette influence s'exerce *très-souvent*, bien qu'à des degrés différents, selon le plus ou moins d'analogie qui peut exister entre l'un et l'autre.

Les avantages que le jardinier réalise par les applications de la greffe sont importants et nombreux. C'est par la greffe qu'il peut fixer et perpétuer des sous-variétés de fleurs et de fruits que tout autre mode de propagation ne maintiendrait pas; c'est par elle qu'il rajeunit de vieux arbres à fruits épuisés, et qu'il fait vivre sur des sujets rustiques peu difficiles, quant à la qualité du sol, de beaux arbres d'ornement dans des terrains où ils refuseraient de végéter par eux-mêmes. Il s'en faut de beaucoup, d'ailleurs, que la greffe, bien qu'elle ait été connue et pratiquée dès la plus haute antiquité, ait dit son dernier mot. Plusieurs genres de greffe, la greffe herbacée entre autres, fort en usage il y a trois siècles, puis tombée dans l'oubli, ont repris faveur de nos jours et donnent des résultats du plus haut intérêt. La greffe des graminées, pratiquée avec succès sur le riz en Italie, ouvre toute une série nouvelle que le temps peut rendre féconde. Il y a tout un travail à faire sur la greffe, travail immense d'expérimentation, qui, s'il se réalise jamais, ne saurait être l'œuvre d'un seul homme ; il y a à vérifier quels sont les végétaux qu'il est possible de greffer les uns sur les autres, quels sont les genres de greffe qui leur conviennent le mieux, et quels avantages on en peut retirer dans la pratique; ces points si intéressants ne sont connus, quant à présent, que pour un nombre assez limité de végétaux.

Toutes les greffes usitées en horticulture rentrent dans trois divisions naturelles, comprenant : *la greffe en approche, la greffe par scions* et *la greffe en écusson.*

GREFFE EN APPROCHE. — Cette greffe, la plus anciennement pratiquée de toutes, consiste dans la soudure d'une branche d'un végétal sur un autre; quand cette soudure est complète, la partie inférieure de celui qui doit servir de greffe et la partie supérieure du sujet sont supprimées, et il en résulte un arbre nouveau; c'est donc une sorte de marcotte d'un arbre sur un autre; une entaille pratiquée sur les deux surfaces qui doivent être réunies rend l'union plus intime et la reprise plus facile. La greffe et le sujet sont solidement assujettis l'un à l'autre par des liens qui, chez les arbres tout formés, peuvent être grossiers pourvu qu'ils soient solides ; ils consistent, dans ce cas, en osier ou bien en paille tordue qu'on peut garnir d'onguent de saint Fiacre ou de cire à greffer pour empêcher la pluie d'y pénétrer. L'onguent de saint Fiacre est composé d'argile et de bouse de vache bien incorporées ensemble en pâte d'une bonne consistance, par parties égales. La cire à greffer la meilleure et la plus facile à employer est composée des ingrédients suivants : Poix noire 500 grammes ; résine 100 grammes ; cire jaune 100 grammes ; axonge 100 grammes, plus une petite quantité de brique pulvérisée. Lorsqu'on a beaucoup de greffes à faire en même temps, on porte sur le terrain un petit fourneau portatif pour ramollir la cire à greffer. Il faut apporter beaucoup d'attention à ne pas appliquer la cire à greffer trop chaude ; on risquerait de tuer le sujet ou la greffe.

Dans l'horticulture moderne, la greffe en approche n'est presque plus en usage que dans la serre, pour les végétaux qui se prêtent difficilement aux autres genres de greffe ; les ligatures se font avec du fil de laine, en évitant de les serrer trop fort, ce qui produirait un étranglement. Quand l'état de la végétation indique la reprise d'une greffe en approche, on la sèvre comme une marcotte, non pas tout d'un coup, mais peu à peu, en pratiquant une entaille qu'on approfondit tous les jours jusqu'à complète séparation ; le sevrage, selon le diamètre du sujet, peut ainsi durer de dix à quinze jours. Il n'y a pas d'époque fixe pour pratiquer la greffe en approche ; il faut choisir le moment où la séve est dans sa plus grande activité, ce qui, pour des végétaux exotiques plus ou moins dépaysées dans les serres d'Europe, n'a lieu qu'à des époques variables d'un genre à un autre.

Greffe par scions. — Ce mode de greffe est un des plus généralement usités sous les diverses dénominations de : *greffe en fente, greffe en couronne, greffe à l'anglaise, greffe à la pontoise* et *greffe herbacée.* Elle consiste toujours dans l'insertion d'un scion comme greffe sur un sujet d'espèce voisine.

GREFFE EN FENTE. — Bien qu'on greffe en fente avec succès beaucoup d'arbres et d'arbustes d'ornement, la greffe

en fente est principalement applicable aux arbres à fruits à
pepins. On ne peut greffer en fente qu'en employant un bout
de rameau ou *scion* de bois bien aoûté de l'année précédente.
Le succès de l'opération dépend en grande partie de l'état où
se trouve le scion servant de greffe au moment où il est mis
en contact avec le sujet. Pour la greffe en fente des arbres
fruitiers, on réserve à la taille d'hiver les pousses de l'année
les plus vigoureuses; elles sont mises en paquets, avec le
soin de ne pas confondre les espèces ; la partie inférieure est
piquée dans une terre fraîche, à l'air libre, dans une situation
ombragée. Les bottes de scions pour greffer sont au besoin
couvertes de litière ou de feuilles sèches pendant les grands
froids, afin de les préserver des atteintes de la gelée. Pour
qu'une greffe en fente réussisse, le mouvement de la séve
doit être très-prononcé chez le sujet et prêt à commencer
chez la greffe. Pour greffer en fente, on supprime la tête du
sujet par une coupe horizontale; la surface de la coupe est
ensuite fendue transversalement avec la lame du greffoir; on
insinue à l'une des extrémités de la fente un scion muni de
deux bons yeux, taillé à sa partie inférieure de manière à
présenter très-exactement l'épaisseur de son écorce au contact de l'écorce du sujet (fig. 45). Une ligature de fil de laine

Fig. 45. Greffe en fente.　　　　Fig. 46. Greffe à 4 scions.

maintien le tout en place jusqu'à la reprise; la plaie de la
coupe est recouverte avec la cire à greffer. Quand le diamètre de la coupe est assez grand, on pose deux greffes semblables, une à chaque extrémité de la fente. La même greffe
avec un ou deux scions peut être pratiquée non-seulement sur

le tronc du sujet coupé horizontalement, mais avec un égal succès sur les branches d'un arbre dont on veut changer l'espèce pour lui en substituer une meilleure. Sur les très-grosses branches, on peut poser, par un procédé exactement semblable, non pas deux, mais quatre ou six greffes, en faisant sur la coupe deux ou trois fentes, dont chacune admet deux scions, un à chaque bout (fig. 46).

La greffe en fente, bien qu'elle se pratique habituellement au printemps, peut également réussir au mois de septembre. Dans ce cas, la greffe et le sujet entrent en même temps dans leur sommeil hivernal, et le mouvement de leur végétation recommence en même temps chez tous deux, au printemps de l'année suivante : c'est ce que les jardiniers nomment greffer en fente *à œil dormant*. Lorsqu'on greffe en fente à cette époque de l'année, c'est ordinairement pour avancer la besogne et n'avoir pas un trop grand nombre d'arbres à greffer à la fois à la séve du printemps, *à œil poussant*.

GREFFE EN COURONNE. — Elle diffère de la précédente en ce que la coupe du sujet n'est pas fendue pour admettre les scions qui sont taillés en bec de flûte, de manière à s'insinuer entre le sujet et son écorce soulevée à cet effet (fig. 47). Une branche d'un fort diamètre peut recevoir, par la greffe en couronne, huit à dix scions ou même un plus grand nombre; ce genre de greffe est surtout usité pour le rajeunissement des vieux

Fig. 47. Greffe en couronne.   Fig. 48. Greffe à l'anglaise.

arbres épuisés. Il ne doit pas être confondu avec la greffe en fente des grosses branches ou du tronc des arbres rompus par accident, et sur lesquels on a posé six greffes aux extrémités de trois fentes ; le caractère propre de la greffe en couronne, c'est d'exclure toute fente à la surface de la coupe et de laisser cette coupe parfaitement intacte.

Greffe a l'anglaise (fig 48). — Cette greffe ne peut s'appliquer qu'à des sujets exactement du même diamètre que le scion. Le sommet du sujet et le bas du scion sont taillés en biais sous le même angle, de sorte que toutes leurs parties se recouvrent et que les bords des deux écorces coïncident sur tous les points. La ligature de la greffe à l'anglaise, aussi nommée *greffe par copulation*, doit être très-solide sans cependant être trop serrée ; cette greffe est une de celles qui se décollent le plus aisément quand, avant la reprise, elle n'est pas bien fixée au sujet par une bonne ligature. Si l'arbre greffé à l'anglaise doit être planté dans une situation découverte et exposée aux coups de vent violents, on augmente la solidité de la greffe en pratiquant sur la coupe du sujet et sur celle de la greffe deux crans qui s'adaptent l'un dans l'autre.

Greffe a la pontoise. — C'est une greffe en fente particu-

Fig. 49. Greffe à la Pontoise.

lièrement appropriée aux arbres et arbustes d'ornement qui ne perdent pas leurs feuilles en hiver, et qui ont besoin d'être abrités pendant la mauvaise saison dans l'orangerie ou la serre froide ; voici en quoi elle consiste. Au moment où l'arbuste sort de son sommeil hivernal et où sa séve reprend toute son activité, on pratique sur le côté de la tige une fente de forme triangulaire ; le bas de la greffe est taillé en coin, de manière à s'ajuster exactement dans l'incision ; il y est maintenu par une ligature qu'on desserre quand la reprise est assurée. Le scion employé pour la greffe à la Pontoise étant chargé de feuilles et souvent même de fleurs ou de boutons de fleurs, l'évaporation le ferait périr avant sa reprise sur le sujet, si l'on ne prenait la précaution de placer sous châssis les arbustes ainsi greffés, pendant une quinzaine de jours, moyennant quoi le succès est assuré. (fig. 49).

GREFFE HERBACÉE. — C'est encore une greffe en fente prati

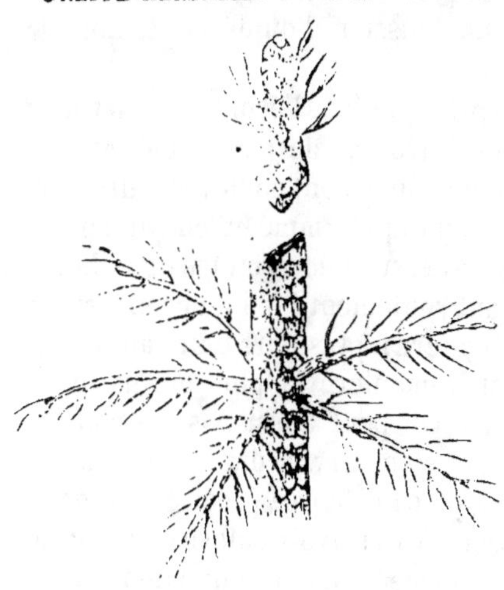
Fig. 50. Greffe herbacée.

quée sur les parties des végétaux qui ne sont point encore passées à l'état ligneux. On applique principalement cette greffe sur la pousse terminale des arbres résineux conifères, pendant la plus grande activité de leur végétation. Cette pousse est retranchée par une coupure triangulaire dans laquelle s'adapte le scion taillé en coin. Il ne faut ligaturer ce genre de greffes qu'avec beaucoup de précaution ; leur défaut de consistance les rend plus sujettes que d'autres à s'étrangler lorsqu'elles sont trop serrées (fig. 50).

Greffes en écusson.—Les greffes en écusson ont pour caractère propre de n'introduire sur le sujet aucune partie du bois de la greffe ; c'est un seul œil (ou plusieurs yeux), adhérant à un morceau d'écorce, qui remplit les fonctions de greffe, et qui s'applique sur une partie du sujet dont on a préalablement enlevé l'écorce sur une étendue de même grandeur que l'écusson.

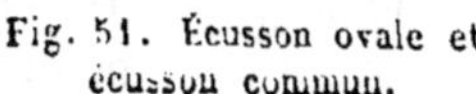
Fig. 51. Écusson ovale et écusson commun.

Le point le plus délicat pour bien *écussonner*, c'est de choisir avec discernement les yeux sur la partie moyenne d'une pousse de l'année précédente, de l'enlever avec l'écorce environnante sans *vider l'œil*, c'est-à-dire sans arracher le germe

intérieur qu'il renferme, et qui doit devenir une plante ou un
arbre, et de lui conserver un bout du pétiole de la feuille dans
l'aisselle de laquelle tout œil annuel s'est formé. L'incision pour
détacher l'écusson se fait avec la pointe d'un canif bien affilé ;
on donne ordinairement à la pièce d'écorce qui entoure l'œil
une forme ovale ou celle d'un écusson, d'où dérive le nom de
ce mode de greffe (fig 51.)

Pour poser un écusson, on pratique dans l'écorce du sujet deux
incisions droites, en forme de T droit ou de ⊥ renversé. Avec le
bout du greffoir, les deux côtés du T sont soulevés à droite et
à gauche, et l'écusson est appliqué immédiatement sur le
sujet ; on ramène ensuite par-dessus l'écusson les deux bords
de l'écorce fendue, en laissant seulement l'œil à découvert ; le
tout est maintenu par une ligature à plusieurs tours au-dessus
et au-dessous de l'œil : c'est la manière la plus ordinaire de
mettre en place les écussons. On peut aussi poser à plat l'é-
cusson sur l'écorce du sujet et s'en servir comme d'un patron
pour couper sur le sujet une pièce d'écorce précisément de la
même grandeur que l'écusson. Après avoir enlevé ce morceau
d'écorce, le sujet est mis à sa place et fixé par une ligature.

GREFFE EN FLUTE OU EN ANNEAU (fig. 52). — Cette greffe
repose sur le même principe que la greffe en écusson ; c'est

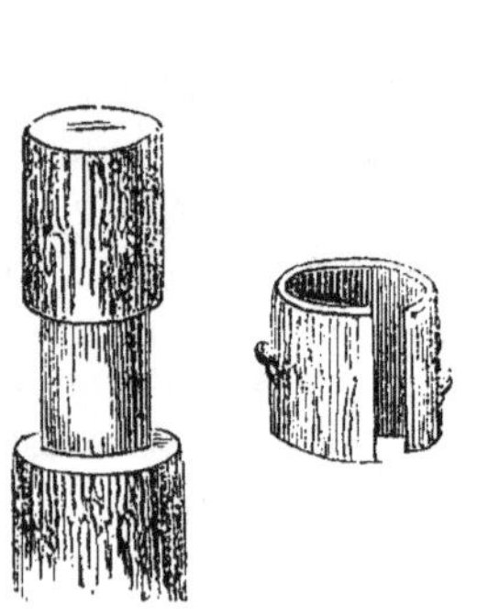
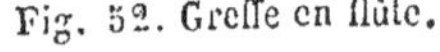

Fig. 52. Greffe en flûte.   Fig. 53. Greffe faune.

une bande de l'écorce d'un rameau, munie de plusieurs yeux,
qu'on enlève à l'époque du mouvement de la séve, et qu'on

appliqué sur le sujet dépouillé de sa propre écorce. Pour que l'anneau d'écorce servant de greffe s'adapte exactement sur la partie dénudée du sujet, on se sert de cet anneau comme mesure: si le diamètre du sujet est plus grand que celui du rameau dont l'anneau a été détaché, l'anneau est rogné à la longueur convenable pour qu'il s'adapte exactement sur le sujet.

GREFFE FAUNE (fig. 53). — C'est une variété de la greffe en flûte, particulièrement usitée pour la greffe du noyer et du châtaignier obtenus de semis. Au lieu d'enlever l'écorce du sujet à la place où l'anneau d'écorce doit être appliqué, on fend cette écorce par plusieurs incisions en long, ce qui la divise en lanières qu'on rabat de haut en bas sans les détacher; l'anneau servant de greffe est ensuite mis à sa place comme pour la greffe en flûte. Les lanières d'écorce sont relevées sur l'anneau, en laissant seulement ses yeux à découvert, et ligaturées comme les greffes en écusson.

Les diverses manières de greffer en écusson se pratiquent, soit de mai en juillet, *à œil poussant*, c'est-à-dire que l'œil de l'écusson doit entrer immédiatement en végétation, soit en août et septembre, *à œil dormant*, ce qui signifie que le rameau qu'on espère obtenir de l'œil de l'écusson ne se développera qu'au printemps de l'année suivante.

Les notions qui précèdent suffisent pour faire bien connaître le principe de la greffe et ses plus importantes applications; les détails particuliers trouveront leur place dans les chapitres consacrés aux diverses cultures pour lesquelles chaque genre de greffe est spécialement usité.

CHAPITRE X

Des maladies des végétaux

Maladies des végétaux. — Plantes malades par excès de vigueur. — Par étiole-
ment. — Principales maladies. — Maladie des pommes de terre. — Procédé
de M. Tombelle-Lomba. — Semis de graines de pommes de terre. — Leur
résultat. — Frisole. — Première maladie des pommes de terre en Belgique.
—Maladie de la vigne.— Oïdium Tuckeri. — Souffrage des vignes malades.
Morve, ou ramollissement des oignons à fleurs. — Blanc ou meûnier. —
Végétaux qu'il attaque spécialement. —Ulcères.— Moyen de les panser.—
Ulcères aux racines des arbres. — Loupes. — Blessures. — Contusions. —
Plaies. — Décortication. — Déchirures. — Moyens d'y remédier. —
Fractures. — Lésions par des causes diverses. — Par la chaleur.—
Par le froid.—Dans quelles circonstances les végétaux gèlent. — Traitement
des plantes de serre et d'orangerie frappées par la gelée. — Lésions
causées par le tonnerre. — Par la grèle. — Par l'air vicié.

Depuis le travail fort étendu publié par le physiologiste italien
Philippo Ré, sur les maladies dont les végétaux peuvent être
atteints, tous ceux qui ont abordé le même sujet ont compris
dans leur classification une foule de phénomènes ou d'états
particuliers des végétaux, qui ne constituent en aucune façon
des affections maladives. On s'abstient donc de parler ici, si
ce n'est pour mémoire, des plantes malades par excès de
santé, qui produisent une quantité anormale de feuilles, de
fleurs ou de fruits ; il est souvent utile au jardinier de provoquer cet état de la végétation ; c'est alors le but de ses soins
de culture ; ce n'est sous aucun rapport un mal auquel il
doive porter remède. On en dit autant du passage des feuilles
du vert au jaune à l'époque où elles doivent tomber, transition naturelle dont on a voulu faire une maladie végétale, et
de l'étiolement des feuilles des choux et des salades pommées, état qu'il faut provoquer et qu'il ne faut jamais combattre.

Ainsi réduit dans ses justes limites, le cadre des maladies

végétales réelles ne comprend plus qu'un nombre assez borné d'affections diverses bien caractérisées, rangées dans deux divisions, dont la première renferme les *maladies* proprement dites, et la seconde les *blessures* des plantes, arbres et arbustes du domaine de l'horticulture.

Les principales d'entre ces maladies sont : *la maladie des pommes de terre, la maladie de la vigne, la morve* ou ramollissement des oignons à fleurs, *le blanc* ou *meunier* des pensées, du prunier et de quelques arbres fruitiers, les *ulcères* et les *loupes.* Ces deux dernières maladies sont particulières aux végétaux ligneux (arbres ou arbustes) et n'existent pas sur les plantes herbacées.

Les blessures des plantes, celles du moins dont le jardinier est appelé le plus souvent à combattre les suites fâcheuses, sont les *contusions,* les *plaies,* les *décortications,* les *déchirures,* les *fractures* et les lésions plus ou moins graves causées par l'excès *du chaud* ou *du froid,* le *tonnerre,* la *grêle* et le contact prolongé d'un *air vicié* par des vapeurs malsaines.

Maladies. — Les maladies des végétaux du domaine du jardinage peuvent être les unes guéries, les autres prévenues, lorsqu'on en observe avec soin les premiers symptômes et qu'on y porte remède en temps utile.

Maladie des pommes de terre. — On ne doit considérer comme du domaine de l'horticulture, parmi les innombrables variétés de pommes de terre, que les espèces jardinières, telles que : *la marjolin, la chaville, la schaw* et celle de *six semaines,* toutes de la série des précoces, moins sujettes que les autres à la maladie qui ne sévit dans toute sa force qu'à l'époque où ces espèces ont donné leurs produits. Néanmoins, les pommes de terre, même les plus hâtives, peuvent être malades dans les jardins comme dans les champs. Qu'est-ce que la maladie des pommes de terre? On le sait si peu que les physiologistes ne l'ont pas même nommée. A sa première explosion en Europe, en 1765, les paysans belges, dont elle dévastait les cultures, lui avaient donné le nom de *frisole,* parce qu'elle fait recoqueviller les feuilles qui passent du vert au brun foncé.

Sans nous occuper de la théorie, qui ne conclut à rien de certain , bornons-nous à indiquer le procédé curatif de M. Tombelle-Lomba, de Namur, le seul qui ait, à notre connaissance, donné des résultats positivement avantageux. Dès que les premières taches brunes, sur les feuilles et les tiges, annoncent l'invasion du mal, toutes les parties extérieures de la plante sont coupées au niveau du sol; puis la terre est fortement comprimée par le piétinement. A l'époque ordinaire de l'arrachage, les pommes de terre sont seulement un peu au-dessous du volume normal de leur espèce ; mais elles ne sont pas malades. Ce procédé simple et d'une application facile réussit dans les champs aussi bien que dans les jardins, particulièrement pour les pommes de terre des espèces précoces. Dans les jardins, ces mêmes espèces, plantées vers la fin de l'automne assez profondément pour que la gelée ne puisse les atteindre, donnent au printemps de l'année suivante des plantes vigoureuses, très-rarement altérées par la maladie.

Le jardinier qui habite un pays où la pomme de terre est souvent malade, et où ce tubercule tient cependant une place dans les assolements, peut s'occuper avec beaucoup de bénéfice de la multiplication des bonnes espèces par le semis de leurs graines. La première année, il n'obtient que de petites plantes qui donnent des tubercules d'un volume très-peu considérable ; la seconde année, ces mêmes tubercules plantés à la manière ordinaire, dans un sol bien fumé et de bonne qualité, produisent des masses de tubercules telles qu'il semble qu'au pied de chaque plante la terre se soit littéralement changée en pommes de terre. Cette grande fécondité ne se soutient pas longtemps au même degré ; mais les pommes de terre de semis sont beaucoup moins sujettes à la maladie que les autres ; c'est, pour le dire en passant, par le moyen des semis que les cultivateurs belges, en 1765, ont combattu avec succès et fait disparaître définitivement la frisole, revenue de nos jours, non plus seulement en Belgique, mais dans toute l'Europe. Quand le jardinier peut offrir au fermier des tubercules de semis de bonne qualité, peu sujets à être altérés par

...ladie, il est certain de les placer à de bons prix au mo-
... la plantation. Lorsqu'il cultive assez en grand les
...mes de terre les plus précoces, l'emploi pour ses planta-
...s de tubercules de semis de seconde année est un moyen
...s-efficace de préservation contre l'envahissement de ses
...ltures par la maladie.

Maladie de la vigne. — Les pertes causées par le fléau de
la maladie de la vigne, dans tous les pays vignobles de l'Europe, ont été presque aussi graves que celles provenant de la
maladie des pommes de terre. C'est dans les serres à forcer la
vigne, en Angleterre, que cette maladie s'est montrée pour la
première fois ; elle a, dès le début, présenté les mêmes caractères qu'on lui reconnaît actuellement. C'est la multiplication rapide du *mycalium* et des *spores* d'un champignon microscopique,
l'*oidium Tuckeri*, sur les feuilles, les sarments, les grappes et
les grains de raisin, qui semblent recouverts d'une poussière blanchâtre. Quand la maladie est parvenue au plus haut
degré, la végétation s'arrête, les feuilles se crispent et tombent, les grains de raisin se crevassent et se dessèchent ; les
ceps sont tellement affectés qu'il faut plusieurs années pour
les remettre en bon état. Dans les serres, comme à l'air libre,
le seul remède efficace, c'est la fleur de soufre répandue sur
toute la surface de la vigne malade, humectée par un bon
bassinage dans la serre à forcer, humide de la rosée du matin
lorsqu'elle croît au dehors. Dans les serres et les jardins, le
soufrage de la vigne malade se fait très-vite et très-bien à
l'aide d'un soufflet d'une construction particulière. Avec un
ou deux soufrages, la maladie disparaît ; la valeur de la récolte
conservée est toujours de beaucoup supérieure à celle du soufre et de la main-d'œuvre dépensés pour cette salutaire opération.

Gangrène ou ramollissement des oignons a fleurs. — Les oignons
des plantes bulbeuses d'ornement sont souvent atteints
d'une maladie qui consiste dans la décomposition des tissus
de leurs tuniques ; c'est ce que les jardiniers nomment *la
gangrène des oignons*. Cette affection entraîne toujours la mort
de l'oignon qui en est attaqué ; mais il n'en résulte aucun

tort sérieux pour le jardinier prévoyant; il a dû faire provision de caïeux ou jeunes oignons cultivés avec soin de
manière à remplacer ceux qui meurent chaque année par
épuisement ou par ramollissement. En les visitant fréquemment dans l'intervalle qui s'écoule entre l'arrachage des
oignons après qu'ils ont fleuri, et leur mise en place, soit
au printemps, soit en automne, le jardinier ne peut manquer de reconnaître les premiers signes du mal qui commence par une petite tache ronde et finit par envahir tout
l'oignon. S'il appartient à une espèce rare, en enlevant la
partie endommagée, on peut non pas conserver l'oignon, mais
lui faire produire des caïeux qui le remplaceront plus tard.

Blanc ou Meunier. — La maladie connue des jardiniers
sous le nom de blanc ou meûnier, est due au développement
d'un champignon microscopique, nommé par les botanistes
érysiphé, très-peu différent de celui qui, sous le nom d'*oidium*,
cause la maladie de la vigne. Dans les jardins, cette maladie
attaque particulièrement, parmi les arbres à fruits, le prunier; parmi les arbustes d'ornement, le rosier; et parmi les
plantes annuelles d'ornement, la pensée. On ne connaît pas
de procédé curatif proprement dit contre la maladie du blanc;
mais on sait qu'il se développe très-rarement sur les plantes,
arbres et arbustes d'une végétation énergique et vigoureuse;
on peut donc, par l'emploi judicieux des engrais solides, pulvérulents ou liquides, et par des soins de culture bien dirigés, placer les végétaux cultivés dans des conditions telles
que le blanc ne puisse les envahir; c'est, en effet, une de ces
maladies végétales qu'on ne guérit pas, mais qu'on peut toujours assez facilement prévenir.

Ulcères. — Le tronc et les principales branches de certains
arbres sont assez souvent attaqués d'ulcères, desquels s'écoule
selon leur nature, de la gomme, ou divers sucs provenant de
la décomposition de leur séve. Ces ulcères rongent le bois
peu à peu, pénètrent jusqu'au cœur de l'arbre et finissent par
amener sa mort. Le seul remède consiste à retrancher jusqu'au vif la partie endommagée, qu'on recouvre ensuite d'onguent de saint Fiacre, ou de cire à greffer, en attendant que

l'écorce, en s'avançant des deux côtés, finisse par masquer la cicatrice. Quelquefois l'ulcération se produit sur une ou plusieurs racines; on s'en aperçoit au dépérissement des branches qui correspondent à ces racines; il faut alors se hâter de les découvrir avec précaution, d'enlever toutes les parties malades et de remettre la terre en place; l'arbre ne tarde pas à se refaire en émettant de nouvelles racines.

Loupes. — Divers arbres, notamment l'orme et ses variétés d'ornement, sont souvent déformés par des excroissances arrondies très-volumineuses qui sont de véritables loupes végétales. Elles sont rarement assez multipliées pour nuire à la croissance des arbres; on les laisse subsister afin de les utiliser comme bois de marqueterie, à cause des veines et des nœuds de nuances diverses dont leur intérieur est marbré.

Blessures. — Il dépend le plus souvent du jardinier de prévenir la plupart des blessures que peuvent recevoir accidentellement les végétaux, objet de ses soins; lorsqu'ils en reçoivent malgré sa surveillance, il doit se hâter de les panser, absolument comme les ulcères.

Contusions. — Les arbres et arbustes dont le bois est assez dur peuvent recevoir de fortes contusions sans en souffrir sensiblement; leur énergie vitale répare d'elle-même le dommage sans qu'il y paraisse au dehors. On a même proposé dans ces derniers temps de frapper fortement avec un bâton l'écorce du tronc des arbres fruitiers quand ils sont trop lents à se mettre à fruit, moyen sauvage qui peut toujours être remplacé par un autre plus rationnel propre à atteindre le même but. Quand, par une contusion violente, l'écorce et la portion de bois qu'elle recouvre immédiatement sont écrasés, il en résulte un gonflement qui dégénère en plaie et qui finirait par prendre les caractères d'un ulcère. C'est ce qu'il faut prévenir en retranchant la partie blessée qu'on panse comme un ulcère, avec l'onguent de saint Fiacre ou la cire à greffer.

Plaies. — Les plaies des végétaux peuvent être accompagnées de *décortitation*, de *déchirure* ou de *fracture*, produites par des causes extérieures. Quand la décortication n'embrasse pas toute la circonférence du tronc, l'arbre en souffre plus ou moins ; mais il en meurt rarement et la plaie finit par se cicatriser par le rapprochement progressif des bourrelets de ses deux bords. Ce rapprochement ne peut s'opérer qu'avec une extrême lenteur, sans compromettre la vigueur de l'arbre, ni ralentir très-sensiblement sa croissance. On voit encore très-distinctement, sur les tilleuls du boulevard Bourdon à Paris, les traces de la décortication qu'ils ont subie en 1814, par la dent des chevaux des Cosaques bivouaqués sur ce boulevard ; toutes les plaies, après quarante-quatre ans, ne sont pas encore complétement cicatrisées. On rend ce résultat plus prompt en appliquant sur les plaies par décortication la cire à greffer, en couche suffisamment épaisse ; l'onguent de saint Fiacre, dans ce cas, ne serait pas assez durable.

Déchirures. — Lorsque, par une cause quelconque, une branche d'arbre, sans être rompue, s'est éclatée à son insertion sur le tronc ou sur une branche plus grosse, et qu'elle adhère encore par une portion de bois, elle ne doit pas être considérée comme perdue ; il faut, sans perdre de temps, la remettre en place, la fixer par une forte ligature de fil de fer, à laquelle on ajoute au besoin des espèces d'éclisses consistant en pièces de bois creusées en gouttière, et maintenir le tout solidement en place par des liens rattachés, soit au tronc, soit aux branches environnantes. Le principal obstacle à la guérison des plaies de ce genre, c'est l'humidité qui peut s'introduire par les bords de la déchirure ; mais, tant que la circulation n'est pas totalement interrompue par une séparation complète de la branche déchirée, la reprise est certaine. La ligature et les éclisses ne doivent être enlevées que quand la branche est redevenue dans son état primitif de vitalité, ce qui exige quelquefois plusieurs années. Au lieu de cire à greffer, on emploie, pour enduire les bords de la déchirure, de la poix noire fondue, qu'il faut avoir grand soin de ne pas appliquer trop chaude, sans quoi le remède serait pire que le mal.

Quand la déchirure a entièrement détaché la branche, ou quand il lui reste si peu d'adhérence qu'on ne peut en espépar la reprise, on traite la plaie comme une blessure faite avec la scie; on la *pare* soigneusement avec une forte serpette à lame bien affilée, puis on la recouvre de cire à greffer.

Fractures. — Toute fracture des branches d'un arbre doit être traitée comme une amputation; on scie la partie rompue assez bas au-dessous de la fracture pour qu'il ne reste·sur la surface amputée aucune trace de fente ni de déchirure; puis la plaie est parée et pansée avec la cire à greffer. Quand une surcharge de neige, ou la violence du vent pendant un ouragan, ont fracturé le tronc d'un arbre à fruit encore jeune et plein de vigueur, au lieu de le sacrifier et d'en planter un autre, il est de beaucoup préférable, après avoir scié la fracture et paré les plaies, de fournir à l'arbre les moyens de se refaire promptement par la greffe en couronne (Voyez Greffe, chap. IX).

Lésions par des causes diverses. — On ne peut pas confondre, soit avec les maladies des végétaux, soit avec les blessures telles qu'on vient de les décrire, divers genres de lésions que néanmoins le jardinier doit connaître, afin d'y porter remède en cas de besoin.

Lésions causées par la chaleur. — L'excès de la chaleur n'est à craindre pour les végétaux cultivés dans les jardins que lorsqu'on néglige d'arroser en proportion du besoin, et d'empêcher que les plantes ne souffrent à la fois de la chaleur et de la sécheresse. C'est surtout aux plantes cultivées dans des pots que la chaleur peut être funeste, quand les rayons d'un soleil brûlant échauffent les parois des pots, et brûlent les racines délicates en contact avec ces parois. Contre de pareils accidents, qui occasionnent la mort des végétaux, l'arrosage fréquent ne suffit pas; il faut, en outre, disposer les pots de manière à ce que le soleil ne puisse frapper directement dessus, au moins pendant les heures les plus chaudes de la journée, c'est une de ces lésions qu'on ne guérit pas, mais qu'on prévient facilement.

Lésions causées par le froid. — Chaque genre de végétaux cultivés entre en séve sous l'influence d'un degré de chaleur déterminé, et cesse de végéter dès que la température extérieure descend au-dessous de ce degré. A l'exception d'un petit nombre de plantes, qui semblent tout à fait insensibles au froid le plus rigoureux de nos hivers, toutes souffrent plus ou moins d'un froid très-intense; la vigne gèle quelquefois jusqu'à l'extrémité inférieure des sarments qu'il faut alors rabattre tout à fait sur la souche ; les plus gros arbres se fendent, et des plaies ou des ulcères sont la conséquence de ces crevasses ; mais, fort heureusement, cela n'arrive que dans les hivers d'une rigueur exceptionnelle.

Le fait capital qui domine toute la question de l'action délétère du froid sur les végétaux cultivés, c'est l'état dans lequel les surprend la gelée. Si leur sommeil végétal est complet, à moins que le froid ne soit tellement rude qu'il déjoue toutes les prévisions, les arbres et arbustes n'en souffrent pas sensiblement; si, au contraire, des froids tardifs de prin-temps saisissent les mêmes végétaux après qu'ils se sont éveillés de leur sommeil hivernal, quelques degrés de froid peuvent les faire périr. Ainsi, dans le parterre, l'œillet des jardins ne gèle pas quand on a soin de le maintenir dans une terre saine et sèche, ce qui interrompt complétement le mouvement de sa séve ; dès que ce mouvement est recommencé, qu'il survienne une gelée d'un ou deux degrés seulement, le même œillet périt sans ressource. La connaissance de ce fait doit guider le jardinier dans les soins qu'il prend pour préserver les plantes de son domaine des lésions causées par le froid, principalement sous le climat de Paris, pendant les mois de mars et d'avril, où quelques jours d'une température douce sont suivis de reprise de froid très-vif. Quaud, par la négligence du jardinier, le froid a pénétré dans la serre ou l'orangerie, et que les végétaux abrités dans ces constructions ont reçu un coup de gelée, il faut, sans perdre de temps, les asperger avec de l'eau fraîche, à la température de quatre à cinq degrés, et maintenir la même température aussi égale que possible de jour comme de nuit. En suivant cette méthode, on perd seulement une partie des végétaux les plus délicats; les autres sont sauvés. On les perdrait tous si, croyant réparer le mal, on commettait l'imprudence d'élever un peu plus la température dans la serre ou l'orangerie.

LÉSIONS CAUSÉES PAR LE TONNERRE. — Lorsqu'un arbre vigoureux est frappé par la foudre, il n'est pas toujours tué complètement; le retranchant des branches qui meurent, soit
immédiatement, soit les jours suivants, provoque l'émission
de branches nouvelles, et l'arbre peut se rétablir. Quand il y
a sur le tronc une déchirure plus ou moins profonde, produite
par le passage de la foudre, on enlève jusqu'au vif les parties
blessées, et comme il en résulte ordinairement une plaie
beaucoup trop étendue pour qu'il soit possible de la panser
à l'ordinaire avec l'onguent de saint Fiacre ou la cire à greffer,
on remplit la crevasse avec du plâtre. Le plus souvent, l'arbre,
bien que fortement endommagé, peut être conservé.

LÉSIONS CAUSÉES PAR LA GRÊLE. — La grêle ne cause pas seulement aux parties herbacées des végétaux qu'elle atteint des
lésions purement mécaniques; elle les désorganise, en outre,
par la petite quantité d'acide nitreux dont elle est accompagnée; acide dont la présence se trahit après un orage, par
l'odeur particulière des amas de grêlons qui ne fondent pas
immédiatement. Sur les feuilles et les tiges des melons, par
exemple, il se forme sur tous les points frappés par la grêle
une petite tache qui grandit, passe du vert au brun et [illegible]
mourir la partie frappée. Contre les lésions de ce genre [illegible]
[illegible] a pas de [illegible] le jardinier soigneux doit toujours [illegible]
[illegible] de ses couches à melons, dans la saison des orages [illegible]
[illegible] chacun peut être accompagné de grêle, des chassis [illegible]
[illegible] et des paillassons. Il vaut mieux couvrir dix fois inutilement une précieuse récolte que de s'exposer à la perdre
[illegible] quelques minutes, faute d'avoir pris la peine de la garan[illegible]
[illegible] en temps utile des lésions mortelles causées par la grêle.

LÉSIONS CAUSÉES PAR L'AIR VICIÉ. — Dans le voisinage des
[illegible] de divers produits, le contact habituel de l'air vicié
[illegible] mélange de gaz et de vapeurs nuisibles à la vie végé-
[illegible] aux plantes cultivées dans les jardins des [illegible]
[illegible] ou moins graves; les jardins ne doivent être établis que
[illegible] de ces causes de destruction. L'air, [illegible]
[illegible] de la santé des végétaux cultivés, ne saurait être

trop pur. La fumée seule, dans les cantons où les hautes cheminées des fabriques sont réunies en grand nombre sur un petit espace, produit sur certains végétaux un effet fâcheux qui, sans être un véritable empoisonnement, dérange néanmoins le cours normal de leur végétation. C'est ainsi qu'en Angleterre, et sur quelques points de la Belgique, les collections de rosiers ne peuvent être cultivées qu'à une certaine distance des fabriques et hors de portée des flots de fumée que leurs cheminées versent incessamment dans l'atmosphère. Sous l'influence de l'air altéré par cette fumée, les rosiers donnent tous les ans des rameaux, des feuilles, des boutons: mais ils fleurissent mal, et même ceux des plus belles variétés ne fleurissent pas du tout.

CHAPITRE XI

Des animaux nuisibles aux produits des jardins

Animaux nuisibles aux jardins. — Mammifères. — Taupe. — Ses galeries. — Heure à laquelle elle travaille. — Rat. — Piége à rats. — Quatre de chiffre. — Loir et lérot. — Piége à loirs. — Amorce pour ce piége. — Mollusques. — Limaces. — Moyen de les détruire. — Chasse des limaces dans les jardins par les canards. — Limaçons. — Écailles d'huîtres pilées pour les écarter. — Insectes. — Hannetons. — Chasse des hannetons. — Ravages de leurs larves. — Altise. — Plantes qu'elle attaque. — Eumolpe de la vigne. — Ses divers noms. — Moyen de le détruire. — Rynchite-Bacchus, ou charançon vert de la vigne. — Cantharide. — Scolyte. — Procédé de M. E. Robert pour la destruction du scolyte. — Guêpe. — Recherche et destruction des guêpiers. — Fourmi. — Recherche et destruction des fourmilières. — Carabe doré. — Forficule ou perce-oreille. — Courtilière ou taupe-grillon. — Puceron vert. — Puceron noir. — Puceron lanigère. — Coulinage pour le détruire. — Chenilles. — Procédés généraux d'échenillage. — Piéride du chou. — Livrée. — Pyrale de la vigne. — Carpocapsa, ou pyrale des fruits. — Moyens de diminuer ses ravages.

Les produits des jardins sont exposés aux dégâts exercés par un assez grand nombre d'animaux de divers ordres; il importe beaucoup au jardinier de les bien connaître et de ne rien négliger pour prévenir leurs ravages. On comprend en effet combien il est désagréable de cultiver des dahlias pour les limaçons, des œillets pour les perce-oreilles, des péchers pour les guêpes et les fourmis, et des pommiers pour le puceron lanigère.

Les animaux nuisibles aux produits des jardins appartiennent aux trois classes des *mammifères*, des *mollusques*, et des *insectes*.

Mammifères. — Ceux d'entre les mammifères dont la présence est le plus à redouter dans les jardins, sont : la *taupe*, le *rat*, le *loir* et le *lérot*.

Taupe. — Le sol de tous les jardins bien tenus est si fréquemment façonné en toute saison, que la taupe n'y saurait établir aisément son domicile. Si par hasard elle vient à s'y introduire, sa présence se trahit par les monticules arrondis de terre émiettée qu'elle forme au-dessus du centre autour duquel rayonnent ses galeries souterraines d'une symétrie admirable. Rien n'est plus facile que de la guetter à l'heure où elle travaille entre deux terres pour donner la chasse aux larves d'insectes dont elle fait sa nourriture C'est habituellement dans la matinée, de dix heures à midi, que son travail est le plus actif et qu'on peut la surprendre à l'œuvre, la mettre hors de terre d'un coup de bêche et la tuer sans lui laisser le temps de rentrer en terre. Pour les jardins, où la présence de la taupe ne saurait jamais être que rare et accidentelle, ce moyen de destruction suffit; il n'est jamais nécessaire de recourir anx divers piéges à taupes, non plus qu'à l'intervention des *taupiers* de profession qui font métier de détruire les taupes dans les champs et les prairies où elles multiplient souvent en nombre tel qu'elles y deviennent un véritable fléau.

Rat. — Quand les murs de clôture des jardins, ou ceux des bâtiments situés dans leur voisinage, sont anciens et plus ou moins dégradés, ils servent de domicile aux rats qui s'y multiplient tout à leur aise; il est rare que les rats ne viennent pas, à l'époque de la maturité des fruits, rendre de fréquentes visites nocturnes aux arbres fruitiers cultivés en espalier. Le piége le plus usité pour la destruction de ces rongeurs aussi audacieux que voraces, est connu sous le nom de *quatre de chiffre*, à cause de la disposition des bâtons ajustés de manière à maintenir en équilibre une planche chargée d'une pierre pesante. Il doit être amorcé avec du lard rance grillé, dont l'odeur forte attire les rats de fort loin.

Loir et lérot. — Ces deux jolis animaux, peu différents l'un de l'autre, ne sont heureusement pas très-communs en France, excepté dans quelques localités peu éloignées des grands bois où ils se logent sur les plus grands arbres, comme l'écureuil leur proche parent. On prend le loir et le lérot dans un piége en forme de cage d'osier; l'animal y peut entrer facilement, mais il ne peut en sortir; avec ce genre de piége, on le prend vivant sans le blesser; s'il est jeune, il s'apprivoise sans peine et devient aussi familier qu'un écureuil. Le loir et le lérot ne mangent que des fruits; on place pour amorcer au centre du piége un beau fruit bien mûr, mais d'une espèce différente de ceux qu'on désire préserver de la dent de ces animaux. Si, par exemple, au pied d'un pêcher on met une pêche pour amorce dans le piége à loirs, cet appât ne saurait les attirer, ils préféreraient s'en tenir aux mêmes fruits à leur disposition sur l'espalier.

Mollusques. — Deux genres de mollusques, les *limaces* et les *limaçons*, font souvent, au printemps et en automne, le désespoir des jardiniers; ils peuvent commettre dans les jardins de très-graves dégâts, lorsqu'on néglige de prendre des mesures pour les détruire.

Limaces. — Les deux petites espèces de limaces, la brune et la grise, multiplient si rapidement et sont douées d'un tel appétit, que, dans les années humides, elles sont un fléau pour les jardins ou sol plus ou moins froid et compacte; les jeunes plantes de semis sont leur nourriture de prédilection. Le moyen le plus simple d'en diminuer le nombre, c'est de poser le soir, à plat sur le sol, des feuilles de chou et des feuilles de romaine. Les limaces envahissent ces feuilles, tant pour s'en nourrir que pour s'abriter dessous pendant la nuit. Le matin, avant le lever du soleil, on les trouve réunies en grand nombre sous ces feuilles. Au lieu de les écraser, on peut les donner aux oiseaux de basse-cour qui en sont très-friands. Le canard n'a pas comme la poule la malheureuse habitude de gratter la terre, ce qui oblige à l'éloigner de toute espèce de terrain cultivé; il peut être l'utile auxiliaire de l'homme en donnant la chasse aux limaces; bien que cet oiseau ne dédaigne pas les herbes potagères, lorsqu'on l'introduit le matin à jeun dans un jardin, tant qu'il s'y trouve des vers de terre et des limaces, il ne touche à aucun produit du jardinage. On doit seulement surveiller sa

chasse et la faire sortir du jardin aussitôt qu'elle est terminée.

LIMAÇONS OU ESCARGOTS. — Quoiqu'ils multiplient moins
rapidement que les limaces et qu'ils ne soient jamais aussi
nombreux que celles-ci dans les jardins, les limaçons doivent
être recherchés et détruits dans le potager, le jardin fruitier
et le parterre. C'est surtout après une forte ondée de pluie,
pendant la belle saison, qu'il est facile d'en prendre un grand
nombre ; ils se mettent alors, avec autant d'agilité que leur nature le comporte, à voyager à la recherche de leur nourriture ; les
jeunes pousses de toute sorte de plantes potagères ou d'ornement, les fruits mûrs et les boutons à fleur du dahlia sont
spécialement de leur goût. Pour les éloigner des touffes de
dahlia et des arbres à fruits, on forme à terre un cercle
d'écailles d'huitres grossièrement pilées. Ces écailles se divisent en lames tranchantes dont le limaçon ne supporte pas le
contact ; c'est une barrière qu'il lui est impossible de franchir.

Insectes. — Il y aurait tout un volume à écrire sur les
insectes qui nuisent à divers degrés aux produits des champs
et des jardins, et sur les moyens plus ou moins efficaces
usités ou proposés pour les détruire. On doit se borner à
signaler ici les plus répandus, les plus nuisibles, ceux dont
il est le plus nécessaire de prévenir ou d'arrêter les ravages.
Ces insectes sont, dans l'ordre des coléoptères : le *hanneton*,
l'*altise*, l'*eumolpe de la vigne*, le *Bynchite-Bacchus*, la *cantharide* et le *scolyte ;* dans l'ordre des hymenoptères sociaux : la
guêpe et la *fourmi ;* dans celui des orthoptères, le *forcicule* ou
perce-oreille et la *courtilière* ou *taupe-grillon ;* dans celui des
hémiptères : les *pucerons,* et dans les lépidoptères ou papil-
lons : la *piéride du chou,* la *livrée,* la *pyrale de la vigne* et le
carpocapsa.

HANNETON. — Le plus nuisible des insectes européens, c'est
sans contredit le hanneton. Beaucoup d'autres insectes ne
nuisent que pendant leur passage par l'état de larves, et ne
causent plus aucun dégât dès qu'ils ont subi leur dernière
transformation pour passer à l'état d'insecte parfait ; le han-

...ton ronge les racines des végétaux pendant trois ans, quelquefois quatre, que dure son existence de larve; puis, devenu
insecte parfait, il dévore les parties vertes de toutes sortes
de plantes, arbres et arbustes. La femelle du hanneton creuse
en terre un trou, ordinairement profond d'un décimètre, au
fond duquel elle dépose ses œufs. C'est un des faits les plus
extraordinaires de ceux que révèle l'étude de l'entomologie,
que cet instinct commun à toutes les femelles de tous les insectes, sans exception, instinct qui les avertit de placer constamment leurs œufs là où les jeunes larves, au moment de
leur naissance, trouveront à leur portée le genre d'aliments
nécessaire à leur subsistance, même quand ces aliments diffèrent le plus de ceux qui conviennent à l'insecte parfait,
quand celui-ci a besoin de nourriture; car, beaucoup d'insectes parfaits ne mangent pas du tout sous leur dernière
forme. Ainsi, le hanneton femelle ne mange pas de racines;
pourtant, jamais cet insecte ne dépose ses œufs dans un sol
sans végétation; la jeune génération de hannetons, au moment
de l'éclosion des œufs, est donc tout entourée de provisions;
elle ne peut manquer de prospérer.

La destruction des hannetons n'est pas difficile; elle ne
peut être efficace que si tous les habitants d'un canton s'en
occupent en même temps et avec suite, en se concertant pour
opérer aux mêmes heures. Tous les soirs les hannetons se
retirent sur les grands arbres; ils s'accrochent par leurs
pattes à l'envers des feuilles et y passent la nuit dans un état
d'engourdissement qui se prolonge jusqu'à une heure assez
avancée de la matinée, et dont ils ne sortent que quand le
soleil a fait évaporer la rosée.

On a proposé de promener sous les arbres chargés de hannetons des torches de paille enduites de résine; ce procédé
est dangereux pour les arbres et inutile pour faire tomber les
hannetons; il faut secouer fortement les branches; les hannetons ne peuvent ni s'empêcher de tomber à terre, ni s'en-
voler pour s'échapper. Ce moyen si simple, pratiqué généralement, aurait pour résultat la destruction complète des hannetons; mais il faudrait pour cela que cette destruction fût

rendue obligatoire par la loi comme l'échenillage. Il est d'autant plus nécessaire pour les jardiniers de chaque canton de s'entendre à ce sujet, que la larve du hanneton n'épargne pas plus les arbustes ou les jeunes arbres que les plantes potagères ; dans les terrains infestés de ces larves connues sous les noms de *mau, turc* ou *ver blanc*, on ne peut conserver ni rosiers, ni dahlias, ni jeunes arbres fruitiers en pépinière ; on est obligé de faire à ces larves leur part en plantant des lignes de fraisiers et de laitues qui attirent les vers blancs et permettent d'en détruire une bonne partie ; dès qu'on voit les feuilles des fraisiers et des salades se flétrir, on peut être certain que la racine de ces plantes est rongée par plusieurs vers blancs qu'un coup de bêche met au jour ; ce sont autant d'ennemis de moins. Quand un carré de jardin est infesté de vers blancs, on en détruit un nombre considérable au moment des labours en amenant sur le terrain des dindes qu'on a laissé jeûner à dessein. A mesure que la bêche ramène un ver blanc à la surface, il est dévoré.

Altise. — Cet insecte est connu des jardiniers sous les noms de *tiquet* et de *puce de terre*. L'altise attaque principalement les feuilles séminales des plantes potagères de la famille des crucifères : choux, choux-fleurs et navets. Dans la grande culture, la destruction de l'altise offre des difficultés telles que le plus souvent, on doit y renoncer ; il n'en est pas de même dans les jardins où les semis des plantes que l'altise attaque n'occupent jamais de grands espaces. Les semis, dès que les plantes se montrent couvertes d'altises, peuvent être arrosés d'une forte infusion de tabac, ou d'eau de puits dans laquelle on a délayé de la suie de cheminée. Mais le vrai remède contre les ravages de l'altise, c'est de ne semer les graines des plantes dont elle se nourrit, que dans des conditions telles qu'elles traversent très-rapidement la première phase de leur végétation. Dès qu'elles ont acquis un certain degré de force, leurs tissus ont assez de consistance pour n'avoir rien à craindre des mandibules de l'altise trop faible pour les entamer, de sorte que l'insecte est réduit à mourir de faim.

L'altise offre dans sa multiplication, un phénomène qui a

longtemps passé pour un mystère inexplicable. Dans un champ
bien labouré, où très-évidemment il n'existe pas une seule
altise non plus que dans les champs du voisinage, semez de
la graine de chou, de navet, ou de colza; dès que ces plantes
lèveront, elles seront envahies par des millions d'altises qui
souvent n'en laisseront pas subsister une seule, de sorte que
les semis devront être recommencés. Les naturalistes ont
reconnu que l'altise dépose ses œufs dans l'épaisseur des côtes
ou nervures des feuilles des plantes crucifères, sauvages ou
cultivées; l'espèce se maintient ainsi et subsiste inaperçue à
cause du petit nombre de ses individus isolés. Mais, dès que
les aliments qui lui conviennent se trouvent à sa portée, elle
arrive attirée probablement par l'odeur propre aux crucifères,
et prend possession des champs ensemencés; là, comme elle
subit en très-peu de temps ses transformations, elle devient
bientôt prodigieusement nombreuse et il est impossible d'en
arrêter les ravages. Dans les jardins, il est toujours possible,
par des sarclages soignés, de ne laisser subsister aucune
plante pouvant servir de refuge à l'altise et à ses larves, et de
s'en délivrer ainsi complétement.

ECMOLPE DE LA VIGNE. — Cet insecte ne multiplie guère dans
les jardins au point d'y devenir dangereux; il n'est redoutable que dans les vignobles où il est connu, selon les localités,
sous les noms divers de gribouri, de coupe-bourgeon et d'é-
crivain. Ce dernier nom tient à ce qu'en effet, les traces laissées par l'eumolpe de la vigne sur les feuilles dont il a rongé
la substance verte représentent assez distinctement plusieurs
lettres de l'alphabet, surtout les lettres I, L, A et V majus-
cules. Ce fait singulier n'a rien que de naturel; l'eumolpe, en
partant d'un point quelconque de la surface d'une feuille,
s'avance en la rongeant droit devant lui jusqu'à ce qu'il rencontre sur son passage une des nervures principales, trop
dure pour qu'il la puisse entamer; il se détourne à angle droit
en suivant le bord de la nervure : de là, les caractères qu'il
semble tracer, et qui l'ont fait surnommer *écrivain*. Comme le
hanneton et la plupart des insectes coléoptères, l'eumolpe de
la vigne est hors d'état de s'échapper tant qu'il ne s'est pas

réveillé de son engourdissement nocturne. Les ceps sur lesquels sa présence est remarquée doivent être de grand matin dépalissés et secoués vivement au-dessus d'une corbeille où les eumolpes tombent sans pouvoir fuir ; cette chasse répétée deux ou trois fois n'en laisse pas subsister un seul.

Rynchite-Bacchus. — On connaît, sous le nom vulgaire de charançon vert de la vigne, l'insecte que les naturalistes nomment Rynchite-Bacchus ; c'est un joli coléoptère, aux élytres d'un beau vert, dont la présence sur les ceps de vigne se trahit par la manière dont il se loge dans les feuilles qu'il roule comme un cornet de papier, afin de s'y renfermer pour subir ses transformations. La feuille de vigne à l'état frais n'étant pas assez souple pour se prêter à la forme que le rynchite veut lui donner, sa larve, sous la forme d'un ver blanchâtre, commence par ronger la queue de la feuille, environ à la moitié de son épaisseur ; cela suffit non pas pour faire tomber la feuille, mais pour la flétrir et la rendre assez flexible pour que la larve puisse la rouler sans trop d'effort. On empêche la multiplication du rynchite en enlevant toutes les feuilles ainsi roulées, dont chacune est le domicile d'une larve.

Cantharide. — On mentionne ici la cantharide, non pas comme insecte nuisible aux produits des jardins où elle ne commet aucun dégât, mais uniquement parce que diverses espèces de frêne, surtout le frêne pleureur, à branches retombantes, servant à la décoration de nos jardins, sont souvent en été fréquentés par les cantharides qui peuvent produire des ampoules douloureuses en tombant sur le cou des personnes assises à l'ombre de ces arbres. Il est donc prudent de secouer de grand matin les branches des frênes dans les jardins d'agrément, afin d'en faire tomber les cantharides plongées, comme tous les insectes coléoptères, dans leur engourdissement nocturne.

Scolyte. — Plusieurs espèces de scolytes pratiquent, entre le bois et l'écorce de l'orme et de divers arbres conifères, des galeries qui finissent par faire tomber par plaques l'écorce de ces arbres et compromettent sérieusement leur existence. Il est rare que les scolytes se montrent en nombre dangereux

dans les bosquets où d'ailleurs les arbres recherchés du scolyte ne figurent que rarement. Divers moyens ont été proposés pour la destruction du scolyte de l'orme, auquel on a
attribué la mort de la plupart des ormes des promenades publiques à Paris. Peut-être, en y regardant de près, aurait-on
reconnu que ces arbres d'un âge très-avancé étaient attaqués
du scolyte parce qu'ils étaient malades, et non pas malades
parce qu'ils étaient envahis par les scolytes. Le procédé le
plus usité est dû à M. Eugène Robert; il consiste à lever du
haut en bas du tronc de l'arbre des bandes d'écorce régulièrement espacées, afin de troubler les scolytes dans leur
retraite. Ce procédé fait périr les scolytes, sans aucun doute;
malheureusement, le plus souvent, il fait aussi périr les
arbres.

Guêpe. — Il est rare que la guêpe s'écarte pour marauder à
une bien grande distance de son domicile. Quand les fruits
mûrs d'un jardin sont la proie des guêpes, il faut chercher
aux environs : le guêpier n'est pas loin. Les piqûres de la
guêpe étant fort douloureuses, quand on a reconnu l'emplacement de leur domicile, on y verse pendant la nuit un ou deux
litres d'eau bouillante; surprises dans leur sommeil, les
guêpes périssent sans vengeance. Si l'on ne peut trouver le
guêpier, et que les fruits soient endommagés par quelques
guêpes isolées, on suspend aux branches des arbres de petites
fioles pleines d'eau miellée; les guêpes viennent y périr vic-
times de leur goût pour tous les liquides sucrés.

Fourmi. —Comme la guêpe, la petite fourmi noire, trop
commune dans les jardins, recherche avec avidité tout ce qui
est sucré, ce qui fait de cet insecte l'ennemi le plus dangereux
des fruits qui, comme l'abricot et la pêche, ne peuvent pas
être cueillis avant d'être parvenus à maturité. On en détruit
un grand nombre en les attirant dans des fioles pleines d'eau
sucrée ou miellée; quand on trouve la fourmilière, on y verse
le soir de l'eau bouillante avec quelques cuillerées d'huile.
On doit surtout favoriser dans les jardins la multiplication du
carabe doré, insecte connu sous le nom de *jardinière*, qui
fait une guerre acharnée non-seulement à la petite fourmi

noire, mais à une foule d'autres insectes nuisibles. Le carabe est d'autant plus utile sous ce rapport qu'il vit exclusivement du produit de sa chasse, et ne mange aucune substance végétale.

Forficule ou perce-oreille. — Cet insecte est particulièrement nuisible aux œillets, dont il ronge, de préférence à toute autre nourriture, les boutons prêts à fleurir. Pour les en préserver, on suspend le soir aux tuteurs qui soutiennent les tiges des œillets en boutons des sabots de moutons récemment abattus. Le perce-oreille passe tout le jour retiré dans des trous ou sous de grosses pierres, il n'en sort pour chercher sa vie, que pendant la nuit; il déploie alors les ailes plissées sous ses élytres cornées et franchit en volant d'assez grandes distances. S'il s'abat sur des touffes d'œillets, l'odeur forte des sabots de moutons attachés à leurs tuteurs l'attire plus que celle de l'œillet; il s'y retire pour passer la nuit. Le lendemain de bon matin, on peut l'y surprendre encore engourdi, et le détruire sans difficulté.

Courtilière ou taupe-grillon. — C'est surtout dans l'intérieur des couches et dans les plates-bandes fortement fumées du potager, que la courtilière exerce ses ravages en coupant entre deux terres les racines des plantes cultivées, non pour s'en nourrir, mais pour pratiquer, à l'exemple de la taupe, les galeries souterraines qui lui servent de demeure et où elle se livre à la chasse des insectes et de leurs larves, sa seule nourriture. Les divers moyens usités pour la destruction de la courtilière ont peu d'efficacité à l'exception du procédé suivant. Quand une couche ou une plate-bande de jardin est tellement infestée de courtilières que toute culture y devient impossible, ce qui n'arrive que trop souvent, on arrache toutes les plantes qui peuvent y rester, puis on l'imbibe d'urine de cheval ou de bêtes à cornes, chauffée à 40 ou 50 degrés. Ce liquide fait périr immédiatement non-seulement les courtilières et leurs œufs, mais aussi les vers de terre et tous les insectes souterrains qu'il peut atteindre. On recommence alors en toute sécurité les cultures interrompues; leur ennemi principal a disparu.

Pucerons. — Les jardiniers ont à lutter contre trois espèces de pucerons : le *puceron vert*, ou puceron commun, le *puceron noir*, ou puceron de la fève, et le *puceron lanigère*, ou puceron du pommier.

Puceron vert. — Il se montre assez souvent en nombre prodigieux sur les rosiers dont il suce les jeunes pousses et les boutons, et sur les porte-graines des plantes potagères crucifères, choux, choux-fleurs, radis, navets, dont il suce les siliques que très-souvent il dessèche au point de les rendre stériles. Quand le puceron n'envahit que quelques plantes, on le fait périr par des fumigations de tabac données le soir ou le matin, tandis que l'air est parfaitement calme. Pour donner ces fumigations aux rosiers greffés à haute tige attaqués du puceron, on tient suspendue au-dessus de leur tête une grande cloche à melons ; la fumée produite sous cette cloche nuirait au rosier si elle y séjournait trop longtemps ; dès qu'on voit tomber les pucerons asphyxiés, on enlève la cloche pour que la fumée de tabac se dissipe, sans lui laisser le temps d'endommager la végétation du rosier.

Puceron noir. — Les naturalistes regardent ce puceron comme le même que le précédent ; ils supposent que sa couleur noire tient au suc de la fève aux dépens de laquelle il vit et se multiplie avec la même fécondité que le puceron vert. Sa multiplication est si rapide que le plus souvent, les plantes sont perdues avant qu'on ait eu le temps de les secourir. Si la plantation n'est pas considérable, on peut enlever tous les pucerons noirs qui commencent toujours par envahir les feuilles du sommet de la plante ; on retranche ces feuilles qu'on doit placer à mesure dans un panier pour les brûler immédiatement, en ayant grand soin de n'en pas laisser ; autrement, du soir au lendemain on retrouve sur les fèves autant de pucerons noirs qu'on en a ôté, c'est à recommencer.

Puceron lanigère. — Cet insecte n'est pas le parent même éloigné des deux précédents ; il n'a de commun avec eux que sa rapide propagation et sa manière de vivre aux dépens des pommiers dont il suce l'écorce en y faisant naître des chancres le plus souvent mortels. Le puceron lanigère attaque

rarement les pommiers dans le jardin fruitier; il est surtout
redoutable aux grands pommiers des vergers dont le fruit est
destiné à la fabrication du cidre. Mais, dans les bosquets, il
fait assez souvent périr le pommier à fleur semi-double, charmant arbre d'ornement à floraison printanière. On emploie
contre le puceron lanigère divers liquides caustiques; ces
liquides ont le double inconvénient de ne pas toujours tuer
le puceron lanigère préservé par la toison de poils blancs
auxquels il doit son nom, et de faire à l'écorce des arbres sur
lesquels on les applique, presque autant de tort que le puceron lanigère lui-même. Le seul remède efficace est l'opération connue sous le nom de *coulinage,* qui a fait disparaître le
puceron lanigère des vergers de pommiers à fruits à cidre, de
Normandie et de Picardie. Le coulinage consiste à promener en
hiver sur les arbres infestés de pucerons lanigères, la flamme
d'une torche formée de paille tordue enduite de résine. La
chaleur produite par cette flamme est trop passagère pour
nuire aux arbres; elle grille les poils du puceron lanigère et
le fait infailliblement périr.

Chenilles. — Les végétaux cultivés dans les jardins sont,
ainsi que la vigne et les arbres fruitiers, attaqués par une
multitude de chenilles; celles qui vivent isolées, ou qui se
dispersent peu de temps après l'éclosion des œufs, sont difficilement atteintes par le jardinier; il doit s'en remettre aux
oiseaux chanteurs insectivores du soin de leur donner la
chasse. On a soin à cet effet de placer dans un coin retiré
et tranquille du bosquet une pierre creuse qu'on tient toujours pleine d'eau, et une petite sébile de bois dans laquelle
on met une ou deux fois par semaine quelques vers de farine.
C'en est assez pour attirer et fixer les fauvettes et les autres
oiseaux chanteurs insectivores qui se chargent, en récompense
de cette politesse, de rechercher les chenilles qui sont leur
principale ressource alimentaire à l'époque où ces oiseaux
ont une couvée à élever. A l'époque de la taille d'hiver, le
jardinier détruit dans le bosquet et le jardin fruitier tous les
nids de chenilles faciles à distinguer à cause des toiles blan-
châtres qu'elles ont filées en automne afin d'hiverner sous

ça abri; il fait aussi la recherche plus difficile des anneaux
d'œufs de chenilles déposés par les femelles de divers papil-
lons autour des petites branches des arbres, et collés sur
l'écorce par la matière gluante qui les enveloppe. Quand,
malgré ces soins, les arbres sont envahis par des chenilles
dont les œufs ont échappé à ses recherches, il saisit le moment
où, vers le soir, les chenilles se réunissent en paquet sur le
point de jonction de deux grosses branches, et il les arrose
d'une eau de savon concentrée qui les fait périr. Une forte
aspersion d'eau fraîche sur l'écorce de l'arbre est nécessaire
après cette opération, sans quoi l'eau de savon concentrée
ferait à l'arbre à peu près autant de tort que les chenilles auraient
pu lui en faire. Les indications qui précèdent s'appliquent en
général à toutes les chenilles qui vivent aux dépens des arbres
fruitiers et des arbres d'ornement du domaine de l'horticulture.

Piéride du chou. — Cette chenille verte, marbrée de brun
noir, attaque surtout les plantes cultivées de la famille des
crucifères, choux, navets, raves, qu'elle détruit complètement. C'est le matin de bonne heure, peu après le lever du
soleil, qu'il faut lui donner la chasse, avant qu'elle se soit
retirée en terre où elle se cache pour éviter la chaleur du jour.

Livrée. — C'est la plus commune des chenilles qui atta-
quent les arbres fruitiers, spécialement les pruniers ; cette
chenille, vivant en troupe et ne se dispersant pas pour manger, est une des plus faciles à trouver et à détruire, même
quand les arbres ont pris leur feuillage.

Pyrale. — La pyrale est une très-petite chenille, née des
œufs d'un très-petit papillon qui a fait perdre aux vignobles
de France bien des millions, jusqu'au moment où un vigneron
des environs de Beaujeu a trouvé le moyen de la détruire. Ce
moyen consiste à échauder avec de l'eau en ébullition les ceps
de vigne et les échalas dans les fentes desquels la chenille de
la pyrale se retire pour hiverner. La chaleur de l'eau bouillante, trop passagère pour nuire à la vigne, suffit pour faire
périr la pyrale. La vigne cultivée en espalier ou en contre-
espalier dans les jardins, pour la production du raisin de

table, est rarement attaquée de la pyrale ; quand cette chenille dangereuse s'y montre, il faut recourir au procédé de l'échaudage en hiver, tandis que la végétation de la vigne est complétement suspendue.

CARPOCAPSA.—On nomme improprement pyrale des fruits un insecte dont le vrai nom est *carpocapsa* ; la chenille de cet insecte vit dans l'intérieur des pommes et des poires, où elle se loge, en sortant de l'œuf que le papillon femelle du carpocapsa a déposé sur la tête du fruit nouvellement noué. Cette chenille, parvenue à toute sa grosseur, sort du fruit en pratiquant dans son épaisseur une galerie cylindrique, et se retire en terre ou dans les gerçures de l'écorce de l'arbre pour subir ses dernières transformations et se changer en papillon. On en diminue sensiblement le nombre en lavant pendant l'hiver l'écorce des arbres avec un fort lait de chaux et en enlevant une partie de la terre du pied des arbres pour la remplacer par d'autre terre avant la reprise de la végétation au printemps.

CHAPITRE XII

Météorologie des jardiniers.

Météorologie du jardinier. — Phénomènes qu'il importe au jardinier de connaître. — Vents. — Causes des vents. — Ouragan. — Vitesse du vent pendant la tempête. — Étude du climat local. — Vents violents toujours nuisibles aux jardins. — Pluie. — Quantité moyenne qui tombe dans un lieu donné. — Présages d'un été pluvieux, d'un été sec. — Insuffisance des indications du baromètre et de l'hygromètre. — Neige. — Produite par les mêmes causes que la pluie. — Utile aux produits des champs. — Nuisible aux cultures d'hiver dans les jardins. — Grêle. — Inutilité des paragrêles. — Déception des assurances contre la grêle. — Brouillards. — Rosée. — Gelée blanche. — Effets du froid. — De la chaleur. — Des phénomènes électriques.

L'air atmosphérique, aux dépens duquel subsistent en grande partie les végétaux cultivés, et dont ils ne peuvent se passer dans aucun cas, est le théâtre d'un grand nombre de phénomènes dont l'étude constitue l'une des branches les plus intéressantes de la physique, sous le nom de météorologie. Le jardinier a sans doute bien autre chose à faire que de se livrer à l'étude approfondie de la météorologie, étude qui suffit à elle seule pour remplir toute l'existence d'un homme laborieux; mais il y a dans cette division de la physique un ensemble de faits et de notions qu'il ne peut se dispenser de connaître, parce qu'il en peut tirer à chaque instant d'utiles indications pour la pratique du jardinage.

Les *vents*, la *pluie*, la *neige*, la *grêle*, le *brouillard*, la *rosée*, la *gelée blanche*, les effets du *froid* et de la *chaleur*, et les *phénomènes électriques*, sont les faits du ressort de la météorologie que le jardinier doit particulièrement étudier.

Vents. — L'air chaud est, à volume égal, sensiblement plus léger que l'air froid; plus l'air est froid, plus il est pesant. Il

y a donc dans l'atmosphère une tendance continuelle au déplacement des portions les plus froides que leur poids oblige
à se précipiter du nord au sud, pour prendre la place des
masses d'air échauffées par leur contact avec le sol des régions
tropicales. Il y a de plus une cause permanente de déplacement de la masse atmosphérique dans le mouvement de rota-
tion de la terre. Ce mouvement et les différences de température des divers points de la surface du globe sont les grandes
causes générales des vents dont la vitesse et l'intensité varient
dans des limites fort étendues, depuis une légère brise, à peine
sensible, jusqu'à la tempête dont la plus grande vitesse calculée est de 65 kilomètres à l'heure. Les vents les plus violents règnent périodiquement dans les régions voisines de
l'équateur. Quand les Espagnols découvrirent les iles Antilles,
les naturels de ces îles nommaient le souffle de la tempête
hurracan; ce mot est une véritable onomatopée; il peint le
hurlement d'un vent furieux et le craquement des arbres qu'il
renverse sur son passage. Les nations européennes ont adopté
ce terme en en modifiant la prononciation; c'est le mot français *ouragan.*

Le jardinier doit étudier à fond les circonstances climatériques de son canton, ce qu'on nomme le climat local. La
direction des vents qui règnent le plus souvent, dont les uns
amènent la pluie, les autres la sécheresse, mérite surtout son
attention; aussi doit-il consulter fréquemment une girouette
placée sur un bâtiment visible de l'intérieur de son jardin.
Toutes les fois que les vents dépassent en force celle d'un
courant d'air seulement un peu vif, on doit les considérer
comme nuisibles au jardinage, et garantir de leurs atteintes
les plantes délicates au moyen de palissades vives nommées
brise-vents, et de divers autres abris. A la vérité, les fores-
tiers regardent comme favorables à la végétation des arbres
les grands vents qui les débarrassent du bois mort et des
branches superflues; mais dans le jardin paysager, le jardinier ne doit pas compter sur un pareil secours; il doit tailler
et élaguer ses arbres sans attendre que les vents fassent cette
partie de sa besogne. Pour ses semis, ses repiquages, ses plan-

tations, il consultera l'état de l'atmosphère et se réglera d'après ce que la direction du vent lui permet d'espérer de sécheresse ou d'humidité.

Pluie. — L'une des particularités du climat local que le jardinier doit étudier avec le plus de soin, c'est la quantité moyenne de pluie qui tombe annuellement, et la répartition des jours de pluie et des jours de beau temps entre les divers mois de l'année. Quand, dans les premiers mois, la moyenne n'est pas atteinte, il peut compter sur un été pluvieux et des orages fréquents; dans le cas contraire, il doit s'attendre à une sécheresse plus prolongée que dans les années ordinaires.

Il n'est pas de jardinier qui, rien que par l'habitude de vivre en plein air, n'ait fait ses remarques particulières sur les signes qui, dans son canton, annoncent l'approche de la pluie, de la neige, de la sécheresse ou du froid rigoureux. Ces signes varient selon le voisinage ou l'éloignement de la mer ou des montagnes, causes principales de l'abondance ou de la rareté des pluies, ainsi que de la rigueur ou de la douceur du climat, par rapport à la latitude. Les pronostics formulés dans les almanachs, et dans les traités spéciaux de météorologie, ont le défaut de manquer de précision; leur application est sujette à un si grand nombre d'exceptions, qu'elle ne donne lieu le plus souvent qu'à des erreurs.

Quand à la suite d'une période de sécheresse plus ou moins prolongée, le temps se couvre aux approches de la pleine lune ou de la nouvelle lune, c'est un signe à peu près certain que le temps va se mettre à la pluie. Les indications du baromètre, non plus que celles de l'hygromètre représentant un moine qui ôte ou remet son capuchon, n'annoncent jamais la pluie avec certitude; le baromètre qui monte ou qui baisse dit tout simplement que l'air est plus pesant ou plus léger; l'hygromètre qui s'allonge ou se raccourcit en coiffant ou décoiffant le religieux qu'il représente, dit que l'air est plus ou moins sec, plus ou moins humide; il ne s'ensuit pas nécessairement qu'il doive prochainement pleuvoir ou faire beau temps : on ne peut en déduire rien de certain.

Neige. — La neige, c'est de la pluie gelée ; quand il neige, il pleut de la glace cristallisée dans l'atmosphère, en aiguilles dont l'agglomération confuse forme des flocons. Le jardinier doit bien connaître par l'observation quels sont les vents d'hiver qui le plus souvent amènent la neige ; il règle en conséquence la direction de ses ados afin d'éviter l'entassement de la neige sur ses salades d'hiver et ceux des végétaux, objet de ses soins, qui doivent hiverner à l'air libre. Car, si le fermier voit avec plaisir un épais manteau de neige couvrir ses céréales d'hiver auxquelles une telle couverture ne peut faire que du bien, le jardinier placé dans des conditions différentes, ne peut voir dans la neige que l'ennemie de ses cultures d'hiver.

Grêle. — La grêle est l'ennemi le plus redoutable de toutes les cultures jardinières ; en quelques minutes, elle peut tout détruire. Le jardinier ne possède aucun moyen de la prévoir ni d'en prévenir les ravages. Les *paragrêles*, préconisés il y a quelques années, consistaient en de hautes perches semblables à des mâts de cocagne, surmontées d'une pointe de fer aimantée à laquelle tenait un gros fil de laiton conduit tout le long de la perche et enfoui dans le sol. L'effet utile du paragrêle était tellement problématique, qu'on a fini par y renoncer. Les assurances contre la grêle ne sont pas moins illusoires ; les compagnies qui se respectent n'assurent pas les cloches, châssis, serres et tout le matériel vitré du jardinier, non plus que les produits de son industrie ; les risques sont trop grands pour être couverts par une prime même très-élevée. Celles qui assurent contre ce genre de risque touchent des primes tant qu'il n'y a pas trop de sinistres ; quand il y en a trop, elles font banqueroute. Que peut donc le jardinier contre la grêle ? Rien, quant à ses cultures à l'air libre. Pour ses cultures sous verre, c'est différent. Tant que'dure la saison des orages, tout orage pouvant être accompagné de grêle, le jardinier tient constamment à portée de ses melons et des autres produits cultivés sous châssis et découverts seulement en plein été, des paillassons roulés qu'en un tour de main, il peut étendre par-dessus comme

une protection assurée contre la grêle, sauf à les déplacer
après l'orage, avec la même promptitude.

Brouillards. — Au printemps et en automne les brouillards qui s'élèvent de terre à la nuit tombante et sont dissipés
par le soleil du matin sont plus bienfaisants que nuisibles
aux cultures jardinières; le jardinier n'a point à s'en préoccuper.

Rosée. — Comme les brouillards, la rosée des nuits est
bienfaisante pour tous les produits des jardins; elle rafraî-
chit les plantes et peut, jusqu'à un certain point, suppléer à
l'insuffisance des arrosements, là où il n'est pas possible d'arroser à fond. Elle est due à la condensation de l'humidité de
l'atmosphère sur la surface des feuilles des végétaux, comme
celle de l'air d'un lieu habité se condense sur les carreaux de
vitre des fenêtres, quand le froid règne au dehors.

Gelée blanche. — Le phénomène de la gelée blanche se
produit souvent quand le temps est clair, alors que le thermomètre suspendu dans l'atmosphère ne s'abaisse pas jusqu'au
degré de la congélation de l'eau. Il a lieu fréquemment au
printemps pendant les nuits éclairées par le clair de lune. De
là, la mauvaise réputation de la *lune rousse*. S'il est très-vrai
que la lune n'est pour rien dans le fait des gelées blanches
tardives qui endommagent ou même détruisent complétement
la floraison des arbres fruitiers, le fait n'en est pas moins réel,
et les jardiniers ont eu raison d'opposer de tout temps aux
funestes effets de la gelée blanche tous les genres d'abris dont
ils peuvent disposer (voyez *Abris*, chap. V). Nous avons exposé dans le chapitre consacré aux maladies des végétaux,
les effets du froid, de la chaleur et des phénomènes électriques, ainsi que la nature des lésions qui en sont fréquemment
la conséquence (voyez chap. X).

DEUXIÈME PARTIE

CULTURE MARAICHÈRE

CHAPITRE XIII
Les Légumes vivaces.

Les hortillons d'Amiens. — La culture du jardin potager, généralement désignée en France sous le nom de *culture maraîchère*, a été effectivement portée à sa plus grande perfection dans les marais desséchés de la vallée de la Somme aux environs d'Amiens, et dans ceux de la vallée de la Seine aux environs de Paris. L'histoire de cette branche du jardinage offre un très-grand intérêt, soit par elle-même, au point de vue de l'horticulture, soit par rapport à ceux qui l'exercent, au point de vue moral. Les cultures maraîchères des environs d'Amiens portent encore le nom d'*hortillons*, évidemment dérivé du mot latin *hortulani* (jardiniers); ce nom s'applique au terrain de ces jardins et à ceux qui le cultivent; les hortillons ont une existence non interrompue, parfaitement prouvée, depuis l'époque de la domination romaine dans les Gaules. Il y a quelques années, un hortillon ayant figuré dans un procès comme témoin, le président saisit cette occasion pour dire publiquement qu'ayant compulsé non-seulement les annales des tribunaux actuels depuis qu'ils existent, mais encore celles de l'ancien parlement de Douai, il n'y avait pas trouvé le nom d'un seul hortillon mêlé à un procès criminel ou simplement correctionnel. C'est là une belle et honorable preuve de moralité conservée par le travail; les paroles du président sont une manière de lettres de noblesse pour les hortillons d'Amiens.

Les maraîchers de Paris. — Les maraîchers des environs de Paris sont également remarquables par leur haute moralité conservée au contact de la population des halles, sans dévier de la ligne droite. L'esprit de famille, l'amour du travail, l'attachement profond à leurs parents et à leurs devoirs, sont également des qualités communes chez les maraîchers parisiens. Il y a des familles de maraîchers dévouées à la même profession depuis des siècles; on y conserve précieusement des titres de concessions faites au xive siècle par Charles V, dit le Sage, accordant à des familles qui subsistent encore et dont tous les membres sont exclusivement jardiniers, des marais, à la condition de les dessécher et d'en vendre le produit sur le carreau des halles.

Le même fait, toute proportion gardée, se retrouve dans les populations livrées à la culture maraîchère sur divers points de la France, spécialement aux environs de Perpignan (*Pyrénées-Orientales*) et de Nantes (*Loire-Inférieure*); là, comme dans les beaux jardins maraîchers de Metz, de Cavaillon, de Pézénas, les familles de jardiniers donnent l'exemple de la régularité des mœurs, et jamais leurs noms ne figurent dans les annales de la justice.

À Paris, l'enceinte fortifiée d'une part, l'envahissement des constructions de l'autre, ont déplacé les cultures maraîchères; elles ont reculé, mais sans rien perdre de leur perfection; c'est toujours chez les maraîchers des environs de Paris qu'il faut venir pour apprendre tout ce qu'il est possible de faire de mieux quant à la culture la plus perfectionnée des plantes potagères.

7.

Cette culture, par l'importance de ses produits pour l'alimentation du peuple des villes, partage avec l'agriculteur la tâche de faire sortir du sol les vivres de la nation; ce n'est pas seulement une grande gêne qui résulte pour l'ouvrier de la rareté et de la cherté des légumes, la santé publique est toujours plus ou moins compromise quand les produits de la culture maraîchère ne sont pas abondants et à des prix modérés sur les marchés des villes populeuses.

Classification des légumes. — Les plantes du domaine de la culture maraîchère sont comprises dans huit sections: 1° légumes vivaces; 2° légumes proprement dits, dont on mange les graines; 3° légumes racines; 4° légumes à bulbes comestibles; 5° légumes à feuilles comestibles; 6° salades; 7° légumes à fleurs comestibles; 8° plantes potagères à fruits comestibles.

Les plantes de chacune de ces sections, bien qu'elles n'appartiennent pas toujours toutes à la même famille botanique, réclament toutes des soins de culture qui diffèrent peu de l'une à l'autre, ce qui justifie leur rapprochement naturel au point de vue du jardinage.

LÉGUMES VIVACES.

Cette division ne comprend que deux plantes, l'*asperge* et l'*artichaut*; l'une et l'autre objet d'une culture très-étendue, qui livre à la consommation des villes une somme énorme d'excellents produits. Depuis que tous les points de notre territoire sont mis en communication facile et rapide, par les chemins de fer, avec tous les centres un peu considérables de population, la culture en grand des légumes vivaces est possible et avantageuse là où précédemment elle était impraticable et totalement inconnue, parce que ses produits n'auraient pas trouvé d'acheteurs.

ASPERGE. — Dans tout jardin potager, cultivé soit dans le but d'en envoyer les produits au marché, soit seulement pour la consommation d'une famille, un carré d'asperges est indispensable; l'asperge est en effet un des légumes les plus recherchés et les plus salubres qu'un potager puisse fournir.

Asperge sauvage. — Dans tous nos départements du Midi qui touchent à la Méditerranée, d'Antibes à la frontière d'Espagne, sur une largeur de 90 à 100 kilomètres du nord au sud, l'asperge croît à l'état sauvage; elle est surtout abondante dans le Var, où l'on recherche avec soin, au printemps, ses jeunes pousses de la grosseur d'un tuyau de plume, d'un vert tendre, d'une saveur plus relevée que celle de l'asperge des jardins. Dans toute cette partie de la France, l'asperge n'est presque pas cultivée; on se contente de celle qui vient naturellement le long des fossés, sur le flanc des ravins et dans les haies. Il en échappe toujours un grand nombre aux recherches des amateurs. Celles-là montent à deux mètres de haut et même plus, et se chargent de fleurs exhalant une forte odeur de vanille qui décèle leur présence. Aussi, les gens de la campagne ne manquent-ils pas, en se promenant le dimanche, à l'époque de la floraison de l'asperge sauvage, de marquer les places qu'elle occupe, afin de les visiter au printemps de l'année suivante.

Culture de l'asperge. — Dans les jardins, l'asperge se cultive par semis ou par plantation; dans tous les cas, il importe de se procurer soit de la graine, soit du plant des meilleures sous-variétés. L'asperge n'a pas d'espèces ni même de variété distincte à proprement parler; les sous-variétés les plus estimées sont les asperges de Hollande, de Gand, d'Ulm et de Vendôme. L'asperge commune n'est que l'asperge de Hollande réduite à un moindre volume sous l'empire de conditions de sol, de climat et de culture moins favorables que celles qu'elle trouve dans son pays natal. On sème la graine d'asperge habituellement en pépinière, afin d'obtenir du plant bon à mettre en place après un ou deux ans de culture préparatoire; on peut aussi, comme on l'indiquera plus loin, semer la graine d'asperges en place, dans les fosses préparées comme pour la plantation. La terre qui convient le mieux à la culture de l'asperge est un sol très-léger, mais fertile; si l'on veut cultiver cette plante en terre forte, il faut préalablement amender la terre avec du sable siliceux et des cendres, à haute dose. Un sol tourbeux, rendu propre à la culture par l'action désacidifiante de la chaux et du fumier de cheval, donne d'excellentes asperges. Elles sont aussi très-bonnes, quoique petites, dans les terres sablonneuses d'une fertilité médiocre.

Semis en pépinière. — Les semis en pépinière se font en lignes ou à la volée, du 10 février au 20 mars; on peut semer beaucoup plus tard, mais avec moins de chance de succès. La graine doit être recouverte de 3 à 4 centimètres de terre; on répand de plus un centimètre environ de bon terreau de couches rompues par-dessus les semis, afin que, s'il survient des sécheresses et qu'il soit nécessaire d'arroser, le sol ne se trouve pas tassé et durci à sa surface par l'eau des arrosages. Les semis en lignes sont préférables aux semis à la volée, par cela seul que le plant, au moment où il lève, est plus facile à distinguer. Le jeune plant d'asperges a besoin plus que tout autre d'être débarrassé, par des sarclages fréquents, du voisinage des mauvaises herbes. Quand la graine a été semée à la volée, le plant, d'une petitesse excessive, semblable à des fils à peine visibles, se perd sous les plantes parasites, et se trouve en partie enlevé pendant les sarclages. C'est ce qui n'arrive pas avec les semis en lignes; la place où le plant doit se trouver étant connue d'avance, il est plus facile de le respecter.

Le plant d'un an de pépinière est au moins aussi bon pour les plantations que le plant de deux ans. Néanmoins, l'opinion est tellement prononcée en faveur du plant de deux ans de pépinière que, dans tous les pays où l'asperge est cultivée en grand, les jardiniers qui élèvent du plant pour la vente sont forcés de le cultiver pendant deux ans, sans quoi ils ne trouveraient pas à le vendre. Les soins de culture pendant la seconde année doivent être les mêmes que pendant la première ; les sarclages, les binages et les arrosages au besoin ne doivent pas être ménagés. Lorsqu'on arrache le plant pour le mettre en place, il faut apporter la plus grande attention à ne pas endommager les racines. On nomme griffes les tubercules d'asperges dont les divisions charnues se nomment doigts. Ce ne sont pas les racines de l'asperge à proprement parler ;

de vraies racines fibreuses, assez semblables à celles de la
violette, partent d'entre les doigts et plongent dans le sol aussi
avant que sa nature plus ou moins pénétrable le leur permet.
Pendant l'arrachage, il importe de conserver ces racines che-
velues le plus entières possible. Il ne faut procéder à l'arrachage qu'au moment même où tout est prêt pour la plantation,
afin que les griffes restent hors de terre le moins de temps
possible.

Plantation des griffes. — Plusieurs méthodes sont en
usage pour la plantation des griffes d'asperges; voici la plus
généralement usitée. Le terrain est divisé en planches de 1
mètre 30 cent. de large, séparées par des intervalles de 0 mètre
60 cent. Si la disposition du terrain le permet, les planches
dont la longueur est indéterminée doivent être dirigées de
l'est à l'ouest. On enlève la surface des planches sur une
épaisseur de 0 mètre 40 cent.; la terre enlevée est déposée
sur les intervalles. Le fond des planches est ensuite profondément labouré et fumé très-largement avec du fumier à demi
consommé. Si le sous-sol est humide et imperméable, on
place tout au fond de la fosse un lit d'un décimètre environ,
de branchages secs brisés, de genêt ou de bruyère hachés,
constituant une sorte de drainage qui prévient le contact des
extrémités des racines fibreuses de l'asperge avec l'humidité
stagnante du sous-sol. On répand ensuite sur la terre du fond
labourée et fumée un lit de terre de la fosse elle-même, reprise sur les intervalles; ce lit doit avoir un décimètre d'é-
paisseur. Ces dispositions étant prises, la surface du sol de la
fosse est égalisée avec un râteau fin à dents serrées, et l'on
procède à la plantation des griffes. Deux lignes sont d'abord
tirées au cordeau à 0 mètre 16 cent. du bord de la fosse, de
chaque côté. L'intervalle entre ces deux lignes est ensuite
partagé en deux par une troisième ligne occupant exactement
le milieu de la fosse. Sur ces trois lignes, on marque la
place des griffes, espacées entre elles de 0 mètre 40 cent. et
disposées en échiquier. Une bonne poignée de terreau formant
une petite butte est mise à chaque endroit où une griffe doit
être plantée. Cette précaution a pour but d'empêcher qu'il

ne se forme sous le plateau de la griffe un vide où l'air s'introduirait et qui l'exposerait à contracter la pourriture. Les doigts des griffes et ses racines fibreuses sont étalés dans tous les sens, en évitant avec soin de les rompre; le tout est ensuite recouvert d'un décimètre de bonne terre sur laquelle on répand un peu de terreau, on passe le râteau fin, et l'opération est terminée.

Plusieurs auteurs blâment cette manière de planter l'asperge, bien que ce soit la plus usitée, parce qu'elle a en effet deux graves inconvénients; d'une part l'air ne circule pas bien dans les fosses d'asperges, ce qui peut nuire plus ou moins à leur végétation; de l'autre, le service du jardinage s'y fait plus difficilement que sur des planches établies au niveau du sol environnant. Mais, dans les circonstances ordinaires, quand la terre est de bonne qualité, plutôt légère que forte, ces inconvénients sont compensés par l'avantage incontestable d'avoir sous la main, pendant plusieurs années, la terre nécessaire pour les rechargements annuels qu'exige la culture de l'asperge. En ne dépassant pas la profondeur indiquée plus haut, les avantages l'emportent sensiblement sur les inconvénients.

L'asperge peut aussi donner de très-bons résultats lorsqu'elle est plantée à plat en lignes sur le sol bien labouré et bien fumé, en ménageant entre les planches des intervalles de 0 mètre 60 cent. C'est ce qu'on doit faire quand la terre est plutôt forte que légère, et que le sous-sol est de mauvaise nature ou saturé d'une humidité stagnante dangereuse pour les racines de l'asperge. Toutes les conditions de la plantation restent d'ailleurs les mêmes. Pour la culture ultérieure, la terre nécessaire aux rechargements annuels est prise dans les intervalles qui se creusent de plus en plus et finissent par devenir des rigoles profondes, tandis que les planches d'asperges s'exhaussent de plus en plus.

A l'automne de la première année, le sol de la fosse, qui a dû être tenu net de mauvaise herbe par des sarclages fréquents, est garni d'une couche de fumier long équivalent à une demi-fumure. Les tiges desséchées des jeunes asperges sont coupées rez terre, et tout reste en cet état jusqu'au printemps suivant. Les intervalles des planches du printemps à l'automne ont dû être utilisés pour des cultures qui s'élèvent peu, et ne donnent pas d'ombre, telles que les haricots nains, les oignons et divers genres de salades. Dès la fin de février, les planches d'asperges reçoivent une façon très-superficielle, donnée avec précaution, au moyen d'une fourche à dents de fer, afin de mêler au sol la fumure décomposée par les intempéries de l'atmosphère pendant l'hiver. Aussitôt après cette façon, on prend sur les intervalles des planches assez de terre pour recharger leur surface de 5 centimètres. Les mêmes soins de culture sont continués pendant la seconde et la troisième année, après quoi l'on peut commencer à récolter les asperges.

Semis en place. — Lorsqu'on éprouve quelque difficulté à se procurer de bonnes griffes d'un ou deux ans de pépinière pour la plantation, on sème en place deux ou trois graines dans chaque trou, dans les fosses disposées exactement, comme on vient de l'indiquer et en observant le même espacement. Quand le plant est bien levé, on arrache les deux plants les plus faibles, et on laisse en place celui qui semble être de plus belle venue. Tout le reste de la culture des planches d'asperges créées par semis est de point en point semblable à la culture des planches formées par plantation. Seulement, lorsqu'on sème, la première récolte ne doit être faite que la quatrième année au plus tôt, et la cinquième année dans les terrains peu fertiles : c'est un an de retard, comparativement aux plantations de griffes.

Récolte des asperges. — La manière de récolter les asperges diffère selon les pays. Dans le nord de la France, les consommateurs ne veulent, comme les Hollandais et les Belges, que des asperges tout à fait étiolées, entièrement blanches, qu'on peut manger presqu'en entier. Il faut, pour les avoir en cet état, les couper entre deux terres dès que leur sommet se montre, et avant qu'il ait eu le temps de se colorer au contact de la lumière. Aux environs de Paris et dans tout le reste de la France, on ne récolte l'asperge que

quand elle a émis hors de terre une pousse d'environ un décimètre, colorée légèrement en vert et en violet. Le couteau
dont on se sert pour couper les asperges entre deux terres ne
doit pas être trop long ; on doit, pendant la récolte, éviter soigneusement d'endommager le plateau central des griffes, ce
qui pourrait occasionner des vides nombreux dans les planches ; cette récolte ne peut être bien faite que par des mains
adroites et exercés. Il ne faut pas, par une avidité mal entendue, prolonger trop avant dans la saison la récolte des asperges ; surtout pendant les trois ou quatre premières années,
on ruinerait les plantations.

Culture forcée. — Dans le voisinage des grandes villes,
il est avantageux de traiter pendant l'hiver l'asperge par la
culture forcée ; ce mode de culture de l'asperge est également
facile à pratiquer par le jardinier amateur, qui cultive seulement pour sa propre consommation. Les asperges les meilleures à forcer sont celles qui ont cinq à six ans de plantation,
de sorte que presque toute la terre déposée dans les intervalles des planches a été employée pour les rechargements
annuels, et que les fosses d'asperges sont entièrement com-
blées. On creuse, à la profondeur de $0^m.40$, des rigoles à la
place des intervalles des planches ; on remplit ces rigoles de
fumier d'écurie en pleine fermentation qu'on a soin de mouiller
légèrement et de fouler fortement en le piétinant. On pose
alors sur les planches une couche épaisse de fumier frais
par-dessus lequel on place des coffres recouverts de leurs
châssis vitrés. Les châssis économiques, couverts de toile ou
de gros papier huilé, peuvent servir au même usage. L'opération peut être commencée en décembre et continuée jusqu'en
février ; on ne force les planches d'asperges que successivement, afin d'avoir à récolter des asperges forcées pendant
tout l'hiver, à l'époque où elles ont le plus de valeur. De
temps en temps, on soulève les châssis et l'on dérange le fumier pour guetter la pousse des premières asperges. Dès
qu'elles se montrent, on ôte la couverture de fumier à l'intérieur des châssis ; du fumier neuf remplace celui des rigoles
dont la chaleur est épuisée ; des paillassons ou de la litière

...ne préservent les asperges du froid de la nuit, et sont déplacés de dessus les châssis pendant les heures les moins froides de la journée, tant qu'il ne gèle pas. En ayant soin de ne pas la forcer deux années de suite et de lui donner un an de repos, on peut forcer l'asperge tous les deux ans sans la ruiner et sans abréger la durée des plantations.

Il arrive quelquefois qu'une plantation d'asperges faite en bon terrain, avec de bon fumier, du plant vigoureux, et tous les soins nécessaires, échoue complétement. Cela tient ordinairement à une particularité qu'il est utile de signaler. L'asperge est au nombre des plantes qui ne peuvent pas se succéder à elles-mêmes, soit qu'elles laissent après elles dans le sol des excrétions d'une nature spéciale, soit par une autre cause qui échappe à l'observation. Le terrain sur lequel une plantation d'asperges a fait son temps est excellent pour toute autre culture; mais l'asperge ne peut y revenir et y prospérer qu'après un intervalle de dix ans au moins; la terre est fatiguée de l'asperge, disent les jardiniers; il faut qu'elle se délasse par d'autres cultures. Ainsi, lorsqu'on se propose de former une plantation d'asperges, il est indispensable de s'assurer que la terre n'en a pas produit depuis un intervalle qui ne peut pas être de moins de dix ans.

CHAPITRE XIV

Suite des Légumes vivaces.

Culture de l'artichaut. — Artichaut de Provence. — Gros camus de Tours ou de Bretagne. — Gros vert de Laon. — Foin de l'artichaut. — Multiplication par les œilletons. — Multiplication de semis. — Plantation. — Préparation du terrain. — Espacement. — Buttage. — Soins pendant l'hiver. — Culture annuelle de l'artichaut. — Conditions dans lesquelles elle est avantageuse. — Conservation des têtes d'artichaut en hiver. — Durée des plantations.

ARTICHAUT. — L'artichaut tient le second rang, immédiatement après l'asperge, comme légume vivace, occupant plusieurs années de suite une place importante dans le potager. C'est une plante à longues et fortes racines, très-proche parente du chardon, originaire de l'Afrique du nord et de l'Europe méridionale; elle ne peut réussir que dans un sol à la fois riche et profond.

Espèces et variétés d'artichaut. — On cultive en France trois variétés distinctes d'artichauts, le *petit artichaut de Provence*, dont on possède deux sous-variétés, l'une violette, l'autre d'un vert pâle; l'artichaut *gros camus de Tours*, aussi nommé artichaut de Bretagne, et le *gros vert de Laon*, le plus estimé et le plus généralement cultivé des trois.

On désigne quelquefois l'artichaut de Provence sous le nom d'artichaut *sans foin*, pour le distinguer des autres espèces; cette expression est impropre; il ne peut pas y avoir d'artichaut sans foin dans le vrai sens de ce terme. On mange de l'artichaut la base des feuilles qui sont, non de véritables feuilles, mais des écailles calicinales, et le fond ou réceptacle commun que ces écailles environnent. Ce qu'on nomme le foin de l'artichaut, c'est la réunion des fleurs avant leur complet épanouissement. Livrées au cours naturel de leur végé-

...ation, ces fleurs s'épanouiraient et formeraient une aigrette soyeuse d'un beau violet à laquelle succéderaient des graines semblables à celles des chardons. La tête d'artichaut au moment où elle est cueillie et livrée à la consommation est un bouton de fleur composée. Dans ce bouton, le foin est court et peu apparent chez le petit artichaut de Provence; il est un peu plus long chez l'artichaut gros camus et très-long, très-dur, très-serré, chez l'artichaut de Laon dont il remplit en entier l'intérieur.

L'artichaut gros camus a pour caractère distinctif la forme de ses écailles échancrées au sommet et appliquées les unes sur les autres. Moins sensible au froid que celui de Provence qui ne réussit pas hors de la région de l'olivier et du mûrier, l'artichaut gros camus convient très-bien au climat de la France centrale; il prospère particulièrement dans la vallée de la Loire et ne réussit qu'à moitié sous le climat de Paris.

L'artichaut gros vert de Laon se distingue par la forme de ses écailles pointues qui divergent dans tous les sens; c'est la seule variété qu'on puisse cultiver avec chance de succès sous le climat de la vallée de la Seine et au nord de cette vallée.

Multiplication. — On multiplie l'artichaut par la séparation des rejetons ou *œilletons*, détachés du pied des anciennes souches dont chacune peut en fournir 8 à 10 au printemps; ces œilletons employés pour les plantations, maintiennent les variétés dans toute leur pureté. On peut aussi multiplier l'artichaut par le semis de ses graines; mais, le plant provenant de ces semis ne reproduit pas toujours identiquement la variété dont on a semé la graine.

Œilletons. — Vers le mois de mars de chaque année, quand les grands froids paraissent définitivement passés et que les artichauts n'ont plus rien à craindre du retour des gelées tardives, les pieds d'artichaut sont déchaussés pour détacher les œilletons qu'on sépare en les tirant de haut en bas, afin que chacun d'eux retienne un talon qui quelquefois est muni de racines. Qu'il en ait ou non, ce plant est habituellement employé comme s'il en avait; ce sont de véritables boutures qui manquent rarement de s'enraciner. Dans les terrains secs

et un peu maigres où il peut arriver que tous les œilletons ne
s'enracinent pas, ce qui produirait des vides dans la plantation, on les plante en pépinière, très-près les uns des autres;
ils ne sont définitivement mis en place que quand ils ont
formé de bonnes racines; on assure par là l'égalité de la
plantation.

Semis de graines d'artichauts.—Quand à la suite d'un
hiver d'une rigueur extraordinaire, la plus grande partie des
artichauts a gelé, et que par conséquent les œilletons manquent pour renouveler les plantations, on est forcé de recourir
aux semis. Le plant que les semis doivent fournir n'est pas
bon en totalité; c'est une circonstance prévue, en raison de
laquelle on sème beaucoup plus de graines que l'on ne devrait
en semer si tout le plant de semis pouvait servir pour les
plantations. De cette manière, on est certain d'en avoir assez
après avoir diminué celui dont les feuilles raides et à divisions aiguës, indiquent une tendance à tourner au chardon,
comme disent les jardiniers. Afin de n'être jamais pris au
dépourvu, quoique la graine d'artichaut conserve 5 à 6 ans ses
propriétés germinatives, il est bon de laisser tous les ans
quelques-unes des plus belles têtes fleurir et porter graine.
La graine dont on ne fait pas usage pour les semis peut tenir
lieu de présure; elle fait très-bien cailler le lait sans commu-
niquer au fromage aucune saveur étrangère.

Plantation. — La terre pour la plantation des artichauts
doit être préparée par un labour profond et une forte fumure.
Dans le Midi où l'on élève peu de bestiaux et où pour cette
raison le fumier est toujours rare, on ouvre pour la plantation
des artichauts des fosses profondes de 0^m.50 et de la même
largeur; la fumure est mêlée à la terre retirée des fosses
qu'on remplit de cette même terre bien fumée; les artichauts
y sont plantés à 1 mètre les uns des autres en tous sens; la
moitié du sol où ne doivent pas s'étendre leurs racines, ne
reçoit pas de fumier. Dans tout le reste de la France, où le
fumier est moins rare, on fume tout le carré destiné aux artichauts qu'on plante de même à 1 mètre en tous sens les uns
des autres; leurs racines finissent par envahir presque tout

le terrain, et la fumure leur profite en totalité. La reprise du
plant ne peut être assurée si l'on ne prend soin de mouiller
largement au moment de la plantation, et de donner un fort
arrosage tous les deux jours au moins jusqu'à ce que la végétation marche vigoureusement. Le plant ainsi traité, soit
d'œilletons, soit de semis, mis en place en avril, donne en
automne sa première récolte.

Hivernage. — L'hiver est l'époque critique de la culture
de l'artichaut, du moins sous le climat de Paris; car dans le
Midi, les plantations d'artichauts passent l'hiver à l'air libre
sans aucune espèce de protection. A partir de la vallée de la
Loire jusqu'à nos frontières du Nord, l'artichaut gros camus
et le gros vert de Laon ne peuvent plus hiverner qu'avec des
soins continuels qui ne les sauvent même pas toujours. Dès la
fin de l'automne et avant l'arrivée des premières gelées, il faut
commencer par *butter* les artichauts. On choisit pour ce travail un temps sec, afin que la terre réunie en butte autour de
chaque touffe dont on a préalablement raccourci les feuilles
extérieures, soit autant que possible exempte d'humidité. Le
buttage ne contribue pas seulement à garantir les artichauts
des atteintes du froid; il aide aussi à la formation et au développement des œilletons autour de la souche. Ce travail terminé, on répand dans les intervalles des artichauts buttés une
ample provision de feuilles et de litière sèches; elle y reste
jusqu'au moment des gelées sérieuses. Il faut alors couvrir
les artichauts, et les découvrir avec précaution pendant les
heures les moins froides de la journée. Tant qu'il ne gèle pas,
le centre des touffes d'artichaut doit rester découvert, sans
quoi il est exposé à s'étioler et à pourrir. C'est du soin que
prend le jardinier de couvrir et de découvrir ses artichauts
avec discernement pendant tout l'hiver que dépend leur conservation. Au retour du printemps, les feuilles et la litière
sont définitivement enlevées; les buttes sont démontées, le
sol du carré d'artichauts est nivelé, l'on œilletonne les touffes
et on laisse à chacune deux des plus beaux œilletons pour la
production annuelle. Les plantations ainsi traitées donnent
trois bonnes récoltes, après quoi elles doivent être renouve-

lées. On pourrait les laisser subsister un an de plus ; mais elles ne donneraient la quatrième année que des artichauts coriaces, d'un volume au-dessous de la grosseur normale de leur variété.

Culture annuelle. — Dans les jardins au sol riche, frais et très-profond, on évite l'embarras de la conservation hivernale des artichauts en plantant tous les ans, et ne demandant à chaque plantation qu'une seule récolte. En ne ménageant ni le fumier, au moment de la plantation, ni les arrosages pendant tout l'été, les artichauts montent tous, sans exception, avant la fin de l'automne ; l'abondance et la beauté des produits rend la récolte très-avantageuse, après quoi les touffes sont arrachées, et le terrain est livré à d'autres cultures. On conserve seulement le nombre de pieds nécessaire pour avoir des œilletons en quantité suffisante au printemps suivant. C'est la méthode en usage de temps immémorial dans les cultures maraîchères des environs d'Amiens ; cette méthode, qui se réduit à traiter la culture de l'artichaut comme celle d'une plante annuelle, est applicable partout où se rencontrent les mêmes conditions de sol et de climat.

Lorsqu'à l'entrée de l'hiver un carré d'artichauts parvenu à la fin de sa troisième année, ou traité, comme on vient de le voir, en culture annuelle, conserve un certain nombre de têtes à demi formées, on peut les livrer successivement à la consommation pendant tout l'hiver, en arrachant les pieds en motte pour les transporter dans un cellier, une cave saine, ou tout autre local à l'abri de la gelée. Lorsqu'ils conservent assez de terre autour des racines, et qu'on a soin de les enterrer en outre dans du sable frais, ils s'y conservent en aussi bon état qu'à l'époque naturelle de la récolte. A Paris, les artichauts ainsi conservés obtiennent en hiver des prix très-avantageux.

Quand les artichauts ont donné leur récolte annuelle, les tiges doivent être coupées au niveau du sol, au collet de la racine. Si l'on en laissait subsister une partie, la croissance des œilletons en souffrirait, et la récolte de l'année suivante serait plus ou moins compromise. Il ne faut pas hésiter à sacrifier sur les pieds d'artichauts, qui ont encore plusieurs années à vivre, une partie de la récolte des petits artichauts qui poussent latéralement et qui sont destinés à être mangés crus sous le nom d'artichauts à la poivrade. Si l'on épuise les pieds d'artichauts par une production surabondante et d'une valeur peu élevée, dès la seconde année ils ne donnent pas la moitié de ce qu'on en pourrait obtenir en les ménageant.

CHAPITRE XV

Légumes proprement dits.

Légumes proprement dits. — Pois. — Principes de leur culture. — Pois de la Sainte-Catherine. — De la Chandeleur. — Cendres de bois, de houille, de tourbe, pour la culture des pois. — Époques des semis. — Soins de culture. — Bruche des pois. — Espèces et variétés. — Pois précoces. — Pois tardifs. — Pois mange-tout. — Culture forcée des pois. — Pois chiches. — Haricots. — Culture par repiquage. — Culture forcée. — Haricots nains, sans rames. — Haricots à rames. — Haricots mange-tout. — Fève de marais. — De Windsor. — Julienne. — Lentille commune. — Lentille à la reine.

Le mot légume n'a pas dans la langue des botanistes la même acception que dans le langage ordinaire. Un légume est un fruit en forme de gousse ou de silique qui donne son nom à la nombreuse famille des légumineuses. Les légumes proprement dits sont donc ceux dont on mange les graines renfermées dans des fruits qui sont de véritables légumes.

On cultive dans le potager, parmi les plantes légumineuses alimentaires à l'usage de l'homme, les *pois*, les *haricots*, les *fèves* et les *lentilles*.

POIS. — Le grain des pois écossés à l'état frais, sous le nom de *petits pois*, est un des légumes les plus recherchés; c'est celui dont chaque année le retour est le plus impatiemment attendu de toutes les classes de consommateurs. La culture des pois, quelle qu'en soit l'espèce, est subordonnée à un certain nombre de principes simples et d'une application facile, mais en dehors desquels elle ne peut donner de bons résultats.

Le terrain qui convient le mieux à la culture des pois est un sol léger plutôt que fort, et néanmoins suffisamment fertile; cette plante ne supporte pas le contact immédiat du fumier frais; elle réussit très-bien dans une terre fumée l'année précédente, qui a donné sur la fumure une récolte quelconque. Les pois semés dans un sol fort et récemment fumé produisent de longues tiges et un feuillage abondant; ils fleurissent mal et ne donnent presque pas de grains. Le pois est au nombre des plantes qui ne peuvent être cultivées plusieurs années de suite à la même place, sans quoi ses produits deviennent amers et cessent d'être mangeables; c'est ce qui est arrivé dans plusieurs communes des environs de Paris où les pois étaient, il y a quelques années, cultivés très en grand pour l'approvisionnement des marchés de la capitale; à force de s'être obstinés à semer constamment des pois dans les mêmes terres, les jardiniers de ces communes ont fini par ne récolter que des produits faibles en quantité, et de qualité inférieure; ils ont été forcés de renoncer tout à fait à une culture qui ne couvrait plus ses frais. Dans tout jardin bien tenu, le carré où l'on a obtenu une récolte de pois doit être livré pendant un an au moins à d'autres cultures, après quoi les pois peuvent y revenir sans inconvénient.

Pois de la Sainte-Catherine et de la Chandeleur. — Les pois, originaires des pays chauds, ne peuvent être cultivés à l'air libre qu'entre l'époque de l'année où il ne gèle plus et celle où il ne gèle pas encore. Néanmoins, quelques sous-variétés un peu plus rustiques que les autres peuvent être semées au pied d'un mur à l'exposition du plein midi, vers la fin de novembre : c'est ce que les jardiniers nomment aux environs de Paris, faire les pois de la Sainte-Catherine. On risque dans les mêmes conditions d'autres semis de pois dans les premiers jours de février : ce sont les pois de la Chandeleur. Les pois résultant de ces semis meurent toujours par l'effet des gelées contre lesquelles leur situation ne les garantit qu'à moitié. Mais ils ne sont pas perdus pour cela, leur racine ne gèle pas, à moins qu'il ne survienne des froids d'une rigueur exceptionnelle ; dès les premiers beaux jours, deux tiges naissent à droite et à gauche du collet de la racine, ces tiges fleurissent et donnent des pois bons à écosser, longtemps avant les pois de même espèce semés à l'air libre après les dernières gelées tardives du printemps. Dans tous les cas, les pois de la Sainte-Catherine, non plus que les pois de la Chandeleur, ne peuvent donner que des produits sur lesquels on ne doit pas trop compter; aussi ne doit-on leur consacrer chaque année qu'un espace limité, en choisissant la meilleure exposition possible. Si le terrain manque au pied des murs faisant face au sud, on peut y suppléer en plantant dans la direction de l'est à l'ouest une rangée de piquets auxquels on accroche des paillassons formant une sorte d'espalier temporaire en avant duquel les pois se trouvent garantis du froid, aussi bien qu'ils peuvent l'être.

Quoique les terres fortes ne conviennent pas aux pois, ce légume est si nécessaire à la cuisine en été qu'il ne faut pas renoncer à en avoir dans les jardins au sol très-fort, cultivés pour fournir à une famille habitant la campagne sa provision de légumes. Dans ce cas, le carré où l'on veut obtenir des pois est amendé avec une forte dose de cendres de bois. Les meilleures pour cet usage sont les cendres de charbon de bois recueillies dans les fourneaux de cuisine, et dans ceux où les blanchisseuses font chauffer leurs fers à repasser. A défaut de .ces cendres, celles de houille bien tamisées pour en séparer les scories, et même celles de tourbe, dans les cantons où ce genre de chauffage est généralement usité, peuvent être substituées aux cendres de bois ou de charbon de bois pour rendre les terres naturellement trop fortes, propres à produire des pois de bonne qualité. Dans tous les terrains possibles, une petite quantité de cendres mêlée au sol au moment où l'on sème les pois est toujours très-favorable à la rapidité de leur croissance; elle contribue à les rendre productifs; elle donne de la qualité à leurs produits.

Semis. — Soins de culture. — La plus grande quantité des pois cultivés dans les jardins se sème en mars et en avril. Dans les localités où les longues sécheresses ne sont pas à craindre, on peut, à partir du 15 mars, semer des pois en pleine terre pendant toute la belle saison, sans toutefois dépasser le 15 juillet. Les derniers semis doivent être faits avec des pois des variétés les plus précoces. Les pois semés plus tard pousseraient de belles tiges bien chargées de fleurs;

mais ces fleurs ne produiraient pas de grain. La fécondation de la fleur des pois n'est possible que pendant le jour, sous l'influence d'une vive lumière ; les fleurs qui s'épanouissent alors que les jours sont déjà devenus trop courts, ne sont qu'imparfaitement fécondées ; les siliques ou cosses qui leur succèdent sont vides, ou à peu près.

Quinze jours environ après qu'ils sont levés, les pois ont besoin d'un binage très-soigné, après quoi, s'ils sont d'une espèce naine, il n'y a plus qu'à les abandonner au cours naturel de leur végétation, jusqu'au moment d'en récolter les produits. Dans les jardins, au moment de la pleine floraison des pois, il est toujours utile d'*étêter* les plantes, c'est-à-dire de supprimer le sommet de la tige avec les fleurs et les boutons de fleurs qu'elle porte habituellement. Ces fleurs supprimées seraient pour la plupart stériles ; leur retranchement, loin de diminuer la récolte, tend à l'augmenter en rendant plus pleines et plus fournies les cosses du bas et du milieu de la tige.

Après le binage, les espèces à tiges plus ou moins longues ont besoin d'être soutenues par des rames auxquelles les pois s'accrochent par les vrilles de leurs feuilles, ce qui les rend beaucoup plus productives que si elles traînaient sans soutien sur le sol, comme dans la culture en plein champ où l'usage des rames n'est pas possible : il en faudrait trop. On étête les pois ramés comme les autres et avec le même résultat.

Chacun tient, et avec raison, à avoir dans son jardin les petits pois les plus précoces. A part la précocité propre à chaque espèce, entre lesquelles il y a largement de quoi choisir, on peut, par le procédé suivant, se procurer des pois très-hâtifs. A mesure que les pois fleurissent et fructifient, au lieu d'enlever les cosses pleines ainsi qu'on le fait pour en consommer le contenu, on laisse mûrir les premiers petits pois, et, pour accélérer leur maturité, on supprime non-seulement le sommet, mais toute la partie supérieure des tiges où l'on ne conserve que 3 ou 4 cosses tout au plus. Les pois de ces cosses employés pour semence l'année suivante gagnent en précocité sur ceux de leur espèce, à l'égard desquels on n'a pas pris la même mesure.

La floraison des pois étant très-prolongée, les cosses arrivent successivement au point où elles peuvent être récoltées; le jardinier subirait sur ce produit une perte considérable, s'il ne prenait de grandes précautions pour la récolte des pois, récolte qui ne peut être confiée qu'à des mains exercées. La tige du pois est tendre et fragile, surtout par le bas, au moment où l'on commence à récolter les cosses; cette tige ne tient au sol que par des racines délicates et courtes, qui cèdent au moindre effort. Si, lorsqu'on cueille les premières cosses, la plante chargée de cosses à moitié pleines et de fleurs prêtes à s'ouvrir s'est rompue ou arrachée, le reste de la récolte est perdu.

Insecte ennemi des pois. — Le pois a pour ennemi parmi les insectes un coléoptère nommé *bruche*, dont la femelle pique les cosses pour déposer un de ses œufs dans chaque grain à peine formé. La larve de la bruche vit à l'intérieur du pois en en rongeant la substance; elle y subit ses transformations et en sort à l'état d'insecte parfait. Il ne faut pas regarder comme perdus les pois dont les cotylédons sont percés par la larve de la bruche; le plus souvent cette larve, qu'on nomme vulgairement le ver des pois, n'attaque pas le germe, de sorte que les pois percés peuvent aussi bien que d'autres être employés pour les semis.

Les pois mûrs, conservés comme grains de semence, gardent plusieurs années leurs propriétés germinatives; ils ne doivent être écossés qu'au moment de s'en servir.

Espèces et variétés. — Les espèces et variétés de pois sont très-nombreuses; on les divise habituellement en pois précoces et pois tardifs. Les meilleurs parmi les hâtifs sont le pois nain hâtif dont on possède trois variétés, le nain hâtif des environs de Paris, le nain de Hollande et le nain de Bretagne; le nain vert de Prusse et le nain ridé sont moins précoces que les précédents; tous ne se recommandent que par la rapidité de leur végétation qui permet d'en obtenir des petits pois de très-bonne heure, mais en petite quantité; ils sont en général peu productifs. On comprend aussi parmi les précoces le pois Michaux, ou petit pois de Paris, le Michaux de Hollande, le pois de Ruelle et le pois Prince-Albert, espèce anglaise d'excellente qualité ; tous ces pois ont besoin d'être ramés. Les plus estimés parmi les tardifs sont le gros nain sucré, le pois de Marly et le pois de Clamart, le meilleur de tous les tardifs ; ces deux derniers veulent être soutenus par de grandes rames. La série des pois tardifs comprend encore le doigt-de-dame et le ridé de Knight, deux très-bonnes espèces anglaises, le pois géant et le gros vert normand. Ce dernier, dont le grain reste vert lorsqu'il est complétement mûr, est principalement cultivé pour être consommé comme légume sec ; on le rencontre plus fréquemment dans les champs que dans les jardins. Il existe en dehors de ces deux séries une foule de variétés de pois dits *goulus*, *mange-tout*, ou sans parchemin. Ces pois ont pour caractère distinctif l'absence de parchemin ou pellicule coriace à l'intérieur des cosses, ce qui permet de les manger sans les écosser ; leur culture est peu répandue en France, si ce n'est vers notre frontière du Nord ; dans tout le reste de la France, on leur préfère les pois à écosser, hâtifs ou tardifs, dont la saveur est en effet plus délicate. La culture des pois mange-tout ne diffère en rien de celle des autres pois.

Culture forcée. — Depuis l'établissement des chemins de fer, qui rapprochent les divers points du territoire et les mettent en communication avec les grandes villes, la culture des pois de primeur forcés sur couche et sous châssis a beaucoup perdu de son importance ; Paris reçoit du Midi des petits pois de primeur dont le prix de revient rend toute concurrence impossible de la part des pois provenant de la culture forcée. Néanmoins, comme il est toujours fort agréable au jardinier amateur de pouvoir, pour sa propre consommation, produire des pois de grande primeur, on expose ici les procédés de leur culture forcée.

Ceux qui réussissent le mieux sont les nains hâtifs, en choisissant les variétés les moins développées et les plus précoces. On sème dans les premiers jours de janvier, soit en place, sur une couche chaude recouverte de 30 centimètres de bonne terre légère mêlée de terreau, soit en pépinière sur une couche semblable. Dans ce dernier cas, les pois doivent être semés très-épais, arrachés dès qu'ils ont 5 à 6 centimètres de haut, et repiqués en lignes sur d'autres couches tenues prêtes d'avance pour les recevoir. Le but de cette culture n'étant pas de récolter la plus grande quantité de pois possible, mais seulement de les récolter le plus tôt possible, on pince le sommet des tiges dès qu'elles ont 3 ou 4 fleurs. Une autre opération nécessaire au succès de la culture forcée consiste à coucher les tiges des pois avant qu'elles commencent à fleurir, ce qu'on fait en posant une latte dessus, afin de les maintenir à plat pendant un jour ou deux. Lorsqu'on enlève les lattes, la partie supérieure des tiges se redresse d'elle-même; le bas reste couché ; cette courbure des tiges contribue sensiblement à hâter la fructification.

POIS CHICHE. — On cultive beaucoup dans le midi de la France une plante voisine des pois, quoique d'un genre différent, connue sous le nom de pois chiche. Sous le climat de Paris, son grain, d'une saveur particulière très-prononcée, ne mûrit pas; il doit être récolté à demi mûr. L'épaisseur de son enveloppe rend le pois chiche d'assez difficile digestion ; mais on en prépare d'excellente purée. Le pois chiche ne peut être semé à l'air libre que vers le 15 avril aux environs de Paris ; dans le Midi, on le sème en automne ; il passe très-bien l'hiver presque nul de nos départements méridionaux, fleurit de bonne heure au printemps et donne ses produits mûrs vers la fin de l'été. La plante est basse, trapue, et n'a pas besoin de rames.

HARICOTS. — La culture du haricot est plus facile que celle des pois, dans ce sens que d'une part il se contente également des terres fortes et des terres légères, pourvu qu'elles soient bien fumées, et que de l'autre, ses produits ne diminuent ni en quantité, ni en qualité, lorsqu'il revient plusieurs fois de suite sur le même terrain. Le haricot est beaucoup plus sensible au froid que le pois ; il ne peut être semé à l'air libre sous le climat de Paris que du 15 au 20 avril. On sème soit

par touffes, soit en lignes; les semis par touffes sont les plus
usités; on sème 3, 5 ou 7 haricots par touffes, selon le développement que doivent prendre les plantes, de manière à ce
qu'elles finissent par couvrir tout le terrain. Un peu de cen-
dre de bois, de houille ou de tourbe, mêlée à la terre au moment des semis, n'est pas moins utile aux haricots qu'il ne
l'est aux différentes espèces de pois. Lorsqu'on récolte une
partie des cosses avant que le grain s'y soit formé, pour avoir
ce qu'on nomme des haricots verts, il faut user de précaution
pour ne pas donner aux plantes trop de secousses; elles sont
d'ailleurs plus résistantes et pourvues de meilleures racines
que les pois. On peut continuer à semer des haricots dans le
potager jusque vers le milieu de l'été, quand l'année n'est
pas trop sèche. Les produits des semis tardifs ne peuvent
mûrir leur grain avant l'arrivée des premières gelées qui les
détruisent; mais leur rendement en haricots verts et en haricots écossés frais est aussi abondant que celui des haricots
semés au printemps.

Lorsqu'on désire récolter de bonne heure les premiers produits des haricots, on en sème quelques litres, très-serrés,
sur une couche chaude ou tiède sous châssis, ou plus simplement sur un tas de fumier recouvert de 20 à 25 centimètres
de terre à sa partie supérieure. Ces semis sont faits à la fin
de mars, à une époque où le haricot ne peut végéter à l'air
libre. On étend sur les semis une bonne couverture de paillassons ou de litière, qu'on écarte chaque fois que la température le permet. Les haricots lèvent en masse et restent dans
un état stationnaire, pourvu qu'on ait soin de ne pas trop les
arroser. Dès que le temps est favorable ils sont repiqués,
deux par deux, en lignes, au pied d'un mur au midi; ils gagnent en précocité tout le temps qu'ils auraient mis à lever
et à prendre leurs premières feuilles à l'air libre.

C'est aussi par la méthode du repiquage sur couche sous
châssis qu'on force les haricots en hiver, de la manière indiquée pour forcer les pois; la seule différence, c'est que les
haricots forcés ne veulent être ni couchés, ni étêtés.

La liste des variétés de haricots cultivés dans les jardins est

très-nombreuse ; elle comprend trois sections distinctes :
1° les haricots nains, sans rames ; 2° les haricots à rames ;
3° les haricots mange-tout.

Espèces et variétés. — Les meilleures espèces parmi les
haricots nains ou sans rames sont le *flageolet*, le *Soissons nain*,
le *sabre nain*, le *nain blanc d'Amérique*, et le *nain de Hollande*.
Ce dernier est celui qu'on préfère, comme le plus hâtif de
tous, pour la culture forcée. Le flageolet est sans rival comme
haricot vert et comme grain à écosser frais.

Parmi les haricots à rames principalement cultivés, pour
en récolter les produits secs, le meilleur de tous est le haricot
de Soissons, à grandes rames ; puis, dans l'ordre de leur qualité, le haricot sabre, le haricot suisse et ses nombreuses
sous-variétés, le haricot de Prague, le haricot d'Espagne et le
haricot de Lima. Ces deux derniers, plus remarquables par
l'abondance que par la délicatesse de leurs produits, sont
surtout productifs dans le Midi ; leurs racines, annuelles sous
le climat de Paris, sont vivaces sous celui des bords de la Méditerranée. On arrache à l'entrée de l'hiver ces racines semblables à des navets ; elles sont conservées à la cave et replantées au printemps, comme les dahlias dans nos jardins.

Parmi les haricots mange-tout, les meilleurs sont le haricot
prédomme ou *prudomme*, et le *haricot princesse* très-cultivé
en Belgique et dans tout le nord de la France.

Les haricots de toute espèce, récoltés secs et destinés à servir
de grains de semence, se conservent dans leurs cosses et ne
sont écossés qu'au moment des semailles.

Ceux qui cultivent le haricot dans un de nos départements
du midi, doivent accorder une place dans leur potager au haricot d'Espagne, bien connu dans tout le reste de la France
comme plante d'ornement, à cause de ses belles grappes de
fleurs d'un rouge écarlate. Cette variété n'est pas fixe ; si l'on
sème des haricots d'Espagne à grain violet foncé, marbré de
violet clair, on récolte toujours quelques siliques remplies de
grains tout blancs, mais du même volume que les violets. En
automne, quand les tiges meurent après avoir donné leur
récolte, la racine, de la forme et de la grosseur d'un navet

long, ne meurt pas ; on l'arrache en novembre pour la conserver à la cave dans du sable frais et la replanter en mars ; elle
pousse, fleurit et fructifie de la même manière pendant un
nombre d'années indéterminé. Comme légume comestible le
haricot d'Espagne n'est pas de première qualité ; mais, sous le
climat de Paris, de même que dans le Midi, on peut le cultiver
en grand dans le potager, pour convertir son grain en *farine
cuite*. À cet effet, le grain récolté mûr est cuit à l'eau, sans
sel, dépouillé de la peau, pilé dans un mortier de marbre et
réduit en pâte. Cette pâte, séchée à l'air libre, est pulvérisée
au moyen d'un rouleau à pâtisserie ; on la conserve en bouteilles ; elle sert à faire des potages ou des purées excellents
et économiques.

FÈVES. — La fève ne tient jamais une bien grande place
dans le potager, on la sème en lignes, ou par touffes, du 15 février au 15 avril ; elle se contente à peu près de tous les terrains
un sol un peu fort, frais et bien fumé, est celui qui lui convient
le mieux. Quand les cosses du milieu de la tige sont bien formées, on supprime le sommet avec ses fleurs qui ne doivent
pas donner de grains ; ce retranchement hâte la formation des
fèves dans les cosses inférieures. Lorsqu'on a récolté les fèves
à la moitié du volume normal de leur espèce, pour les consommer à l'état frais, on peut couper les tiges au niveau du sol ;
en ne les laissant pas souffrir de la sécheresse, elles repoussent
du pied et donnent une seconde récolte en automne, mais cette
récolte est peu abondante. On cultive dans le potager **la fève**
de marais, la fève à longues cosses de Windsor, et la petite
fève julienne, espèce tout à fait naine, d'excellente qualité.

LENTILLES. — La lentille se sème en avril, en lignes espacées entre elles de 25 centimètres, parce que la plante reste
sous de petites dimensions ; elle est peu productive, chaque
cosse ne renfermant qu'une ou deux lentilles. Ce légume ne se
mange qu'à l'état sec ; la lentille ne conserve que deux ans ses
propriétés germinatives. On cultive deux espèces de lentilles,
la lentille commune et la lentille à la reine, plus petite, de
couleur brune rougeâtre ; l'une et l'autre se cultivent de la
même manière et possèdent les mêmes propriétés.

CHAPITRE XVI

Légumes racines. Carottes, Navets, Panais.

Légumes racines. — Carotte. — Son origine. — Semis. — Choix de la
graine. — Semis à la volée. — Semis en ligne. — Espacement. — Théridion ; fausse araignée. — Moyen de préserver les jeunes carottes de ses
attaques. — Suie. — Tabac de caporal. — Culture forcée. — Arrachage.
— Conservation. — Espèces et variétés. — Navet. — Semis de printemps peu usités. — Semis d'été. — Époque de l'arrachage. — Porte-
graines. — Espèces et variétés. — Panais. — Culture. — Panais commun. — Panais de Metz.

Les plantes potagères dont on mange les racines tiennent
une place importance dans l'alimentation journalière de toutes
les classes de la population. Cette section des plantes potagères comprend la *carotte*, le *navet*, le *panais*, le *radis*, le
salsifis, le *scorsonère*, le *scolyme* et la *betterave*. On rattache à
la même section la pomme de terre et le topinambour, bien
que les parties comestibles de ces plantes soient des tubercules et non des racines proprement dites.

CAROTTE. — Les belles expériences de M. Vilmorin, en
1837, ne laissent aucun doute sur l'origine de la carotte; les
semis de graine de carotte sauvage, renouvelés dans les mêmes conditions de culture que ceux des autres plantes potagères, lui ont donné en trois ou quatre générations toutes les
variétés de carottes cultivées, rouges, blanches et jaunes. Ces
variétés sont donc évidemment des conquêtes de l'art du jardinage, qui a su les maintenir en les améliorant.

On multiplie la carotte par le semis de ses graines; pour
conserver les variétés dans toute leur pureté, il faut apporter
un soin particulier à la récolte de la graine. On réserve
comme porte-graines les plus belles racines de chaque espèce
choisies à cet effet en automne, et mises en jauge à l'abri de
la gelée, puis plantées au printemps suivant à un mètre en

tous sens. A mesure que les ombelles mûrissent leurs graines successivement, elles sont récoltées et réunies par les tiges en paquets qu'on suspend dans un lieu sec. La graine reste en cet état jusqu'au moment des semis; alors seulement, on l'épluche en mettant à part celles des bords de chaque ombelle; ce sont toujours les plus grosses et les mieux fécondées; les graines du centre des ombelles sont plus petites et imparfaitement fécondées; lorsqu'on s'en sert pour les semis, une partie de ces graines ne lève pas; les produits qu'on obtient de celles qui lèvent ne sont jamais de première qualité. La graine de carotte conserve pendant trois ans au moins ses propriétés germinatives; il ne faut pas, à moins de nécessité absolue, semer la graine de carottes récoltée l'année précédente. Bien que la carotte cultivée soit généralement bisannuelle, il arrive toujours que, dans les semis, quelques pieds se comportent comme plantes annuelles et montent en graine dès leur premier été; c'est une perte pour le jardinier; toutes les racines qui se disposent à monter deviennent coriaces et ligneuses à l'intérieur. Si l'on récoltait la graine de ces carottes montées prématurément, ce serait le moyen le plus sûr d'avoir des produits complétement dégénérés. Les carottes annuelles, à floraison prématurée, sont toujours nombreuses dans les semis faits avec de la graine d'un an; celle de deux ou de trois ans doit donc être préférée.

Semis. — On sème la graine de carottes en lignes ou à la volée; pour que les semis soient réguliers, il est bon de frotter d'abord la graine entre les mains, poignée par poignée, avec du sablon fin bien sec, afin d'en user les aspérités; elle est ensuite plus facile à distribuer également sur toute la surface du terrain à ensemencer. Les semis à la volée sont préférables quand les carottes doivent être consommées avant d'avoir atteint tout leur volume, comme légume du printemps, parce que le plant, s'il n'a pas levé à des distances égales entre elles, finit néanmoins par se trouver convenablement espacé par l'arrachage des carottes qui deviennent successivement bonnes à être livrées à la consommation. Les semis en lignes sont préférables pour les espèces auxquelles on laisse acquérir tout leur volume, et qui doivent être récoltées en automne pour être conservées comme légume d'hiver. Le plant de ces dernières espèces est éclairci à deux ou trois reprises ; les jeunes carottes provenant de ces éclaircis sont utilisées, soit pour la cuisine, soit pour la nourriture des lapins. Les lignes sont espacées entre elles de 15 à 20 centimètres, selon la grosseur que doivent prendre les carottes. On cesse d'éclaircir quand les carottes sont à peu près aussi espacées entre elles que le sont les lignes, c'est-à-dire quand elles se trouvent à 15 ou 20 centimètres en tous sens les unes des autres ; c'est l'espacement qu'il leur faut pour qu'elles achèvent de croître sans se gêner réciproquement.

De quelque manière qu'elle soit semée, la graine de carottes ne doit pas être profondément enterrée ; on se borne à la mêler à la terre avec les dents du râteau ; puis on répand pardessus une couche d'un ou deux centimètres de terreau sec pulvérisé. Quand la terre est très-légère, il est utile de la raffermir après les semis de graines de carotte, soit en frappant sur la surface des planches avec le dos d'une bêche, soit en marchant dessus avec des planches carrées où le pied s'adapte au moyen d'une corde dont le jardinier tient le bout dans chacune de ses mains. Cette manière de fouler les terres ensemencées, lorsqu'elles ont besoin d'être raffermies par le tassement, est très-usitée en Belgique et dans tout le nord de la France ; elle est expéditive et donne au sol une pression très-égale sur toute sa surface.

Théridion. — Les carottes récemment levées ont pour ennemi la fausse araignée noire, dont le vrai nom est *théridion*. L'odeur propre à la carotte attire de fort loin les théridions, et comme leur multiplication est rapide, les planches de jeunes carottes en sont bientôt couvertes. Cet insecte avide de tout ce qui est sucré, pique et suce le collet de la plante et la fait périr. Quand le sol est fertile et que la température est favorable, les carottes poussent si vite qu'elles sont bientôt hors des atteintes du théridion incapable de les entamer dès que leur tissu a pris une certaine consistance. Mais, dans une terre médiocrement fertile, surtout si la température leur est contraire, les carottes croissent lentement et les théridions ont tout le temps d'en faire leur profit. Dans ce cas, tout est dévoré et il devient nécessaire de renouveler les semis. On oppose à la multiplication des théridions la suie et l'infusion de tabac. La suie, qu'il est facile de se procurer en assez grande quantité à peu de frais, est délayée dans de l'eau dont on arrose matin et soir les carottes récemment levées infestées de théridions. Ce moyen est à peu près le seul applicable aux semis un peu considérables. Si la suie ne détruit pas tous les théridions, elle en diminue sensiblement le nombre, ce qui peut suffire pour sauver les semis de carottes. L'infusion de tabac à fumer n'est applicable qu'aux semis de peu d'étendue, surtout aux semis sur couches, quand ils sont envahis par les théridions. Le meilleur tabac pour cet usage est le plus fort, celui qu'on désigne sous le nom de *tabac de caporal*; on en met environ 60 grammes dans un arrosoir de 12 litres. On verse sur le tabac l'eau bouillante; on ne l'emploie que quand elle est complétement refroidie.

Culture forcée. — La carotte se cultive avec avantage sur couche et sous châssis; la couche doit être chargée de 20 à 25 centimètres de bon terreau. On sème à plusieurs reprises dans le courant de l'hiver, afin d'avoir de jeunes carottes prêtes à livrer à la consommation dès les premiers jours du printemps; c'est un légume de primeur très-estimé. La culture forcée des carottes sur couche et sous châssis est des plus faciles; il faut semer assez clair, éclaircir le plant s'il lève trop serré, donner de l'air chaque fois que le temps le permet, et prendre, du reste, les précautions ordinaires contre le froid, et en ayant soin de ne pas arroser avec excès.

Les carottes pour la provision d'hiver pourraient à la rigueur ne pas être arrachées; elles ne gèleraient, sous le climat de Paris, que les années où il survient des froids d'une sévérité exceptionnelle. On enlève cette récolte moins pour la préserver du froid qu'elle redoute peu, que pour pouvoir donner au sol où les carottes ont végété les préparations nécessaires à d'autres cultures. L'arrachage se fait soit avec la bêche, soit avec la fourche à dents plates; ce dernier instrument est le meilleur pour arracher les carottes très-longues qu'il est difficile de ne pas endommager lorsqu'on se sert de la bêche. Aussitôt après l'arrachage, on coupe les feuilles et le collet, et l'on entasse les carottes dans une cave saine, par lits alternatifs avec du sable frais. Si, vers la fin de l'hiver, les carottes commencent à pousser des feuilles étiolées, on doit, dès qu'on s'en aperçoit, démonter les tas, retrancher ce qui reste du collet, et remettre les carottes dans du sable frais. De cette manière on assure leur conservation jusqu'à ce que les produits de la nouvelle récolte succèdent à ceux de la précédente.

Espèces et variétés. — Les carottes cultivées dans les jardins sont naturellement classées en trois divisions, les rouges, les jaunes et les blanches. Les plus estimées parmi les rouges sont la *rouge courte de Hollande*, la *rouge anglaise d'Altringham*, la *rouge demi-longue*, ou *carotte de Meaux*, et la *rouge longue commune*. La rouge courte de Hollande, dont les jardiniers des environs de Paris ont obtenu une très-bonne sous-variété qu'ils cultivent de préférence à toute autre, est la meilleure de toutes pour la culture forcée sur couches et pour les premiers semis de printemps à l'air libre. La rouge d'Altringham et la rouge de Meaux, l'une et l'autre demi-longues, sont estimées pour leur saveur relevée et leur belle couleur. Depuis que l'industrie des légumes frais desséchés a pris une grande extension, surtout pour les approvisionnements des armées en campagne et des équipages des navires pendant les voyages de long cours, la culture de ces deux variétés de carottes se pratique sur une grande échelle dans les marais des environs de Paris. La rouge commune et la rouge pâle de Flandre sont celles de toutes les carottes qui se conservent le mieux d'une année à l'autre.

Parmi les jaunes, on ne cultive dans les jardins que la jaune courte et la longue d'Achicourt, l'une et l'autre principalement répandues dans les jardins potagers du nord de la France.

Dans la série des blanches, les meilleures sont la blanche commune, la blanche de Breteuil, dont la forme est celle d'une grosse toupie, et la blanche transparente, obtenue de semis à Mulhouse en 1849, excellente, mais peu répandue dans les jardins. Les autres espèces blanches, cultivées principalement comme racines fourragères pour la nourriture des bestiaux, ne sont admises que par exception dans le potager. En dehors de ces trois séries de carottes, on cultive plus comme curiosité qu'en raison de sa valeur réelle la *carotte violette d'Espagne*, d'un violet presque noir, également désignée sous le nom de *carotte noire de l'Inde*.

NAVET. — Le navet est le plus commun et le moins recherché des légumes-racines, aussi n'occupe-t-il jamais une bien grande place dans le potager. Si la terre du jardin est plus forte que légère, il est indispensable de la bien amender avec du sable siliceux fin à haute dose, si l'on y veut obtenir de bons navets.

Semis, soins de culture. — On traite généralement le navet comme plante bisannuelle, bien que, livré à lui-même et semé au printemps, le navet soit annuel, c'est-à-dire disposé à fleurir et à porter graine l'année où il est semé. C'est par ce motif que, dans les jardins, on ne sème habituellement les graines de navets que du mois de juin au mois d'août. La racine, seule partie comestible de la plante, a le temps, avant les premières gelées, d'acquérir tout le volume propre à chaque espèce, et la végétation de la plante est arrêtée par le froid avant la formation des tiges florales. On peut cependant hasarder des semis de printemps en mars et avril, en employant de la graine de deux ou de trois ans. Dans un sol frais ou largement arrosé, sous un climat peu sujet aux fortes chaleurs et aux sécheresses prolongées en été, les semis de printemps peuvent donner en été d'assez bons navets. Les semis de graine de navets craignent beaucoup les ravages de l'altise ou puce de terre, petit insecte coléoptère qui ronge les feuilles séminales naissantes du navet à peine levé. Le vrai préservatif, c'est de ne semer que dans un sol récemment labouré et bien fumé avec de l'engrais très-consommé; dans ces conditions, la végétation des navets marche si vite qu'ils n'ont bientôt plus rien à craindre des attaques de l'altise.

Il faut arracher les navets avant qu'ils aient souffert des premiers froids; bien que les petites gelées ne puissent les détruire, elles altèrent plus ou moins leurs tissus et leur communiquent, outre un goût peu agréable, des propriétés indigestes. On conserve les navets dans une cave saine ou dans un cellier, dans du sable frais, avec les mêmes soins indiqués pour les carottes. On doit surtout veiller à la bonne conservation pendant l'hiver des navets qu'on se propose de planter au printemps pour servir de porte-graines. La graine de navets, mûre de bonne heure en été, est souvent, en dépit des épouvantails disposés pour effrayer les oiseaux, dévorée par les moineaux qui en sont très-avides. Cette graine conserve trois ou quatre ans ses propriétés germinatives.

Espèces et variétés. — Le navet a été longtemps, avec le chou, le légume le plus cultivé dans les potagers; il était regardé, à cause de son bas prix, comme l'aliment des classes pauvres et le symbole de la frugalité. Sa culture sous divers climats a donné naissance à un grand nombre de variétés, les unes aplaties en forme d'oignon, aussi désignées sous le nom de *turneps*, les autres rondes ou plus ou moins allongées, à chair blanche chez les uns, d'un jaune nankin chez les autres. Les plus recherchés sont le *navet de Freneuse*, à chair jaunâtre, de forme oblongue, d'un goût très-relevé, le *jaune d'Écosse*, très-volumineux, et le *jaune de Finlande* beaucoup plus petit, tous deux très-bons pour la cuisine, le *navet de Meaux*, le *navet long d'Alsace* et le *navet de Claire-Fontaine*, les meilleurs parmi les longs à chair blanche, et le navet rond commun, à collet rose, employé surtout comme accompagnement du pot-au-feu.

PANAIS. — La culture du panais est la même que celle de la carotte; la graine se sème à l'air libre à la même époque que la graine de carotte, beaucoup plus clair, la plante ayant besoin de plus d'espace pour se développer. En Belgique et sur notre frontière du Nord, on sème en mars et avril la graine de panais à la volée, à peu près aussi serrée que la graine de carotte. Le plant de semis est éclairci quand les jeunes panais ont la grosseur du petit doigt : c'est en cet état un très-bon légume de printemps, qui se mange assaisonné comme les carottes nouvelles arrachées au même degré de développement.

La valeur du panais est trop faible et ses usages sont trop limités pour que cette plante soit soumise à la culture forcée. Les porte-graines sont préservés de la gelée en hiver et plantés au printemps; la graine perd au bout d'un an ses propriétés germinatives.

Le panais n'a produit par la culture que deux variétés, différentes seulement par le volume des racines. Le *panais commun* est de tous les légumes-racines celui qui plonge le plus avant dans le sol; sa culture n'est possible que dans un terrain très-profond; le *panais de Metz*, court et trapu comme la carotte rouge courte de Hollande, possédant d'ailleurs toutes les propriétés du panais commun, peut être cultivé dans les jardins où le sol a peu de profondeur et où, par conséquent, l'espèce commune ne réussirait pas.

CHAPITRE XVII

Légumes-racines. — Radis, Salsifis, Scorsonère, Betterave, Pomme de terre, Topinambours.

Légumes-racines. — Radis. — Sa culture au printemps, en été, en hiver, sur couche. — Espèces et variétés. — Petites raves. — Radis noir. — Raves blanches et roses de la Chine. — Scorsonère. — Sa culture. — Salsifis. — Scolyme. — Betterave. — Culture dans le potager. — Usages. — Espèces jardinières. — Culture des porte-graines. — Pomme de terre. — Plantation automnale. — Culture forcée sur couche en hiver. — Récolte des produits. — Semis de graine de pomme de terre. — Topinambour. — Sa place dans le potager. — Son utilité pour former de bons abris.

RADIS. — Le radis dont la racine, d'une saveur légèrement piquante, se mange crue, est le plus usité des hors-d'œuvre sur les tables bien servies; il est également, à cause de son bas prix, recherché des ouvriers dans les grandes villes; pendant plusieurs mois de l'année, il forme la base habituelle de leur repas du matin. Il en résulte que la culture du radis toute l'année est également indispensable dans le potager dépendant d'une maison de campagne, et dans celui dont les produits doivent prendre le chemin du marché. Cette culture est des plus faciles. On sème au printemps la graine de radis, soit seule, soit mêlée à de la graine de laitue et d'oignon à repiquer. Ces semis, pour avoir des radis de bonne heure à l'air libre, se font sur côtière, à l'exposition du midi, dans une terre fortement chargée de bon terreau, et bien foulée après les semis, sans quoi les radis ne prendraient pas la forme normale de leur espèce. On éclaircit en récoltant successivement les plus avancés pour faire place aux autres. Pendant l'été, on ne doit semer que dans une position ombragée; il faut arroser souvent et largement, et, malgré ces soins, la plupart des radis venus pendant les fortes chaleurs sont durs, filandreux et creux à l'intérieur. A l'exception de ceux dont la clientèle veut des radis en été et les paye en conséquence, les jardiniers marchands peuvent interrompre les semis de graine de radis, au moins pendant les mois de juillet et d'août. En hiver on sème cette graine sur couche tiède, chargée de terreau fortement tassé; ces semis peuvent être renouvelés de quinze en quinze jours, jusqu'à la récolte des premiers radis cultivés à l'air libre au printemps, la rapidité de la croissance du radis en rend la culture forcée avantageuse en hiver, bien que ce produit ne se vende jamais à un prix fort élevé.

Espèces et variétés. — On cultive de la même manière le *radis rose commun*, le *rose* et le *blanc hâtif*, le *jaune* et le *demi-long*, variété actuellement plus en faveur que toutes les autres. C'est aussi par le même procédé qu'on obtient les *petites raves* blanches, roses et violettes, presque abandonnées aujourd'hui par un pur caprice de la mode qui fait sentir son influence jusque dans le potager ; les petites raves valent sous tous les rapports les meilleures espèces de radis.

Le *radis noir*, plus semblable à un navet qu'à un radis véritable, se sème au printemps et n'est bon à récolter qu'en automne, pour être livré successivement à la consommation pendant tout l'hiver; il lui faut beaucoup d'eau pendant tout l'été ; étant bien arrosé, cultivé dans un sol léger et frais, il devient très-volumineux; mais il reste toujours dur : c'est un aliment qui ne convient qu'aux estomacs les plus robustes. On préfère avec raison au radis noir d'Europe, deux excellentes espèces, l'une rose, l'autre blanche, introduites de la Chine de nos jours et moins répandues qu'elles ne méritent de l'être. Leur chair ferme sans être dure, est de très-bon goût et plus facile à digérer que celle du radis noir.

SCORSONÉRE-SALSIFIS-SCOLYME. — Ces trois racines servent aux mêmes usages et s'obtiennent par le même mode de culture; la scorsonére est la plus cultivée des trois. On sème la graine de cette plante, soit au printemps, en février et mars, soit en été, en juillet et août. Les semis de printemps donnent des racines bonnes à récolter à la fin de l'automne et pendant tout l'hiver. Cette racine ne gèle pas ; on peut la laisser en place et ne l'arracher qu'au fur et à mesure des besoins. Les semis d'été donnent des racines bonnes à récolter seulement l'année suivante, avant que la plante commence à fleurir et à porter graine.

Avant de semer la graine de scorsonère, il est bon d'en faire l'essai sur un flotteur de liége afin d'employer une plus ou moins grande quantité de graine, d'après la proportion observée de celles qui ne germent pas ; car la graine de scorsonère, même lorsqu'elle est récoltée dans les meilleures conditions, ne lève jamais en totalité ; elle ne conserve pas ses propriétés germinatives au delà de deux ans. On arrose jusqu'à ce que le plant soit bien levé ; on éclaircit, s'il y a lieu, au bout de quinze à vingt jours, après quoi, il n'y a plus à s'en occuper.

Salsifis-scolyme. — On traite exactement de la même manière le *salsifis* qui ne diffère de la scorsonère que par son écorce extérieure jaune pâle, tandis que celle de la scorsonère est noire ; l'une et l'autre de ces deux racines sont également insensibles au froid et peuvent, sous le climat de Paris, hiverner en pleine terre à l'air libre, sans aucune protection. Le *scolyme d'Espagne*, très-commun à l'état sauvage dans nos départements du Midi, se cultive comme la scorsonère et le salsifis ; il est très sujet à monter, ce qui rend sa racine coriace et de nulle valeur ; du reste, cette racine est aussi bonne et plus volumineuse que le salsifis. Elle craint le froid et doit être mise en jauge avec une bonne couverture de litière sèche, avant les fortes gelées.

BETTERAVE. — La betterave appartient plutôt à la grande culture qu'au jardinage ; elle figure néanmoins dans le potager quoique toujours en petit nombre, parce que l'usage d'ajouter à la salade des tranches de betterave cuite au four, et de la manger fricassée à la poêle avec de l'oignon n'est pas entièrement abandonné. On ne peut considérer comme des betteraves jardinières que les espèces peu volumineuses, de diverses nuances de rose ou de rouge ; la petite betterave de Castelnaudary, très-sucrée, d'un rouge très-foncé, est la plus cultivée dans les jardins. On sème la graine au printemps, mieux en pépinière qu'en place; le plant doit être repiqué jeune et arrosé tant qu'il ne paraît pas bien repris; on arrache les betteraves vers la Saint-Martin (11 novembre), pour les conserver à la cave comme les carottes; celles qui doivent servir de porte-graines sont mises en jauge et couvertes de litière pendant l'hiver.

Dans les pays de grande culture de la betterave à sucre, ce sont ordinairement les jardiniers qui cultivent avec soin les porte-graines des meilleures espèces de betteraves, afin d'en vendre la graine aux fermiers. Cette graine conserve ses propriétés germinatives pendant quatre ou cinq ans.

POMME DE TERRE. — Parmi les innombrables espèces et variétés de pommes de terre obtenues en Europe par la culture en grand dans les conditions les plus diverses de sol et de climat, les variétés les plus précoces appartiennent seules au domaine du jardinage; les espèces tardives occuperaient trop longtemps un terrain qui peut toujours être plus utilement employé.

Tubercules pour la plantation. — On plante les tubercules, soit entiers, soit coupés en morceaux, dont chacun doit avoir un ou deux bons yeux. Rien de moins rationnel que l'usage encore suivi par beaucoup de jardiniers de ne planter que de petits tubercules dont ils n'ont pas trouvé à se défaire. Les pommes de terre trop petites ne sont restées petites que parce qu'elles se sont formées à une époque trop avancée de la saison, et qu'elles n'ont pas eu le temps de prendre leur volume normal; leurs yeux sont mal conformés et elles ne sauraient donner naissance à des plantes vigoureuses. D'ailleurs, la petite quantité de pommes de terre précoces qu'on peut cultiver dans un jardin n'exige pas, pour la plantation, l'emploi d'un grand nombre de tubercules; c'est une économie très-mal entendue que de ne pas consacrer à cette plantation les meilleures pommes de terre conservées de la récolte précédente. Quand on n'en a que de trop grosses pour être plantées entières, on doit, après les avoir coupées par morceaux, les laisser pendant quelques heures se ressuyer à l'air libre, sans quoi une partie des morceaux pourrirait en terre et ne lèverait pas.

Plantation. — La plantation se fait, soit de très-bonne heure au printemps, soit à l'entrée de l'hiver : cette dernière époque est la plus favorable. Il faut avoir soin d'enterrer les pommes de terre qui doivent passer l'hiver en terre un peu plus profondément que celles qu'on plante en février et mars, après que les grands froids sont passés. La plantation automnale n'a pas pour effet d'accroître la précocité des pommes de terre ; elle n'avance pas sensiblement le moment où leurs premiers produits peuvent être récoltés ; mais les tubercules destinés à la plantation, s'ils sont mis en terre avant l'hiver, s'y conservent beaucoup mieux que dans une cave où ils doivent séjourner lorsqu'on ne les plante qu'au printemps. La végétation est plus vigoureuse, parce que les tubercules ne se sont pas épuisés à émettre prématurément des pousses étiolées, et l'on a pour résultat définitif, à frais égaux, une meilleure récolte. Les meilleures espèces pour la culture jardinière, sont : la marjolin de France, la kidney d'Angleterre et les deux variétés belges connues sous les noms de neuf semaines et de sept semaines ; cette dernière est la plus précoce de toutes.

Culture forcée. — Près de Paris et des grandes villes, il peut être avantageux de soumettre la pomme de terre à la culture forcée en hiver, sur couche chaude sous châssis ; les tubercules qu'on en obtient ne valent pas, à beaucoup près, les pommes de terre bien conservées de la récolte précédente ; mais on les vend facilement à des prix élevés. Pour forcer la pomme de terre, on commence, dès la fin de novembre, par mettre au germoir les tubercules qu'on se propose de forcer. Le germoir est tout simplement un châssis vitré avec son coffre, qu'on pose sur une plate-bande au pied d'un mur au midi, et sous l'abri duquel on pose les pommes de terre tout près les unes des autres ; elles ne tardent pas à donner de jeunes pousses et des racines. Pour que cette végétation ne soit pas étiolée, le germoir ne doit être couvert de litière ou de paillassons que pendant la nuit ; la lumière doit pouvoir y pénétrer librement, au moins pendant les heures les moins froides de la journée.

D'autre part, on prépare une couche chaude chargée d'un lit de 25 à 30 centimètres d'épaisseur de bonne terre mêlée de terreau. Quand la végétation des pommes de terre est assez avancée dans le germoir, on les plante en lignes dans la terre de la couche chaude, en ayant soin de les enterrer très-peu profondément. Leurs tiges souterraines ne tardent pas à s'emparer de toute la terre, et à former de petits tubercules qu'on enlève à plusieurs reprises en déchaussant les touffes avec précaution, afin qu'elles puissent continuer à végéter et à donner de nouveaux tubercules, jusqu'à ce que la chaleur de la couche soit épuisée. On utilise l'espace resté libre à la surface de la couche entre les lignes de pommes de terre forcées, en y semant de la graine de radis, de laitue et de tomates; cette dernière donne ainsi de très-bonne heure du plant bon à repiquer une première fois sur une couche tiède et une seconde fois en pleine terre à l'air libre à la fin d'avril. Ainsi combinée, la culture forcée des pommes de terre peut être très-profitable, pourvu qu'on se soit assuré d'avance du placement des produits qui, s'ils ne sont recherchés et demandés, n'ont par eux-mêmes qu'une très-médiocre valeur.

Semis de graines de pomme de terre.—Il est toujours avantageux au jardinier qui cultive un potager suffisamment étendu, d'y semer tous les ans au printemps une certaine quantité de graines de pommes de terre. Ces semis ne donnent jamais la première année que des tubercules d'un très-petit volume; mais, ces tubercules employés l'année suivante pour les plantations, donnent toujours des plantes d'une fécondité extraordinaire. On ne doit pas espérer que ce degré de fécondité se maintienne les années suivantes; néanmoins, l'expérience prouve que les pommes de terre de semis restent pendant plusieurs générations vigoureuses, très-productives, et beaucoup moins sujettes que les autres aux atteintes de la maladie. En semant un peu tous les ans, le jardinier s'assure pour ses propres cultures une provision de tubercules à leur maximum de fécondité; s'il en a plus qu'il n'en peut employer, il trouvera facilement à se défaire du surplus à l'époque des plantations.

TOPINAMBOUR. — S'il se trouve dans le potager un compartiment moins fertile et moins bien situé que le reste du terrain, c'est là qu'il faut cultiver le topinambour, avec ou même sans fumier; c'est une plante qui vient partout; c'est la providence des plus mauvais terrains. On plante de bonne heure au printemps des tubercules entiers de moyenne grosseur, on en récolte les produits en automne. Une fois établie, la plantation de topinambours se soutient d'elle-même pendant un temps illimité; le moindre fragment de tubercule laissé dans le sol à l'époque de la récolte repousse avec une étonnante vigueur; on retrouve chaque année dans le même terrain autant de tubercules de topinambours qu'on en a récolté l'année précédente.

Lorsqu'on cultive des végétaux d'ornement de serre froide ou tempérée, qui doivent passer la belle saison à l'air libre, comme ces plantes plus ou moins délicates redoutent les coups de vent violents qui accompagnent les orages, on les en préserve en plantant autour de l'espace qui leur est destiné, des topinambours en lignes, très-serrés les uns contre les autres. Le feuillage ample et les tiges solides du topinambour procurent aux plantes de serre un excellent abri, tout en laissant arriver jusqu'à elles l'air constamment renouvelé dont elles ont besoin.

On cultive deux variétés de topinambour, l'une blanche ou jaunâtre, l'autre d'un rouge violacé. L'une et l'autre se cultivent de la même manière et sont également rustiques; on peut se dispenser de les arracher en automne; le froid des hivers les plus rigoureux du climat de Paris et même du nord de la France ne les endommage en aucune façon; on les arrache seulement au fur et à mesure des besoins de la consommation.

CHAPITRE XVIII

Légumes à bulbes comestibles.

Légumes à bulbes comestibles. — Oignons.— Culture par semis en place. — Quantité de graine pour une surface donnée. — Essai de la graine. — Tassement de la terre. — Époque des semis. — Torsion de la fane. — Époque de l'arrachage. — Culture par transplantation. — Espacement.— Méthode de Nouvellon. — Espèces et variétés d'oignons. — Poireau. — Transplantation. — Culture. — Espèces et variétés. — Ail. — Ciboule. — Échalotte. — Civette.

La série des légumes dont on utilise les bulbes comprend l'*oignon*, le *poireau*, l'*ail*, la *ciboule*, l'*échalotte* et la *civette*. Trois de ces légumes, l'oignon, le poireau et l'ail, ont une très-grande importance économique en France, à cause de la multiplicité de leurs usages dans la cuisine française; le climat de la France leur convient tout particulièrement.

OIGNON. — L'oignon se cultive par semis en place ou par transplantation; la première de ces deux méthodes est la plus usitée. A l'exception de deux ou trois espèces dont les unes produisent des bulbilles, les autres des caïeux ou petits oignons servant à les multiplier, les variétés d'oignons les plus répandues dans les jardins ne se propagent que par le semis de leurs graines, soit en place, soit en pépinière. Pour semer l'oignon en place, on fait choix d'une terre parfaitement saine, douce, légère, exempte de pierres et de cailloux, et fumée depuis un an au moins. Aucune plante potagère bulbeuse ne supporte le contact du fumier frais. Dans le cas où l'on ne dispose pas pour la culture de l'oignon d'un terrain conservant assez d'engrais d'une fumure antérieure, on doit y mêler une forte dose de terreau de couches rompues. Le fumier, même à forte dose, ne peut être utile à la végétation des plantes bulbeuses que quand il est tout à fait passé à l'état de terreau, parce qu'alors il ne fermente plus et ne peut plus dégager aucun principe capable de faire pourrir les bulbes.

Choix et essai de la graine. — La quantité de graines à employer pour les semis en place est en moyenne d'un gramme par mètre carré. Mais comme la graine d'oignon, même lorsqu'elle est récoltée dans les meilleures conditions, n'est jamais bonne en totalité, et qu'une portion plus ou moins considérable ne lève pas, on augmente ou l'on diminue la dose pour les semis d'après la qualité de la graine essayée au moyen d'un flotteur. La proportion d'un gramme par mètre n'est suffisante que quand le jardinier a récolté lui-même la graine qu'il sème. Dans celle qu'il achète, il s'en trouve presque toujours un peu d'ancienne mêlée à la nouvelle; celle de deux ans lève très-bien; celle de trois ans ne lève presque plus. Vérification faite de la qualité de la graine sur le flotteur, il se trouve le plus souvent qu'il faut semer à raison d'un gramme et demi par mètre carré. Si le plant lève un peu trop serré, lorsqu'il a pris le diamètre d'un tuyau de plume, on l'éclaircit, et celui qu'on arrache est transplanté en lignes pour compléter sa croissance. Lorsque les circonstances ne permettent pas de tirer ce parti du plant arraché pour éclaircir, on a soin de semer un peu plus clair; alors on ne commence à éclaircir que quand le plant est assez fort pour pouvoir être livré à la consommation en qualité de ciboule. Aux environs de Paris, on sème à la volée deux tiers de graine d'oignon et un tiers de graine de poireau, mêlées ensemble. Quand le poireau, facile à distinguer à la forme particulière de ses feuilles, est assez fort pour être arraché et transplanté, l'oignon se trouve convenablement espacé et n'a pas besoin d'être éclairci.

Semis. — Un point fort important et qu'il ne faut jamais perdre de vue lorsqu'on sème la graine d'oignon soit seule, soit associée à la graine de poireau, c'est de tasser fortement le sol avant et après les semis, et de ne jamais semer sur un labour trop récent. Le terrain où l'on se propose de semer au printemps de la graine d'oignon est labouré à l'entrée de l'hiver, à moins qu'il n'ait porté une récolte de pommes de terre ou de scorsonères, auquel cas il est suffisamment ameubli par l'arrachage de ces racines et n'a besoin que d'une façon superficielle donnée soit à la houe, soit avec la fourche à dents de fer. Dès les premiers beaux jours de février, on laboure avec soin, puis on laisse le terrain se bien raffermir par un délai de trois semaines au moins ; ce délai est de rigueur. Au moment de semer, on égalise au râteau la surface des planches, puis on les piétine fortement et l'on sème. Aussitôt après, on passe de nouveau le râteau, et l'on piétine une seconde fois. La graine est alors dans les meilleures conditions pour bien lever.

La meilleure époque pour les semis de graine d'oignon commence vers le 20 février et finit au 15 mars, on ne doit pas s'en tenir rigoureusement à ces dates, bien qu'elles répondent en général au moment le plus favorable ; il arrive assez souvent sous le climat de Paris que la prolongation du mauvais temps ne permet pas de labourer de bonne heure les planches du potager ; dans ce cas, les semis doivent être retardés.

Soins de culture. — L'oignon craint beaucoup, pendant la première période de sa croissance, la sécheresse et le voisinage de la mauvaise herbe. Il faut arroser les planches d'oignons récemment levés aussi souvent que la terre paraît sèche, sans quoi les jeunes oignons périssent en partie par les sécheresses de printemps nommées par les jardiniers le *hâle de mars*. Les sarclages doivent être exécutés à la main, sans le secours d'aucun instrument quelconque, avec beaucoup de soin, pour ne pas arracher en même temps que la mauvaise herbe, une partie du plant d'oignon. Lorsqu'il approche de sa maturité, l'oignon dont les feuilles sont encore vertes a besoin d'un dernier soin de culture qui favorise le grossissement des bulbes. Le jardinier passe avec son râteau dans les planches d'oignons, il appuie avec le revers de l'instrument sur la naissance des feuilles, ce qui les couche sur le sol où elles ne tardent pas à jaunir. Ceux qui n'en ont semé qu'une petite quantité peuvent tordre à la main les feuilles ou fanes de l'oignon à leur base; ils obtiennent ainsi de plus beaux oignons. Quand les bulbes ont pris tout leur volume, on les arrache par un temps sec; deux ou trois jours de séjour sur le sol font perdre aux oignons une partie de leur eau de végétation, ce qui rend leur conservation plus facile.

La culture par transplantation se fait, soit avec le plant obtenu de semis en pépinière, soit avec celui qui provient des éclaircis des semis à la volée. Le plant peut être transplanté très-jeune, à 10 centimètres en tout sens; le reste de la culture est le même que pour les semis à la volée. Une seule espèce, l'oignon blanc précoce, se sème au milieu de l'été, en juillet et août, pour être transplanté en automne; on le couvre de litière pendant les grands froids qui, malgré cette précaution, en détruisent toujours une partie; il recommence à végéter au printemps de l'année suivante et se récolte à demi formé en mai et juin. Dans nos départements du Midi où l'hiver est à peu près nul, ce mode de culture s'applique à toutes les variétés d'oignons, sans causer aucune perte aux jardiniers; sous le climat de Paris, on l'applique au blanc hâtif seulement, parce que l'oignon est l'assaisonnement habituel des petits pois. Or, quand vient la saison des petits pois, les provisions d'oignons de garde sont épuisées; les oignons des semis de printemps sont encore trop petits pour être utilisés.

Enfin, on pratique assez en grand, surtout à Orléans et dans les *Varennes* ou jardins maraîchers des villes des bords de la Loire, une méthode particulière connue sous le nom de méthode de Nouvellon, du nom de l'un des horticulteurs qui ont pratiqué cette méthode avec le plus de succès. On sème la graine d'oignon en pépinière au mois d'août, beaucoup plus épais que quand le plant doit être repiqué; on arrose tout juste autant qu'il est nécessaire pour faire lever la graine, puis on laisse le plant se faner et sécher sur pied. Chaque graine donne par ce moyen un oignon très-bien formé; les plus gros ont le volume d'une noisette, les plus petits celui d'un pois. Ils sont arrachés et conservés dans un lieu sec pour être repiqués en lignes au printemps, à des distances proportionnées au volume présumé des bulbes de chaque espèce. Le principal avantage de la méthode de Nouvellon pour la culture de l'oignon, c'est d'économiser la graine qui est assez souvent rare et chère.

L'oignon qu'on se propose de cultiver comme porte-graine doit être conservé à l'abri de l'humidité, dans un local plutôt froid que chaud, où seulement les fortes gelées ne puissent l'atteindre. S'il était gardé en hiver sous l'influence d'une température trop douce, il s'épuiserait en donnant prématurément des pousses étiolées; mis en terre en cet état, il fleurirait mal et ne porterait pas de graine. Cette disposition naturelle des oignons à monter pendant l'hiver ne peut être combattue que par le froid; c'est elle seule qui rend difficile la conservation des oignons de la plupart des espèces, d'une année à l'autre. Les oignons porte-graines, à mesure que leurs tiges florales s'allongent, veulent être soutenus par de solides tuteurs, sans quoi les coups de vent un peu forts les renversent, et c'est autant de perdu. La graine mûre se conserve bien dans ses capsules en têtes qu'on réunit en bottes suspendues dans un lieu sec; elle est épluchée seulement au moment où l'on veut la semer.

Espèces et variétés. — Les principales variétés d'oignons cultivées dans les jardins sont le *rouge foncé*, le *rouge pâle de Niort*, le *jaune des Vertus*, le *jaune de Cambrai*, le *double-tige*, le *blanc tardif* et le *jaune d'Espagne*. Tous ces oignons sont de garde; les deux derniers conviennent mieux aux potagers du midi de la France qu'à ceux du centre et du Nord.

On cultive pour la consommation d'été le *blanc hâtif*, dont une grande partie s'emploie lorsque les bulbes sont à moitié de leur grosseur. Les oignons désignés ci-dessus sont de beaucoup les plus répandus et au total les meilleurs. Ceux qui suivent ne sont cultivés que par exception ou pour diverses destinations particulières. On cultive pour confire au vinaigre et manger en hors-d'œuvre avec les cornichons, le petit oignon *blanc de Nocera* ou *de Florence*, rond, de très-bon goût, mais qui, sous le climat de Paris, tend à grossir et est difficile à conserver franc d'espèce ; on cultive principalement dans le Midi les oignons *pyriforme*, *furiforme* ou *corne de bœuf*, *de Madère*, l'*oignon patate* et l'*oignon d'Égypte ou bulbi-fère*. La tige de ce dernier fournit une ample provision de bul-billes qu'on plante comme les petits oignons obtenus par la méthode de Nouvellon ; cet oignon ne se multiplie pas par le semis de ses graines ; les bulbilles en tiennent lieu. Ce sont ces bulbilles qui portent le nom de *rocambole*, qui font souvent désigner sous ce nom l'oignon d'Égypte. On ne mul-tiplie l'oignon patate que par la séparation des caïeux qu'il produit en abondance, lorsqu'on a soin de le butter à plu-sieurs reprises pendant l'été.

POIREAU. — Le poireau craint le fumier frais, surtout le fumier des bêtes bovines, encore plus que l'oignon. Il ne réussit jamais parfaitement par les semis en place, et doit toujours être transplanté. On sème en mars et avril la graine de poireau soit seule, soit associée à la graine d'oignon ; le plant doit être arraché lorsqu'il a la grosseur d'un tuyau de plume. Avant de le mettre en place, on raccourcit le sommet des feuilles et le bout des racines. La transplantation du poi-reau doit suivre immédiatement l'arrachage ; moins il passe de temps hors de terre, mieux il végète dans la suite. Le plant, arraché trop longtemps d'avance et qui s'est fané avant d'être transplanté, ne donne jamais que des produits médiocres. On met en place en lignes espacées entre elles de 15 centimètres à un décimètre dans les lignes. Le plateau d'où partent les racines doit être enfoncé en terre à 8 ou 10 centimètres de profondeur. Le poireau tout formé craint peu le froid ; il peut rester à l'air libre tout l'hiver sans inconvénient sous le cli-mat de Paris. Le poireau, assaisonnement indispensable du pot-au-feu, manquerait sur le marché pendant une partie de l'année si l'on n'employait pour en avoir en toute saison des procédés d'une application facile. Au printemps, quand le poireau se dispose à monter, on l'arrache pour le mettre en jauge, à l'ombre, à l'exposition du nord ; il reste par ce moyen en bon état un mois de plus que s'il n'était pas arra-ché. En novembre et décembre, on sème sous châssis sur couche, de la graine de poireau qui donne du plant bon à re-piquer de bonne heure au printemps ; ce plant a besoin d'être soigneusement préservé du froid ; car si le poireau tout formé ne gèle pas, le plant de poireau gèle, même par un froid peu rigoureux. Ce plant, mis en place en mars et avril, donne du poireau bon à récolter quand celui de la récolte précédente commence à manquer. On peut aussi semer tard et très-clair en septembre de la graine de poireau, dans une situation abritée. Le plant né de ces semis ne gèle pas ; il a pris avant les grands froids assez de force pour résister à l'hiver. Au printemps de l'année suivante, il monte beaucoup plus tard que le poireau cultivé à la manière ordinaire ; on ne commence à le livrer à la consommation que quand il n'y en a plus d'autre ; il n'est jamais très-beau ; mais il se vend à un bon prix dans la saison où ce légume nécessaire est rare sur les marchés. On cultive par les mêmes procédés trois variétés de poireau : le *poireau long* ou *commun*, le *gros court du Midi*, et le *gros court de Rouen*, le plus volumineux des trois.

AIL. — La culture de l'ail n'est importante que dans le Midi ; la cuisine méridionale admet l'ail dans tous les mets. Là, on plante au printemps l'ail en lignes, à un décimètre en tout sens, dans une terre saine, fumée seulement depuis un an ou deux. A Paris où la consommation de l'ail est beaucoup moins considérable, ou en forme seulement des bordures autour de quelques-uns des carrés du potager, de préférence à l'exposition du midi, dans un sol plutôt sec que trop humide. Il ne faut pas planter l'ail en bordure autour des planches où l'on cultive des plantes qui ont besoin d'être fréquemment et largement arrosées ; il y pourrirait par excès d'humidité. La feuille et la tige florale naissante de l'ail sont tordues et nouées ensemble pendant la première semaine de juin ; on empêche ainsi la plante de fleurir, et l'on favorise le grossissement des caïeux nommés *gousses d'ail*, renfermées dans une tunique ou enveloppe commune. L'ail ne doit être arraché que quand la fane est complétement desséchée. L'ail peut être multiplié par le semis de ses graines qu'on peut obtenir en en laissant monter quelques plantes. Mais le plant provenant du semis de ces graines ne servirait qu'aux plantations de l'année suivante; ce serait perdre une année sans aucun avantage en compensation. C'est pourquoi l'on se contente de multiplier l'ail par la séparation de ses caïeux, seuls employés pour la plantation.

On ne cultive sous le climat de Paris que deux espèces d'ail, l'*ail commun*, et l'*ail hâtif* ou *des Vertus*. Dans le Midi, outre l'espèce commune, la plus cultivée, on rencontre dans les potagers l'*ail à rocambole*, dont la tige donne des bulbilles comme celle de l'oignon d'Égypte, et l'*ail d'Espagne* ou *ail rouge*, l'un et l'autre propres au climat méridional.

CIBOULE. — On traite la ciboule par deux méthodes, comme plante bisannuelle ou comme plante vivace; elle est vivace naturellement et d'une très-longue durée. Le procédé ordinaire consiste à semer au printemps la graine de ciboule comme celle de poireau; le plant repiqué très-jeune donne de la ciboule bonne à cueillir pendant tout l'été. On sème une seconde fois en juillet pour avoir des produits à récolter en automne. La ciboule, dont on n'emploie jamais de très-grandes quantités, peut aussi se planter en bordure, comme l'ail; elle y forme de grosses touffes qu'on peut dédoubler deux fois par an.

On cultive trois variétés de ciboule: la *ciboule commune*, la *ciboule blanche hâtive*, et la *ciboule vivace*, la plus usitée pour la plantation en bordures. Cette dernière espèce est très-improprement nommée; car elle n'est pas plus vivace que les autres qui le sont toutes au même degré.

ÉCHALOTTE. — La culture de l'échalotte est la même que celle de l'ail; elle se plante à la même époque dans les mêmes terrains et demande les mêmes soins. Outre l'espèce commune, la plus généralement cultivée dans le potager, on connaît deux autres variétés: l'*échalotte de Jersey* et l'*échalotte d'Allemagne*, l'une et l'autre plus grosses que l'espèce commune, mais d'un goût moins délicat et plus difficile à conserver.

CIVETTE. — Cette plante, aussi nommée *ciboulette* et *appé-*

et, se cultive comme l'ail et l'échalotte, en bordure. Les feuilles minces, effilées, d'un beau vert, d'une saveur relevée, sont la seule partie comestible; les touffes ne doivent être relevées que tous les trois ans; elle ne prospère que dans les terrains un peu secs.

CHAPITRE XIX

Légumes à feuilles comestibles. — Choux, Choux-raves.

Légumes dont on mange les feuilles. — Choux. — Ses propriétés salubres.— Culture du plant. — Transplantation. — Conservation en hiver. — Contre-plantation. — Espèces et variétés. — Choux pommés. — A pommes rondes. — Chou blanc. — Chou rouge. — A feuilles lisses. — A feuilles cloquées. — Chou spruyt de Bruxelles. — Choux à pommes coniques.— Choux verts. — Choux-raves. — Choux-navets. — Culture. — Conservation. — Espèces et variétés. — Culture des choux porte-graines.

Les légumes dont on mange les feuilles n'ont pas tous la même importance; quelques-uns sont de simples fournitures de salade et s'emploient par conséquent en très-petite quantité, bien que leur présence dans le potager soit indispensable. Cette série de légumes comprend le *chou*, l'*oseille*, l'*épinard*, le *céleri*, le *cardon*, le *pourpier*, le *persil*, le *cerfeuil*, l'*estragon*, le *cresson*, la *rhubarbe* et le *fenouil*.

CHOU. — Le chou est sous tous les rapports le plus important des légumes à feuilles comestibles. Il est cultivé de toute antiquité en France et en Italie; il a produit par la culture une multitude de sous-variétés, toutes recommandables à divers titres. Le chou, comme aliment, est salubre et de facile digestion lorsqu'il est convenablement assaisonné. On sait qu'à Rome, pendant plusieurs siècles, la tisane de chou a été le seul médicament en usage contre toute espèce de maladie. Ce système de médication avait du moins le rare avantage de ne pas nuire quand il ne guérissait pas. La culture du chou est extrêmement simple; elle est basée sur des principes généraux qui s'appliquent à toutes les espèces, bien que celles-ci soient fort nombreuses et qu'elles diffèrent entre elles par des caractères très-prononcés. Le chou réclame avant tout une terre fraîche et substantielle, plutôt forte que trop légère ; néanmoins, dans un sol léger, on peut obtenir de très-bons choux pourvu qu'ils ne manquent ni d'eau, ni de fumier. Le fumier des bêtes bovines est celui qui convient le mieux à la culture du chou.

Culture du plant. — C'est surtout au terrain où l'on sème la graine de chou, que le fumier doit être prodigué. Le plant y est cultivé avec soin, sarclé et éclairci au besoin, s'il est levé trop serré, jusqu'à ce qu'il soit devenu assez fort pour être transplanté. On le transplante à demeure, en quinconce, à des distances qui varient depuis 50 centimètres pour les plus petites espèces, jusqu'à 80 centimètres pour les plus volumineuses. Lorsque la transplantation est faite par un temps sec, quelques arrosages assurent la reprise du plant. Les choux pommés, les seuls qui se conservent d'une année à l'autre, craignent peu le froid. Lorsqu'on n'a pas besoin de disposer du terrain où ils ont végété, on peut se contenter d'arracher les choux complétement formés, et de les laisser sur place, la tête en bas, la racine en l'air ; ils s'y conservent aussi bien et mieux que partout ailleurs. Les choux pommés ne gèlent pendant les grands froids et ne pourrissent au dégel, quand on s'est abstenu de les arracher, que parce que l'eau provenant des pluies froides et des neiges fondues s'est introduite dans les intervalles de leurs feuilles extérieures et s'y est convertie en glaçons : c'est par là qu'ils périssent en hiver. Étant arrachés et posés la racine en l'air, ils n'ont rien à craindre du froid. Mais comme le plus souvent un carré où des choux pommés ont pris tout leur accroissement a besoin d'être labouré et fumé pour recevoir d'autres cultures, les choux sont arrachés, dépouillés de leurs plus grandes feuilles extérieures, et conservés dans un cellier ou une cave saine, pour être livrés successivement à la consommation. On peut aussi les mettre en jauge tout près les uns des autres au pied d'un mur à bonne exposition, et les couvrir de branchages par-dessus lesquels on étend de vieux paillassons ou de la litière longue. Ils sont ainsi préservés du contact de la neige et de l'humidité froide, qu'ils redoutent beaucoup plus que les froids les plus intenses.

Contreplantation. — Plusieurs espèces de choux se cultivent avec avantage en même temps que d'autres plantes dont ils prennent la place, quand celles-ci ont amené leurs produits à maturité. C'est ainsi, notamment, que du plant de choux pommés est repiqué entre les lignes de pommes de terre très-précoces. Quand la récolte des pommes de terre est enlevée, le jardinier n'a qu'une légère façon à donner au sol pour en égaliser la surface ; le carré de pommes de terre devient un carré de choux qui bientôt couvrent tout le terrain. On gagne ainsi un temps précieux ; c'est ce que les maraîchers parisiens nomment *contreplanter*. La méthode de contreplantation s'applique avec le même avantage aux salades et à divers autres produits.

Espèces et variétés. — Les choux se partagent en deux séries, dont l'une comprend les *choux pommés* et l'autre les *choux verts*, qui ne sont pas tous verts à beaucoup près, mais qui ne forment pas de pommes.

Choux pommés.—Cette série de choux, la plus nombreuse des deux, se partage en deux sections : la première comprend les *choux à pomme ronde*, et la seconde, les *choux à pomme conique*. Les choux à pomme ronde forment deux subdivisions très-distinctes, celle des *choux à feuilles lisses* et celle des *choux à feuilles cloquées*, ou choux *frisés*.

Les meilleurs choux à feuilles lisses sont le *chou blanc d'Alsace*, aussi nommé *chou quintal* et *chou à choucroute* ; on en possède un grand nombre de bonnes variétés, dont la plus recommandable, cultivée surtout dans les départements de l'Ouest, y est connue sous le nom de *chou nantais*. C'est avec ces choux, de préférence à toutes les autres espèces, qu'on prépare la choucroute, si recherchée de toutes les populations allemandes. Le *chou rouge*, d'une saveur douce particulière, appartient à la même série ; il n'est guère cultivé que dans les jardins du nord de la France. Il se mange soit cuit avec des pommes, accompagné de saucisses, soit cru, coupé très-mince, assaisonné sous forme de salade avec du beurre fondu et du vinaigre. Ce genre de salade ne peut guère être digéré que par les estomacs puissants des Flamands de France et de Belgique.

Les choux à feuille cloquée ou choux frisés ne sont pas moins riches en sous-variétés que les choux à feuilles lisses ; ils sont originaires de la Lombardie et de la Savoie ; en France, on les nomme généralement *choux de Milan ;* la variété la plus estimée est le *milan des vertus,* très-cultivée aux environs de Paris. Le *chou spruyt* ou *chou de Bruxelles,* appartient à cette subdivision. Il se cultive comme tous les autres choux ; mais, au lieu de pommer, il donne une tige forte et élevée, garnie de feuilles dans toute sa longueur : aux aisselles de ces feuilles naissent de petits choux très-serrés, qui sont la partie comestible de la plante ; on les récolte successivement à partir de septembre ; le froid modéré n'interrompt pas leur végétation ; c'est un des plus délicats des légumes frais que le potager peut fournir en hiver. Lorsqu'on tient à le conserver parfaitement franc d'espèce, on doit en faire venir la graine de son pays natal. Les amateurs les plus exigeants font venir des environs de Bruxelles du plant prêt à être mis en place.

Dans les choux à pomme conique, on ne peut contester la supériorité au chou anglais d'York, peu cultivé chez les maraichers de profession, parce que ses pommées ont peu de volume, ce qui le rend peu avantageux pour la vente, mais, quant au goût, il n'en existe pas de meilleur. On place à peu près sur le même rang le chou conique de Poméranie, plus gros et plus allongé que le chou d'York, mais très-sujet à dégénérer. Les plus cultivés d'entre les choux coniques, bien que ce ne soient pas à beaucoup près les meilleurs, sont le *chou pin* et le *chou cœur de bœuf,* à pomme peu serrée, et d'une saveur peu délicate, mais très-précoces ; on les fait arriver sur les marchés précisément quand la provision des autres choux conservés de l'année précédente est épuisée ; la préférence qu'on leur accorde n'a pas d'autre cause.

Les *choux verts,* qui ne pomment pas, appartiennent plutôt, en général, à la grande culture qu'au jardinage, et sont en réalité de plantes fourragères plutôt que des légumes. Quelques espèces néanmoins figurent dans le potager, et se mangent hachées et préparées comme l'oseille et les épinards. C'est un purgatif plutôt qu'un aliment; il ne faut en user qu'avec modération. Les choux verts les plus estimés sont le *frisé nain* dont on a deux sous-variétés, l'une verte, l'autre rouge; le *frisé panaché*, et le *frisé prolifère*, tous deux remarquables par la bizarrerie de leur feuillage, admis pour cette raison dans le parterre comme plantes d'ornement, aussi bien que dans le potager en qualité de légumes.

Une autre série de choux bien moins cultivée en France qu'elle ne mérite de l'être, fort estimée en Allemagne et en Angleterre, est connue sous le nom de *chou-rave*. Bien que les feuilles n'en soient pas la partie comestible, on la mentionne ici, parce que le *chou rave* est un chou véritable, et que c'est d'ailleurs un excellent légume, d'une culture très-facile et très-productive. La série des choux raves comprend deux divisions bien caractérisées, celle des choux raves proprement dits, dont la partie comestible est, non point une racine, mais un renflement du bas de la tige, et celle des *choux-navets*, qui forment en terre une véritable racine analogue à celle des navets turneps.

Tous ces choux se cultivent de la même manière; on sème en pépinière, de bonne heure, au printemps; les semis peuvent être continués jusqu'à la fin de mai, pour que les produits n'arrivent pas tous à la même époque. Quand le plant est jugé assez fort pour être transplanté, on le met en place, dans un sol frais, largement fumé. La culture du chou-rave diffère de celle des autres choux, en ce que l'on ne peut en espérer de bons produits qu'à force d'eau; il faut arroser continuellement et abondamment, sans quoi la boule, ou le renflement du bas de la tige ne se développe pas et reste filandreux et de mauvais goût.

Le chou-rave, non plus que le chou-navet ne craint pas le froid; si l'on n'a pas besoin de disposer du terrain qu'il occupe, on peut l'y laisser; il ne gèle pas à l'air libre sous le climat de Paris; habituellement on arrache les choux-raves, et après avoir enlevé les feuilles, on les conserve en jauge ou à la cave, comme des navets.

Les choux-navets, d'un tempérament plus rustique que les choux-raves, se cultivent comme les choux; on ne les arrose, en cas de sécheresse, qu'au moment de la mise en place, pour assurer la reprise du plant; ils se récoltent et se conservent de la même manière.

On estime principalement parmi les choux-raves, le *blanc*, le *rouge* et le *nain, de Vienne*, en Autriche, et parmi les choux-navets, le *rutabaga*, à chair jaune, improprement nommé *navet jaune de Suède*.

Quelques jardiniers suivent encore la vieille méthode usitée autrefois pour obtenir de la graine de choux-pommé, méthode qui consiste à conserver en hiver les plus belles pommes de chaque espèce comme porte-graines. Cette méthode est blâmable sous tous les rapports; d'une part, les pommes sont souvent gâtées à l'intérieur, de l'autre, quand même elles seraient saines, l'étiolement qui en fait le mérite comme aliment, nuit à la végétation des tiges florales. Il est beaucoup plus simple de couper en automne les têtes de chou pour la consommation, de conserver les trognons, transplantés dans une position abritée, et d'attendre qu'ils émettent au printemps des pousses florifères dont l'étiolement n'a pas altéré la vigueur naturelle. Pour maintenir les variétés bien franches, après avoir fendu légèrement en quatre la coupe du trognon tranché net horizontalement, on ne laisse à chaque quartier qu'une seule pousse dont on supprime le sommet lorsqu'elle commence à fleurir. Si la tige florale émet un trop grand nombre de pousses latérales, on a soin d'en retrancher une partie. Les choux porte-graines ainsi traités, donnent sur la partie moyenne de leurs tiges une quantité modérée de très-bonne graine, capable de conserver ou même d'améliorer les qualités propres à chaque espèce. Les choux étant très-sujets aux croisements accidentels, on ne doit pas planter à proximité les uns des autres les porte-graines des différentes espèces. Cette méthode s'applique avec le même succès à toutes les séries de choux; en général, le plant ne dégénère que lorsqu'on laisse chaque pied, né d'une pomme étiolée, au lieu de provenir d'un trognon vigoureux, se charger d'une trop grande quantité de graines dont une partie est imparfaitement fécondée et ne peut produire que du plant faible et disposé à dégénérer.

CHAPITRE XX

Légumes à feuilles comestibles (Suite).

Légumes à feuilles comestibles autre que le chou. — Épinards. — Procédé pour rétablir ceux qui sont gelés. — Espèces et variétés. — **Oseille.** — Culture en hiver. — Espèces et variétés. — Céleri. — **Culture.** — Battage. — Espèces et variétés. — Culture du céleri-rave. — Cardons. — Culture. — Conservation en hiver. — Cresson de fontaine. — Établissement d'une cressonnière. — Cresson alénois ou passerage. — Rhubarbe. — Culture. — Espèces et variétés. — Persil. — Sa valeur en hiver. — Cerfeuil. — Ses usages.—Sa ressemblance avec la petite ciguë. — Estragon. — Pourpier. — Fenouil.

Les légumes dont on mange les feuilles, à l'exception des choux, n'ont qu'une importance secondaire; ils ont pour caractère commun de nourrir très-peu; on ne leur accorde jamais, pour cette raison, un espace bien considérable.

ÉPINARDS. — Les épinards n'ont pas une grande valeur intrinsèque; leur puissance nutritive est à peu près nulle, de sorte que celui qui ne mangerait pas autre chose, serait bientôt mort de faim. Ils composent néanmoins un mets fort usité des habitants des villes, et ont nécessairement leur place dans le potager. On sème la graine d'épinards au printemps et en automne. Les semis pourraient être continués pendant tout l'été; mais d'une part on ne récolterait presque pas de feuilles, seule partie comestible de la plante; de l'autre, le potager fournit en été une profusion d'autres légumes préférés aux épinards. Pour le jardinier de profession, la culture de l'épinard est surtout avantageuse en automne; la rapide croissance de la plante la rend éminemment propre à garnir les carrés sur lesquels on a obtenu une récolte quelconque enlevée à une époque trop avancée de la saison pour qu'il soit possible d'y entreprendre une autre culture.

La graine d'épinards semée très-clair, à la volée, lève en

peu de jours et donne promptement des feuilles bonnes à récolter. Si pendant l'hiver les feuilles de l'épinard semblent gelées parce que sous l'action d'un froid un peu vif elles sont devenues d'un vert foncé, demi transparentes, il faut se hâter de les cueillir et les plonger dans un baquet d'eau aussi froide que possible. On les en retire aussitôt pour les faire sécher sur le plancher d'une chambre très-propre. Dès que l'eau adhérente aux feuilles s'est évaporée, les épinards ont repris leur bonne apparence et sont aussi bons que s'ils n'avaient point été gelés; c'est principalement en hiver que la vente en est avantageuse.

Espèces et variétés. — On cultive de la même manière plusieurs variétés d'épinards, les uns à graine lisse, les autres à graines hérissées de pointes d'où dérive leur nom. Les plus estimés sont, parmi ceux à graine épineuse, l'*épinard commun* et l'*épinard anglais*, et parmi ceux à graine lisse, les épinards *de Hollande*, *de Flandre* et *d'Esquermes*. Quant à la bonne saveur et à la belle nuance verte, qualités recherchées dans ce légume, il n'y a pas d'épinard préférable à l'espèce commune, à graines piquantes; c'est pour cette raison la plus généralement cultivée. Pour récolter la graine d'épinard, on sème assez tard en automne une planche dont le plant fleurit au printemps suivant. Dès que les pieds mâles ont fleuri, on les arrache pour donner plus d'espace aux plantes femelles. La graine battue aussitôt qu'elle est mûre, se conserve pendant plusieurs années, celle de deux ans est la meilleure pour les semis de printemps comme pour ceux d'automne.

OSEILLE. — Les propriétés nourrissantes de l'oseille ne sont pas de beaucoup supérieures à celles de l'épinard; mais son usage habituel principalement sous forme de soupe, est très-utile à la santé des habitants des villes livrés à des occupations sédentaires; c'est ce qui en rend la consommation très-étendue, et la culture aussi avantageuse que celle de tout autre légume, dans le voisinage des grandes villes. Partout ailleurs, et quand les produits du potager ne doivent pas être vendus, il est toujours nécessaire d'y avoir de l'oseille en

toute saison. On multiplie l'oseille par le semis de ses graines, en lignes, au printemps ou en automne ; elle réussit dans
tous les terrains et à toutes les expositions. Pour combattre
la disposition de la plupart des espèces à monter en été, ce
qui rend la production des feuilles à peu près nulle, on a
soin d'en semer un peu dans une situation ombragée à l'exposition du nord ; la formation des tiges florales est ainsi retardée autant qu'elle peut l'être.

Culture en hiver. — L'oseille n'a pas assez de valeur
pour qu'il soit avantageux de la soumettre en hiver à la culture
forcée. Mais, pour que le froid n'interrompe pas complètement la végétation de l'oseille dont les jeunes feuilles se
payent à un bon prix en hiver, on peut, pendant les plus fortes
gelées, étendre sur les planches d'oseille, de la paille ou de la
litière sèche qu'on déplace quand le temps le permet.

L'oseille se multiplie aussi par la division des touffes au
printemps ou en automne ; mais, pour que chaque espèce se
maintienne avec toutes ses propriétés, et qu'elle ne dégénère
pas, il faut toujours semer de temps à autre, de préférence
en automne.

Espèces et variétés. — On cultive dans le potager l'oseille commune, dont la meilleure variété, obtenue de semis
aux environs de Paris, est connue sous le nom d'oseille de
Belleville ; l'oseille à feuilles cloquées et l'oseille vierge. Cette
dernière espèce est dioïque, c'est-à-dire qu'elle porte des
fleurs mâles et des fleurs femelles sur des pieds séparés. En
ne cultivant que des individus mâles qu'on multiplie par la
division des touffes, on évite l'inconvénient des autres variétés qui se répandent partout et envahissent par le semis naturel de leur graine, plus de terrain que le jardinier ne veut
leur en accorder.

CÉLERI. — Le céleri croit à l'état sauvage dans les prairies
de nos départements méridionaux où il est connu sous le nom
de bonne herbe ; il mérite ce surnom par ses propriétés stomachiques et fortifiantes. La culture du céleri ne réussit que dans
les terrains naturellement frais ; elle demande des arrosages
abondants et continuels. Le céleri craint beaucoup le froid ;

on ne peut commencer à semer en plein air qu'en avril, après les derniers froids tardifs, encore les semis ne lèvent-ils bien qu'à une exposition méridionale. Il faut semer très-clair, afin que le plant puisse prendre beaucoup de force avant d'être mis en place.

Culture. — Buttages. — La saveur aromatique du céleri n'est réellement agréable que quand elle est adoucie par l'étiolement ; il n'est propre à la cuisine que quand il a été blanchi. C'est en prévision de la nécessité de le butter pour le faire blanchir que le plant doit être transplanté en lignes séparées par des intervalles suffisants pour qu'on y puisse prendre la terre nécessaire aux buttages qui se donnent successivement à trois ou quatre reprises à mesure que les plantes s'allongent. Dans le Nord on suit à cet égard la méthode des jardiniers belges qui, pour butter plus facilement le céleri, ne le transplantent que dans le fond d'un fossé, entre deux talus dont la terre est plus tard utilisée pour les buttages. Lorsqu'on veut récolter du céleri de très-bonne heure, on sème la graine sur couche sous châssis, à partir du mois de janvier, afin d'avoir du plant bon à transplanter à l'époque où les premiers semis sont possibles à l'air libre. En commençant les semis de graine de céleri dès les premiers jours de janvier, on peut en livrer à la consommation, sans interruption, toute l'année. Pour la provision d'hiver, on conserve à la cave ou dans le cellier, à l'abri du froid que ce légume redoute plus que tout autre, une partie du céleri butté et blanchi d'avance. On en tient en réserve, en jauge, dans une situation bien abritée, un supplément de provision qu'on a eu soin de ne pas butter. A mesure que la première partie de l'approvisionnement diminue, les pieds de céleri conservés verts sont rattachés par un ou deux liens de paille, puis enterrés en partie dans du sable, à la cave, où ils ne tardent pas à blanchir. C'est le meilleur moyen à employer pour n'en pas manquer en hiver. Les pieds réservés comme porte-graines ont dû être transplantés à une exposition méridionale ; ils y passent facilement l'hiver moyennant une couverture de litière qu'on déplace quand le temps le permet. Sous le climat du nord de la

France, le jardinier qui veut récolter de la graine de céleri
est obligé de faire hiverner sous châssis les plantes porte-
graines ; il les remet en place à l'air libre au printemps suivant ; le céleri y fleurit abondamment et mûrit sa graine vers
la fin de l'été ; cette graine ne conserve pas plus de deux ans
ses propriétés germinatives. Dans les départements situés au
nord de la vallée de la Seine, les jardiniers font bien de faire
venir la graine de céleri de Paris, ou même des bords de la
Loire.

Espèces et variétés. — Les principales espèces de céleri admises dans le potager sont le *céleri court hâtif*, le
céleri plein blanc, le *céleri nain frisé*, et le *céleri violet de
Tours*. Tous se cultivent de la même manière et donnent des
produits du même genre. On cultive aussi, mais en moins
grande quantité, le *céleri creux* que les jardiniers nomment
céleri à couper, pour le distinguer des espèces dont on fait
blanchir les côtes par étiolement. Le céleri creux ne se butte
pas ; ses feuilles servent seulement comme fourniture de salade, et à défaut d'autres, pour le pot-au-feu et divers ragoûts.
Depuis quelques années seulement, on a commencé en France
la culture, très-répandue dans les pays du Nord, du *céleri-
rave*, différent des précédents par sa forme et ses usages,
mais encore assez rare dans les potagers, parce que le goût
très-aromatique de sa partie comestible ne convient pas à tous
les consommateurs : c'est d'ailleurs un légume sain et de facile digestion.

Culture du céleri-rave. — On ne peut espérer de succès
de la culture du céleri-rave que là où le sol est naturellement
frais, et où l'on dispose d'assez d'eau pour pouvoir l'arroser
continuellement. La racine, seule partie comestible de cette
espèce de céleri, ne se développe qu'à force d'eau. Le plant
semé à l'époque ordinaire des semis de graine des autres espèces de céleri à l'air libre, est transplanté en lignes à 40 centimètres en tout sens. Quand la disposition du terrain et la
quantité d'eau disponible le permettent, on peut entourer les
planches de céleri-rave d'un rebord de terre qui retient l'eau
des irrigations ; on arrose dans ce cas, non pas avec l'arro-

soir, mais par imbibition ; c'est la méthode pratiquée par les jardiniers allemands qui excellent dans ce genre de culture. Le céleri-rave est alors continuellement dans l'eau, ce qui diminue sensiblement sa saveur aromatique, trop prononcée et difficile à supporter pour ceux qui n'y sont pas habitués, quand la plante a végété dans un terrain non pas sec, elle n'y croîtrait pas, mais arrosé d'une manière insuffisante. Quand la racine est parvenue à toute sa grosseur, on enlève toutes les feuilles excepté celles du centre ; le céleri-rave se conserve à la cave comme les légumes-racines ; les porte-graines craignent moins le froid que ceux des autres espèces de céleri ; ils hivernent en place à l'air libre, moyennant une légère couverture de litière pendant les fortes gelées.

CARDONS. — Les différentes espèces de cardons ne se multiplient que par les semis de leurs graines ; bien que le cardon soit un véritable chardon comme l'artichaut son proche parent, il ne supporte pas la transplantation et doit être semé à la place même où il doit prendre toute sa croissance. L'espacement varie selon le volume de chaque espèce, de 80 centimètres à 1 mètre en tout sens. On sème plusieurs graines dans chaque trou pour ne laisser subsister que le plant le plus vigoureux. Une fosse doit être ménagée autour du pied de chaque plante, pour retenir l'eau des arrosages qui doivent être fréquents et abondants. On ne peut pas, pendant les chaleur de l'été, arroser moins de trois fois par jour, très-largement à chaque fois, si l'on veut que les côtes des feuilles, partie comestible de la plante, soient tendres et charnues. Quand elles ont pris tout leur accroissement, on les rattache en faisceau au moyen de deux ou trois liens de paille de seigle mouillée, puis on les entoure d'une forte chemise de paille pour les faire blanchir. Le principal inconvénient de la culture du cardon, c'est que, dès que les côtes sont étiolées au point désiré pour la cuisine, elles doivent être consommées immédiatement, sinon elles se pourrissent en très-peu de jours. Les cardons qu'on se propose de conserver en hiver doivent, pour cette raison, être levés en motte à la fin de l'au-

...omme, plantés dans du sable frais à la cave ou dans tout autre local à l'abri de la gelée, et blanchis au fur et à mesure des besoins de la consommation.

Il est nécessaire de garder tous les ans quelques-uns des plus beaux pieds de cardons de chaque espèce, comme porte-graines. On les préserve du froid en les buttant comme les artichauts ; ils fleurissent et portent graine pendant l'été de l'année suivante.

Les principales espèces de cardons cultivées dans les potagers sont les cardons *de Tours, d'Espagne, à côtes rouges, Juerne plein,* et le *cardon Puvis,* le plus volumineux de tous. Bien que les bords de ses feuilles soient hérissées de piquants auxquels les jardiniers maladroits sont exposés à se blesser, le cardon de Tours est le plus généralement cultivé, à cause de son goût moins fade et plus délicat que celui des autres variétés, à l'exception du cardon Puvis auquel on accorde une préférence marquée dans les potagers du midi de la France.

CRESSON. — La culture du cresson de fontaine, très-avantageuse dans certaines localités, n'est possible que là où l'on dispose d'un filet d'eau vive qui ne tarit pas en été ; elle est par cette raison rarement possible dans le potager, bien qu'elle appartienne essentiellement à la culture maraichère. Pour établir une *cressonnière,* on divise en planches parfaitement nivelées un terrain dont l'ensemble doit avoir une pente suffisante pour l'écoulement de l'eau qui doit y circuler lentement mais continuellement, sans être stagnante nulle part. Chaque planche est entourée d'un rebord muni de deux ouvertures qu'on ferme à volonté avec une poignée de terre grasse ; l'une sert pour l'entrée de l'eau, l'autre pour sa sortie. On pose à plat, en lignes, sur la surface des planches, à 15 ou 20 centimètres en tout sens, des tiges de cresson de fontaine, prises dans une eau très-limpide, et cueillies un peu avant leur floraison. Ces tiges maintenues par des fourchettes de bois s'enracinent immédiatement, pourvu que l'eau ne leur manque pas. On retranche alors toutes les sommités prêtes à fleurir, afin de faire développer les pousses latérales. En peu de jours, les planches se couvrent d'une abondante végétation qui repousse à mesure qu'elle est cueillie pour la vente. C'est une culture des plus simples et très-lucrative partout où le placement des produits est assuré. La durée d'une cressonnière bien entretenue est indéfinie.

Les amateurs de cresson, qui ne disposent pas dans leur potager d'un terrain irrigable propre à cette culture, se bornent le plus souvent à remplir de terre des baquets dans lesquels on plante des tiges de cresson qui végètent passablement pourvu qu'on tienne la terre des baquets constamment submergée. Mais, quelque soin qu'on apporte au renouvellement de cette eau, il est impossible de l'empêcher de croupir en été, ce qui communique au cresson une odeur et une saveur peu agréables.

On désigne improprement sous le nom de *cresson alénois*, parce que ces jeunes pousses ont un goût analogue à celui du cresson de fontaine, le *passerage*, espèce de petit thlaspi, recherché comme fourniture de salade, surtout au printemps. Le cresson alénois ne vient que dans les terres chaudes et sèches, à l'exposition du midi. Ceux qui désirent en avoir tout l'été doivent renouveler les semis deux ou trois fois par mois, car la plante monte très-jeune en graine, et une fois montée elle ne vaut plus rien.

RHUBARBE. — Partout où il y a des Anglais, les tartes à la rhubarbe, mets national fort recherché des familles aisées de la Grande-Bretagne, se consomment en quantités importantes, ce qui assure un placement avantageux aux produits de la culture de la rhubarbe. Ces produits consistent dans les pétioles des feuilles radicales de la plante, qui s'emploient pelées et coupées par tronçons. Ce qui rend les pétioles de rhubarbe toujours d'un prix assez élevé, c'est que la récolte ne peut en être faite qu'après que les plantes multipliées par le semis de leurs graines ou par la division des touffes, ont été cultivées un an en pépinière.

On sème de bonne heure, au mois de mars, époque où la graine de rhubarbe parvient à complète maturité sur les plantes conservées comme porte-graines, et qui ont passé l'hiver en pleine terre à l'air libre, n'étant en aucune manière sensibles au froid sous le climat de Paris, et même sous celui du nord de la France. Les soins de culture se bornent à des arrosages fréquents pendant le premier été, afin d'avoir des plantes bien fournies pour la récolte de l'année suivante. Les espèces de rhubarbe réputées les meilleures sont la *rhubarbe groseille*, variété peu répandue, bien qu'elle passe pour être préférable à toutes les autres, la *rhubarbe ondulée*, et la *rhubarbe australe* ou *du Népaul*. En Angleterre, les potagers en possèdent de nombreuses variétés que les amateurs peuvent aisément se procurer dans les localités fréquentées par les *touristes* anglais, les seules où le placement des produits de cette culture soit possible sur une assez grande échelle.

PERSIL. — La saveur aromatique du persil un peu moins prononcée, mais aussi agréable que celle du céleri, est si généralement goûtée, que le persil est l'un des plus indispensables assaisonnements d'un grand nombre de mets dans la cuisine française. A la suite des hivers longs et rigoureux, l'absence du persil sur les marchés des villes est pour les traiteurs et les cuisiniers une véritable calamité; le peu qu'il est alors possible de se procurer se vend au poids, à des prix exorbitants. Il en résulte que la culture du persil bien dirigée peut donner en hiver des bénéfices qui ne sont pas à dédaigner. Lorsqu'ils prévoient un hiver dur et prolongé, les maraîchers parisiens n'hésitent pas à transplanter en automne une certaine quantité de persil au pied d'un mur au midi; un châssis vitré posé par-dessus garantit les plantes de la gelée; elles poussent ainsi plus ou moins pendant les plus mauvais jours de l'hiver, et le jardinier peut profiter de la cherté passagère d'un produit qui n'a le reste de l'année que très-peu de valeur. On sème le persil au printemps, sur une plate-bande bien garnie de terreau; la graine ne lève le plus souvent qu'au bout de 5 à 6 semaines. Le persil ne fleurit et ne porte graine qu'à sa seconde année. On cultive dans les potagers, le plus souvent en bordure, trois variétés de persil : le persil *commun*, le *frisé* et le *nain très-frisé*, tous trois propres aux mêmes usages. Les deux dernières variétés ne sont pas constantes ; leur graine semée donne souvent pour résultat le persil commun.

CERFEUIL. — Tous les terrains et toutes les expositions conviennent au cerfeuil, dont le défaut principal est de monter très-vite en été et de donner alors très-peu de feuilles, partie comestible de la plante ; on peut néanmoins en avoir en toute saison, pourvu qu'on ait soin de semer la graine dans une plate-bande à l'exposition du nord, et de couper les feuilles à mesure qu'elles poussent, ce qui retarde la formation des tiges florales. A Paris, le cerfeuil ne s'emploie guère que comme fourniture de salade ; mais, dans les départements de l'Est, on sert rarement la soupe grasse sans une botte de cerfeuil qui se coupe dedans au moment de la manger. La médecine fait aussi un usage assez étendu du cerfeuil, soit pour les bains, soit pour les jus d'herbe, ce qui en absorbe d'assez grandes quantités. Quel que soit l'usage auquel on destine le cerfeuil, il faut l'éplucher avec la plus grande attention afin de ne pas y laisser de *petite ciguë* (*ethusa cynapium*), plante qui ressemble au cerfeuil, mais qui pourtant s'en distingue assez facilement au vert plus foncé et aux divisions plus pointues de ses feuilles ; la petite ciguë est un poison très-violent, qui donne lieu trop souvent à des accidents mortels. Cette plante funeste se reconnaît aux mêmes signes lorsqu'on sarcle les semis de cerfeuil ; il faut les rechercher pour l'extirper avec le plus grand soin.

On cultive dans les potagers, outre le *cerfeuil commun*, le *cerfeuil frisé* et le *cerfeuil musqué*. Cette dernière variété est douée d'une saveur anisée très-forte, qui ne plaît pas au plus grand nombre des consommateurs ; aussi est-elle peu répandue.

ESTRAGON. — Les usages de cette plante étant beaucoup plus limités que ceux du cerfeuil, sa culture est beaucoup plus restreinte ; il suffit d'en avoir quelques touffes dont les feuilles et les jeunes pousses, d'une saveur aromatique agréable, servent comme fourniture de salade et aussi pour donner un goût relevé au vinaigre dans lequel on confit les cornichons. On ne sème pas l'estragon, plante essentiellement vivace, d'une durée indéfinie, dont on divise tous les ans les touffes devenues trop fortes. Sous le climat de Paris, l'estragon passe bien l'hiver à l'air libre, mais, au nord de la vallée de la Seine, il est prudent de rabattre les tiges sur la souche qu'on butte et qu'on garnit de litière sèche pour assurer sa conservation pendant les fortes gelées.

POURPIER. — On ne mange plus les feuilles du pourpier en salade, comme du temps de Boileau; cette plante, à Paris, a été à peu près abandonnée de nos jours. Dans le nord de la France, on suit l'usage belge de manger le pourpier cuit à l'étuvée, et de l'ajouter aux potages maigres auxquels il communique une acidité moins prononcée que celle de l'oseille. On sème la graine de pourpier, à l'exposition du midi, dans les premiers jours de mai. Il faut semer clair, parce que les tiges s'étendent dans tous les sens à plat sur le sol qu'elles ne tardent pas à couvrir. Pour prolonger le plus possible la production des feuilles du pourpier, on retranche les sommités à mesure qu'elles se disposent à fleurir.

La graine, très-fine et très-abondante du pourpier, se conserve en terre pendant plusieurs années; elle ne lève que quand, par les labours, elle se trouve ramenée à la surface. C'est pour cette raison que, dans un potager où l'on a semé une fois du pourpier auquel on a laissé porter graine, cette plante se reproduit à perpétuité parmi d'autres cultures, à l'état de mauvaise herbe, sans qu'il soit nécessaire de la semer de nouveau.

FENOUIL. — Les usages du fenouil, dans la cuisine française, sont encore plus bornés que ceux du pourpier; il n'est guère cultivé aux environs de Paris que chez ceux d'entre les maraîchers qui ont dans leur clientèle des traiteurs italiens. Ceux-ci font blanchir les côtes des feuilles du fenouil dans l'eau bouillante et les accommodent de diverses manières comme légume. C'est un mets très-échauffant, dont il ne faut user qu'avec précaution. On sème la graine de fenouil au mois de mars sous le climat de Paris; cette plante demande un sol plutôt sec que trop humide et se plaît surtout à l'exposition du midi; elle ne réclame, du reste, aucun soin particulier de culture.

CHAPITRE XXI

Salades.

Plantes dont on mange les feuilles en salade. — Laitue. — Supérieure aux
autres salades. — Culture à l'air libre. — Ses produits. — Culture forcée.
Culture étouffée. — Espèces et variétés. — Laitues de printemps. — D'été.
— D'hiver. — Laitues à couper. — Laitues romaines. — Récolte de la
graine. — Épouvantail pour en éloigner les oiseaux. — Chicorée. —
Culture à l'air libre. — Culture forcée. — Espèces et variétés. — Scarole.
— Méthode flamande pour la faire blanchir. — Chicorée sauvage. —
Chicorée barbe de capucin. — Mâche. — Raiponce.

Les plantes dont on mange les feuilles en salade forment
par leur emploi, autant que par leur mode de culture, une
série à part dans les légumes à feuilles comestibles. Les
Italiens avaient seuls en Europe conservé l'usage de manger
diverses plantes potagères crues, assaisonnées à l'huile et au
vinaigre, usage que leur avaient légué les Grecs et les Ro-
mains, lorsque durant les guerres des Français en Italie, sous
Charles VIII, cette coutume fut importée en France, d'où elle
se répandit dans toute l'Europe, en même temps que la culture des plantes propres à être mangées en salade. Chez nous
particulièrement le goût de la salade est devenu tellement
général, que c'est un des mets dont toutes les classes de consommateurs ne peuvent se passer. Pour que le soldat soit
satisfait de son ordinaire, il ne demande, dit-on, que deux
mets seulement : *soupe et salade.*

On cultive pour être mangées en salade *la laitue*, *la chicorée*, *la mâche* et *la raiponce*. La laitue est la meilleure et la
plus estimée. Dans beaucoup de départements, lorsqu'on
parle de salade, c'est de laitue seule qu'on entend parler ;
c'est en effet la salade par excellence.

LAITUE. — La culture de la laitue à l'air libre réussit dans tous les terrains, pourvu qu'ils ne soient pas trop compactes ; un sol à la fois fertile et léger est celui sur lequel on obtient les meilleures laitues. On sème la laitue dans le courant de mars, pour avoir du plant bon à mettre en place en avril. La laitue ne *tourne*, selon l'expression reçue, c'est-à-dire, ne forme sa pomme, qu'après avoir été transplantée. Cependant, si l'on mêle un peu de graine de laitue au semis de graines d'oignon et de scorsonère, et qu'on laisse çà et là quelques laitues grandir à la place où leur graine a levé, elles finissent par pommer, sans toutefois devenir jamais aussi belles que celles qui ont été transplantées.

Près des grandes villes, la culture en grand des laitues tient une place très-importante dans le potager ; il est nécessaire, par ce motif, d'en bien faire connaître les principes.

Il ne faut mettre en place le plant de laitue que quand il a pris un certain développement. La transplantation se fait en quinconce, à 30 centimètres en tout sens ; un are de terrain en reçoit, par conséquent, en moyenne 189. La rapidité de croissance de la laitue, favorisée par l'abondance du fumier et des arrosages, permet de faire sur une même planche *trois saisons* de laitues, comme disent les jardiniers, c'est-à-dire de renouveler trois fois la plantation, ce qui donne, par are, 567 laitues, après lesquelles il est encore temps de demander au sol une autre récolte quelconque avant la mauvaise saison. Les laitues valent au printemps 10 centimes la pièce, et en plein été 2 centimes et demi seulement, soit en moyenne, 5 centimes. C'est pour un are une recette brute de 28 fr. 35 cent. Aussi, malgré le bas prix auquel se vendent les laitues, un hectare consacré à cette culture donnerait un produit brut de 2,835 fr., et fournirait encore une autre récolte.

Le point capital pour la culture de la laitue, c'est d'éviter de comprimer le collet de la racine par le tassement du sol. Le suc laiteux, d'où dérive le nom de la laitue, est surtout abondant au collet de la plante ; si cette partie se trouve gênée par la compression du sol, la plante souffre ; la pomme a de la peine à se former, la laitue, en dépit des arrosages, est

disposée à monter, c'est-à-dire, à fleurir et à porter graine,
au lieu de tourner. Il faut donc, avant de transplanter les laitues, garnir la surface du sol d'un paillis épais, pour que
l'eau des arrosages ne fasse pas éprouver trop de tassement à
la surface. Au moment de la mise en place, le plant dont les
tissus sont excesssivement délicats, ne doit être arraché et
transplanté qu'avec ménagement, pour éviter d'écraser les
feuilles centrales et d'endommager la racine, soit en la pres-
sant trop fortement entre les doigts, soit en la foulant avec le
plantoir. Après la transplantation il faut mouiller à fond, et à
moins qu'il ne survienne des pluies abondantes, ne pas se las-
ser d'arroser largement. Quand une plantation de laitues doit
succéder à une autre sur le même terrain, après avoir donné
à la surface du sol une façon superficielle, on renouvelle le
paillis, puis on transplante les laitues, autant que possible,
dans les intervalles des places où la précédente récolte de
laitues a été enlevée. Il suffit pour cela de marquer au commencement de la première ligne de chaque planche la place
de la première laitue, de mesurer exactement les distances
pour la première ligne, et de continuer la plantation avec soin,
en plaçant une laitue juste vis-à-vis du milieu de l'intervalle
entre deux laitues de la ligne précédente ; on obtient de cette
manière un quinconce très-régulier.

Culture forcée. — La culture forcée des laitues, pratiquée sur une très-grande échelle aux environs de Paris, est
une source de bénéfices importants pour le jardinier de profession. Quand cette culture est bien conduite, ses produits
peuvent être vendus en hiver à des prix très-modérés, de
sorte que la mauvaise saison n'interrompt pas la consommation
des salades de laitue.

Afin d'avoir du plant disponible pour le moment où les laitues forcées devront être mises en place sur des couches préparées d'avance, on sème la graine des laitues les plus
hâtives sous cloche, sur une plate-bande garnie de terreau
au pied d'un mur, au midi. Toute cette culture, depuis le semis de la graine jusqu'au moment de la récolte, doit être conduite *à l'étouffée*, c'est-à-dire, en donnant à la plante, à

toutes les époques de sa croissance, le moins d'air possible. Dès que les laitues de semis ont pris un peu de force, elles sont, non pas immédiatement transplantées, mais repiquées sous d'autres cloches, très-près les unes des autres; ce repiquage est nécessaire pour disposer le plant à pousser rapidement. Au moment de la mise en place sur couche, il ne faut laisser entre le terreau de la couche et la surface intérieure du vitrage, que l'espace strictement nécessaire pour le développement des laitues hâtives qui ne doivent pas devenir grosses, et occupent par conséquent très-peu de place ; moins il y a d'air entre le châssis et la couche, plus le succès de la culture forcée des laitues est assuré. Dans la grande culture maraîchère des environs de Paris, les couches à laitues sont chauffées comme toutes les couches à primeurs, par les tuyaux de chaleur d'un thermosiphon. De temps en temps, on doit, non pas donner de l'air, la laitue forcée n'en a jamais besoin, mais soulever les châssis afin d'essuyer l'humidité condensée à leur surface intérieure. Si cette humidité froide, que les jardiniers nomment *buée*, tombait en gouttes glacées sur les feuilles des laitues, elle y produirait des taches qui nuiraient à la vente.

Espèces et variétés. — Les nombreuses variétés de laitues produites par la culture offrent deux divisions bien tranchées, celle des *laitues proprement dites*, ou *laitues à pomme ronde*, et celle des *laitues à pomme allongée*, ou *laitues romaines*; celles de cette seconde division sont nommées par abréviation des *romaines*; on les nomme aussi *chicons* dans plusieurs départements du centre.

Parmi les laitues de la première division, on distingue les laitues *de printemps*, ou de primeur, les plus hâtives de toutes; les laitues d'*été*, les plus volumineuses et les moins sujettes à monter, et les laitues d'*hiver*, qui se traitent en plantes bisannuelles et se plantent en automne pour être livrées à la consommation au printemps de l'année suivante. Les laitues *à couper*, qui ne pomment pas, se rattachent également à cette division.

Laitues de printemps. — Elles sont à peu près exclusivement employées pour la culture forcée ; les deux principales espèces sont la *laitue crépe* et la laitue *gotte* ou *gau*, l'une et l'autre de peu de valeur par elles-mêmes, ayant pour tout mérite leur précocité. On a obtenu dans les cultures des environs de Paris une espèce à bords rougeâtres, désignée sous le nom de *cordon rouge*, variété de la laitue gotte, qui se force sur couche et se cultive également à l'air libre sur côtière au midi, dès les premiers beaux jours du printemps.

Laitues d'été. — Les variétés de laitues d'été sont très-nombreuses ; les meilleures sont la *laitue de Versailles*, l'une des plus délicates, la *blonde paresseuse*, et la *laitue chou*, ou *laitue de Batavia*.

La laitue chou, dont les pommes atteignent assez souvent, en effet, le volume des plus gros choux pommés, n'est pas d'une saveur très-fine ; elle ne se recommande que par sa grosseur. C'est celle de toutes qui contient en plus forte proportion le principe calmant que les chimistes nomment *thridace*. Dans plusieurs départements, la laitue chou de Batavia est cultivée en grand pour être distribuée aux porcs ; elle facilite leur engraissement en les disposant au sommeil. Une autre variété presque aussi grosse, la laitue chou de Naples, possède les mêmes propriétés avec un goût un peu meilleur.

Laitues d'hiver. — On traite comme laitues d'hiver ou bisannuelles, la *laitue de la passion*, la *laitue morine* et quelquefois aussi la *petite laitue crépe*. Le plant provenant de semis faits en automne est transplanté au pied d'un mur au midi dès le mois d'octobre, afin qu'il ait le temps de s'y fortifier avant l'hiver et de résister aux gelées que ces espèces de laitues supportent assez bien. Ce sont en réalité d'assez mauvaises salades, aux feuilles vertes et dures, d'un goût herbacé peu agréable. Mais elles ont le mérite de la rusticité ; elles pomment de très-bonne heure et remplissent, quant à la consommation, l'intervalle entre la récolte des dernières laitues forcées et celle des premières laitues d'été ; c'est ce qui rend leur culture avantageuse, bien qu'elles ne soient réellement que de qualité inférieure.

Laitues à couper. — On désigne sous le nom de *laitues*

à couper, non pas des espèces particulières, mais du plant de laitue crèpe et de laitue gotte semé très-épais, ordinairement sous châssis, et livré à la consommation sans avoir été transplanté. C'est un genre de salade très-médiocre, recherché uniquement à cause de sa précocité ; la laitue à couper se mange souvent associée aux mâches et aux raiponces.

Laitues romaines. — Les variétés et sous-variétés de romaine sont encore plus nombreuses que celles des laitues rondes. Les plus répandues sont la *blonde maraîchère*, la *verte maraîchère*, l'*alphange* et la *romaine de la madeleine*. La blonde maraîchère est la plus généralement cultivée. Toutes les romaines sont disposées à *se coiffer*, c'est-à-dire, à rabattre l'une sur l'autre leurs feuilles par le sommet, sans qu'il soit nécessaire de les y forcer par des moyens artificiels ; néanmoins, lorsqu'elles ont pris à peu près tout leur développement, les jardiniers sont dans l'usage de les serrer vers le milieu de leur hauteur par un lien de paille de seigle mouillée, ce qui rend plus prompt et plus complet l'étiolement des feuilles intérieures qui deviennent ainsi plus blanches et plus tendres.

La culture des romaines est la même que celle des laitues rondes ; elles se plaisent dans les mêmes terrains et reçoivent les mêmes soins de culture. La romaine verte maraîchère est celle dont on élève le plant sous cloche ou sous châssis, soit pour la culture forcée sur couche, soit seulement pour être en mesure de la transplanter de très-bonne heure à l'air libre, et d'avoir dès le commencement du printemps, des romaines à livrer à la consommation.

Récolte de la graine. — On ne doit réserver comme porte-graines que les plus belles laitues de chaque variété ; celles de la série des romaines qu'on veut laisser fleurir ne doivent point être liées. Parmi les oiseaux qui fréquentent les jardins potagers, quelques-uns, entre autres les chardonnerets, sont tellement avides de graines de laitue, qu'ils s'abattent sur les porte-graines avant la maturité des semences ; ils n'en laisseraient pas une si l'on négligeait de les écarter par des épouvantails, dont les plus efficaces sont de petits miroirs de dix centimes, suspendus par une ficelle à un pi-quet légèrement incliné.

La graine de laitue conserve ses propriétés germinatives pendant plusieurs années; on doit employer de préférence pour les semis la graine de deux ou trois ans; le plant que fournit cette graine est moins prompt à monter que celui qui provient de graine récoltée l'année précédente.

CHICORÉE. — La chicorée est sinon la meilleure, au moins la plus saine de toutes les salades; son amertume peu pro-noncée chez les bonnes variétés, la rend tonique en même temps que rafraîchissante, propriété que ne possède aucune autre salade. A Paris, la consommation des chicorées propres à être mangées en salade est presque aussi étendue que celle des laitues rondes et romaines; de plus, la facilité de leur conservation les rend précieuses comme salade d'hiver. On en emploie aussi beaucoup à l'état de farce, comme l'oseille, pour accompagner diverses viandes.

Toutes les variétés de chicorée frisée sont très-sensibles au froid; leur culture ne peut être entreprise à l'air libre avant le mois d'avril. La graine lève difficilement lorsqu'elle est trop profondément enterrée; il vaut mieux ne pas l'enter-rer du tout, semer sur une planche bien garnie de terreau, et répandre une très-mince couche de terreau sec en poudre par-dessus la graine. On ne met en place que quand le plant est assez fort; l'espacement est, comme pour les laitues, de 30 centimètres en tout sens. Le reste de la culture des chico-rées frisées à l'air libre est le même que pour les laitues, jus-qu'au moment où leurs feuilles étalées en rond rejoignent de toutes parts celles de leurs voisines. C'est le point de leur développement où il est nécessaire de les lier pour les faire blanchir.

Les chicorées peuvent être semées à l'air libre, de mois en mois, jusqu'en juillet. Le plant qui grandit successive-ment peut être mis en place jusqu'en septembre; quand l'ar-rière-saison est belle, ce sont les chicorées obtenues de ces plantations tardives qui sont les meilleures pour l'approvi-sionnement d'hiver; elles ne sont pas très-grosses, mais elles se conservent très-bien dans une cave ou dans un cellier où la gelée ne puisse les atteindre ; car elles ne supportent pas le froid, même peu rigoureux.

Culture forcée. — Pour avoir du plant bon à mettre en place au printemps dès que la température extérieure permet de le transplanter à l'air libre, il faut semer la graine de chicorée frisée sur couche, sous châssis en février et mars. On sème dès le commencement de janvier, sur couche aussi chaude que possible, lorsqu'on veut obtenir des chicorées frisées de grande primeur. Dans ce cas, le plant est transplanté sur couche également très-chaude, à 20 centimètres en tout sens ; il y donne de bonne heure de petites chicorées peu fournies, mais excellentes et dont le jardinier est assuré de trouver un très-bon prix.

Espèces et variétés. — Les principales variétés de chicorée frisée sont la *chicorée d'Italie*, la meilleure et la plus généralement cultivée, la *chicorée de Meaux* et la *chicorée de Rouen*, aussi connue sous le nom de *corne de cerf*. La chicorée d'Italie est préférable aux deux autres pour les semis tardifs et pour la culture forcée sur couche chaude.

On connaît à Paris sous le nom de *scarole* ou *escarole* et dans le nord de la France sous le nom d'*endive*, une autre race de chicorée dont on possède plusieurs bonnes sous-variétés. La scarole se cultive de point en point comme la chicorée frisée, à l'air libre ; elle n'est jamais traitée par la culture forcée. Lorsqu'à la fin de l'automne un carré de scaroles est surpris par des froids précoces avant qu'il ait été possible de lier les scaroles pour les faire blanchir, on peut replier les feuilles extérieures toutes du même côté, coucher sur le sol leurs extrémités réunies, et les maintenir dans cette position en jetant dessus une pelletée de terre. Tant que dure le froid, on s'abstient d'y toucher. Dès que le temps s'adoucit, on arrache les scaroles, les feuilles extérieures plus ou moins endommagées par la gelée sont retranchées, et le cœur blanchi est livré à la consommation. Cette méthode n'est généralement en usage qu'en Belgique et sur notre extrême frontière du Nord, où la scarole, sous le nom d'endive est la seule salade qui se mange en hiver ; elle pourrait être pratiquée partout et appliquée aux variétés tardives de chicorée frisée.

On cultive aussi dans les jardins, de la manière la moins compliquée, la chicorée sauvage, telle qu'elle croît dans les lieux incultes et sur le bord des chemins, ou celle qu'on connait dans le Nord sous le nom de *chicorée à café*, parce que sa racine charnue est utilisée pour la préparation **du** café indigène. La graine de chicorée sauvage se sème en pleine terre à l'air libre ; les semis doivent être très-épais. On cueille les feuilles les plus petites à mesure qu'elles poussent ; elles se mangent en salade, souvent en mélange avec la laitue à couper et les mâches.

C'est avec la chicorée sauvage qu'on prépare un genre de salade très-connu à Paris sous le nom de *Barbe de Capucin*, salade un peu dure, un peu amère, mais saine et à fort bon marché. Pour obtenir cette salade, on sème en plein été quelques planches de chicorée sauvage très-serrée, dans un sol meuble, où les racines de la plante s'allongent comme des scorsonères, sans se ramifier. Vers la fin de l'automne, on arrache tout, et l'on réunit les racines en bottes de la grosseur d'une botte d'asperges, en ayant soin d'ôter toutes les feuilles à l'exception de celles du cœur. Ces bottes sont disposées dans une cave parfaitement obscure, en tas formés de lits alternatifs de fumier à demi consommé et de bottes de racines de chicorée sauvage. La chaleur du fumier ne tarde pas à faire émettre aux racines de longues feuilles blanches étiolées ; ce sont ces feuilles qui constituent la chicorée barbe de Capucin. Le même résultat peut être obtenu plus rapidement, mais avec un peu plus de frais en plantant les bottes **de** racines de chicorée sauvage tout près les unes des autres, debout, dans une couche de fumier en pleine fermentation. Cette couche doit être établie dans un local où la lumière ne puisse pénétrer.

MACHE. — La mâche n'est cultivée en France que dans les potagers des environs de Paris et de quelques grandes villes ; partout ailleurs on se contente de cueillir celle qui croît à l'état sauvage, particulièrement dans les champs de céréales ;

c'est pourquoi elle est connue dans tout le nord de la France sous le nom de *salade de blé;* on la nomme aussi *doucette* et *oreille de lièvre.* Trois variétés distinctes : la *mâche commune,* la *mâche ronde* et la *mâche d'Italie* ou *mâche Régence,* sont cultivées dans le potager; la mâche d'Italie est la plus estimée. On sème la graine vers la fin de l'été ou même en automne, sur des planches qui ont porté une ou plusieurs récoltes d'autres planches potagères. Les mâches croissent très-inégalement, de sorte qu'en prenant à chaque fois celles qui sont au degré de développement convenable pour être mangées en salade, on en peut récolter pendant tout l'hiver. Cette salade est plus tendre et meilleure quand la gelée a passé dessus.

La graine de mâche est assez difficile à récolter, parce qu'elle mûrit successivement, et qu'elle tombe à mesure qu'elle mûrit. On ne peut s'en procurer une certaine quantité qu'en arrachant les plantes porte-graines avant l'entière maturité des semences. Ces plantes, déposées à l'ombre dans un local sain sans être trop sec, achèvent de mûrir leur graine, qui peut alors être facilement recueillie; elle conserve ses propriétés germinatives pendant plusieurs années.

RAIPONCE. — La graine de raiponce se sème en plein été, dans une terre légère, fortement amendée avec du terreau; cette plante ne lève pas lorsqu'elle est trop profondément enterrée; on doit se contenter de la mêler à la terre de la surface, avec les dents d'un râteau fin. Si l'on néglige de l'arroser abondamment, la raiponce ne pousse pas moins; mais sa racine blanche, charnue, d'excellent goût, devient si dure qu'elle n'est presque pas mangeable. Quand la raiponce a été suffisamment arrosée, elle est sinon très-tendre, au moins très-mangeable; elle accompagne habituellement les salades de mâches qu'elle rend beaucoup plus agréables.

La raiponce croît partout en France à l'état sauvage; les jeunes plantes qu'on recherche en février et mars le long des haies et sur le revers des fossés sont aussi bonnes, sinon meilleures que les raiponces cultivées dans le potager.

CHAPITRE XXII

Légumes à fleurs comestibles.

Plantes potagères dont on mange les fleurs. — Chou-fleur. — Ses propriétés alimentaires. — Nécessité d'en avoir toute l'année. — Terre qui lui convient. — Repiquages, — Arrosages. — Culture du plant. — Hivernage. — Plantation. — Semis de printemps. — Culture en été. — Ses inconvénients. — Culture d'automne. — Ses avantages. — Conservation des produits. — Culture forcée. — Espèces et variétés. — Culture des porte-graines. — Brocolis. — Capucine. — Emploi de ses boutons à fleurs et de ses graines. — Bourrache.

Les plantes potagères cultivées dans le but d'en manger les fleurs ne sont pas nombreuses ; ce sont le *chou-fleur, le brocoli, la capucine* et *la bourrache*. Les deux premières sont seules des plantes potagères dans le vrai sens de ce terme. La capucine est au rang des plantes d'ornement, et la bourrache tient sa place parmi les plantes médicinales.

CHOUX-FLEURS. — Nos potagers ne fournissent aucun légume qui l'emporte sur le chou-fleur ; il est à la fois sain, léger, nourrissant, et d'une saveur délicate, recherchée de toutes les classes de consommateurs. C'est le meilleur aliment végétal qu'on puisse offrir aux malades, aux convalescents, et à toutes les personnes dont les organes digestifs sont plus ou moins fatigués. C'est donc un des légumes qu'il importe le plus de pouvoir livrer à la cuisine pendant toute l'année, sans interruption. Sous le climat de Paris, ce résultat s'obtient assez facilement, le prix élevé des choux-fleurs aux époques de l'année où ils sont le moins abondants, indemnise amplement le jardinier des frais qu'il doit faire et de la peine qu'il doit prendre pour que les marchés n'en soient jamais dépourvus.

Une terre légère et fertile tout à la fois est celle qui convient le mieux à la culture du chou-fleur. Dans une terre forte très-compacte, il ne donne que des produits médiocres; si l'on tient à avoir des choux-fleurs dans un pareil sol, il faut l'amender largement avec du terreau, et si l'argile y domine, avec un peu de chaux et de sable siliceux fin intimement mélangés.

Le succès de la culture du chou-fleur est basé sur deux conditions principales : le repiquage et l'arrosage. Quelle que soit l'époque à laquelle on sème la graine de chou-fleur, le plant doit toujours être repiqué une fois au moins, le plus souvent deux fois, avant sa mise en place définitive. Il suffit d'arracher le plant et de le replanter immédiatement tout près de la place qu'il vient d'occuper ou à cette même place, peu importe. Le but du repiquage est de rendre le plant du chou-fleur trapu, de faire grossir le collet de la racine, et de hâter la formation de la pomme. Le repiquage appliqué à diverses plantes, spécialement aux différentes espèces de choux, produirait sur elles des effets du même genre; mais, s'il est utile pour les choux, on peut, pour les choux-fleurs, le regarder comme indispensable, quoique plusieurs traités de jardinage affirment le contraire.

La culture du chou-fleur se pratique rarement en entier à l'air libre ; le plant qui termine sa croissance en plein air dans les carrés du potager, est presque toujours élevé sous cloche ou sous châssis, au moins pendant la première période de sa croissance. Pour avoir des choux-fleurs bons à récolter du 15 mai au 15 juin environ, on sème à l'air libre la graine de chou-fleur dans la première quinzaine de septembre sous le climat de Paris; c'est l'époque la plus convenable pour que le plant passe facilement l'hiver. A l'approche des grands froids, les jardiniers repiquent une première fois le plant de chou-fleur sous cloche ou sous châssis, au pied d'un mur à l'exposition du sud; ils le couvrent de litière ou de paillassons en temps de neige ou de forte gelée, et lui donnent, chaque fois que la température le permet, le plus possible d'air et de lumière. Quand les froids rigoureux sont entièrement passés, dans la seconde quinzaine de février, le plant est repiqué une seconde fois, sous les mêmes cloches ou les mêmes châssis, ce qui le met en état d'être transplanté à de-meure pendant la première quinzaine de mars. Dans les petits jardins où l'on ne dispose pas toujours d'un nombre suffisant de cloches et de châssis, on arrive à peu près au même résultat en semant la graine de chou-fleur au fond d'une fosse dont on laboure avec soin la terre en y mêlant une forte dose de bon terreau. Cette fosse, dont la profondeur n'excède pas 30 centimètres, est creusée dans une plate-bande, au pied d'un mur, au midi ; la terre qu'on en extrait est rejetée à droite et à gauche où elle forme deux talus sur lesquels on pose des perches de longueur convenable. En cas de froid, des paillassons ou de la litière sèche sont jetés sur ces perches pour protéger le plant de choux-fleurs ; les repiquages se font dans une autre fosse semblable aux époques ci-dessus indiquées, et le plant, s'il a été bien gouverné pendant l'hivernage, c'est-à-dire s'il a été couvert et découvert à propos, est bon à mettre en place à la même époque que celui qui a passé l'hiver sous cloche ou sous châssis.

On ménage un creux circulaire autour de chaque pied de chou-fleur, lorsqu'on les transplante définitivement à 50 ou 60 centimètres en tout sens, selon le volume qu'ils doivent acquérir. A dater de ce jour, on doit les mouiller à fond et sans interruption, excepté lorsque surviennent des pluies abondantes et prolongées.

Quand les pommes commencent à se former, si l'on veut qu'elles soient d'un beau blanc, il ne faut pas négliger de couper un morceau de feuille fraîche et de la poser à plat sur la pomme pour la préserver complétement du contact de l'air et de la lumière. Les qualités exigées d'un beau chou-fleur sont une forme régulièrement arrondie, une surface à peu près unie, exempte de petites feuilles et de gerçures, et d'un grain à la fois fin et serré. L'abondance des arrosages donnés avec le goulot de l'arrosoir sans sa gerbe, soir et matin, est ce qui contribue le plus à développer chez le chou-fleur ces qualités qui en font le mérite aux yeux des acheteurs.

On renouvelle les semis de graine de chou-fleur en mars sous-châssis, mais cette fois sur couche chaude, sans quoi le plant n'avancerait pas assez et ne pourrait être mis en place en temps convenable. Le plant provenant des semis faits a cette époque n'est repiqué qu'une fois avant sa mise en place, dans la première quinzaine d'avril. Les pommes de ces choux-fleurs se forment vers la Saint-Jean et sont bonnes à récolter en juillet ; c'est une récolte sur laquelle, même en prenant tous les soins de culture qu'elle exige, on ne peut pas toujours compter. Dans les années où les fortes chaleurs devancent leur époque habituelle, le chou-fleur d'été, malgré des arrosages assidus, *borgne* en partie, selon l'expression reçue ; c'est-à-dire que sa pomme se fend, se divise et tend à fleurir prématurément, ce qui la rend de nulle valeur.

On ne peut pas semer la graine de chou-fleur à l'air libre avant le 10 ou le 15 d'avril, sous le climat de Paris, huit à dix jours plus tard dans le nord de la France. Le plant obtenu de ces semis ne reçoit qu'un repiquage avant sa transplantation. Il est exposé aux plus fortes chaleurs de l'été et par conséquent très-sujet à borgner. C'est l'époque de l'année où la culture du chou-fleur offre le moins de chance de succès ; aussi est-ce celle où cette culture tient le moins de place dans le potager. Elle est au contraire très-avantageuse et sa réussite est certaine avec peu de frais et d'embarras, lorsqu'on sème la graine de chou-fleur vers la Saint-Jean, dans les derniers jours de juin, en choisissant une position *à demi ombre*, comme disent les jardiniers. Dès la fin de juillet, après un repiquage, le plant peut être mis en place. Étant bien arrosé, il souffre peu des fortes chaleurs du mois d'août qui sont passées au moment où il forme sa pomme, et ne peuvent, par conséquent, en entraver le développement. Selon l'état de la température et l'exposition, ces choux-fleurs se récoltent successivement dans le courant de septembre et d'octobre ; les derniers formés se conservent comme provision d'hiver, en les dégarnissant de leurs grandes feuilles et les tenant suspendus la tête en bas, dans un local à l'abri de la gelée. Plus la saison est avancée, plus les choux-fleurs ainsi conservés se vendent cher ; toutefois, il ne faut pas, par une avidité mal entendue, attendre pour s'en défaire qu'ils commencent à se gâter; la pourriture, quand l'hiver est humide, les envahit rapidement, et l'on risque de tout perdre, en voulant trop gagner. Lorsqu'on dispose de quelques châssis à l'entrée de l'hiver, on peut y transplanter tout près les uns les autres, sur couche sourde principalement composée de feuilles et bien garnie de terreau, les choux-fleurs dont la pomme n'est qu'à demi formée; ils y grossissent un peu, et peuvent être livrés successivement à la consommation pendant toute la saison où les légumes frais sont le plus rares et le plus recherchés : ce qui leur donne, bien qu'ils restent petits, une assez grande valeur.

Culture forcée. — Afin qu'il n'y ait pas d'interruption dans la consommation des choux-fleurs, il faut prendre ses mesures pour pouvoir en récolter dès le mois d'avril, époque de l'année où les choux-fleurs conservés de l'année précédente et ceux qu'on a fait hiverner sur couche sourde, manquent sur le marché. On sème à cet effet la graine de chou-fleur dès les premiers jours de septembre; le plant né de ces semis passe une partie de l'hiver sous châssis froid; après avoir été repiqué sur couche sourde, il est mis en place sur une nouvelle couche tiède établie au pied d'un mur au midi. Selon les ressources en matériel dont le jardinier dispose pour cette culture, il met une cloche sur chaque chou-fleur, et sème tout autour de la graine de radis, ou bien, il les recouvre de châssis vitrés. Dans ce cas, la couche tiède doit avoir été dressée dans une fosse suffisamment profonde pour qu'il reste entre les vitrages et le terreau de la couche l'espace nécessaire à la croissance des choux-fleurs.

Si l'on sème en pleine terre la graine du *chou-fleur Lenormand*, excellente variété introduite depuis quelques années seulement dans la culture maraîchère, en choisissant pour ces semis, selon l'état de la saison, la dernière semaine d'août, ou la première semaine de septembre, le plant mis en place au pied d'un mur à l'exposition du plein midi passe assez bien les hivers ordinaires sous le climat de Paris, moyennant la protection suivante : des broussailles courtes sont plantées en biais, en avant de la ligne de plant et inclinées vers le mur;

en temps de gelée, on jette un peu de paille ou de litière sèche sur les broussailles, et l'on découvre au dégel. A moins que l'hiver ne soit d'une rigueur tout à fait exceptionnelle le chou-fleur Lenormand ainsi garanti ne gèle pas; il entre de très-bonne heure en végétation au printemps de l'année suivante, et donne ses pommes depuis la fin d'avril jusqu'à la fin de mai. Ces choux-fleurs ne poussent pas tous, mais ceux qui poussent sont d'excellente qualité; le plant n'a pas besoin, comme celui des autres choux-fleurs, d'être repiqué une ou deux fois avant d'être transplanté à demeure à la place où il doit passer l'hiver.

Espèces et variétés. — Les choux-fleurs connus des jardiniers sous diverses dénominations sont de simples sous-variétés que souvent un œil peu exercé ne saurait distinguer les unes des autres. Dans les marais des environs de Paris on ne cultive qu'une seule variété, bien qu'on en connaisse trois, bien distinctes par la manière dont elles se comportent dans les cultures : ce sont les choux-fleurs *tendre*, *demi-dur* et *dur* dont les noms désignent suffisamment les qualités. Le demi-dur est le plus généralement adopté, soit pour la culture à l'air libre, soit pour la culture forcée. Le tendre, aussi nommé *petit Salomon*, est celui qui convient le mieux pour la culture d'été, le dur réussit assez bien pour les cultures tardives, et ses pommes se conservent facilement pendant une partie de l'hiver; mais il a le grave défaut de ne former sa pomme qu'avec une lenteur désespérante, et quelquefois de ne pas la former du tout, ce qui ne fait pas le compte du jardinier; le demi-dur est, à tout prendre, celui qui donne les meilleurs produits. Depuis quelques années on cultive, sous le nom de *chou-fleur Lenormand*, du nom du jardinier qui l'a introduite, une belle sous-variété de chou-fleur demi-dur, remarquable par le volume extraordinaire de ses pommes. Quant aux choux-fleurs de Malte, de Saint-Gilles (près Bruxelles), de Roscoff (Finistère) et de plusieurs autres localités, ils n'offrent aucune qualité qui les distingue; ce sont tous des choux-fleurs durs ou demi-durs, qui ne sont en rien supérieurs aux variétés communément cultivées.

On réserve au printemps comme porte-graines quelques-uns des plus beaux choux-fleurs de chaque sous-variété. Si l'on veut que la graine conserve toutes les qualités de la plante-mère, on doit, au commencement de la floraison, étêter la tige florale et ne laisser porter aux tiges latérales qu'un nombre modéré de siliques. Les choux-fleurs cultivés pour graines sont assez souvent envahis par le puceron vert; dès qu'on s'en aperçoit, il faut les en délivrer par de fortes fumigations faites avec du tabac de caporal.

BROCOLIS. — Quoique les brocolis soient, au point de vue botanique, une espèce de chou parfaitement distincte du chou-fleur, la culture de l'un est exactement celle de l'autre; toutefois, les brocolis sont beaucoup plus sensibles au froid que les choux-fleurs; le plant est beaucoup plus sujet à fondre pendant l'hivernage, et comme, en fin de compte, les brocolis ne sont en rien supérieurs aux choux-fleurs comme aliment, on les cultive peu sous le climat de Paris. Leur culture n'est facile et avantageuse qu'au midi, à partir de la vallée de la Loire; la graine semée en juin donne du plant bon à mettre en place, après un seul repiquage en juillet et août. Les pommes, à demi formées à l'entrée de l'hiver, peuvent, sous le climat peu rigoureux de cette partie de la France, achever leur croissance à l'air libre moyennant un peu d'abri, ce qui, sous le climat de Paris, n'est possible qu'avec des peines et des frais dont le jardinier n'est pas indemnisé par la vente des brocolis. Les principales variétés de brocolis sont : *le blanc*, peu différent du chou-fleur, si ce n'est par ses feuilles ondulées, *le vert* et *le violet*. Une belle variété à pomme très-volumineuse d'un beau blanc, introduite d'Angleterre sous le nom de *brocoli mammouth* vers 1850, n'a pas tenu ce qu'elle promettait sous le rapport de la rusticité; elle ne résiste pas mieux au froid que les autres brocolis et ne s'est pas propagée en France pour cette raison péremptoire.

CAPUCINES. — Cette jolie plante, dont on cultive comme plantes d'ornement plusieurs très-belles espèces, est semée en mars et avril et fleurit tout l'été, le long des treillages, des berceaux ou de tout autre soutien que réclament ses tiges grimpantes. Les fleurs cueillies sans leur support ne sont pas seulement un ornement pour la salade ; elles lui communiquent, avec une agréable odeur aromatique, une saveur semblable à celle du cresson, et des propriétés analogues à celles de cette dernière plante que le peuple a surnommée à juste titre *la santé du corps*. Ainsi, pour l'usage de la cuisine, le potager doit toujours avoir une petite place consacrée à la culture de la capucine. On cueille à mesure qu'elles se forment les graines à moitié de leur grosseur, pour les confire au vinaigre comme des câpres ; ces graines ont le goût piquant de la moutarde. Lorsqu'on a un assez grand nombre de plantes de capucines en fleurs, on peut aussi sacrifier une partie de la floraison et cueillir les boutons à fleurs gros comme des pois ; on en retranche l'éperon, puis ils sont confits au vinaigre, soit seuls, soit en mélange avec les graines vertes ; ils ont une saveur moins forte et plus délicate que celle des graines, et peuvent remplacer les câpres avec avantage, surtout lorsqu'ils sont confits séparément.

BOURRACHE. — Cette plante ne figure au nombre des plantes potagères que pour ses fleurs d'un très-beau bleu qui servent à orner les salades, comme les fleurs de capucine ; elles sont, du reste, dépourvues d'odeur, de saveur et de propriétés stimulantes. La bourrache est très-florifère ; il suffirait, si son utilité se bornait à parer la salade, d'en avoir çà et là quelques plantes dans le potager, en en semant la graine en mars ou en septembre ; la plante ne demande d'ailleurs aucun soin de culture. Mais comme ses feuilles conservées sèches sont un excellent sudorifique du ressort de la médecine familière, il est toujours utile, à la campagne, de donner place à la bourrache dans un coin du potager en qualité de plante médicinale, dont les fleurs peuvent accessoirement être cueillies pour décorer la salade.

CHAPITRE XXIII

Plantes potagères à fruits comestibles. Le Fraisier.

Importance des plantes potagères à fruit comestible. — Fraisier. — Propriétés de la fraise.— Multiplication du fraisier.—Plant de filets ou coulants. — Division des touffes. — Semis. — Plantation. — Terre qui convient au fraisier. — Époque des plantations. — Espacement. — Soins de culture. — Insectes ennemis du fraisier. — Ver blanc. — Courtilière. — Moyens de l'en préserver. — Culture forcée. — Abris pour hâter la floraison du fraisier. — Espèces et variétés. — Fraisiers remontants. — Fraisiers non remontants d'origine américaine. — Fraisier haut bois bifère.

Les plantes cultivées pour leurs fruits tiennent une place importante dans le potager ; bien que ces fruits ne soient pas au nombre des aliments végétaux dont on ne peut se passer, ils sont l'objet d'une consommation très-étendue ; lorsqu'ils sont rares et chers, c'est pour toutes les classes de consommateurs une privation très-sensible ; leur production est une des branches du jardinage les plus lucratives pour le jardinier de profession, et une source de plaisirs variés pour le jardinier amateur. Cette série comprend le *fraisier*, le *melon*, le *concombre*, le *cornichon*, les *courges*, la *tomate*, l'*aubergine* et le *piment*. On y a joint comme complément la culture *du champignon*, bien que ce cryptogame ne soit pas un fruit, dans le vrai sens de cette expression.

FRAISIER. — Le fruit du fraisier est celui de tous qui mûrit sous le climat le plus rigoureux ; la plante ne gèle pas, à quelque degré de froid qu'elle soit soumise. Vers les extrémités septentrionales de notre planète, en Islande, au Groënland, en Sibérie, la fraise est le fruit qu'on rencontre le plus près du pôle nord ; le fraisier y végète avec tant d'activité qu'il a le temps de fleurir et de mûrir son fruit dans l'intervalle très-court durant lequel la surface du sol dégèle entre deux hivers de 9 à 10 mois. Tout le monde connaît la saveur agréable et les propriétés rafraîchissantes de la fraise; on ne sait pas aussi généralement que la fraise mangée plusieurs fois par jour est le plus efficace des remèdes connus contre la goutte. Le père de la botanique moderne, Linné, a constaté, par sa propre guérison, cette propriété de la fraise.

Multiplication. — Tous les fraisiers, à l'exception d'une seule espèce, envoient autour d'eux dans toutes les directions des *filets* ou *coulants*, dont les nœuds s'enracinent et produisent des plantes qui donnent des filets à leur tour, de sorte qu'un seul fraisier livré à lui-même couvre en peu de temps un espace considérable. C'est ainsi que dans les bois où quelques pieds de fraisiers se sont maintenus çà et là sous les feuilles mortes, si l'on opère une coupe, l'air et la lumière développent si bien leur force végétative, que l'année suivante le sol est littéralement couvert de fraisiers, comme s'ils avaient été plantés à dessein. Les coulants développés les premiers après la fructification sont les meilleurs pour la plantation. Le fraisier buisson, qui ne donne pas de coulants, se multiplie par la division des touffes au printemps et en automne.

On ne multiplie le fraisier par le semis des graines de fraises, que pour régénérer les bonnes espèces et les maintenir sans altération, ou pour obtenir des variétés nouvelles. Les innombrables variétés de fraisiers à gros fruits, d'origine américaine, dont l'invasion dans les cultures a opéré une véritable révolution dans la production des fraises depuis vingt ans, doivent leur origine aux semis. La graine de fraisier récoltée sur les plus beaux fruits de chaque variété qu'on laisse sécher à l'ombre, et qu'on écrase ensuite dans l'eau pour en séparer les semences, ne lève bien que dans la terre de bruyère. Tant qu'elle n'a pas levé, les semis veulent être arrosés assidûment; si la graine à demi germée souffre de la sécheresse, elle ne lève pas. Le plant peut être repiqué très-jeune, à des distances variables selon le volume des espèces, pour être mis en place lorsqu'il a pris assez de force.

Plantation. — Toute bonne terre de jardin convient au

fraisier, pourvu qu'elle ne soit pas trop compacte; dans une terre forte, argileuse, le fraisier développe un luxe inutile de feuilles et de coulants, fleurit mal et donne peu de fruits. Dans tous les cas, il faut donner au sol un labour très-soigné et une fumure abondante de fumier très-consommé. Lorsqu'on laboure une planche de jardin dans le but d'y planter des fraisiers, il faut en extirper avec beaucoup d'attention les racines de liserons ou d'autres plantes vivaces qui peuvent s'y rencontrer. Les planches de fraisiers devant recevoir un *paillis* épais, tant pour conserver la fraîcheur provenant des arrosages, que pour empêcher le contact de la terre nue de salir le fruit, si la mauvaise herbe à racines vivaces venait à s'y développer plus tard, il serait difficile de s'en défaire; quant à la mauvaise herbe composée de plantes annuelles, le paillis suffit pour l'étouffer à mesure qu'elle lève; elle ne peut envahir la plantation.

On plante habituellement le fraisier en automne, mieux vers le milieu de septembre que dans le courant d'octobre; dans les planches plantées trop tard, il y a presque toujours des vides à regarnir au printemps de l'année suivante. C'est aussi dans la première quinzaine de septembre qu'il faut arracher dans les bois le plant de fraisier sauvage qu'on se propose de cultiver dans le jardin, en laissant s'écouler le moins de temps possible entre l'arrachage du plant et sa mise en place.

Les fraisiers de forte race, à très-gros fruits, se plantent à 35 ou 40 centimètres en tout sens; ceux des variétés petites ou moyennes se plantent à 25 ou 30 centimètres. A partir du moment de sa mise en place, le plant de fraisier veut être largement arrosé. Si l'on a planté en automne, on cesse d'arroser à l'époque des premières gelées blanches; si l'on plante au printemps, les arrosages doivent être continués pendant toute la belle saison. Sauf le chapitre des accidents, une plantation de fraisiers faite avec de bon plant, dans la bonne saison, bien paillée et convenablement arrosée, est en plein rapport à sa seconde et à sa troisième année, après quoi son produit décline; elle doit être renouvelée. Pour ne pas perdre de terrain, les jardiniers maraîchers plantent en automne, entre les lignes des fraisiers des grandes espèces, un rang de choux à pomme longue ou deux rangs de poireaux. Les produits de cette culture intercalée sont enlevés assez à temps pour ne pas contrarier la croissance des fraisiers. Quant à ceux des petites espèces, qui commencent à produire dès leur première année de plantation, ils ne sont pas assez espacés pour admettre d'autres cultures entre leurs lignes.

Soins de culture. — Le fraisier demande beaucoup d'eau à toutes les époques de sa végétation; il faut en outre enlever une ou deux fois par semaine les filets qui épuisent la plante et nuisent à sa fructification. On soigne séparément, après la récolte des fraises, une partie de la plantation à laquelle on laisse tous ses filets, afin d'avoir du plant pour pouvoir renouveler les plantations. L'observation a démontré que l'eau des pluies, surtout celle des pluies d'orage, nuit aux fraisiers en fleurs, lorsqu'au moment où elle tombe la terre est plus ou moins durcie par la sécheresse. C'est pourquoi, à l'approche d'un orage, les maraîchers parisiens s'empressent de *mouiller* à fond leurs plantations de fraisiers.

Ennemis du fraisier. — Le fraisier n'a dans les jardins qu'un ennemi, dont les attaques font souvent le désespoir du jardinier. Le *turc*, *man*, ou *ver blanc*, larve du hanneton, attiré par l'odeur particulière des racines du fraisier qu'il préfère à tout autre aliment, creuse souvent sous terre de très-longues galeries pour arriver jusqu'à ses racines. Quand une plantation de fraisiers est en proie aux vers blancs, il n'y a rien à faire, elle est perdue. Les accidents de cette nature sont d'autant plus difficiles à éviter que, lorsqu'on laboure pour planter des fraisiers, la terre peut être pleine d'œufs de hannetons sans que le jardinier s'en aperçoive. Dans ce cas, si la plantation n'est pas trop étendue, il faut défoncer les planches à la profondeur d'un fer de bêche, enlever toute la terre, garnir le fond de la fosse d'un lit épais et bien piétiné, de copeaux de menuisier ou de feuilles sèches de châtaignier, remettre la terre par-dessus, et planter, comme à l'ordinaire. Les mandibules des larves de hannetons ne sont pas assez fortes pour percer cet obstacle, surtout lorsqu'on s'est servi de feuilles sèches de châtaignier, dont le tissu coriace résiste aux attaques du ver blanc mieux encore que les copeaux ; les feuilles de chêne, de tilleul ou de tout autre arbre ne seraient pas une barrière suffisante ; le ver blanc les traverserait pour atteindre les racines des fraisiers.

La fraise qui mûrit successivement ne doit pas être récoltée sans précaution ; les tiges portant à la fois des fruits mûrs, des fruits verts et des fleurs, deviendraient stériles, et la plus grande partie de la récolte serait perdue, si l'on imprimait trop de secousses aux plantes en récoltant les fraises.

La *courtilière* ou *taupe-grillon*, exerce aussi assez souvent de grands ravages dans les plantations de fraisiers, surtout quand la terre a été fumée avec du fumier encore en fermentation, qui attire cet insecte destructeur. Lorsqu'il y a lieu de redouter sa présence, il faut, ainsi que nous l'avons précédemment conseillé (Chap. XI), imbiber profondément **la terre** d'urine chaude de gros bétail, avant de la façonner pour la plantation des fraisiers.

Culture forcée. — La végétation énergique du fraisier permet de récolter des fraises sans interruption au moyen de la culture forcée ; on sait qu'à la cour d'Angleterre comme à celle de Belgique, il est d'étiquette de servir au dessert sur la table royale un plat de fraises, *tous les jours de l'année,* sans exception. La culture forcée du fraisier n'offre pas de difficulté sérieuse. Le meilleur plant pour forcer est pris sur les filets produits en juillet par de jeunes fraisiers plantés au mois de mars de la même année ; le plant de coulants de plantations déjà vieilles d'un an ou deux ne donnerait pas, à beaucoup près, d'aussi bons résultats. Ce plant, détaché des coulants au moment où ses jeunes racines commencent à se former, est élevé en pépinière dans une position ombragée, jusque dans les premiers jours de septembre. Il est alors relevé et planté à raison de trois fraisiers dans un pot de moyenne grandeur rempli de la meilleure terre possible, douce, légère et très-substantielle. A partir de décembre, on force successivement ces fraisiers par portions, soit dans la serre aux ananas, soit dans des châssis où les pots sont enterrés dans la tannée ou dans le fumier d'une couche chaude. Les jardiniers de profession qui forcent en grand le fraisier pendant tout l'hiver, ne chauffent pas avec du fumier ; ils font passer les tuyaux d'un thermosiphon à travers une série de coffres recouverts de leurs châssis vitrés. Les fraisiers forcés veulent être sous les châssis comme dans la serre aux ananas, placés le plus près possible des vitrages, afin qu'ils reçoivent le plus possible de lumière. Cette précaution leur est surtout nécessaire pour donner aux fraises une bonne couleur, à mesure qu'elles arrivent successivement à maturité.

La fraise obtenue par la culture forcée se produit toujours en quantité peu considérable ; elle est à l'usage exclusif des consommateurs les plus favorisés de la fortune. A l'époque où les premières fraises récoltées à l'air libre sont impatiemment attendues du public, le jardinier peut réaliser de beaux bénéfices en se bornant à hâter la maturité des fraises par des moyens très-peu dispendieux. Le plus simple de tous consiste à planter de jeunes fraisiers en planches étroites, sur trois rangs, dirigés de l'est à l'ouest : en arrière de ces planches, on dresse des piquets auxquels on accroche des paillassons formant une sorte d'espalier temporaire faisant face au sud. De cinq en cinq mètres, on établit par le même système des abris de paillassons de la largeur de la planche ; cette combinaison place les planches de fraisiers dans des espèces de réduits abrités de tous les côtés. Ils y fleurissent de très-bonne heure et donnent des fraises mûres huit à dix jours avant la maturité des fraises de même espèce cultivées sans abri ; cela suffit pour que le jardinier les vende à des prix relativement très-avantageux. Il donne à ces fraisiers encore plus de précocité si, au procédé qui vient d'être décrit, il ajoute des châssis vitrés posés sur les planches de fraisiers pendant les grands froids. Des paillassons ou de la litière sont jetés au besoin sur ces châssis qui sont découverts et soulevés pour donner de l'air quand la température le permet. C'est ainsi que, sans recourir à aucune production de chaleur artificielle, les maraîchers parisiens, qui ne soumettent pas le fraisier à la culture forcée, savent néanmoins se procurer une assez bonne quantité de fraises mûres de très-bonne heure.

Espèces et variétés. — Au point de vue du jardinage, les fraisiers dont on possède de très-nombreuses collections ne forment que deux séries bien distinctes, celle des *fraisiers remontants* qui donnent dans la même année plusieurs récoltes successives, et celle des *fraisiers non remontants* qui ne donnent qu'une récolte par an. Jusqu'ici, tous les efforts tentés pour faire passer les fraisiers à gros fruit dans la série des fraisiers remontants ont complétement échoué.

Fraisiers remontants. — Le meilleur des fraisiers remontants, on peut même ajouter, le meilleur de tous les fraisiers cultivés, c'est le *fraisier des Alpes, dit des quatre saisons.* Sa fraise est parfumée, d'un goût agréable, très-productive, elle donne une des premières et ne cesse de produire qu'à l'entrée de l'hiver ; c'est aussi l'une des plus avantageuses pour la culture forcée, bien qu'elle ne soit jamais très-volumineuse.

Le *fraisier buisson de Gaillon* est une excellente variété du précédent, obtenue de semis. Son fruit est exactement le même ; elle est aussi productive et aussi franchement remontante ; ce qui distingue ce fraisier, c'est qu'il est le seul qui ne produise pas de filets ou coulants et qui forme de grosses touffes ou buissons, ce qui le rend éminemment propre à être planté en bordure, en avant et en arrière des plates-bandes qui bordent les allées du potager. Il ne faut pas manquer de dédoubler les touffes tous les deux ans pour rajeunir les plantations ; autrement les buissons deviennent trop épais ; les pousses du centre, gênées dans leur développement, ne fleurissent pas, ce qui diminue d'autant la récolte des fraises.

Fraisiers non remontants. — La plupart des fraisiers non remontants, d'origine américaine, ont été introduits primitivement en Angleterre, ce qui les fait souvent désigner sous le nom de *fraisiers anglais,* dans les jardins du continent. On cultive encore néanmoins deux espèces d'Europe, le *fraisier des bois*, à fruit rond, très-petit, mais d'excellent goût, que la culture en bon terrain peut rendre de grosseur moyenne, et le *fraisier de Montreuil*, à très-gros fruit, avec la saveur de la fraise des bois. Quant à cette dernière, pour l'obtenir avec tout l'ensemble des qualités qui la font si justement rechercher, il faut tout simplement en prendre le plant dans les bois, de préférence sur les revers des fossés exposés au midi, et la traiter du reste comme les autres espèces jardinières.

Les *caprons* à gros fruit peu coloré, d'un goût légèrement musqué, autrefois très-cultivés, sont à peu près abandonnés depuis l'introduction des fraisiers américains; ils ont pour défaut capital d'être dioïques, c'est-à-dire de porter des fleurs mâles et des fleurs femelles sur des pieds séparés; les plantes mâles nécessairement stériles, occupent inutilement une place dans les planches du potager.

Les *fraisiers ananas*, remarquables par le renflement de leur pédoncule, sont également abandonnés pour les fraisiers d'origine américaine; leur saveur un peu fade et très-musquée n'est point du goût de tous les consommateurs.

Les *fraisiers américains* ont donné et donnent encore tous les jours d'innombrables variétés par les croisements hybrides et les semis; on en peut juger en jetant les yeux sur les catalogues des horticulteurs qui en vendent le plant. Une remarque générale s'applique à toutes ces variétés; celles à fruit arrondi sont d'une saveur plus sucrée qu'acide; celles dont le fruit se termine en pointe sont plus acides que sucrées; leur extrémité reste souvent verte alors que la partie supérieure du fruit est parfaitement mûre.

Les espèces les plus dignes d'être cultivées parmi les fraisiers américains sont : l'*écarlate de Virginie*, facile à distinguer par le vert bleuâtre de ses feuilles et la profondeur des cavités du fruit, dans lesquelles sont logées les graines. La meilleure sous-variété du fraisier écarlate est celle des environs de Liége en Belgique, où elle est naturalisée depuis fort longtemps. C'est la plus précoce des espèces de fraisiers qui ne remontent pas;

12.

Le *fraisier du Chili*, à fruit très-volumineux, dont on possède plusieurs bonnes sous-variétés, n'est très-productif que dans un terrain chaud, à l'exposition du midi;

Goliath et *Wilmolt superbe* donnent des fruits presque aussi gros que ceux des fraisiers du Chili. La *blanche de Bicton* est la meilleure des fraises blanches. La *British-Queen* ou reine de la Grande-Bretagne est une des plus productives et la meilleure des variétés américaines à fruit arrondi. Ceux qui disposent d'assez d'espace en accordant un compartiment à chacune des espèces que nous indiquons, peuvent récolter des fraises américaines non remontantes pendant cinq à six semaines.

Une autre espèce très-remarquable porte le nom de *haut bois*, en raison de l'élévation des tiges florales. Son fruit de couleur très-foncée, d'une saveur vineuse, avorte assez souvent, défaut qui rend le fraisier haut bois peu répandu dans les potagers; néanmoins, ce défaut peut se corriger par la culture, et il est compensé par une qualité précieuse. Sans être précisément remontant, le fraisier haut bois est *bifère*, c'est-à-dire qu'il donne en automne une seconde floraison suivie d'une production de fraises assez abondante.

Quoi qu'il en soit, il reste à conquérir une fraise américaine à gros fruit aussi remontante que celle des Alpes des quatre saisons. Le jardinier qui l'obtiendra rendra un grand service à l'horticulture, et sa fortune sera faite.

CHAPITRE XXIV

Plantes potagères à fruits comestibles. — Le Melon.

Melon. — Révolution opérée de nos jours dans sa culture. — Semis sur couches. — Nécessité de hâter la croissance du melon. — Repiquages en motte. — Précaution qu'ils exigent. — Semis à l'air libre en place. — Taille du melon.—Végétation naturelle du melon.—Ce qu'il devient quand il n'est pas taillé.—But de la taille.—Ses résultats.—Manière d'opérer.— Choix à faire entre les mailles. — Soins de culture. — Culture forcée. — Espèces et variétés.—Cantalous.—Melons brodés.—Melons à écorce lisse. —Récolte de la graine. — Croisements accidentels. — Pastèques.

MELON. — Le melon est une production tout artificielle; la bonne qualité de son fruit dépend entièrement des soins intelligents de culture, dont il est l'objet. Cela est si vrai, que dans nos départements du Midi, dont le climat est éminemment favorable au melon, on n'en mange pas d'aussi parfaits qu'à Paris, bien que le climat de Paris ne convienne pas, à beaucoup près, aussi bien que celui du Midi à la végétation de cette plante délicate, originaire des contrées les plus chaudes de l'Asie. Comme beaucoup d'autres cultures jardinières, celle du melon a subi depuis le commencement de ce siècle une complète et très-heureuse révolution. Il y a cinquante ans on ne cultivait guère généralement, aux environs de Paris, que les espèces de melons les moins délicates; rien n'était plus rare qu'un bon melon, et cet état de choses durait depuis fort longtemps, car un poëte du xviie siècle a eu le droit d'écrire les vers suivants, si souvent reproduits :

> Les amis de l'heure présente
> Sont d'un naturel de melon;
> Il en faut goûter plus de trente
> Avant que d'en trouver un bon.

Aujourd'hui, c'est la proposition contraire qui est vraie;

ce qui est rare, partout où comme aux environs de Paris la culture maraîchère est pratiquée avec intelligence, c'est un mauvais melon.

Sur plusieurs points des côtes de la Normandie, spécialement aux environs de Honfleur, on cultive très en grand le melon pour l'exportation en Angleterre; c'est une branche de jardinage florissante et très-lucrative.

Semis sur couches. — On ne peut semer la graine de melon à l'air libre sous le climat de Paris que dans le courant du mois de mai, quand on n'a plus à craindre les nuits froides, ou seulement fraîches, que la plante ne supporterait pas. Dans les années où la température de l'été suit son cours normal, et où cette saison apporte son contingent annuel de chaleur, le melon a le temps de fleurir et de mûrir son fruit, alors qu'il fait encore assez chaud pour que la vente des melons soit facile, et que ce fruit soit recherché des consommateurs. Mais si, comme il arrive souvent, l'été est humide et n'amène avec lui que quelques rares beaux jours dans la vallée de la Seine, les melons semés à l'air libre, quelque soin qu'on prenne de hâter leur croissance, fleurissent trop tard; leur fruit, à peine complétement formé en automne, mûrit mal ou ne mûrit pas du tout, et ne peut être offert aux consommateurs qu'à une époque où les plus grandes chaleurs étant passées, les melons ne sont plus recherchés. Par tous ces motifs, il est rare qu'à Paris la culture du melon soit entièrement conduite à l'air libre. Ceux même qui doivent croître et fructifier en plein air, proviennent de plant obtenu de semis sur couche chaude sous châssis. Ce plant, après un repiquage, se trouve bon à être transplanté à demeure, à l'époque de l'année où, si le jardinier n'avait pas pris l'avance pour gagner du temps, la température extérieure permettrait de le semer en place.

Repiquage. — Le melon, comme toutes les plantes de la famille des cucurbitacées, à laquelle il appartient, supporte très-difficilement la transplantation; ses racines doivent être dérangées le moins possible. C'est pourquoi l'usage a prévalu chez tous les jardiniers qui excellent dans ce genre de culture, de ne semer la graine de melon que dans des pots. On sème deux graines dans chaque pot de petite dimension remplis de terre légère mêlée de terreau. Les pots sont aussitôt placés dans une bonne couche recouverte d'un châssis vitré. Les semis de ce genre se font à deux reprises, en mars et en avril. Quand la graine lève, on supprime le plant le moins vigoureux, et comme à cette époque de l'année il fait encore assez froid dehors, on tient les châssis fermés, en donnant seulement de l'air chaque fois que le temps s'adoucit; on a soin d'essuyer l'intérieur des vitrages, afin que la *buée* ne tombe pas en gouttes glacées sur le jeune plant de melon qu'elle ferait périr.

Quand le plant a ses deux premières feuilles bien formées, outre les feuilles séminales, il est temps de le repiquer sur une seconde couche chaude tenue prête d'avance. On en perdrait une grande partie par le repiquage, si le plant n'était pas élevé en pot; mais il est facile de le dépoter sans causer aucun dérangement aux racines. On le plante immédiatement en motte dans des pots plus grands, remplis de terre semblable à celle dans laquelle la graine a été semée. Les pots sont aussitôt plongés dans la nouvelle couche; les melons y restent jusqu'à ce qu'ils puissent être transplantés définitivement sur une dernière couche sourde, établie au pied d'un mur, au midi.

Semis à l'air libre. — Lorsqu'on a semé la graine et repiqué le plant de melon comme on vient de l'indiquer, à deux reprises différentes, à un mois d'intervalle, on est en mesure de faire, comme disent les jardiniers, *deux saisons de melons*, avec le plant provenant des semis sous châssis. S'il y a lieu d'espérer une température favorable, une troisième saison de melons peut être faite à l'air libre.

Pour semer la graine de melon à l'air libre, du 10 au 20 du mois de mai, on prépare sur une plate-bande inclinée au midi des tas de fumier à demi décomposés, espacés entre eux d'un mètre et demi à partir de leur centre. Quand les tas ont séjourné dix à douze jours sur le sol, et qu'ils se sont plus ou moins affaissés sur eux-mêmes, on charge le dessus de dix à quinze centimètres de terre légère de jardin, mêlée de moitié de terreau, et l'on y sème la graine de melon; le plant des semis en place n'a pas besoin d'être repiqué. Les racines du melon supportent très-bien le contact des engrais les plus actifs qui brûleraient celles de toute autre plante; cette propriété leur est commune avec toutes les plantes de la même famille. A mesure que les plantes grandissent, on active leur végétation en répandant à leur pied quelques poignées de *colombine*, ou fiente d'oiseaux de basse-cour, provenant du nettoyage du colombier et du poulailler; à défaut de colombine, on peut se servir du guano. L'eau des arrosages fait pénétrer ces engrais en terre jusque sur les racines des melons qui en profitent largement.

Taille du melon. — Dès que le plant de melon, soit qu'il ait été élevé sur couche, soit qu'il provienne de semis en place, a pris sa quatrième feuille, au-dessus des feuilles séminales, il est temps de songer à le tailler. Pour pratiquer avec succès la taille du melon, il est nécessaire d'en bien comprendre le principe et de se rendre compte du mode naturel de végétation du melon.

Lorsqu'un melon est livré à lui-même et qu'on s'abstient de le tailler, voici comment il se comporte. Il pousse d'abord une longue tige droite, simple, qui rampe sur le sol; cette tige ne se ramifie que lorsqu'elle est déjà éloignée de son point de départ; elle produit en premier lieu un assez grand nombre de fleurs mâles parfaitement inutiles, puisqu'il n'existe pas encore de fleurs femelles. Ce n'est que quand elle a pris un assez grand accroissement, que chaque ramification produit vers son extrémité une ou deux *mailles*, c'est le nom que les jardiniers donnent aux fleurs femelles auxquelles doivent succéder des fruits. Ces fruits, toujours peu nombreux, n'ont jamais, sur la plante qu'on ne taille pas, le volume normal de leur espèce, parce que, tandis qu'ils se forment, la tige continue à s'allonger plus ou moins, en absorbant la séve à leur détriment; ils manquent de saveur comme de volume, et mûrissent très-tard. On a reconnu par l'observation que le melon est d'autant meilleur qu'il s'est formé plus près du collet de la racine ; il ne peut qu'en être fort éloigné sur la tige qu'on ne taille pas ; la prolongation inutile de la végétation de cette tige retarde nécessairement la maturité du fruit.

On voit clairement par ce qui précède quel est le but de la taille du melon. Il s'agit d'une part, de faire naitre les fruits le moins loin possible du collet de la racine, de l'autre, de hâter leur maturité en arrêtant la croissance des tiges au-dessus des melons dès qu'ils commencent à grossir. Le jardinier cherche aussi par la taille à faire naitre sur chaque plante un grand nombre de fruits, bien qu'il n'en doive réserver qu'un ou deux, rarement trois. Les fruits les plus parfaits de forme, selon leur espèce, sont toujours les meilleurs ; quand chaque pied de melon en donne seulement deux ou trois, qu'ils soient bien ou mal conformés, il faut bien les laisser grossir ; quand il en donne huit ou dix, il s'en trouve toujours d'une bonne forme ; ceux là seuls sont conservés, et le jardinier supprime les autres. La nécessité de la taille, son but et ses résultats étant bien compris, voici comment on y procède.

On pince d'abord la pousse centrale des jeunes plantes au-dessus de leur quatrième feuille. Ce retranchement fait développer deux pousses latérales. Quand celles-ci ont huit à dix centimètres de long, elles sont traitées de même, et donnent au bout de quelques jours deux pousses chacune, ce qui fait quatre rameaux qui, pincés à leur tour quand ils se sont suffisamment allongés, donnent en définitive huit bonnes pousses. La taille s'arrête là pour le moment, et le jardinier attend la formation des mailles. Chaque pousse devant en donner une ou deux, il peut compter sur une douzaine de fruits qu'il laissera grossir juste assez pour les juger en connaissance de cause. Son choix étant fixé, il donne une taille sévère qui ne laisse en moyenne à chaque plante que deux rameaux portant chacun un beau fruit. Plus tard, la taille aura pour but de contenir les pousses au-dessus du fruit, et de prévenir le développement de tout rameau qui tendrait à se former sur les parties de la tige dont toute la sève doit être concentrée sur le fruit.

La taille, telle qu'on vient de la décrire, convient particulièrement aux melons des meilleures espèces élevés sur couche sous châssis, depuis le semis de leur graine jusqu'à la maturité des fruits. On agit avec un peu moins de précaution à l'égard de ceux de seconde qualité, dont on sème ordinairement la graine en place. Après avoir pincé une première fois pour obtenir deux rameaux, et une seconde fois pour en obtenir quatre, on laisse aller ces quatre pousses qui s'écartent assez loin du collet et donnent une ou deux bonnes mailles chacune. La plus grande rusticité des plantes et la qualité moins délicate de leur fruit permettent d'en laisser de quatre à six à chaque pied ; il n'y a plus ensuite qu'à régler comme ci-dessus par la taille la végétation ultérieure des tiges, pour que la séve de la plante profite exclusivement au développement des fruits.

Soins de culture. — Les meilleurs melons, à quelque variété qu'ils appartiennent, sont désignés sous le nom de *melons de couches*, parce que c'est en effet sur couche qu'on en sème la graine, qu'on repique le plant, et que la plante, jusqu'à la maturité du fruit, parcourt toutes les phases de sa végétation. Les melons de couche, une fois la bonne saison venue, restent jour et nuit à découvert; ils ont besoin d'arrosages fréquents tant qu'il ne pleut pas. Le jardinier doit toujours être en mesure de protéger ses melons contre la grêle qui, même lorsqu'elle n'est pas très-grosse, les fait périr sans remède. Si l'on examine après un orage les parties de la tige du melon que les grêlons ont frappées, on y distingue une petite tache, le lendemain, c'est une plaie qui devient gangréneuse et qui entraîne la mort de la plante. Comme tout orage en été peut être accompagné de grêle, le jardinier prudent tient toujours les châssis vitrés et les paillassons à portée des couches à melons. En un tour de main, à l'approche d'une nuée menaçante, cette récolte précieuse est à l'abri; on enlève paillassons et châssis quand l'orage est passé.

Quand la maturité des fruits approche, pour que l'humidité de la couche ne fasse pas pourrir le côté du fruit qui se trouve en contact avec elle, on pose sous chaque melon un morceau de tuile ou un tesson de pot cassé.

Les melons semés en place et une partie des melons repiqués sur couche sourde, mais sans châssis, sont désignés sous le nom de *melons de cloches*. On pose sur chaque fruit bien formé une cloche de verre soulevée d'un côté pour donner accès à l'air, et l'on tient à portée des cloches de vieux paillassons et de la litière, qu'on se hâte de jeter sur les cloches à l'approche d'un orage; car les cloches à melons ne résistent pas à une forte grêle quand elle les frappe directement.

Culture forcée. — Près des grandes villes où le placement en est certain, il est très-avantageux de forcer les melons qui peuvent donner sur couche chaude, des fruits mangeables dès le mois d'avril. A cet effet, on sème en pots la graine de melon sur couche très-chaude, dès les premiers jours de janvier. On repique sur couche également chaude; on met en place sur une troisième couche aussi chaude que les deux précédentes; on entretient la chaleur au moyen de fumier neuf appliqué autour de la couche sous forme de *réchauds*, renouvelés au besoin. La taille et la direction des melons forcés sont d'ailleurs basées sur les principes exposés plus haut; on ne laisse ordinairement aux melons forcés qu'un fruit sur chaque plante. Ces melons, même chez les jardiniers de profession qui les chauffent avec le thermosiphon, moins coûteux que le fumier lorsqu'on opère en grand, reviennent à un prix fort élevé et ne sont jamais très-bons, mais comme on les vend en proportion de ce qu'ils ont coûté à produire, ce mode de culture peut être très-avantageux, pourvu que la vente soit assurée.

Espèces et variétés. — Parmi les nombreuses variétés de melons, la supériorité ne peut être contestée aux cantalous. Sous le climat de Paris, les melons de cette série peuvent être cultivés seuls et satisfaire à toutes les exigences de la consommation. Les meilleurs entre les cantalous sont le *noir des carmes*, l'*orangé* et le *fin hâtif*, tous trois peu volumineux, mais d'une croissance rapide, éminemment propres pour cette raison, soit à la culture forcée, soit à celle de première saison. Le *prescott*, le *petit prescott* et le *noir de*

Hollande, tous de la série des cantalous, conviennent également pour la première et pour la seconde saison.

Pour les semis en place, on emploie de préférence le *melon brodé,* ou *melon maraîcher,* peu à peu banni des cultures et remplacé par les cantalous, le *melon de Honfleur,* de forme allongée, le *melon de Tours,* et le *sucré vert d'Angers,* tous deux excellents, mais peu volumineux, meilleurs pour les jardins d'amateurs que pour la vente.

Dans le Midi, on préfère les melons à écorce lisse dont les variétés les plus estimées sont le *melon de Cavaillon,* ou *melon d'hiver,* dont il se produit des quantités considérables pour les marchés de Lyon et de Marseille, le *melon de Malte* et le *melon d'Odessa.*

Récolte de la graine. — On doit apporter le plus grand soin à ne prendre la graine de melons que dans les plus beaux fruits de chaque espèce parvenus à complète maturité. Les citrouilles, les courges, les concombres, et généralement toutes les cucurbitacées contiennent une grande abondance de pollen ou poussière fécondante que les abeilles, dans leur travail incessant, transportent d'une fleur dans l'autre, en opérant ainsi de fréquents croisements accidentels. Ces croisements, lorsqu'ils ont lieu entre le melon et d'autres plantes des genres voisins, ou seulement entre diverses variétés de melons, les dénaturent complétement en leur faisant perdre les propriétés qui constituent le mérite particulier de chaque espèce. Il n'y a pas de danger, sous ce rapport, à laisser près les unes des autres les variétés qui fleurissent à des époques différentes, ce qui rend impossible les croisements accidentels; mais il ne faut cultiver qu'à distance, et en les isolant soigneusement, les espèces qu'on tient à conserver pures, et qui fleurissent à la même époque que d'autres entièrement différentes.

PASTÈQUES. — On mentionne seulement pour mémoire la *pastèque* ou *melon d'eau,* dont la culture n'est possible que sur quelques points de notre extrême frontière du Midi; hors de la région des orangers, la pastèque ne mûrit pas son fruit, et la plante ne se prête pas à la culture forcée.

La pastèque n'est pas un vrai melon, bien qu'elle ressemble extérieurement aux melons à écorce lisse.

Dans le Var et les Pyrénées orientales, on cultive la pastèque sans aucune précaution, comme la citrouille, en plein champ, dans des trous qu'on remplit d'un mélange de bonne terre et de fumier. Une fois la graine semée dans ces trous, on cesse de s'en occuper. La pastèque cultivée seulement dans les terrains irrigables, prend sa part des irrigations générales; elle n'est d'ailleurs ni taillée ni soignée en aucune façon, et n'en donne pas moins, par le seul bienfait du climat, des fruits volumineux, aussi sains qu'agréables.

CHAPITRE XXV

Plantes potagères à fruits comestibles. — Concombre, Cornichons, Courges, Tomate, Aubergine, Piment.

Concombre. — Semis. — Culture à l'air libre. — Culture forcée. —Espèces et variétés. — Cornichons. — Concombre serpent. — Courges. — Potiron. Ses propriétés salubres. — Semis sur couche. — Transplantation. — Protection du plant par des contre-sols. — Arrosages. — Marcottage des tiges — Espèces et variétés. — Boule de Siam. — Verte de Hongrie ou d'Espagne. — Giraumont. — Tomate. — Culture à l'air libre. — Ses inconvénients. — Semis sur couches. — Repiquage. — Taille des tiges. — Palissage. — Maturité artificielle des tomates. — Culture forcée. — Aubergine ou melongène. — A fruit violet. — A fruit blanc ou plante aux œufs. — Piment. — Sa culture semblable à celle de l'aubergine. — Espèces et variétés. — Ses propriétés comme assaisonnement. — Se cultive comme plante d'ornement.

CONCOMBRE. — La consommation des concombres tient peu de place dans la cuisine française; à Paris, en particulier, le principal débouché pour ce genre de produit est dans les hôtels où logent les voyageurs anglais, grands amateurs de concombres. La culture de cette plante ne peut donc occuper une bien grande place dans le potager. Le concombre se cultive comme le melon, soit sur couches, soit à l'air libre. Sa culture à l'air libre est facile et peu compliquée. Dans le courant du mois de mai, mieux après qu'avant le 15 de ce mois, on creuse des trous de cinquante centimètres de diamètre sur 30 de profondeur, espacés entre eux d'un mètre 50, à partir de leur centre. Les trous sont remplis de fumier frais pardessus lequel on étend 15 à 20 centimètres de terre mêlée de terreau. Les graines de concombre semées dans ces trous ne tardent pas à donner du plant vigoureux qui pousse très-rapidement, pourvu qu'il soit bien arrosé. Les racines du con-

combre comme celles du melon supportent très-bien le contact du fumier en fermentation.

L'espace libre entre les trous est recouvert d'un bon paillis sur
lequel les longues tiges des concombres s'étendent dans tous
les sens. Le jardinier les taille pour les faire ramifier ; il laisse
à chaque plante un nombre de fruits proportionné à la force
de chaque espèce, et il a soin, quand le fruit est bien formé,
de concentrer la sève à son profit, en arrêtant le prolongement inutile des tiges. Le paillis conserve la propreté des
fruits qui doivent être, selon les espèces et les usages auxquels on les destine, cueillis à divers degrés de développement. On choisit dans chaque variété quelques-uns des plus
beaux fruits qu'on laisse non-seulement mûrir, mais pourrir sur place, par excès de maturité, condition nécessaire
pour qu'on puisse compter sur la maturité complète de la
graine.

Dans quelques cantons des environs de Paris, le gros concombre blanc, dit *de Bonneuil*, est cultivé sur une très-grande
échelle, non pas pour la cuisine, mais pour les parfumeurs
qui en achètent des quantités considérables pour la fabrication de la pommade de concombres. Cette pommade excellente
comme cosmétique inoffensif contre les gerçures des lèvres
et de la peau, est à Paris l'objet d'un grand commerce d'exportation. Le concombre, dans ce cas, est semé en lignes dans
une plate-bande labourée et fumée comme pour toute autre
culture jardinière. Le but étant d'obtenir, non pas quelques
fruits les plus beaux possibles, mais seulement le plus possible de fruits de moyenne grosseur, le jardinier ne taille les
tiges qu'une fois afin de leur faire donner quelques pousses
latérales auxquelles il laisse porter tous ou presque tous leurs
fruits que les parfumeurs achètent au poids. Partout où le placement des produits pour la parfumerie est assuré d'avance,
ce mode simple et économique de produire une grande masse
de concombres médiocres est très-avantageux.

Culture forcée. — Les jardiniers, dont la clientèle comprend des amateurs de concombres assez riches pour les payer
convenablement, en obtiennent en grande primeur par la cul-

ture forcée. Cette culture se conduit sur couche chaude sous châssis, de point en point comme celle du melon forcé. On sème dans des pots et l'on repique dans d'autres un peu plus grands, en prenant, pour éviter de déranger les racines, les précautions indiquées pour le repiquage et la transplantation en motte du plant de melon. Le plant de concombre, mis en place sur une nouvelle couche, est taillé pour le faire ramifier et obtenir un bon nombre de mailles dont on ne laisse qu'une ou deux à chaque pied.

Espèces et variétés. — Dans les pays où, comme en Angleterre, on fait un cas particulier du concombre et où des sociétés spéciales s'occupent exclusivement du perfectionnement de sa culture, on en possède un très-grand nombre de variétés. En France, on cultive principalement à l'air libre le *gros concombre blanc de Bonneuil*, et sur couches, comme primeur, le *blanc hâtif* et le *concombre hâtif de Hollande*.

CORNICHONS. — Les cornichons sont de véritables concombres cueillis dans la première période de leur formation; tout cornichon, abandonné au cours naturel de sa végétation, devient un concombre. On cultive exclusivement en qualité de cornichon le *petit concombre vert*, qui n'est jamais soumis à la culture forcée. Sa culture à l'air libre est celle de tous les autres concombres. Comme il se ramifie beaucoup naturellement et que chaque rameau donne une grande abondance de fruits, on ne le taille point; il veut être arrosé souvent et très-largement. Plus les cornichons sont cueillis petits, plus leur saveur est délicate.

On cultive aussi quelquefois comme cornichon le *concombre serpent*, considéré comme une espèce botaniquement distincte. Le fruit de ce concombre, lorsqu'on lui laisse acquérir tout son volume, devient très-long et flexueux, d'où dérive son surnom. Cueilli à la grosseur du doigt, il donne de très-bons cornichons qui conservent leur couleur verte dans le vinaigre, mieux que les fruits du petit concombre vert. Le concombre serpent est, en qualité de cornichon, moins avantageux à cultiver que l'espèce commune, parce qu'il se ramifie moins et ne donne pas une aussi grande abondance de mailles.

COURGES. — On cultive dans les pays méridionaux un très-grand nombre de variétés de courges qui tiennent une place importante dans le potager et dans la cuisine. Dans nos départements du centre, spécialement aux environs de Paris, on ne cultive en grand que la grosse courge plus connue sous ses noms vulgaires de *citrouille* et de *potiron*. La chair du fruit très-volumineux de cette plante sert à faire des potages rafraîchissants dont les propriétés salubres sont si bien reconnues que l'administration des hospices de Paris en emploie des quantités énormes, à l'usage des convalescents. La fourniture seule des hôpitaux donne lieu à une culture fort importante de citrouilles aux environs de Paris, chez les maraîchers qui s'en rendent adjudicataires.

Pour avoir des citrouilles mûres de très-bonne heure en été, on sème la graine sur couche en mars et avril; ces semis donnent du plant bon à transplanter à l'air libre du 1er au 15 mai. Le plus souvent, on sème en place, dans la première quinzaine de mai, dans des trous semblables à ceux qui servent pour la culture des cornichons et des concombres, mais plus grands, plus profonds et plus espacés, selon le volume des variétés qu'on se propose d'y cultiver. Les plus grosses espèces de citrouilles se cultivent dans des trous d'un mètre de diamètre et de 50 centimètres de profondeur. On doit autant que possible ne cultiver la citrouille que dans des terrains plus ou moins abrités; les terrains découverts et exposés à l'action des vents violents ne lui conviennent pas. Quant à la qualité du sol, elle importe peu, la plante ne devant vivre qu'aux dépens du fumier et de la bonne terre dont on rempli les trous.

Si la graine de citrouille n'a pas été semée en place, le plant souffre plus ou moins de la transplantation; on en perdrait une partie par l'action desséchante des rayons solaires si l'on négligeait, au moment de la mise en place, de l'abriter sous des *contre-sols* qui, sans intercepter l'air ni la lumière, donnent seulement autant d'ombrage qu'il en faut au plant de citrouille, en attendant que ses racines se soient bien emparées de la terre des trous, ce qui est l'affaire de quelques jours. A défaut de contre-sols, on peut planter en terre trois baguettes réunies à leur sommet par un lien de jonc, et jeter sur ce support un peu de litière longue, ou un morceau de vieux paillasson.

La citrouille, à toutes les époques de la végétation, demande beaucoup d'eau; ses tiges excessivement longues ne se taillent point; on laisse habituellement deux fruits à chaque plante; la tige est arrêtée à deux ou trois feuilles au-dessus du fruit. Si la portion de tige rampant sur le sol entre le collet de la racine et le fruit est recouverte en partie de terre, comme le serait un provin de vigne, elle s'enracine promptement et ce genre de marcottage contribue sensiblement à augmenter le volume des fruits. Toutes les espèces de courges se cultivent de la même manière, sauf les dimensions des trous qui varient comme le volume du fruit de chaque variété.

Espèces et variétés. — L'ancienne *citrouille des environs de Paris*, à écorce à peu près lisse, à côtes peu prononcées, d'un volume très-souvent énorme, a été peu à peu abandonnée de nos jours; on lui préfère avec raison la sous-variété connue sous le nom de *boule de Siam*, qui se conserve mieux et contient autant de substance mangeable que la première, parce qu'elle n'a presque pas de vide intérieur, ce qui la rend plus facile à conserver, et moins sujette à la moisissure. On cultive beaucoup aussi dans les potagers la *citrouille verte de Hongrie*, de la même forme que la citrouille boule de Siam, à chair extrêmement sucrée; c'est celle dont on fait du sucre en Hongrie et en Pologne, comme on fait chez nous du sucre de betterave. Cette variété est aussi désignée sous le nom de *potiron d'Espagne*; c'est celle que doivent préférer ceux qui tiennent plus à la qualité qu'au volume extraordinaire des fruits.

Le *giraumont*, aussi nommé turban ou bonnet turc, à cause de la forme singulière de son fruit, est plus petit mais plus sucré que les citrouilles; il s'emploie au même usage.

Les *courges proprement dites*, dont la chair se mange frite à l'huile, avec ail, oignon et force poivre, ne mûrissent bien et ne sont généralement usitées que dans le Midi ; les variétés les plus estimées sont la *courge mu juée* ou *muscade de Marseille*, et la *courge Messinaise*, de Sicile, qui n'ont l'une et l'autre presque pas de vide intérieur. La *courge de l'Ohio*, originaire d'Amérique, et la *courge à la moelle*, variété anglaise très-nourrissante, réussissent bien sous le climat de Paris. La dernière mérite le nom de *moelle végétale* que lui ont donné les Anglais.

On ne mentionne que pour mémoire la *courge congourde* ou *gourde de pèlerin*, la *courge massue*, et une foule d'autres dont les fruits ne sont pas mangeables. On peut néanmoins leur donner place dans le potager, en soutenant sur un treillage ou sur de longues perches leurs tiges grimpantes. Leurs fruits desséchés et vidés font l'office de boîtes fort commodes pour la conservation de toute sorte de graines potagères.

TOMATE. — Depuis trente ans, la *tomate* ou *pomme d'amour*, qui ne figurait autrefois que dans la cuisine des riches gastronomes, en dehors des départements du Midi où tout le monde en mange de temps immémorial, est entrée dans la consommation des ménages les plus modestes, ce qui a donné à sa culture une grande importance. La tomate ne supporte pas mieux le froid que les melons et les courges ; on ne peut en semer la graine à air libre que vers le milieu de mai. Les plantes provenant des semis faits à cette époque de l'année ne mûrissent pas toujours leurs fruits avant les premiers froids d'automne, et dans ce cas ces fruits sont en partie perdus. Le jardinier ne peut compter sur la récolte des tomates que quand la graine a été semée sur couche en février et mars. On utilise à cet effet les bords et les parties vides des couches sur lesquelles on élève le plant de melon ; la même température convient à ces deux plantes. La tomate supporte parfaitement la transplantation ; on peut, pour l'avancer, la repiquer sur couche en attendant que la température permette de la mettre en place à l'air libre. Dans tous les cas, le plant doit être arraché et transplanté pour le rendre trapu et diminuer sa tendance à s'emporter en une profusion de branches qui nuisent à la production du fruit.

Dès que la saison est assez avancée, les tomates peuvent être transplantées en pleine terre; la plante est naturellement très-rustique et peu difficile quant à la qualité du sol; avec un peu d'eau et du fumier, elle vient pour ainsi dire partout; mais elle ne peut fructifier qu'au pied d'un mur au midi, ou sous la protection d'un espalier temporaire de paillassons soutenus par des piquets et faisant face au midi. Dès que les fruits sont formés, on pince les tiges qui les surmontent; sans cette précaution, ces tiges continueraient à fleurir et à porter des fruits trop tardifs pour qu'ils puissent mûrir; la séve se portant vers le haut de la plante, les fruits formés les premiers ne grossiraient pas, et la récolte serait nulle. A mesure que le fruit grossit, la tige molle de la plante ne peut plus se soutenir; elle a besoin d'être palissée, soit au bas du treillage d'un espalier, soit sur des perches placées transversalement à cet effet. Il faut apporter la plus grande attention à retrancher à mesure qu'elles se montrent les pousses qui naissent sur divers points de la tige, soit au-dessus, soit au-dessous des fruits réservés.

Quand, malgré tous les soins employés pour en accélérer la végétation, les tomates ne portent encore à l'arrivée des premiers froids que des fruits à demi mûrs, bien que l'abaissement de la température ne permette pas d'espérer qu'ils puissent compléter leur maturité, on ne doit pas les regarder comme perdus. Les tomates, pourvu qu'elles aient seulement commencé à changer de couleur, peuvent devenir complétement mûres en deux ou trois jours sur une tablette, dans la cuisine, près du foyer, dans une serre chaude, ou dans tout autre local où règne une température suffisamment élevée. On comprend que les tomates mûries artificiellement de cette manière ne valent jamais celles qui ont mûri sur la plante pendant la belle saison; elles sont cependant d'assez bonne qualité pour trouver des acheteurs et pouvoir être livrées sans aucun inconvénient à la consommation. Dans tous nos départements du Midi, on sème la graine de tomate sur les terrains irrigables; le plant devenu fort est éclairci pour lui donner un espacement convenable; il n'est jamais repiqué, et, plus tard, la plante est abandonnée au libre cours de sa végétation. On se borne à soutenir les tiges au moyen de quelques branchages, sans les palisser dans le vrai sens du mot, et à récolter les fruits qui mûrissent successivement.

Culture forcée. — Sous le climat de Paris, on force la tomate très-facilement en semant la graine sur couche chaude dès les premiers jours de janvier. On sème à même la couche pour repiquer sur une autre couche chaude, et mettre en place sur une troisième qu'on entoure au besoin de réchauds renouvelés une ou deux fois. Les tomates arrivent ainsi à l'époque où les châssis vitrés peuvent être soulevés d'abord pendant la plus grande partie de la journée, puis enlevés tout à fait. On ne laisse que quelques fruits à chaque plante qu'on soutient sur des ficelles tendues d'un bord à l'autre des coffres, afin que les fruits ne se salissent pas par leur contact avec le terreau de la couche. Les tomates forcées commencent à mûrir vers le mois de juin; plus on les taille sévèrement, moins on laisse de fruit à chaque plante, plus tôt ce fruit arrive à maturité.

AUBERGINE. — L'aubergine, aussi désignée sous le nom de *mélongène*, est un fruit essentiellement méridional, qui convient aux estomacs du Midi, et cause à ceux qui n'y sont point habitués, de fréquentes indigestions. A Paris, l'aubergine est surtout cultivée pour les méridionaux qui habitent en grand nombre la capitale; elle ne donne de bons fruits que par la culture forcée qui se pratique exactement comme la culture forcée de la tomate, avec cette seule différence que pour faire acquérir au fruit de l'aubergine plus de volume, on la repique trois fois, à huit ou dix jours d'intervalle, avant sa mise en place définitive.

On peut aussi semer l'aubergine sur couche en mars, la repiquer également sur couche en avril, et la cultiver ensuite à l'air libre, au pied d'un mur au midi. Mais, dans ce cas, le fruit qui mûrit tard et imparfaitement, est encore plus diffi-

cile à digérer, de quelque manière qu'il soit accommodé. On
ne cultive à Paris, pour la cuisine, que l'aubergine violette;
dans le Midi, on mange aussi les fruits de l'aubergine blanche
connue comme plante d'ornement sous son nom vulgaire de
plante aux œufs, à cause de la forme ovale de ses fruits. Il
est plus ou moins imprudent de consommer ces fruits lorsqu'ils n'ont pas mûri sous l'influence du soleil du Midi: ils sont
beaucoup plus indigestes que ceux de l'aubergine violette.

PIMENT. — C'est encore à la cuisine du Midi qu'appartient,
en qualité d'assaisonnement, le *piment* ou *poivre long*, dont le
fruit possède en effet une saveur brûlante, analogue à celle
du poivre. La culture du piment est la même que celle de
l'aubergine. Cette plante, excepté dans nos départements méridionaux, où elle croît sans difficulté à l'air libre, n'est pas
considérée en réalité comme plante potagère; on la cultive
plutôt en qualité de plante d'ornement, en raison de la couleur de son fruit. On en possède plusieurs variétés à fruit allongé, de couleur rouge, jaune et violette. Il en existe une
autre espèce à très-gros fruit de forme irrégulière, nommée
pour cette raison *piment-tomate;* les fruits de tous les piments
ont les mêmes propriétés; c'est un assaisonnement excessivement échauffant, dont il ne faut user qu'avec la plus grande
modération.

CHAPITRE XXVI

Champignons.

Champignon comestible. — Son mode de végétation. — Mycélium. — Culture du champignon. — Production du blanc de champignon. — Conservation du blanc. — Préparation du fumier. — Choix du fumier. — Emplacement des couches. Manière de les dresser. — De les larder. — De les gopter. — Durée de leur production. — Méthode anglaise. — Serre aux champignons. — Propriétés des champignons de couche. — Comment les bons deviennent mauvais. — Recherches à faire sur la production des mousserons. — Des morilles. — Des truffes.

Le mode de végétation du champignon diffère complétement de celui de toutes les autres plantes potagères ; ce n'est pas une plante complète, c'est une portion d'une plante, qui ne peut être prise rigoureusement ni pour une fleur, ni pour un fruit, mais qui, néanmoins, semble tenir plus du fruit que de toute autre production végétale. La plante qui produit le champignon est une sorte de mousse souterraine, à tiges blanches filamenteuses, très-ramifiées, desquelles naissent les champignons ; cette plante porte le nom de *mycélium ;* c'est ce que les jardiniers nomment du *blanc de champignon.*

Culture du champignon. — Toute la culture du champignon a pour but de placer le mycélium, ou blanc de champignon, dans les meilleures conditions pour fructifier. Le blanc ne peut vivre qu'aux dépens du fumier de cheval, d'âne ou de mulet ; celui de ces deux derniers animaux est le meilleur ; c'est cependant le moins employé, parce que, dans les localités où la production du champignon est le plus avantageuse, on ne peut se procurer en quantités considérables que du fumier de cheval. A la campagne, lorsqu'on désire seulement faire croître une quantité modérée de champignons pour la consommation d'un ménage, on ne saurait employer de fumier meilleur que celui d'âne ou de mulet, partout où l'on peut en avoir.

Production du blanc. — Avant de commencer, même sur une petite échelle, la culture du champignon, la première chose à faire, c'est de se procurer de bon blanc; car le champignon ne peut être multiplié ni par le semis de ses graines, il n'en produit pas, ni par le bouturage de ses parties extérieures. On peut acheter à Paris du blanc de champignon en s'adressant aux marchands de graines qui peuvent actuellement en expédier sur tous les points de la France, grâce au réseau de chemins de fer dont Paris est le centre; on peut aussi faire soi-même le blanc de champignon par un procédé des plus simples. On ouvre une fosse dans un terrain sec, et on la remplit de bon fumier de cheval, d'âne ou de mulet. Ce fumier ne doit pas être trop mêlé de paille; il faut surtout qu'il soit plutôt sec que mouillé, et qu'il ne contienne ni corps étrangers, ni foin sec ou frais; toutes ces matières nuisent à la formation du blanc. La fosse étant pleine et le fumier modérément foulé, on replace par-dessus environ la moitié de la terre extraite de la fosse, et l'opération est terminée. Au bout d'un temps qui varie selon la saison, de trois à cinq semaines, on trouve en rouvrant la fosse, le fumier converti en une masse de blanc de champignon. On peut aussi, comme le font assez souvent les maraîchers de Paris, monter une petite couche, comme pour la production du champignon, et lorsqu'elle est bien pénétrée par le mycélium, la démonter sans lui laisser le temps de produire, et en vendre la substance ou l'utiliser en qualité de blanc de champignon; celui qu'on obtient par ce dernier procédé est considéré comme le meilleur; c'est ce que les jardiniers nomment du *blanc vierge.*

De quelque manière qu'il ait été produit, le blanc possède la singulière propriété de pouvoir se conserver, pour ainsi dire indéfiniment, pourvu qu'on le préserve de l'humidité. Si, au bout d'un an, ou même de plusieurs années, le blanc conservé sec est replacé dans les conditions de végétation qui lui conviennent, il se comporte comme le blanc à l'état frais, et peut donner lieu à une production abondante de champignons.

Préparation du fumier. — Aux environs de Paris, la production des champignons est une industrie importante et lucrative, exercée exclusivement par des gens qui n'ont pas d'autre métier. Pour s'en former une idée, il suffit de se rappeler que plusieurs *champignonistes*, ainsi qu'on nomme ceux qui se livrent à cette culture, construisent dans les souterrains immenses dont on extrait la pierre destinée aux constructions de Paris, des couches de *plusieurs kilomètres* de longueur, pour la production des champignons. Comme ils payent fort cher le fumier qu'ils sont obligés d'acheter pour monter des couches de cette étendue, on voit que l'exercice de leur industrie utilise des capitaux considérables.

La culture en grand du champignon n'offrirait aucune difficulté sérieuse, s'il était possible de dresser les couches à champignon comme on dresse des couches chaudes, tièdes ou sourdes pour toute autre culture. Mais ici le rôle que joue le fumier dans l'opération n'est plus le même; il ne sert pas à produire la chaleur artificielle nécessaire à la végétation de telle ou telle plante forcée; il faut qu'il soit en entier pénétré par les filaments du mycélium, que ces filaments vivent à ses dépens, et qu'ils acquièrent, en absorbant sa substance, la propriété de produire des champignons. Si la couche est trop chaude, le blanc s'y brûle en passant du blanc au noir, et ne produit rien; si elle est trop humide, le blanc ne peut s'y attacher, et la production du champignon est également nulle. L'expérience seule, acquise par la pratique, donne au champignoniste le coup de main pour la bonne préparation du fumier qu'il emploie, de sorte qu'il réussit presque toujours, tandis qu'en faisant en apparence comme lui, beaucoup de jardiniers inexpérimentés ne réussissent pas.

Choix du fumier. — Il faut d'abord choisir le fumier avec discernement; celui des animaux qui mangent trop de fourrage frais ne donne pas constamment un bon résultat. On doit préférer à tout autre le fumier des chevaux de gros trait, de très-grande taille, qui travaillent beaucoup, et sont par conséquent fortement nourris. On en forme d'abord une meule

haute d'un mètre 30, bien dressée carrément, dont on ôte
avec soin, à mesure qu'on la monte, le foin, la paille trop
longue, et tous les corps étrangers qui s'y trouvent accidentellement mêlés, et que l'on égalise en la comprimant à sa
surface par le piétinement. Lorsqu'on opère en temps de sécheresse, le fumier doit être largement mouillé à mesure
qu'on élève la meule qui, après avoir donné un fort coup de
chaleur, commence à *prendre le blanc* au bout d'un temps dont
la durée peut varier selon l'état de la température, mais qui
ne dépasse jamais 12 jours. La meule est alors démontée et
rétablie immédiatement; 10 à 12 jours plus tard, elle est re-
maniée pour la dernière fois, refaite comme au début de l'o-
pération, et laissée en repos pendant une semaine. Si tout ce
travail a été bien conduit, on peut alors se servir du fumier
pour dresser les couches à champignon.

Emplacement. — Dressage des couches. — Le choix
de l'emplacement n'est point indifférent; le meilleur est une
cave exempte d'humidité, un cellier, ou tout autre local du
même genre où l'air se renouvelle, mais où la lumière ne pénètre pas. On donne aux couches une hauteur de 60 centimètres environ, avec une forme en dos d'âne, large à la base,
étroite au sommet. Après trois ou quatre jours de repos, la
couche est prête pour être *lardée*. Larder une couche à champignons, c'est y insérer, en en soulevant le fumier, des plaques
de blanc, taillées ordinairement en losange. On larde sur
deux rangs parallèles qui doivent être également espacés entre eux, et également éloignés de la base et du sommet de la
couche. Si le blanc prend bien, on voit le mycélium envahir
en huit ou dix jours toutes les parties de la couche. On la
saupoudre alors de terre sèche pulvérisée qu'on appuie en
frappant doucement sur la surface de la couche avec le revers
d'une bêche; c'est ce qu'on nomme *Gopter* les couches, opération définitive après laquelle il ne reste qu'à attendre qu'il
plaise aux champignons de se montrer. Dans les souterrains
des environs de Paris, les couches ne sont goptées qu'avec le
tuf calcaire du lieu, râclé et pulvérisé.

Durée de la production. — Quand tout va bien, une

couche à champignons donne pendant trois mois environ, pourvu qu'on ait soin, en récoltant les champignons, de ne pas déranger la surface, ne pas enlever les champignons en voie de développement, et de remettre quelques poignées de terre partout où la récolte l'a fait tomber. Quand la couche est épuisée, si elle est à peu de distance du mur du local où elle a été établie, et que ce mur soit salpêtré, il se produit assez souvent un phénomène de végétation fort curieux. Le mycélium sort de tous côtés de la couche, grimpe le long des murs ou des parois du souterrain, et donne une dernière récolte de champignons, après quoi il se dessèche et meurt. D'après cette indication, on a tenté quelquefois, avec succès, de prolonger la production du champignon en arrosant les couches avec diverses dissolutions salines; celle de sulfate d'ammoniaque parait avoir donné de bons résultats; on rappelle ces tentatives parce qu'elles sont très-dignes d'être renouvelées et qu'on en peut espérer un progrès très-utile dans la production du champignon.

Le fumier des couches à champignons complètement usées n'a presque plus de valeur comme engrais; il a même contracté des propriétés nuisibles à certaines plantes potagères. Si par exemple, on se sert de ce fumier pour *pailler* des planches de fraisier, il les empoisonne en quelque sorte; les feuilles des fraisiers deviennent rouges, les fruits durcissent et ne grossissent plus, il faut arracher les fraisiers et renouveler la plantation.

Le mode de production du champignon de couche, tel qu'on vient de le décrire, est sans contredit le plus économique de tous pour la culture en grand; il permet aux champignonistes de Paris de livrer à la consommation des quantités prodigieuses de champignons à des prix très-modérés. C'est le seul procédé dont on puisse conseiller l'emploi aux jardiniers qui veulent produire du champignon pour la vente. Ceux qui n'ont pas vu opérer des champignonistes de profession, ne réussiront qu'après quelques tâtonnements; il y a, en dehors de nos indications, des modifications dans la pratique, que l'expérience fait aisément découvrir, et qu'on

ne peut préciser d'avance parce qu'elles dépendent de la nourriture des animaux dont on emploie le fumier, du climat local, de l'état de la température, et d'une foule d'autres causes
accidentelles. On doit être averti que pour être amené au degré précis de décomposition nécessaire à la production du
champignon, le fumier doit fermenter par masses assez considérables ; lorsqu'on opère en petit, il est, pour cette raison,
plus difficile de réussir.

Méthode anglaise. — Quand on se propose de produire
seulement une quantité modérée de champignons pour l'u-
sage d'une famille, on peut, avec moins d'embarras et plus de
certitude de réussir du premier coup, employer le procédé
suivant, très-usité en Angleterre. Dans un tas de fumier récemment tiré de l'écurie, provenant d'animaux nourris principalement d'avoine, de féverolles et de fourrage sec, on fait
trier la valeur de deux ou trois charges de brouettes de crottin, sans aucun mélange de litière. Ce crottin est émietté à la
main, de manière à en former un tas aussi homogène que
possible. On l'emploie immédiatement, sans autre préparation, pour former des couches auxquelles on donne environ
20 à 25 centimètres d'épaisseur sans les fouler ; de sorte
qu'au bout de quelques jours, leur épaisseur se réduit par le
tassement à 12 ou 15 centimètres. Alors, vers le milieu de
leur épaisseur, on introduit les pièces de blanc qui s'en em-
parent presque aussitôt et ne tardent pas à donner de très-
beaux champignons dont la production se soutient pendant
six semaines ou deux mois, sans toutefois être jamais, toutes
proportion gardée, d'une abondance comparable à celle des
champignons sur les couches dressées par les champignonistes.

Dans la pratique de la méthode anglaise, jamais les couches
de cette nature ne sont établies sur le sol ; on les place sur
des tablettes munies d'un rebord comme celles d'un fruitier,
dans un local à la fois chaud et obscur. Souvent, le jardinier
d'une grande maison où la consommation des champignons
est considérable, fait construire un hangar fermé, adossé au
mur d'une serre à un seul versant. Les dressoirs pour les

champignons sont disposés le long de ce mur comme les rayons d'une bibliothèque, les uns au-dessus des autres ; des tuyaux de chaleur communiquant avec le système de chauffage de la serre, entretiennent une bonne température dans ce qu'on peut nommer *la serre aux champignons*.

Lorsqu'il n'en faut qu'une petite quantité, la couche est établie, toujours par le même procédé, dans un tiroir suffisamment large et profond, qui occupe le dessous de la table de cuisine ; les champignons naissent ainsi le plus près possible du fourneau sur lequel on doit les faire cuire. Sans doute, par ce mode de production, les champignons ne reviennent pas à un prix aussi bas que par le procédé des champignonistes ; mais le but en vue duquel on les cultive n'en est pas moins atteint.

Propriétés des champignons de couche. — On sait à combien d'accidents déplorables peuvent donner lieu les champignons sauvages plus ou moins vénéneux confondus avec ceux des espèces inoffensives. Le danger de pareilles méprises n'existe pas lorsqu'on s'en tient aux champignons de couche entre lesquels il ne peut pas s'en trouver de mauvais. Toutefois, il est très-utile que tout le monde sache bien que les meilleurs champignons, autant ceux de couche que les champignons sauvages, ne sont parfaitement bons que lorsqu'ils viennent d'éclore. Si ceux de couche ont assez vieilli avant d'être cueillis pour que leurs bords roulés en dedans se soient déployés, et que les lames du dessous du chapeau aient passé du rose violacé au brun ou au noir, les champignons, bien qu'appartenant tous à la meilleure espèce, sont devenus mauvais. Tout en conservant la saveur agréable et délicate qui leur est propre, ils peuvent causer si non de véritables empoisonnements, du moins de cruelles indigestions. On doit donc avoir soin de récolter les champignons de couche tous les jours, deux fois par jour quand la rapidité de leur croissance paraît l'exiger, afin qu'ils soient livrés à la cuisine dans l'état le moins nuisible ; car le champignon est un aliment de difficile digestion, que beaucoup de personnes délicates ne supportent pas, et qui donne lieu, lorsqu'on en use sans modération, à de graves affections de l'estomac souvent attribuées à d'autres causes.

La truffe a été, depuis quelques années, l'objet d'un très-grand nombre de tentatives de multiplication, qui n'ont pas amené de résultat sérieux; mais elles ont rendu de plus en plus probable l'opinion précédemment émise par quelques naturalistes, que la truffe n'est pas un champignon. Tout porte à croire, en effet, que la truffe, dont la contexture intérieure examinée avec le plus fort microscope n'offre aucune ressemblance avec le tissu des vrais champignons, est une excroissance analogue au bédéguar et à la noix de Galle, et que cette excroissance est produite sur les plus minces filaments des extrémités des racines de quelques espèces de chênes, notamment du *chêne-vert*, par la piqûre d'un insecte de l'ordre des *diptères* et du genre *cynips*, absolument comme la piqûre d'un autre cynips produit sur les nervures de la feuille du chêne l'excroissance extérieure qu'on nomme noix de Galle. On sait que beaucoup de femelles d'insectes s'enterrent pour déposer leurs œufs à portée des substances nécessaires à la nourriture des vers ou *larves*, auxquels ces œufs doivent donner naissance; il n'y a donc rien que de naturel à admettre que la femelle d'un cynips s'enterre pour déposer ses œufs dans les racines du chêne, dont la séve extravasée serait la truffe. A la grande exposition de 1855, un propriétaire du département de Vaucluse réclamait le prix proposé pour la multiplication artificielle des truffes; la commission déléguée pour visiter ses *truffiers* trouva de vastes terrains plantés de chênes-verts, dits chênes truffiers. Au pied de quelques-uns de ces chênes, on trouva en effet des truffes; mais rien n'établissant qu'elles fussent le produit de la culture, la commission déclara que la solution du problème restait à trouver. Il y a vingt-cinq ans M. le comte de Noë obtenait des truffes en quantité considérable en faisant enfouir sous des chênes des épluchures de truffes; mais il les obtenait par hasard, jamais à volonté; le problème n'était pas résolu. S'il doit l'être, ce sera par l'étude du cynips de la truffe, de ses mœurs, de son mode particulier de multiplication.

CHAPITRE XXVII

Plantes potagères nouvelles ou peu cultivées.

Légumes nouveaux ou peu cultivés. — Difficultés de leur introduction. — Patate douce ou batate. — Culture. — Bouturage des jets. — Espacement. — Conservation des tubercules. — Espèces et variétés. — Dioscorée ou igname de la Chine. — Terrains qui lui conviennent. — Multiplication par les tubercules. — Précautions pour l'arrachage. — Oxalis crénelée. — Plantation des tubercules. — Espacement. — Marcottage des tiges. — Capucine tubéreuse. — Mauvaise qualité de ses tubercules. — Psoralier ou papoule. — Ses usages en Amérique. — Difficulté de sa culture en Europe. — Culture. — Cerfeuil bulbeux. — Tétragone. — Sa supériorité sur l'épinard en été. — Culture. — Pe-tsaï, chou chinois. — Dolique. — quinoa.

Les légumes nouveaux font lentement et difficilement leur chemin dans les potagers d'amateurs. Le jardinier amateur n'est jamais pressé d'adopter un mets dont la saveur s'écarte tant soit peu de ceux auxquels il est accoutumé; le jardinier de profession est encore moins pressé de cultiver un légume quelque peu, fût-il excellent, dont la vente est incertaine. Quelques-unes de ces plantes, les unes d'introduction toute récente, les autres d'une culture anciennement abandonnée, sont néanmoins en voie de progrès, et semblent appelées, les unes à obtenir dans un avenir peu éloigné, une place distinguée dans nos potagers.

Les plantes dont il nous reste à parler, et qui méritent à divers titres d'être mentionnées, et qui ne figurent que dans un petit nombre de jardins, sont, dans l'ordre de leur importance relative, parmi les plantes à tubercules, la *patate douce* ou *batate*, la *capucine tubéreuse*, le *psoralier comestible*, l'*ullucco* et le *cerfeuil bulbeux*; parmi les légumes à feuilles comestibles, la *tétragone* et le *pe-tsaï* ou *chou chinois*, et parmi les plantes dont on utilise la graine, le *dolique* et le *quinoa*.

PATATE DOUCE. — La racine volumineuse et très-nourrissante de la patate douce, n'a pas pris, malgré ses propriétés salubres, une place bien importante dans l'alimentation, même dans le midi de la France, où le succès de sa culture est assuré. Cela tient à sa saveur particulière, excellente, mais trop sucrée ; on ne peut en manger que comme on mange de tous les mets sucrés, de temps en temps à titre de friandise ; elle ne peut faire partie de la nourriture habituelle, comme la carotte ou la pomme de terre. Elle a aussi contre elle la difficulté de sa conservation pendant l'hiver.

Culture. — On ne peut cultiver la patate entièrement à l'air libre que sous le climat de nos départements les plus méridionaux ; elle ne supporte pas le froid même modéré. Sous le climat de Paris, on plante de beaux tubercules dans le terreau d'une couche tiède, vers la fin de mars ou dans les premiers jours d'avril. Ils ne tardent pas à entrer en végétation et à donner des jets très-nombreux qu'on détache successivement, à partir du 10 au 15 du mois de mai, pour les mettre en place à l'air libre dans une bonne terre de jardin profondément labourée et largement fumée. L'espacement ordinaire est de 30 centimètres dans des lignes espacées entre elles d'un mètre ; on peut même laisser 1 mètre 30 d'intervalle entre les lignes pour les espèces dont les tubercules doivent devenir très-volumineux. Les jets de patate reprennent avec la plus grande facilité, qu'ils soient ou non pourvus de racines au moment de leur mise en place. En peu de temps, leurs tiges assez semblables à celles du liseron, couvrent tout le terrain ; la patate n'y souffre pas d'autre végétation que la sienne.

Conservation des tubercules. — Lorsque la récolte n'est pas considérable, le meilleur procédé de conservation consiste à ne point arracher les tubercules. A l'époque de l'arrachage, à la fin de septembre ou dans le courant d'octobre, selon l'état de la température, on pose sur les planches occupées par les patates des châssis vitrés qui, en excluant les pluies d'automne, amènent bientôt la terre à un état complet de dessiccation ; les tiges fanées sont enlevées et la surface du terrain est nettoyée. Pendant les gelées, les châssis sont couverts de litière et de paillassons, comme s'ils abritaient une culture de plantes délicates qu'il fallût préserver des atteintes du froid. On arrache les tubercules seulement en proportion des besoins de la consommation. Les provisions plus considérables se conservent à la cave dans du sable sec ; mais malgré toutes les précautions possibles, on en perd toujours une partie.

Espèces et variétés. — On a introduit dans les jardins d'Europe plusieurs variétés de patate douce dont quelques-unes ont fleuri et donné des graines fertiles. Le semis de ces graines a produit de bonnes nouveautés, toutes plus ou moins répandues dans les cultures. Les plus estimées sont la *blanche de l'île de France*, la *longue rouge*, la *violette*, l'*ovoïde*, et la *patate igname*. Quelques-unes de ces variétés peuvent par une culture très-soignée, donner des tubercules du poids de plusieurs kilogrammes.

DIOSCORÉE ou igname de la Chine. — On ne peut pas faire à la dioscorée ou igname de la Chine la même objection qu'à la patate douce ; elle n'est pas sucrée ; sa saveur peu prononcée, bien que différente de celle de la pomme de terre, s'associe à toute espèce d'assaisonnements ; elle est au moins aussi nourrissante que la pomme de terre. Mais une difficulté sérieuse ralentit sa propagation ; elle ne donne des produits considérables qu'après deux ans de culture, et bien que ces produits soient égaux ou supérieurs en quantité à ceux de deux récoltes de pommes de terre, il est plus ou moins incommode pour le jardinier qu'une partie de son terrain soit occupée pendant deux ans, sans interruption, par la même culture.

La dioscorée ne réussit que dans les terres légères ; comme elle plonge verticalement ses tubercules en terre, il lui faut un sol très-profond ; elle y prospère même quand il n'est que médiocrement fertile, et avec une dose modérée d'engrais. Les tiges donnent dans les aisselles des feuilles une profusion de bulbilles qui servent à la multiplier. On plante ces bulbilles en lignes espacées entre elles de 25 centimètres, à 15 centimètres les unes des autres dans les lignes. L'année suivante, on peut relever les tubercules de la grosseur du doigt provenant de ces bulbilles, et les planter en lignes espacées de 30 centimètres, à 20 centimètres dans les lignes. L'arrachage exige beaucoup de précautions, parce que les tubercules qui n'ont jamais un bien grand diamètre, ont souvent une longueur considérable. La culture de l'igname de la Chine en est encore à son début en Europe ; c'est parmi les plantes alimentaires d'introduction récente celle qui paraît avoir le plus d'avenir, dans la grande culture comme dans le potager.

OXALIDE CRÉNELÉE. — La saveur légèrement acide des tubercules de l'oxalide crénelée n'est pas du goût de la majorité des consommateurs ; la pomme de terre lui est préférable sous tous les rapports. Les tubercules très-petits ne deviennent nombreux que par des soins continuels de culture dont la valeur réelle de la récolte ne récompense pas suffisamment le jardinier. Tous ces inconvénients expliquent l'abandon où l'oxalide crénelée est tombée en France, après un moment de faveur, à l'époque de son introduction. On plante en avril, à l'air libre, les tubercules d'oxalide, en lignes, à 50 centimètres dans les lignes, et 1 mètre d'intervalle entre les lignes. A mesure que les tiges s'allongent, elles sont marcottées en ne laissant hors de terre que leur extrémité ; elles finissent ainsi par occuper tout le sol. On arrache le plus tard possible, en automne ; les tubercules se conservent à la cave, comme des pommes de terre. Ils ne sont mangeables qu'à la condition de les faire bouillir dans une première eau qu'on jette, et qui les dépouille en partie de leur acidité, après quoi on les prépare comme des pommes de terre.

CAPUCINE TUBÉREUSE. — On ne mentionne ici la capucine tubéreuse que parce que quelques horticulteurs s'en occupent encore, avec l'espoir d'améliorer ses tubercules. Dans leur état actuel, les tubercules de la capucine tubéreuse n'ont qu'un défaut : c'est qu'on ne peut les manger. La culture de cette plante est celle de la pomme de terre. Ceux qui désirent tenter son

perfectionnement doivent la forcer sur couche afin de la faire
fleurir de bonne heure, d'en obtenir des graines mûres et de
multiplier les semis qui peuvent donner de bonnes sous-
variétés.

PSORALIER OU PIQUOTIANE. — Cette plante, connue depuis
fort longtemps des botanistes, a été il y a quelques années
l'objet de grandes espérances. M. Lamarre-Piquot, qui avait
substitué au nom du psoralier son propre nom, en nommant
la plante *piquotiane*, voyait en elle une plante digne de rivaliser avec la pomme de terre, et voici pourquoi. Le continent
de l'Amérique du Nord contient encore d'immenses régions
désertes, battues périodiquement par les chasseurs d'animaux
à fourrures. Le psoralier comestible, qui croit en abondance
dans ces solitudes, est la grande ressource alimentaire des
bandes de chasseurs. Quoique petite, sa racine est très-nourrissante, d'excellent goût, propre à accompagner la viande,
et à recevoir toute sorte d'assaisonnements au gras et au
maigre; on pouvait espérer, le mode de végétation de la
plante n'étant pas connu, que la culture augmenterait le volume des racines, et que le psoralier, devenu la piquotiane,
serait pour les jardins potagers d'Europe, comme pour la
grande culture, une bonne acquisition. Mais quand la culture
du psoralier a été essayée, il s'est trouvé que, d'une part la
plante demandait plusieurs années de culture pour atteindre
a un diamètre de quelques centimètres seulement, et que de
l'autre, il était très-difficile de lui faire produire en Europe
des graines fertiles dont les semis auraient pu donner naissance à des variétés améliorées; il a donc fallu y renoncer
après beaucoup d'essais infructueux, essais qui ne sont pas
d'ailleurs entièrement abandonnés.

ULLUCO. — De grandes espérances avaient également été
fondées sur l'ulluco, principal aliment d'une partie de la population du Pérou; mais il s'est trouvé qu'en Europe, les
tubercules de l'ulluco, assez semblables à de petites pommes
de terre jaunes, se forment tard, restent peu volumineux, et
ne valent pas la peine d'être cultivés. Ils sont d'ailleurs, au
point de vue gastronomique, tellement mauvais, qu'ils ont,

comme ceux de la capucine tubéreuse, le léger défaut de ne pouvoir être mangés.

CERFEUIL BULBEUX. — La culture de ce cerfeuil n'offre aucune difficulté ; mais ses tubercules, jusqu'à présent peu volumineux, ne sont pas plus du domaine de la cuisine que ceux des plantes précédentes. Toutefois, les jardiniers qui ont du loisir et du terrain disponible, peuvent multiplier les semis de graine de cerfeuil bulbeux et les essais de culture dans des conditions diverses. Ils obtiendront probablement une très-bonne plante alimentaire pour les bestiaux, et ils pourront en vendre avec avantage les tubercules, pour l'introduire dans la grande culture.

TÉTRAGONE. — Cette plante, dont la feuille d'un beau vert possède les propriétés de l'épinard, n'a pas, comme l'épinard, l'inconvénient de monter en été. Elle continue, pendant toute la belle saison, pourvu qu'elle soit suffisamment arrosée, à donner des feuilles fraiches en abondance. Elle est cultivée pour cette raison dans plusieurs jardins ; son goût diffère si peu de celui des épinards, quand ses feuilles sont accommodées de la même manière, qu'il est difficile de ne pas s'y tromper. La graine de tétragone se sème en mars et avril, en place, à 60 ou 80 centimètres en tous sens entre les trous, parce que la plante rayonne en rampant et occupe un très-grand espace. Les feuilles repoussent à mesure qu'on les cueille, surtout lorsqu'on a soin de pincer de temps en temps les extrémités des tiges. La culture de la tétragone est tellement facile, et ses propriétés salubres sont si bien constatées, qu'elle mérite une place en été dans tout potager bien tenu.

PÉ-TSAI, ou *chou chinois*. — Le pé-tsai, objet d'une faveur générale à l'époque déjà ancienne de son introduction en Europe, est complétement oublié de nos jours. C'est un légume qui n'est, à proprement parler, ni un chou, ni une salade qui pomme difficilement, ou plutôt qui ne pomme jamais dans le vrai sens du mot, et qui ne se distingue par aucune supériorité sur nos légumes d'Europe propres aux mêmes usages. On sème la graine du pé-tsai, soit en place, soit en pépinière, pour transplanter en place ; le plant est si tendre, qu'il faut prendre pour sa transplantation les mêmes précautions que pour le plant de romaine élevé sous cloche. La graine de deux ans est celle qui donne le plus facilement des pommes d'un volume passable ; mais, malgré les soins de culture les mieux dirigés, il arrive presque toujours que la plus grande partie du plant fleurit et porte graine dès les premières chaleurs de sa première année, ce qui ôte au pé-tsai toute valeur alimentaire.

DOLIQUE. — Le dolique, originaire d'Égypte, ne supporte pas le climat de Paris ; même lorsqu'on réussit à le faire croître au pied d'un mur au midi, il est si peu productif que les moins estimées de nos espèces de haricots lui sont très-supérieures. Sa culture est du reste celle des haricots nains, sans rames. C'est un légume fort estimé dans nos départements du Midi, surtout dans le Var, où on le cultive en grand, en plein champ ; il y est aussi productif que dans son pays natal.

QUINOA. — La culture du quinoa n'offre pas de difficulté, on sème la graine au printemps, dans une bonne terre ordinaire de jardin ; il y prospère sans aucun soin particulier de culture. Mais la graine de quinoa, dont la farine est un des principaux aliments des habitants de l'Amérique méridionale, est en Europe d'une amertume insupportable, dont il est très-difficile de la dépouiller. Néanmoins, le quinoa peut encore être cultivé dans le potager, soit pour ses feuilles qu'on mange en qualité d'épinards, mais qui ne valent pas la tétragone, soit pour ses graines, d'une abondance extraordinaire, qu'on utilise pour la nourriture de toute espèce de volailles.

CHAPITRE XXVIII

Plantes médicinales.

Plantes médicinales. — Guimauve. — Multiplication. — Récolte et dessiccation des racines et des tiges. — Patience. — Sa culture au bord des eaux. — Récolte et dessiccation des racines. — Saponaire. — Culture. — Dessiccation et Préparation des racines. — Menthe poivrée. — Menthe à feuilles rondes, ou baume. — Menthe Pouliot. — Mélisse. — Dracocéphale à fleur blanche. — Absinthe. — Variété naine. — Sauge. — Récolte des feuilles. — Violette. — Plant de semis naturels. — Lavande. — Emplacement qui lui convient. — Camomille romaine. — Douce-amère. — Récolte et dessiccation des tiges. — Angélique. — Manière d'en confire les côtes. — Anis. — Coriandre. — Récolte de leur graine.

On peut considérer comme le complément de la culture des plantes potagères, celle d'un certain nombre de plantes médicinales prises parmi celles qu'emploient en plus grande quantité les pharmaciens, les herboristes, les parfumeurs et les distillateurs, et qui ne se trouvent pas à l'état sauvage ; la plupart de ces plantes sont du domaine de la médecine domestique ; elles sont par conséquent tout à fait à leur place, bien qu'en moindres quantités, dans les potagers dont le produit n'est pas destiné à la vente.

Les plus usitées entre les plantes médicinales de cette catégorie, sont : la *guimauve*, la *saponaire* et la *patience*, cultivées pour leurs racines ; la *menthe*, la *mélisse*, l'*absinthe*, la *sauge*, pour les tiges et les feuilles ; la *violette*, la *lavande* et la *camomille romaine*, pour les fleurs ; la *douce-amère* et l'*angélique*, pour les tiges ; l'*anis* et la *coriandre*, pour les graines.

GUIMAUVE. — La guimauve se contente de tous les terrains ; les plus légers, même quand ils sont d'une fertilité médiocre, lui conviennent particulièrement lorsqu'ils sont assez profonds pour qu'elle puisse s'y bien établir avec ses longues et fortes racines. Si l'on sème les graines de la guimauve en place, au printemps, les racines ne sont bonnes à récolter qu'au bout de deux ans, même de trois ans ; c'est pourquoi l'on préfère généralement multiplier la guimauve par la division des touffes au printemps, ce qui donne une abondante récolte de racines tous les deux ans régulièrement. On dépouille les racines fraîches de leur écorce avant de les faire sécher, suspendues par paquets dans un local bien aéré : elles s'y conservent indéfiniment.

Les tiges et les feuilles de la guimauve, très-riches en principe mucilagineux, s'emploient fraîches ou sèches pour décoctions émollientes; elles ne sont pas moins utiles que les racines elles-mêmes.

SAPONAIRE. — On rencontre fréquemment à l'état sauvage, le saponaire à fleurs simples dont les feuilles broyées dans de l'eau lui communiquent en partie les propriétés de l'eau de savon. Les racines de cette plante sont usitées en médecine comme dépuratives. On cultive dans les jardins une variété à fleurs doubles dont les racines ont les mêmes propriétés; elle se plaît dans les terrains humides et doit être abondamment arrosée en été; on la multiplie exclusivement par la séparation de ses nombreux rejetons, à l'entrée de l'hiver, époque la plus convenable pour la récolte des racines qui se conservent sèches et qui s'emploient en tisane, après qu'on les a fendues dans le sens de leur longueur et coupées par bouts de quelques centimètres de long.

PATIENCE. — La racine séchée de la patience donne une des tisanes amères les plus usitées et les plus efficaces. Dans les jardins ornés d'une pièce d'eau, ou traversés par un filet d'eau courante, quelques touffes de patience croissant au bord de l'eau produisent, par leur ample feuillage d'un beau vert, un bel effet ornemental, associées à d'autres plantes aquatiques. A défaut d'emplacement de ce genre, on ne peut planter la patience que dans un terrain frais et profond ; elle n'exige aucun soin de culture et se multiplie en dédoublant les touffes pour récolter les racines, mieux au printemps qu'en automne. La meilleure manière de conserver les racines de patience pour l'usage médical, c'est de les couper par petits tronçons

14.

pour les faire sécher rapidement, et de les préserver soigneusement de l'humidité qui leur ferait contracter de la moisissure.

MENTHE. — Parmi les plantes aromatiques du climat européen, la menthe est sans contredit la plus utile; c'est pour la médecine domestique celle dont l'infusion procure le soulagement le plus immédiat, dans les affections nerveuses et les maladies de l'estomac. Elle ne réussit que dans les terrains frais et légers où elle forme des touffes très-volumineuses. Il ne faut la couper pour la faire sécher, qu'au moment où le sommet des tiges se dispose à fleurir. Étant bien arrosée, elle repousse immédiatement et peut être coupée une seconde fois avant la fin de la belle saison. L'espèce communément cultivée est à feuilles étroites et pointues, à odeur pénétrante; on la désigne sous le nom de *menthe poivrée;* c'est celle qu'il faut préférer à toute autre, quand on se propose de la cultiver pour la vente. Mais lorsqu'on désire seulement avoir une petite provision de menthe pour les besoins d'un ménage. on peut adopter de préférence la *menthe à feuilles rondes,* connue dans les campagnes sous le nom vulgaire de *baume;* cette menthe se rencontre partout en France sur les bords des eaux tranquilles. En en transplantant quelques pieds, soit sur les bords d'une pièce d'eau, soit dans un terrain frais qu'on a soin de mouiller à fond tous les jours en été, la menthe à feuilles rondes donne de fortes touffes qu'on peut couper au moins trois fois du printemps à l'automne. L'odeur douce et la saveur délicate de cette menthe la rendent éminemment propre à remplacer le thé. On prend le soir l'infusion de menthe à feuilles rondes, non-seulement en cas de digestion difficile, mais encore en parfaite santé.

On trouve aussi fort souvent dans les lieux incultes, sur le revers des fossés, la *menthe Pouliot*, petite espèce très-parfumée, à fleurs nombreuses, d'un bleu violacé; cette menthe vient partout et n'a pas, comme la plupart des autres menthes, un indispensable besoin d'humidité. On peut en transporter des touffes de distance en distance dans les bordures de gazon des compartiments du parterre, ou dans un coin du potager. Il ne faut la cueillir pour la faire sécher que lorsqu'elle est en pleine floraison; ses propriétés sont les mêmes que celles des autres menthes; son odeur se rapproche plus de celle de la menthe à feuilles rondes que de celle de la menthe poivrée.

MÉLISSE. — La plante la plus recherchée pour la préparation de *l'eau de mélisse*, dont tout le monde connaît les propriétés et les usages, n'est pas la *mélisse officinale*, mais une plante d'un genre voisin, qu'on nomme vulgairement mélisse, bien que son vrai nom soit *dracocéphale*. Il en existe deux variétés, l'une à fleurs rouges, l'autre à fleurs blanches; la blanche est la plus estimée. Le dracocéphale est une plante annuelle dont on sème la graine au printemps, dans une bonne terre ordinaire de jardin; elle ne réclame aucun soin particulier de culture. On la coupe au moment de sa pleine floraison pour la vendre aux parfumeurs et aux distillateurs qui l'emploient à l'état frais.

ABSINTHE. — Bien qu'une partie de l'absinthe employée en grande quantité par les distillateurs de Paris et des grandes villes de départements, vienne, soit de la Suisse, soit des montagnes du Jura français, la culture de l'absinthe dans les terrains secs et chauds qui lui conviennent particulièrement, n'en est pas moins avantageuse.

La meilleure absinthe pour la vente est la variété noire, très-odorante, d'une amertume franche, moins persistante que celle de la grande absinthe. La plante est vivace; on la multiplie par la division des touffes au printemps, on la coupe quand son feuillage est le plus abondant, au moment où elle commence à fleurir.

SAUGE. — La sauge officinale, dont on cultive dans les parterres plusieurs belles variétés pour l'éclat de leurs fleurs, les unes rouges de diverses nuances, les autres d'un violet foncé, est très-peu usitée de nos jours dans la médecine européenne, bien qu'elle possède des propriétés analogues à celles de la menthe. Dans quelques localités de nos départements maritimes, on cultive assez en grand la sauge pour l'exportation en Chine; les Chinois estiment autant **notre sauge** que nous estimons leur thé. La feuille étant la seule partie utile de la sauge, on pince les jeunes pousses afin de les faire ramifier, et l'on retranche les tiges florales avant l'épanouissement des fleurs, dans le but d'obtenir une plus grande abondance de feuilles qu'on fait sécher à l'ombre et qui conservent très-longtemps leur odeur douce, aromatique. Lorsqu'on a le placement de ces feuilles, convenablement séchées, la culture de la sauge est très-lucrative.

VIOLETTE. — Les pharmaciens, les confiseurs et les parfumeurs emploient au printemps des quantités considérables de fleurs de violettes, sans celles qui sont conservées sèches pour être employées en infusion pectorale. Près des grandes villes, la culture en grand de la violette ne manque donc pas de débouché pour ses produits. Il est assez difficile de multiplier la violette par le semis de ses graines, dont les capsules s'ouvrent au moment de la maturité, ce qui en rend la récolte difficile. Néanmoins on obtient assez aisément du jeune plant pour renouveler les plantations par les semis naturels. En ne récoltant pas les dernières fleurs de violette, les graines qui succèdent à ces fleurs se répandent à terre et germent aussitôt. Dès que le jeune plant est assez fort, il doit être arraché et transplanté en ligne, à 20 ou 25 centimètres en tout sens; la plantation fleurit abondamment au printemps de l'année suivante.

LAVANDE. Cette plante est une de celles dont la parfumerie se sert le plus communément pour la préparation de divers cosmétiques d'un usage habituel, entre autres, de l'*eau-de-vie de lavande*. Ces fleurs se vendent aussi en grande quantité par paquets qu'on enferme avec le linge propre pour lui donner une odeur agréable et en éloigner les insectes. Le jardinier peut multiplier la lavande en bordure autour des carrés du potager à l'exposition du midi, avec la certitude d'en vendre les fleurs à un prix convenable. La lavande ne fleurit bien que dans les terrains chauds et secs; on la multiplie par la division des touffes au printemps.

CAMOMILLE ROMAINE. — Les fleurs de la camomille romaine sont d'un emploi fréquent en infusion stomachique dans la médecine usuelle ; la présence de cette plante est d'ailleurs un ornement pour le potager où elle se cultive en bordures, dans les mêmes conditions de sol et d'exposition que la lavande. La camomille romaine redoute surtout l'excès de l'humidité qui nuit à sa floraison. Lorsqu'on désire récolter une assez grande quantité de ses fleurs pour la vente, on doit éviter de la cultiver autour de ceux des carrés du potager qui doivent être arrosés souvent et largement. On ne multiplie la camomille romaine que par la division des touffes.

DOUCE-AMÈRE. — Les tiges de la douce-amère, fendues dans le sens de leur longueur, séchées et coupées comme les racines de la saponaire, sont d'un usage assez fréquent en médecine. La plante, sarmenteuse et grimpante, est à sa place le long d'un treillage ou d'un berceau qu'elle décore de ses fleurs d'un violet foncé, auxquelles succèdent des grappes de baies d'un beau rouge. Les tiges qu'on veut sécher pour l'usage médical doivent être coupées en automne, au moment de la chute des feuilles.

ANGÉLIQUE. — La culture de l'angélique est pour ainsi dire cantonnée dans quelques localités où les confiseurs en emploient de grandes quantités. Partout ailleurs, on ne peut cultiver l'angélique pour la vente ; mais on peut en avoir quelques plantes dans le potager, afin d'en confire les côtes ou pétioles des feuilles assez semblables à celles du céleri. Il suffit à cet effet de leur faire passer quelques secondes dans de l'eau bouillante, puis après les avoir laissé bien égoutter, de les plonger à plusieurs reprises dans un sirop de sucre blanc très-cuit. L'angélique confite est très-stomachique. On sème la graine soit au printemps, soit en été, aussitôt qu'elle arrive à maturité. Le plant se met en place à 80 centimètres en tout sens dans un terrain frais. La plante ne fleurit qu'au bout de trois ans, après lesquels la plantation doit être renouvelée.

ANIS et CORIANDRE. — La culture de ces deux plantes est de point en point la même que celle du fenouil ; elles appartiennent à la même famille. Les graines, récoltées à mesure

qu'elles **arrivent** successivement à maturité, se conservent
sèches dans un local à l'abri de l'humidité. (Voyez Fenouil,
chap. XX.) Lorsque le placement de sa graine est assuré, la
culture de l'anis, d'un emploi plus fréquent que la coriandre,
est assez avantageuse.

TROISIÈME PARTIE

ARBRES FRUITIERS

CHAPITRE XXIX

Notions préliminaires. — Multiplication.

Avantages résultant de la culture des arbres fruitiers. — État actuel de cette culture en France. — Nécessité de propager les bonnes espèces. — Classification des arbres à fruits. — Culture des arbres fruitiers. — Multiplication. — Semis. — Aperçu du système Van Mons. — Moyens d'avoir de bons pepins et de bons noyaux pour les semis. — Préparation du terrain. — Fumure. — Culture préalable de légumes. — Stratification des noyaux. — Semis de pepins. — Repiquage du plant. — Greffe. — Nécessité d'un ordre régulier dans la pépinière. — Transplantation des sujets greffés — Espacement.

L'homme a d'autant plus de motifs de prendre plaisir à cultiver les arbres fruitiers et à en récolter les fruits, que ces fruits sont, plus que tout autre produit des jardins, entièrement son ouvrage. Dans les pays froids ou tempérés qu'habite la partie la plus active et la plus éclairée de la race humaine, la nature ne produit par elle-même aucun fruit réellement bon. La poire et la pomme, par exemple, telles qu'on les trouve dans nos bois à l'état sauvage, sont petites et ne sont pas mangeables. C'est par les semis heureux, par la greffe, par les croisements accidentels, par la culture dans les conditions les plus variées de sol, de climat et d'exposition que les bons fruits ont pris naissance, et qu'ils continuent à se perfectionner de jour en jour.

Est-il un fruit qu'on puisse manger avec plus de plaisir que celui de l'arbre qu'on a greffé, planté, cultivé avec des soins assidus, depuis le moment où l'on a confié à la terre le pepin ou le noyau appelé à devenir un arbre, jusqu'à celui où le premier fruit de cet arbre vient figurer sur la table, au dessert? Et quant au jardinier de profession, on peut dire que c'est la culture des arbres fruitiers, soit pour les vendre tout dressés, soit pour en vendre les produits, qui le conduit le plus sûrement à une honnète aisance, acquise par le travail intelligent.

Un coup d'œil d'ensemble, jeté sur l'état actuel de la culture des arbres fruitiers en France, montre combien il reste à faire dans cette branche de l'horticulture, aujourd'hui surtout que l'achèvement de notre réseau de chemins de fer permet de faire arriver les fruits facilement transportables des lieux de production sur les marchés où ils sont assurés de trouver des acheteurs. On remarque cependant que dans la plupart des cantons dont le sol et le climat sont particulièrement favorables à toute sorte d'arbres fruitiers, les jardins et les vergers ne produisent que des fruits dont des vaches bien élevées et des lapins qui se respectent refuseraient de manger.

Ce ne sont pourtant pas les bons fruits qui manquent; il n'y a sous ce rapport aucun reproche de paresse ou d'incurie à adresser aux horticulteurs. Depuis le commencement de ce siècle, ils ont su doter le jardinage d'un très-beau choix d'excellentes nouveautés dans toutes les séries d'arbres à fruits. Mais, parmi ces nouveautés, dont quelques-unes ne sont même plus de la première jeunesse, bien peu ont émigré jusqu'à présent du jardin de l'amateur dans celui du jardinier de profession; si leurs fruits paraissent sur les marchés, ce n'est que de loin en loin, et par exception. L'amateur qui porte ses vues vers la propagation des meilleures espèces de fruits, selon les conditions de sol et de climat de son canton, fait, par conséquent, une chose également agréable pour lui-même et utile à la société tout entière.

Les arbres fruitiers qui sont du domaine de l'horticulture se rangent très-naturellement dans trois divisions, dont la première comprend les *arbres à fruits à pepins*, la seconde les *arbres à fruits à noyau*, et la troisième les *arbres à fruits en baies*, auxquels on réunit le *figuier* et les *arbustes à fruits comestibles* qui méritent d'occuper une place dans le jardin fruitier. Quant aux arbres à fruits qui ne peuvent être rattachés à aucune de ces divisions, comme le *noyer*, le *châtaignier*, le *hêtre*, leur culture n'est pas, à proprement parler, du ressort du jardinage.

La culture des arbres fruitiers comprend, dans l'acception la plus large de ce terme, plusieurs opérations importantes dont les principales sont : la *multiplication*, la *taille* et la *conduite* de ces arbres.

Multiplication des arbres fruitiers. — La multiplication des arbres fruitiers constitue à elle seule l'industrie importante du pépiniériste qui conduit l'arbre depuis sa naissance au sortir du germe du pepin ou du noyau, jusqu'au moment où il est vendu, tout dressé, pour être planté à demeure à la place où il doit accomplir le cours entier de sa vie végétale.

Les *semis* et la *greffe* sont les principaux moyens de multiplication à l'usage des pépiniéristes.

Semis. — C'est une grande erreur, généralement accréditée, de croire que la multiplication des arbres fruitiers par la voie des semis est exclusivement du ressort de l'industrie du pépiniériste de profession. Quiconque possède un jardin assez spacieux peut semer tous les ans une certaine quantité de pepins et de noyaux avec l'espoir fondé d'obtenir des nouveautés d'une grande valeur. Cet espoir repose sur un fait dont la portée n'est bien comprise que depuis les succès obtenus en Belgique et en France, succès qui ont donné naissance aux meilleurs fruits actuellement répandus dans les vergers de toute l'Europe. Beaucoup d'excellentes espèces d'arbres fruitiers fleurissent à la même époque ; les insectes, en voltigeant d'une fleur dans l'autre, opèrent inévitablement des croisements accidentels. Les pepins des fruits provenant des arbres d'un jardin fruitier renfermant un choix des meilleures espèces, peuvent toujours donner naissance à des sous-variétés nouvelles, recommandables à divers titres. S'il arrive

que le plant obtenu par le semis de ces pepins ne réponde
pas aux espérances qu'on en a conçues, ce plant sert toujours
pour recevoir la greffe des bonnes espèces, et la peine du
jardinier n'est pas perdue. On croit utile de faire connaître à
ce sujet le système du célèbre professeur Van Mons (de Lou-
vain), système qui a été le point de départ de toute une révolution dans les jardins fruitiers.

Van Mons ayant commencé très-jeune ses semis de pepins
et de noyaux, constata que les arbres de premier semis ne produisent jamais que des fruits âpres, non mangeables ; mais,
en semant les pepins ou les noyaux des fruits de ces arbres,
la seconde génération donne des fruits déjà supérieurs à ceux
de la première ; l'amélioration progresse de génération en génération, et l'on finit par arriver à posséder des fruits aussi
bons, souvent meilleurs, et en tout cas, presque toujours entièrement différents de ceux qui ont fourni les semences pour
les premiers semis.

On sait qu'il faut à un jeune arbre de semis un nombre
d'années considérable avant qu'il se décide à montrer son
premier fruit, de sorte que la vie d'un homme est trop courte,
pour voir le résultat des semis d'après le système Van Mons,
système qui ne dit pas son dernier mot avant la quatrième
génération. Mais si l'on greffe sur des arbres vigoureux sacrifiés pour cette destination, des rameaux de deux ans seulement, ils se mettent promptement à fruit, de sorte qu'on arrive
à la quatrième génération sans subir des délais trop intermi-
nables.

Ceux qui désirent suivre jusqu'au bout une expérience de
ce genre doivent, pour se donner le plus possible de chances
de succès, ne semer au début que des pepins des plus beaux
fruits de chaque espèce. En s'imposant un léger sacrifice ils
peuvent s'en procurer en quantité suffisante, soit chez les res-
taurateurs des grandes villes, soit chez les principaux marchands de fruits. Ces derniers ont intérêt à garder le plus
longtemps possible, afin de les vendre plus chers, les fruits
des meilleures espèces ; en prolongeant leur conservation, ils
en perdent inévitablement une partie par la pourriture. Les

pepins renfermés dans les fruits corrompus par excès de maturité sont les meilleurs de tous pour les semis; ces pepins peuvent être recueillis à peu près pour rien chez les fruitiers. Lorsqu'on opère en grand et qu'on désire seulement, comme cela se pratique dans les grandes pépinières, faire croître par les semis du plant qu'on se propose de greffer, on sème des pepins choisis dans le marc des fruits qui ont servi à la préparation du cidre, et des noyaux de divers fruits achetés chez les confiseurs, à l'époque où tous les fruits à noyaux sont employés par eux en quantités considérables pour être convertis en confitures. On sème aussi des amandes et des noyaux de prunier de Damas et de Saint-Julien; tous ces semis fournissent des sujets à greffer.

Préparation du terrain. — Le sol dans lequel on sème des pepins et des noyaux d'arbres fruitiers, ne doit pas être d'une fertilité exagérée. Lorsqu'on sème dans un terrain amené à force d'engrais très-énergiques à son maximum de fécondité, les jeunes arbres y prendront en peu de temps un accroissement rapide; mais leurs racines seront disposées à contracter la maladie du chancre, et si celui qui les achète les met en place dans un terrain beaucoup moins fertile que celui de la pépinière, plusieurs années s'écouleront avant qu'ils se décident à y végéter convenablement. Quand le sol de la pépinière a besoin d'une fumure, on peut la donner assez abondante, un an avant les semis. On prend sur cette fumure une récolte de légumes qui absorbe une partie de l'engrais; et la terre se trouve l'année suivante dans les meilleures conditions pour commencer la pépinière.

Stratification. — On perdrait un temps précieux si les noyaux d'arbres fruitiers étaient semés au printemps sans préparation. Pour disposer leurs coques ligneuses à s'ouvrir et en obtenir une bonne levée, on les dispose par lits alternatifs avec du sable frais, dans une cave ou dans tout autre local à l'abri de la gelée : c'est ce qu'on nomme *stratifier* les noyaux (Voy. chap. VII, page 68). Les tas de noyaux stratifiés sont démontés à la fin de mars ou au commencement d'avril, selon l'état de la température. Les noyaux sont alors plantés

un à un dans des rigoles ouvertes à cet effet, à la profondeur
qui convient à chaque espèce ; on rogne l'extrémité de la radicule déjà sortie du noyau pendant la stratification, et l'on a
la certitude d'obtenir un plant de chaque noyau. Si l'on avait
semé sans stratification préalable, beaucoup de noyaux n'auraient pas levé avant la seconde année.

Semis de pepins. — On les conserve secs pour être semés en mars, en lignes ou à la volée. Les amateurs dont les
semis sont dirigés vers la conquête de variétés nouvelles,
doivent mettre beaucoup d'ordre dans leurs semis de noyaux
ou de pepins, donner des numéros répétés sur leur registre,
à chaque compartiment, et ne pas mêler les plants provenant
de semis d'espèces connues. A la fin de l'automne, quand les
jeunes arbres perdent leurs feuilles et qu'ils doivent être repiqués, on doit mettre à part ceux dont le bois et le feuillage
offrent les apparences des bonnes espèces et les réserver jusqu'à ce qu'ils montrent leur fruit par la greffe sur de vieux
sujets, en conservant avec soin la trace de leur origine.

Repiquage. — A l'époque de son premier sommeil végétal,
le plant de semis qui perd ses premières feuilles n'est pas toujours d'une croissance égale. Beaucoup de pépiniéristes repiquent à peu près tout et n'éliminent que les sujets tout à fait
défectueux et mal venus ; l'amateur qui n'est pas guidé par les
mêmes considérations, peut ne repiquer que le plant le mieux
conformé et le plus vigoureux, et sacrifier tout le reste. On
repique à des distances variables selon les dimensions que
les arbres sont présumés devoir acquérir avant d'être greffés
en pépinière ; il ne faut pas ménager l'espace afin que les
jeunes arbres, après qu'il auront été greffés, reçoivent de tous
côtés sans obstacle l'air et la lumière nécessaires à leur développement dans de bonnes conditions. Après que la greffe a
repris, les arbres greffés sont transplantés, c'est-à-dire repiqués une dernière fois à la place qu'ils ne doivent plus quitter,
jusqu'à ce qu'ils sortent de la pépinière.

Greffe. — Les divers genres de greffe applicables aux arbres fruitiers, ont été indiqués précédemment (Voy. *Greffes*,
ch. IX). Dans la pépinière, on ne doit pas trop se hâter de

greffer les sujets trop faibles ; il vaut beaucoup mieux retarder cette opération jusqu'à ce que le sujet ait la force de bien nourrir sa greffe. Un soin non moins important, c'est celui de bien assortir le sujet et la greffe. Le jardinier de profession et même l'amateur, pour peu qu'il ait l'habitude d'observer les arbres fruitiers, connaît suffisamment le tempérament de chaque espèce ; il se garde bien de donner des greffes trop vigoureuses à nourrir à des sujets plus ou moins délicats ; de même, il ne confie pas à des sujets robustes des greffes d'espèces délicates ; s'il commet cette faute, la séve arrive en trop grande abondance et l'on dit, avec raison, que le sujet a *noyé* sa greffe.

C'est surtout parmi les jeunes arbres récemment greffés que l'ordre le plus régulier est indispensable ; faute d'ordre, le jardinier ignore lui-même ce qu'il a dans sa pépinière ; il peut se perdre de réputation et éloigner sa clientèle, en livrant des arbres à fruit à cuire pour des arbres à fruit de dessert, et réciproquement.

Quand les greffes ont bien repris, les sujets greffés sont repiqués une dernière fois à la place où ils doivent achever de grandir. De nos jours on leur accorde beaucoup plus d'espace qu'on ne leur en donnait autrefois dans la pépinière. La possibilité de transplanter les arbres fruitiers, pour ainsi dire, à tout âge, étant parfaitement démontrée, les amateurs aisés préfèrent les arbres tout dressés en pépinière aux arbres très-jeunes, tels qu'on les plantait autrefois. Le pépiniériste qui entend ses intérêts doit toujours être en mesure de fournir des arbres déjà forts, préparés pour les diverses formes les plus avantageuses, de sorte que le jardinier n'a plus qu'à diriger ces arbres sans embarras, en continuant une besogne bien commencée. On comprend que pour pouvoir bien préparer les arbres sous diverses formes, il faut les espacer suffisamment, à leur dernière transplantation dans la pépinière.

CHAPITRE XXX

Le jardin fruitier. — Plantation.

Jardin fruitier. — Espaliers. — Arbres qui demandent une exposition méridionale. — Palissage à la loque. — Circonstances dans lesquelles il doit être préféré. — Treillage de bois de chêne. — Ses avantages et ses inconvénients. — Palissage à la baguette. — Palissage sur fil de fer. — Grillage de fil de fer. — Massifs d'arbres fruitiers. — Distribution des arbres fruitiers de dimensions diverses. — Espacement. — Préparation du terrain. — Choix des arbres dans la pépinière. — Transport. — Habillage des racines. — Orientation. — Plantation. — Époques les plus favorables. — Placement des racines. — Système anglais des plates-formes pour les pêchers en espaliers.

Jardin fruitier. — On a vu dans le chapitre précédent comment, par les semis et la greffe, on peut multiplier à volonté les arbres fruitiers. Avant de montrer comment chaque espèce d'arbres fruitiers doit être taillée et conduite sous les diverses formes qui lui conviennent, il est nécessaire de donner une idée de la manière de distribuer ces arbres dans un jardin qu'on suppose consacré exclusivement à ce genre de culture, bien que le plus souvent les fruits et les légumes se produisent dans le même jardin qui, dans ce cas, est en même temps potager et jardin fruitier.

Espaliers. — Sous le climat moyen de la France, une partie des meilleures espèces d'arbres à fruits ne peut donner de bons produits qu'en espalier et en contre-espalier; c'est pourquoi le jardin fruitier, outre les murs dont il doit être entouré au moins du côté du nord et de l'est, doit contenir plusieurs *murs de refend* percés de fausses portes, afin de multiplier les surfaces aux expositions les plus favorables aux arbres fruitiers en espalier. Les pêchers, quelques abricotiers et cerisiers d'espèces précoces, et la vigne donnant les meilleures espèces de raisin de table, couvrent les surfaces bien exposées de tous ces murs. Les ceps de vigne peuvent être plantés du côté opposé, afin que leurs racines et celles des autres arbres fruitiers ne se gênent pas réciproquement. Les bras de la vigne qui doivent s'étendre en cordons au sommet du mur, sont introduits du côté méridional par des ouvertures ménagées à cet effet dans la maçonnerie. Le côté du nord peut recevoir une garniture de pommiers d'espèces tardives.

Palissage à la loque. — Pour profiter complétement de la chaleur que leur renvoie le mur, les arbres fruitiers en espalier ont besoin d'être fixés ou *palissés*, selon l'expression reçue, soit immédiatement sur la surface du mur, soit sur un treillage. Le palissage immédiat n'est possible que quand le jardinier peut faire donner aux murs un crépissage assez solide pour que des clous puissent y être plantés sans le détacher. C'est ainsi qu'à Montreuil-aux-Pêches et dans les communes environnantes, où de vastes terrains sont exclusivement consacrés à la culture des arbres fruitiers en espalier, les treillages sont inconnus. L'abondance du plâtre dont on exploite des carrières importantes dans le pays, permet de crépir solidement les murs à peu de frais, et de palisser sur la surface crépie sans intermédiaire. Si, pour rattacher aux clous les branches des arbres, surtout celles des pêchers, plus tendres et moins ligneuses que les autres, on se servait de liens de jonc ou d'osier, ces branches en seraient plus ou moins endommagées. Pour éviter cet inconvénient, les jardiniers se procurent dans les ateliers des tailleurs des rognures de drap, que les femmes et les enfants coupent à temps perdu, par morceaux ayant la forme d'un carré long. Le jardinier prend dans un de ces morceaux plié en deux la branche du pêcher qu'il veut palisser, puis il appuie la pointe d'un clou sur les deux bouts réunis, et il l'enfonce à coups de marteau dans le crépissage du mur; c'est ce qu'on nomme le palissage *à la loque*. Ce procédé fort économique et d'un usage commode, présente de sérieux inconvénients quand les arbres en espalier doivent être dépalissés, soit pour le nettoyage annuel de la surface des branches qui regarde le mur, soit quand il est nécessaire de donner de la vigueur à un rameau trop faible en le maintenant temporairement dans une position inclinée en avant du mur, moyen qui ne manque jamais son effet. On comprend que dans ce cas, quand l'arbre a été palissé à la loque, il y aurait trop de clous à déplacer.

Treillages. — La plupart des jardiniers, soit par goût, soit par nécessité, n'ayant pas sous la main les éléments d'un bon palissage à la loque, palissent leurs arbres en espalier, soit sur treillage, soit sur fil de fer. Le treillage le plus usité est formé de lattes de chêne qui se croisent pour donner lieu à des mailles carrées ou en losange ; ce genre de treillage est fixé au mur par de gros clous à crochet. Les arbres rattachés au treillage en bois par des liens d'osier se dépalissent facilement en tout ou en partie. Le treillage lui-même, divisé par pièces de dimensions moyennes, peut être aisément enlevé pour être nettoyé sur ses deux surfaces. On prévient ainsi la multiplication des insectes nuisibles qui établissent leur domi- cile habituel sur la surface postérieure du treillage qu'on peut repeindre périodiquement pour le rendre plus durable. Par compensation à ces avantages, le treillage en bois coûte fort cher. Il arrive le plus souvent qu'au moment de la plan- tation des jeunes arbres en espalier, le propriétaire, rien que pour donner à son jardin fruitier un aspect plus agréable, fait couvrir de treillage toute la surface des murs. Bien des années doivent s'écouler avant que la nouvelle plantation ait atteint le sommet de la muraille. En attendant, le treillage reste exposé aux intempéries des saisons ; il se détériore d'année en année, si bien que sa partie supérieure est usée et doit être renouvelée avant d'avoir servi.

Dans la partie de la Belgique wallone qui comprend les provinces de Liége, de Namur et de Luxembourg, on emploie pour le palissage des arbres fruitiers en espalier un moyen plus économique et plus rationnel. Des baguettes de cornouil- ler ou de tout autre bois à la fois solide et flexible, sont fixées au mur par des clous à crochet, derrière la place que couvre le jeune arbre. A mesure que l'arbre grandit, on ajoute de nouveaux rangs de baguettes convenablement espa- cés ; si l'une des baguettes est accidentellement cassée, on la remplace sans rien déranger au reste du palissage; les nettoyages et les dépalissages sont également faciles; le *palissage à la baguette*, ainsi qu'on le nomme dans les pays où il est en usage, prévient le contact immédiat du mur et des arbres en espalier; il réunit tous les avantages du treillage en bois, et n'en a pas les inconvénients.

Fil de fer. — Le fil de fer s'emploie pour le palissage de deux manières différentes. La plus usitée consiste à fixer verticalement le long du mur des montants de bois maintenus par des pitons. Ces montants, établis à 2 ou 3 mètres les uns des autres, sont percés de trous par lesquels passent des fils de fer tendus horizontalement, par étages espacés entre eux de 25 à 30 centimètres; l'espace entre les fils peut varier selon la forme des arbres qui doivent être palissés sur eux. Dans les cantons voisins des usines, où il est facile de se procurer du fil de fer à un prix modéré, on forme sur toute la surface du mur un grillage à mailles semblables à celles du grillage d'une loge à lapins; mais chaque maille a 10 à 15 centimètres de côté, des clous à crochets de distance en distance fixent ce grillage à la muraille; il a sur tous les treillages possibles l'avantage de la solidité et de la durée. Il est néanmoins peu usité, parce qu'il coûte fort cher à établir.

Massifs d'arbres fruitiers. — Les deux surfaces de chaque mur étant garnies d'arbres en espalier convenablement assortis, palissés selon les ressources locales et espacés entre eux en proportion des dimensions qu'ils doivent acquérir, le reste du jardin fruitier doit être rempli d'arbres fruitiers choisis parmi les meilleurs de ceux que peut admettre la nature du sol ainsi que le climat local. On en place d'abord un certain nombre en contre-espalier, sur le bord de la plate-bande qui règne au pied des murs à bonne exposition. Ces arbres sont dirigés comme s'ils étaient en espalier; des perches, les unes droites, les autres horizontales, maintiennent les branches des arbres en contre-espalier dans un sens parallèle au mur. S'il y a dans le jardin un terrain plus élevé et plus sec que le reste, c'est là qu'il faut planter quelques arbres en plein vent à haute tige, principalement des cerisiers, des pruniers et des abricotiers, parmi lesquels on placera un ou deux mûriers à fruit noir, en ayant soin qu'ils ne se trouvent pas sur le bord d'une allée, leur fruit, qui tombe à chaque instant à l'époque de la maturité, pouvant produire sur les vêtements des taches bon teint.

Les poiriers en pyramide auxquels doit être réservé le plus grand espace possible dans le jardin fruitier, se placent à une assez grande distance des murs pour que leur ombre ne puisse nuire à la maturité des fruits des arbres en espalier. Afin que l'air et la lumière, éléments indispensables de fécondité, circulent librement autour des massifs de poiriers en pyramide, la partie centrale du jardin fruitier est occupée par les pommiers demi-nains greffés sur doucin, et tout à fait nains greffés sur paradis. On leur associe les carrés de framboisiers, de groseilliers à grappes et de groseilliers épineux. Par cet arrangement, chaque chose est à sa place dans le jardin fruitier ; les parties découvertes alternent avec les parties ombragées, et l'espace disponible est utilisé le mieux possible, chaque arbre étant placé dans les meilleures conditions pour croître et fructifier sans nuire à ses voisins, et sans souffrir de leur voisinage.

Espacement. — On ne peut donner, quant à l'espacement des arbres dans le jardin fruitier, que des indications approximatives ; les arbres prennent plus ou moins d'accroissement en raison de la nature plus ou moins vigoureuse de chaque variété, selon le degré de fertilité du sol. Dans un terrain supposé de fertilité moyenne, on plante les arbres en plein vent à haute tige, à 6 ou 8 mètres ; les arbres en pyramide à 4 ou 5 mètres ; les pommiers demi-nains sur doucin à 1 mètre 50 ou 2 mètres, et les pommiers nains sur paradis à 1 mètre seulement.

Préparation du terrain. — La plantation d'un jardin fruitier est une opération nécessairement dispendieuse, et dont le résultat bon ou mauvais doit se prolonger indéfiniment ; rien ne doit donc être négligé pour la faire dans les meilleures conditions possibles. Si le sol est argileux, compacte, reposant sur un sous-sol imperméable, le drainage est de rigueur.

On doit ensuite défoncer pour purger la terre des pierres et des racines qu'elle peut contenir, marquer la place de chaque arbre, ouvrir les trous plus spacieux que profonds, et laisser la terre retirée des trous exposée au contact de l'air, pendant quelques mois au moins avant d'y planter les arbres fruitiers.

Les amendements dont la terre du jardin fruitier peut avoir besoin n'y doivent pas être ménagés; les amendements calcaires, principalement le plâtre, sont toujours très-utiles pour la plantation des arbres à fruits à noyau; un sol plus fort que léger convient au contraire aux arbres à fruits à pepins. Si la terre du jardin fruitier est très-légère par excès de sable siliceux, elle doit être amendée avec un peu de chaux et une forte dose d'argile. Toutes ces dispositions étant prises, on peut procéder à la plantation des arbres fruitiers; mais, il faut avant tout bien choisir les arbres qui vont être plantés.

Choix des arbres — Transport. — Si, comme il arrive le plus souvent, le jardinier n'a point élevé lui-même les arbres qu'il veut planter, il fera bien de les choisir de bonne heure en automne chez le pépiniériste; s'il attend la pleine saison des plantations, il pourra ne plus trouver dans la pépinière les espèces et variétés qu'il désire, en beaux échantillons. Il tâchera d'être présent à l'arrachage, afin de veiller à ce que les jeunes arbres conservent la totalité de leurs racines; il surveillera l'emballage, afin que les arbres n'aient pas à souffrir du transport. En principe, et sauf l'impossibilité de se procurer à peu de distance les arbres fruitiers pour une grande plantation, il faut s'adresser de préférence à la pépinière la moins éloignée, aujourd'hui surtout que l'usage de planter de très-jeunes arbres est à peu près abandonné. Les arbres achetés tout dressés en pépinière, quelque bien emballés qu'ils puissent être, souffrent toujours plus ou moins pendant le trajet de la pépinière au lieu où ils doivent être plantés. Moins il s'écoule de temps entre le moment de l'arrachage et celui de la plantation, plus le succès en est assuré.

Si le jardin où les arbres doivent être mis en place est dans une situation plus exposée aux vents froids du nord et de l'est que ne l'est la pépinière, il est utile de marquer sur l'écorce, par un trait de pinceau, avec une couleur à l'huile, le côté qui regardait le nord, dans la pépinière, afin de conserver à l'arbre planté la même orientation. Quand les arbres ont plus ou moins souffert du transport pendant un temps sec ou froid, on délaye dans un grand-baquet de la bouse de vache dans très-peu d'eau, de manière à en former un brouet clair dans lequel on trempe les racines au moment même de la mise en place. Quant à ce qu'on nomme l'*habillage* des racines, quiconque plante des arbres fruitiers doit être bien convaincu de cette vérité *qu'un arbre fruitier n'a jamais trop de racines*. L'habillage doit donc se borner au retranchement des parties de racines endommagées par l'arrachage et le transport, en conservant tout le reste.

Plantation. — Les progrès de l'horticulture moderne ont changé complétement les idées relativement à la plantation des arbres fruitiers. D'abord on ne répugne plus, comme autrefois, à payer à des prix proportionnés à leur valeur réelle des arbres d'assez fortes dimensions, qui donnent une assez bonne récolte de fruits l'année de leur plantation, ou tout au plus tard l'année suivante. S'il arrive que pour une construction ou toute autre cause, des arbres fruitiers d'un âge déjà assez avancé doivent être déplacés, on ne les regarde plus comme perdus. On sait qu'en levant ces arbres en motte, et prenant la sage précaution d'enduire le tronc et les principales branches du mélange de bouse de vache et d'argile connu des jardiniers sous le non d'*onguent de Saint-Fiacre*, les arbres peuvent être plantés, pour ainsi dire, à tout âge. Pour celui que sa position n'oblige pas à regarder de trop près à la dépense, il vaut donc toujours beaucoup mieux planter des arbres bien développés, ayant de 4 à 6 ans de pépinière, que de planter de très-jeunes arbres dont les premiers fruits se feront attendre pendant plusieurs années.

L'époque favorable à la plantation des arbres fruitiers commence à la fin de novembre et se prolonge jusqu'à la fin d'avril. En hiver, on peut planter tant qu'il ne gèle pas ; au printemps, les arbres en pleine séve, ayant déjà des feuilles, peuvent être plantés avec autant de chances de succès que peut en avoir la plantation en hiver, pourvu qu'on les préserve des effets, de la sécheresse par des arrosages donnés en temps opportun, et qu'on prévienne l'évaporation de la séve en recouvrant l'écorce d'onguent de Saint-Fiacre. Cet enduit tombe de lui-même peu à peu, quand l'arbre n'en a plus besoin et qu'il a bien pris possession de sa nouvelle place par de jeunes racines.

Lorsqu'on met en place un arbre fruitier, ou doit bien se garder d'enterrer trop profondément ses racines. Il faut d'abord garnir le fond de la fosse d'une couche suffisamment épaisse de bonne terre, convenablement amendée selon le besoin, puis étendre sur cette couche les racines dans tous les sens, en évitant de les forcer et de les faire éclater à leur insertion. Le but de cette partie du travail doit être qu'après la plantation, les racines courent entre deux terres horizontalement, assez près de la surface pour profiter complétement des influences atmosphériques. Quand les racines s'enfoncent trop profondément en terre, non-seulement il en résulte pour les arbres un excès de vigueur qui leur fait produire un luxe de bois inutile et nuit à la production du fruit, mais encore le fruit lui-même ne possède pas les qualités propres à son espèce, au même degré que si les racines de l'arbre avaient ressenti, pendant la formation du fruit, l'action bienfaisante des alternatives de pluie et de soleil.

Si le sol du jardin fruitier a été bien assaini par un bon système de drainage, on peut étendre les racines des arbres fruitiers à un décimètre ou deux au-dessous du niveau du sol environnant, puis, les recouvrir du reste de la terre prise dans le trou où l'arbre est planté; cette profondeur sera toujours plus ou moins augmentée par le tassement que doit éprouver la terre fraîchement remuée. Mais si la terre n'a pas été drainée, ou si malgré le drainage, il y a lieu de craindre un excès d'humidité dans le sous-sol, alors il ne faut pas craindre de planter à fleur de terre, sauf à former un monticule de bonne terre autour du pied de l'arbre mis en place, afin que ses racines se trouvent suffisamment couvertes.

Plates-formes. — Pour la plantation des arbres fruitiers en espalier, les mêmes règles sont applicables. On suit à cet égard en Angleterre une méthode très-rationnelle, bonne à imiter partout où l'on doit planter des pêchers en espalier, sous l'empire de conditions de sol et de climat analogues à celles de la Grande-Bretagne. A la place que doivent occuper les racines du pêcher, toute la terre de la plate-bande en avant du mur est enlevée ; on ouvre ainsi une fosse de toute la largeur de la plate-bande, de 50 à 60 centimètres de profondeur, et de 1 mètre 50 à 2 mètres de long. Le fond et les côtés de la fosse sont revêtus d'un pavage et d'une maçonnerie légère en briques, puis on remet en place une partie de la terre, et l'on y plante le pêcher d'après les principes exposés ci-dessus. Dans cette sorte d'encaissement que les horticulteurs anglais nomment une *plate-forme*, les racines du pêcher ne peuvent prendre un développement exagéré ; la végétation de l'arbre marche alors régulièrement ; l'équilibre de la séve dans toutes ses parties est facile à maintenir ; on en obtient ainsi une production régulière des meilleurs fruits possibles. Les pêchers plantés sur plate-forme doivent être maintenus sous des dimensions moyennes ; en leur laissant couvrir trop de surface sur l'espalier, on donnerait aux racines emprisonnées trop de branches à nourrir, et le but de ce genre de plantation serait manqué.

CHAPITRE XXXI

Taille et conduite des arbres à fruits à pepins.

Nécessité de la taille des arbres fruitiers. — Taille des arbres à fruits à
pepins. — Principes de la taille des arbres fruitiers. — Équilibre de la séve.
— Végétation naturelle du poirier. — Bourgeon annuel. — Lambourdes.
— Bourses. — Brindilles. — Rameau de poirier taillé. — Conduite du
poirier sous différentes formes. — Cordon horizontal simple. — Arbres à
la Jamin. — Taille. — Pincement. — Ébourgeonnement. — Cassement.—
Leurs effets sur le poirier. — Cordon horizontal double.

Nécessité de la taille des arbres fruitiers. — Les
arbres fruitiers plantés dans nos jardins ne peuvent pas
y être abandonnés au cours naturel de leur végétation. Bien
qu'ils appartiennent à des races de longue main modifiées par
la culture, ces arbres, s'ils n'étaient pas taillés, se mettraient
tard à fruit, s'épuiseraient à produire une multitude de branches confuses, et ne sauraient en aucune manière répondre
aux vues du jardinier. Ce qui lui importe, c'est que l'arbre
fruitier donne le plus longtemps possible des récoltes régulières, et qu'il occupe précisément la place qui lui est assignée dans le jardin, en conservant la forme sous laquelle il a
été primitivement établi; tel est en résumé le but principal
de la taille, but qui ne saurait être atteint, si l'arbre était livré à lui-même.

Taille des arbres à fruits à pepins. — Les arbres à
fruits à pepins, au point de vue économique, tiennent le premier rang dans le jardin fruitier. L'art de les tailler pour développer et maintenir leur force productive constitue l'une des
connaissances les plus indispensables au jardinier de profession comme au jardinier amateur.

On a très-longtemps considéré cet art comme un de ces
mystères accessibles seulement aux initiés; les vieux jardiniers, guidés par la routine plus que par le raisonnement,

gardaient soigneusement pour eux ce qu'ils pouvaient posséder de notions à cet égard, et ne les transmettaient à un petit nombre d'élèves qu'avec beaucoup de défiance et de circonspection. Les traités remarquables pour leur temps, de Butret et de Dalbret, publiés au commencement de ce siècle, ont ouvert la voie à d'autres ouvrages où les bonnes méthodes pour la taille des arbres fruitiers étaient mises à la portée de la masse du public. Le premier qui ait réellement exposé les vrais principes en cette matière et les saines applications de ces principes fut M. le comte Le Lieur, intendant des jardins de la couronne, dans son ouvrage justement célèbre, intitulé *Pomone française.* A dater de la publication de cet ouvrage, la vulgarisation des principes de la taille n'a pas cessé de progresser, si bien que, de nos jours, il n'est plus permis à quiconque se mêle de jardinage de ne pas les connaître.

Principes de la taille des arbres fruitiers. — Ces principes reposent sur un fait capital, que chacun peut vérifier par voie d'observation directe. Chaque arbre a son mode particulier de végétation ; sa manière qui lui est propre, de former successivement son bois et ses productions fruitières, et de diriger le cours de la séve qui le fait vivre ; il est donc impossible de tailler selon des règles uniformes des arbres dont la végétation ne suit pas la même marche ; toute méthode rationnelle de taille des arbres fruitiers doit reposer sur l'observation et la connaissance approfondie de leur manière de végéter lorsqu'on ne les taille pas. Un autre principe dont on ne doit jamais s'écarter, c'est de toujours chercher à diriger la séve sans la contrarier, et de la distribuer le plus également possible dans toutes les parties de l'arbre ; c'est ce qu'on nomme le principe de l'*équilibre de la séve*, principe également applicable à tous les arbres fruitiers, quelle que soit la forme sous laquelle ils sont conduits.

Il faut donc, avant de songer à procéder à la taille d'un arbre quelconque, se rendre un compte exact de la nature de ses branches, de ses productions fruitières, de la manière dont elles se forment, et de l'ensemble de son mode de végétation.

Végétation naturelle du poirier. — L'examen attentif

d'un rameau de poirier tout formé, permet d'y reconnaître divers germes de branches dont chacune se distingue aisément des autres par les *yeux* ou *gemmes* qu'elle porte, et par les caractères de ces yeux. Le rameau d'un an, ou *bourgeon* an-

Fig. 54. Branche à bois du poirier.   Fig. 55. Bouquet de fleurs du poirier.

nuel (fig. 54), est la plus simple des branches du poirier ; il ne porte que des yeux à bois, tous semblables les uns aux autres ; chacun de ces yeux s'est formé dans l'aisselle d'une feuille ; ce rameau est né dans le courant de la belle saison, d'un œil à bois développé au printemps ; dès l'année suivante, il présentera d'autres caractères. Les yeux de la partie supérieure *s'ouvriront à bois*, comme disent les jardiniers ; il en sortira des bourgeons en tout semblables au premier, sauf la longueur ; l'œil terminal servira au prolongement du rameau. Les yeux du bas ne s'ouvriront pas comme ceux de la partie supérieure ; ils grossiront plus ou moins, protégés par des écailles persistantes, et leur base sera entourée de deux ou trois feuilles. Tous les ans, le nombre de ces feuilles augmentera, le support du bouton, marqué d'autant de cicatrices qu'il aura eu successivement de feuilles pour le protéger, s'allongera plus ou moins ; le bouton grossira et finira par s'épanouir en un bouquet de fleurs auxquelles succéderont des fruits (fig. 55). Tout cela, si l'arbre n'est pas taillé, demandera un nombre d'années plus ou moins considérable.

Toutes les branches du rameau de poirier ne sont pas des bourgeons. D'autres, courtes et trapues, terminées par un bouton à fruit plus ou moins avancé vers son développement, ne portent que des boutons à fruit; on les nomme *Lambourdes* (fig. 56); ce sont les plus précieuses des branches à fruit du poirier.

Il se produit souvent sur les lambourdes des groupes de boutons à fruit très-rapprochés les uns des autres, placés sur un support commun, renflé, fragile, sillonné en travers des cicatrices laissées par la chute des feuilles qui ont contribué à le nourrir : c'est ce qu'on nomme *des bourses* (fig. 57). Lors-

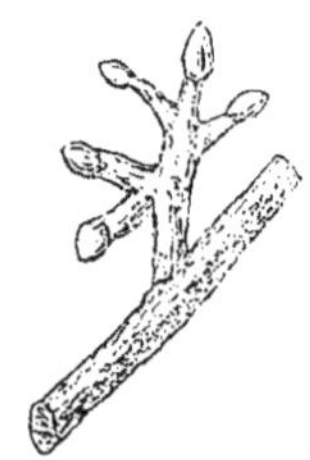

Fig. 56. Lambourde du poirier.   Fig. 57. Bourse du poirier.

qu'il s'y rencontre parmi les boutons à fruit quelque œil à bois, le jardinier s'empresse d'en favoriser le développement, fût-ce en sacrifiant une partie du fruit, afin de rajeunir les bourses en y appelant la séve, avec l'espoir d'y faire naître une lambourde.

Il y a de plus, sur le rameau de poirier, de petites branches minces, portant des boutons à divers degrés de développement; ce sont des *brindilles* (fig. 58); les boutons à fruit sont très-inégalement distribués sur toutes les branches du rameau, à leur partie inférieure.

Voici maintenant un rameau de poirier qui n'a été soumis à aucune taille; ce rameau est âgé de trois ans; toutes ses branches terminales sont des bourgeons portant des yeux exclusivement à bois. Les autres parties plus anciennes ont quelques boutons qui finiront par fleurir, mais dont pas un n'est encore près de s'épanouir; il ne s'y trouve ni bourse, ni lambourde, ni brindille, ni branche disposée à devenir l'une de ces productions (fig. 59).

Voici, en regard de ce rameau, un autre rameau du même âge, qui dès sa première année a été soumis à une taille régulière. Les branches à bois qui n'étaient pas utiles à la formation de la charpente, et dont on ne pouvait pas espérer de branches à fruit, ont été supprimées; le bourgeon terminal a prolongé la branche, non pas outre mesure, comme s'il avait été livré à lui-même, mais modérément, en le taillant chaque année sur un bon œil à bois. La séve n'étant plus détournée par une multitude de bourgeons superflus, a reflué vers le bas de chaque branche dont plusieurs portent des boutons à fruit, des bourses, et de petits rameaux courts qui deviendront des lambourdes. La

Fig. 58. Brindille du poirier.   Fig. 59. Branche de poirier non taillée.

comparaison entre ces deux branches donne une idée exacte des applications des principes de la taille rationnelle du poirier, et des résultats de cette taille (fig. 60).

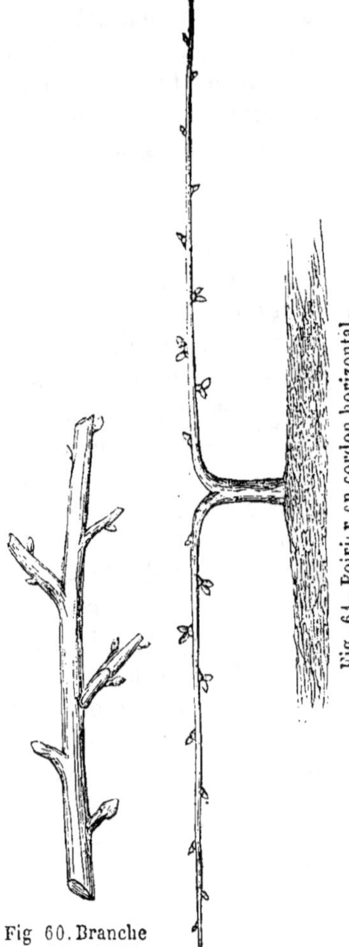

Fig 60. Branche de poirier taillée.

Fig. 61. Poirier en cordon horizontal.

Conduite du poirier sous différentes formes. — La taille, ainsi qu'on l'a fait remarquer, n'a pas seulement pour but de régulariser la marche de la végétation d'un arbre et la production du fruit ; il faut aussi qu'elle lui donne, selon les vues du jardinier, une forme déterminée, et qu'elle le maintienne sous cette forme : c'est ce qu'on nomme *conduire* un arbre. La taille et la conduite des arbres fruitiers marchent donc parallèlement. Chaque genre d'arbres fruitiers peut être conduit sous un certain nombre de formes, selon sa destination et la place qui lui est assignée dans le jardin fruitier.

Les principales formes qui conviennent au poirier sont le *cordon horizontal*, simple ou double, la *pyramide*, la *quenouille* qui en diffère peu, le *fuseau*, aussi nommé *colonne*, et le *vase* ou corbeille. Quand le poirier est planté en espalier ou en contre-espalier, on ne le conduit plus de nos jours que sous les deux formes de *palmette simple* et de *palmette double* ; les autres formes sous lesquelles on conduisait autrefois le poirier en espalier, sont complétement abandonnées, à tel point qu'il serait difficile aujourd'hui de trouver à acheter des poiriers pour espalier ou contre-espalier qui ne soient pas préparés pour la palmette simple ou la palmette double.

Cordon horizontal. — De toutes les formes sous lesquelles le poirier peut être conduit, le cordon horizontal est la plus nouvellement introduite. Les poiriers sous cette forme sont connus dans le commerce de l'horticulture sous le nom *d'arbres à la Jamin*, du nom de l'habile horticulteur à qui est due cette nouvelle forme (fig. 61). Le cordon horizontal a, comme toutes les formes possibles, pour point de départ un jeune arbre greffé l'année précédente, mieux sur cognassier que sur franc, c'est-à-dire sur un sujet obtenu de semis de pepin de poire. Ce dernier genre de sujet ne convient pas en général pour des arbres conduits sous une forme qui ne leur laisse prendre que peu de développement. La greffe a été taillée sur un bon œil, et cet œil ouvert en un bourgeon vigoureux, a donné du printemps à l'automne le rameau qui doit devenir un arbre (fig. 62). Si le cordon horizontal doit être simple, dès que le rameau commence à être *aouté*, c'est-à-dire à passer de l'état herbacé à l'état ligneux, après le mouvement de la seconde séve au mois d'août, on l'incline sans le forcer, du côté où il doit être établi horizontalement, position dans laquelle on le fixe à 50 centimètres du sol, soit sur un fil de fer tendu au moyen de deux piquets, soit sur un brin de treillage soutenu de la même manière. Si, dès la première année, on laissait prendre au cordon horizontal une trop grande longueur, les yeux dont le rameau

Fig. 62. Poirier d'un an de plantation.

d'un an est garni, et qui sont tous à bois, seraient trop lents
à se convertir en boutons à fruit ou en productions fruitières.
On le taille donc selon sa force à une certaine distance de la
courbure. L'année suivante, la pousse provenant de l'œil sur
lequel on a taillé, est également raccourcie selon sa force; le
cordon arrive ainsi peu à peu à la longueur de 1 mètre 50 à
2 mètres, qu'il ne doit point dépasser. Les bourgeons qui se
développent sur sa longueur, entre la courbure et la pousse
terminale, sont taillés plus ou moins courts pour en obtenir des
branches à fruit, ou supprimés tout à fait, s'ils sont mal placés
et qu'ils dérangent l'harmonie de l'arbre.

La taille n'est pas la seule ressource à la disposition du
jardinier pour la conduite de ses arbres à fruits; il a aussi
pour régulariser leur végétation le *pincement*, presque aussi
utile que la taille elle-même, l'*ébourgeonnement* et le *cassement*. L'application de ces opérations au poirier en cordon
horizontal, forme la moins compliquée de toutes, fait parfaitement comprendre leur utilité pour les arbres dirigés sous
toute autre forme. Le pincement consiste dans le retranchement, en été, de la partie d'un bourgeon qui n'est point encore passé de l'état herbacé à l'état ligneux; il arrête le prolongement inutile du bourgeon, fait grossir ses yeux inférieurs,
et hâte leur conversion en boutons ou en branches à fruit.
Quand le poirier en cordon horizontal est arrivé à la longueur
qu'il doit conserver, son bourgeon de prolongement est pincé,
puis taillé en hiver, et le bourgeon qui lui succède est traité
de même les années suivantes, de sorte que le cordon horizontal cesse de s'allonger. Si des bourgeons se développent le
long du cordon, ils sont pincés de même pour faire profiter
leurs yeux inférieurs, qui deviendront des boutons à fruit.

L'*ébourgeonnement*, dont les effets diffèrent de ceux du pincement, consiste dans la suppression d'un bourgeon herbacé,
au début de sa croissance. Sur les arbres régulièrement taillés,
il naît toujours, çà et là, bien des bourgeons provenant d'yeux
mal placés, que le jardinier ne peut pas laisser se développer,
même à moitié, parce qu'il n'en attend pas la formation de
productions fruitières; ces bourgeons doivent être entière-

ment supprimés, ce qui demande beaucoup d'attention et de discernement, afin de n'avoir pas, plus tard, lieu de regretter des bourgeons enlevés inconsidérément.

Le *cassement* est le complément du pincement; il consiste à casser les bourgeons devenus ligneux après la seconde séve. S'ils étaient taillés au lieu d'être cassés, ces bourgeons ne seraient pas assez complétement arrêtés dans leur prolongement; l'œil au-dessous de la coupe repartirait aussitôt en un nouveau bourgeon, et l'effet désiré ne serait pas produit. Sur le bourgeon cassé, l'œil inférieur à la cassure ne repart pas; la séve tourne tout entière au profit des yeux qui doivent devenir des boutons à fruits.

Ainsi, par la taille proprement dite, le jardinier a donné au poirier en cordon horizontal la forme et la longueur qui lui convenaient; par le pincement, il a empêché le développement exagéré des bourgeons, préparé leur mise à fruit; par l'ébourgeonnement, il a éliminé les bourgeons naissants, qui auraient dérangé l'harmonie de la forme de l'arbre; par le cassement, enfin, il a disposé les bourgeons conservés et déjà devenus ligneux à se charger de productions fruitières. Les mêmes opérations pratiquées sur les arbres conduits sous toute autre forme donnent les mêmes résultats.

On a dû démontrer les premières applications sur un poirier en cordon horizontal simple, pour plus de clarté. Pour former le cordon horizontal double, plus usité que le simple, on laisse développer à droite et à gauche sur l'arbre taillé pour la première fois deux bourgeons au lieu d'un, et l'on courbe ces deux bourgeons l'un à droite, l'autre à gauche. On leur laisse prendre habituellement 2 mètres de longueur, à partir de leur point de départ; le reste de la taille et de la conduite est du reste le même que pour le poirier en cordon horizontal simple.

CHAPITRE XXXII

Taille des arbres à fruits à pepins (suite).

Poirier en pyramide. — Formation de la pyramide. — Disposition en spirale des branches latérales.—Prolongement graduel de la flèche. — Quenouille. —En quoi elle diffère de la pyramide. — Pourquoi elle est abandonnée. — Fuseau ou colonne.—Taille des racines.— Tuteurs obligatoires. — Poirier en vase ou corbeille.—Manière de l'établir.— Ses inconvénients,—Poirier pour espalier en palmette simple.—Formation de la palmette. — Palmette double. — Taille et conduite du pommier. — Pommier demi-nain, sur doucin. — Nain, sur paradis. — Normandie. — Affranchissement des pommiers nains quand leur greffe est enterrée.

Les indications données dans le chapitre précédent renferment tous les principes de la taille des arbres à fruits à pepins, et leur application à la forme la plus simple sous laquelle le poirier puisse être conduit. Lorsqu'il s'agit de conduire le poirier sous toute autre forme, on ne retrouve dans la pratique que les applications des mêmes principes.

Poirier en pyramide. — La forme en pyramide (fig. 63) est la plus usitée pour le poirier, soit dans le jardin fruitier proprement dit, soit dans les plates-bandes qui encadrent les carrés du potager; elle se recommande par plusieurs avantages. Les poiriers sous cette forme ne projettent pas une ombre trop épaisse sur leurs voisins ou sur les parties environnantes du potager; leurs fruits, recevant l'air et la lumière dans toutes les directions, possèdent toutes les qualités propres à leur espèce; une fois bien établis, les poiriers en pyramide se maintiennent facilement en bonne végétation; l'équilibre de la séve s'y conserve pour ainsi dire de lui-même; jamais ces arbres, à moins qu'ils ne soient livrés à des mains négligentes, ne tendent à s'encombrer de bois superflu ou à s'emporter en *branches gourmandes*, dont la vigueur excessive dérangerait toute l'harmonie de la forme. La préférence accordée à **la pyramide** de nos jours est donc parfaitement fondée.

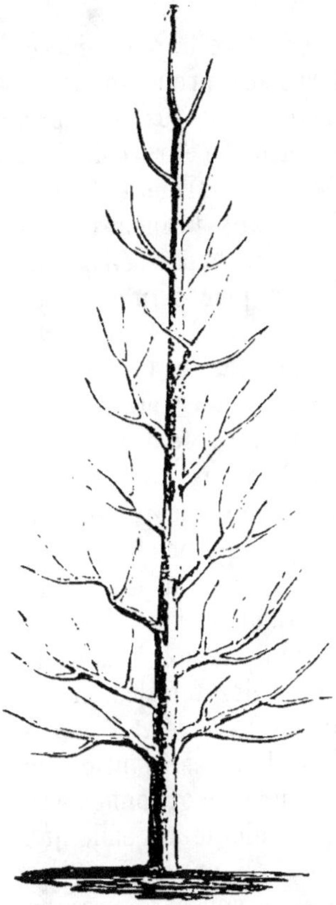

Formation de la pyramide. —Le poirier destiné à devenir une pyramide se commence, comme tous les poiriers possibles, par une seule pousse née d'une greffe taillée sur un bon œil. Si l'on examine les yeux, tous à bois, distribués le long de cette pousse, on voit qu'ils sont disposés naturellement en spirale; c'est aussi en spirale que devront être établis les rameaux latéraux de la pyramide. On commence par tailler sur un bon œil, en laissant au-dessous de la coupe quatre à cinq yeux qui deviendront des bourgeons. Afin que la séve profite principalement aux branches latérales, desquelles dépend l'avenir de l'arbre, on ne laisse prendre à la pousse centrale, qu'on nomme *la flèche* de l'arbre, qu'un accroissement modéré en la taillant sur un œil vigoureux jusqu'à ce qu'elle ait pris graduellement la hauteur qu'elle ne doit

Fig. 63. Poirier en pyramide.

pas dépasser. Les pousses latérales sont de même raccourcies plus ou moins, afin de leur faire prendre assez de force pour retenir leur part de la séve qui tend continuellement à se porter vers le sommet de l'arbre. Si elles ne prennent pas naturellement la direction désirée, les branches latérales inférieures sont rattachées par des liens d'osier soit à la flèche de l'arbre, soit au tuteur qui les soutient pendant les premières années et les empêche de dévier de la ligne verticale. L'usage a prévalu de nos jours, pour les plantations, d'acheter dans les pépinières des arbres tout préparés, que le jardinier n'a plus qu'à continuer, et qui conservent sans peine une régularité parfaite.

Quenouille. — La seule différence entre la pyramide et la quenouille, c'est qu'à partir de terre les premiers étages de branches inférieures vont en s'élargissant jusqu'à deux mètres environ; puis, de ce point, la forme de l'arbre devient tout à fait semblable à une pyramide. Cette forme a l'inconvénient de ne pas donner assez de force aux branches inférieures qui ne portent presque pas de fruit, la séve étant attirée par les étages de branches latérales placés immédiatement au-dessus.

Fuseau ou colonne. — Le poirier en fuseau ou colonne ne convient que pour les petits jardins où l'on veut rassembler dans un espace limité un grand nombre de variétés de poiriers. Ces arbres n'ont pour ainsi dire pas de branches latérales, ou du moins leurs branches, taillées très-court, servent exclusivement de support aux productions fruitières. On ne conserve les arbres sous cette forme un peu contre nature qu'en leur laissant prendre un grand accroissement en hauteur et en les soumettant de temps en temps à la taille des racines en automne, après la chute des feuilles. A cet effet, on déchausse l'arbre tout autour de sa base et l'on retranche toutes les racines un peu prolongées, dont on ne conserve que des tronçons d'une longueur proportionnée à la force de l'arbre. Il est reconnu en physiologie végétale que les racines font les branches, et que réciproquement les branches font les racines; l'arbre qui ne conserve presque pas de racines et dont la partie souterraine est soumise à une taille périodique régulière, ne forme presque pas de branches; il va sans dire que, sous cette forme, le poirier n'a pas une bien longue durée. Mais, dans un sol bien amendé, naturellement fertile, les poiriers conduits en fuseau ou colonne, s'ils ne sont pas très-durables, sont, toute proportion gardée, aussi productifs que d'autres et donnent d'excellents fruits, selon leur espèce. Pendant toute la durée de leur xistence, à moins qu'ils ne soient plantés en massifs dans une situation parfaitement abritée, ces arbres ont besoin d'être soutenus par de bons tuteurs, sans quoi la brièveté de leurs racines les exposerait à être renversés par les grands vents.

Poiriers en vase ou en corbeille. — On mentionne ici cette forme parce qu'elle est encore en usage dans quelques jardins d'amateurs; les poiriers en vase tiennent beaucoup de place à cause du vide intérieur qu'il est nécessaire de leur ménager; ils n'offrent aucun avantage réel ni pour l'abondance, ni pour la qualité du fruit, qui compense cet inconvénient. Pour obtenir un vase bien formé, on taille le jeune poirier sur deux yeux qui donnent chacun un bon bourgeon. L'année suivante, ces deux bourgeons sont taillés chacun sur deux yeux, ce qui donne quatre bourgeons, base de la charpente de l'arbre. A mesure qu'ils se prolongent en se garnissant de branches latérales, ces rameaux principaux sont attachés, à des distances égales entre elles, à des cercles de barriques qu'on choisit de plus en plus grands d'étage en étage, jusqu'à ce que le vase tout formé puisse se soutenir de lui-même. Il ne faut conduire sous la forme de vase que les poiriers greffés sur cognassier, des espèces qui ne sont pas disposées à prendre un trop grand accroissement; les vases trop élevés ont forcément à leur partie supérieure un très-grand diamètre, ce qui les rend encombrants et fort incommodes.

Poiriers en palmette simple. — C'est, ainsi que nous l'avons fait remarquer, la forme actuellement la plus usitée pour l'espalier et le contre-espalier. Il y a, parmi les espèces de poiriers qui donnent les meilleurs fruits, des variétés plus ou moins sensibles au froid, ou qui fleurissent de très-bonne heure au printemps, de sorte que les froids tardifs empêchent souvent les fruits de se former. Ce sont les variétés auxquelles il convient de donner place sur l'espalier à bonne exposition. Pour établir le poirier en palmette simple, forme à peu près seule employée pour le poirier en espalier, on taille successivement la flèche, ou tige centrale sur deux yeux, l'un à droite l'autre à gauche; les bourgeons nés de ces yeux sont abaissés et palissés dans une position presque horizontale ; ils commencent un étage de la charpente. L'année suivante, la flèche à laquelle on a eu soin de ne laisser prendre qu'un accroissement modéré, donne par la même taille un second étage, et ainsi de suite. Il faut apporter une grande attention à régler la marche de la végétation des branches latérales ou cordons de la palmette, afin qu'ils soient tous d'égale force et qu'ils grandissent avec la plus parfaite égalité, condition facile à obtenir par le pincement. S'il arrive qu'un côté du jeune arbre s'emporte et devienne beaucoup plus vigoureux que le côté opposé, on doit dépalisser le côté le plus faible en maintenant le côté le plus fort rattaché au treillage ; cela suffit pour rétablir l'équilibre. Quand on achète, selon l'usage actuel, des poiriers tout préparés par un habile pépiniériste, rien n'est plus facile que de faire prendre à la charpente bien commencée tout son accroissement, en en conservant la symétrie et réglant la distribution de la séve dans toutes les parties de l'arbre. Sur un poirier en espalier, les bourgeons nés des yeux à bois sont presque toujours trop nombreux ; on supprime par l'ébourgeonnement, sans leur laisser le temps d'absorber inutilement une partie de la séve, les bourgeons mal placés, les cordons du poirier en palmette simple ne devant présenter au mur qu'une surface nue, et avoir toute leur pousse en avant du mur. Les bourgeons conservés, s'ils montrent une vigueur excessive qui empêche l'arbre de se mettre à fruit sont pincés, puis cassés, pour obtenir de leurs yeux inférieurs des productions fruitières ; les arbres parviennent ainsi rapidement à leur plus haut degré de fertilité. La marche à suivre est la même pour les arbres en contre-espalier sous la même forme ; mais comme les deux surfaces du contre-espalier sont exposées à l'air et à la lumière, tandis que l'espalier ne reçoit la lumière et l'air que d'un côté, le jardinier laisse des bourgeons se développer également sur les deux surfaces opposées des cordons du contre-espalier en palmette simple ; il peut en obtenir ainsi un nombre double de productions fruitières (fig. 64).

Poirier en palmette double. — Cette forme se commence par une taille sur deux yeux dont on laisse les bour-

geons croître verticalement. Sur chacun de ces bourgeons
devenus la base de la charpente de l'arbre, on laisse croître,

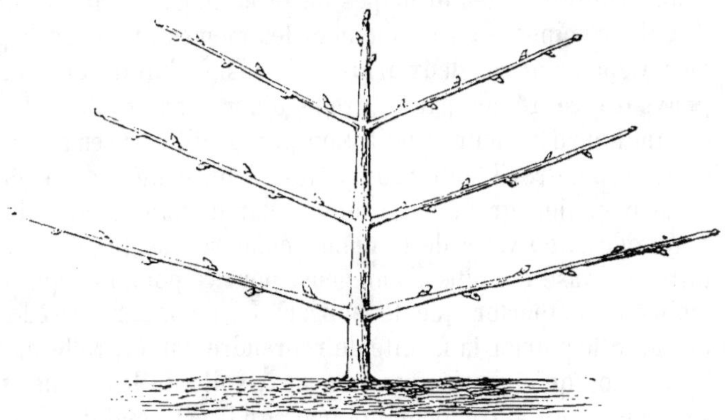

Fig. 64. Poirier préparé par la palmette simple.

par une taille de tous points semblable à celle qu'on a décrite
pour la palmette simple, des cordons latéraux également
espacés entre eux. Cette forme n'offre pas d'avantage réel sur
la palmette simple; elle convient surtout aux espèces d'une

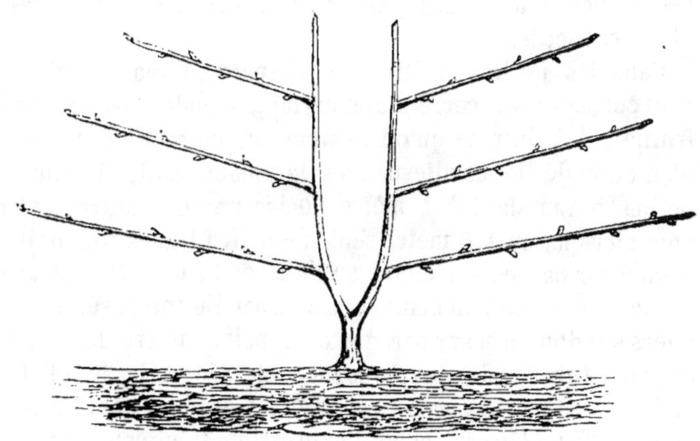

Fig. 65. Poirier préparé pour la palmette double.

grande vigueur, appelées à couvrir une grande surface sur
l'espalier (fig. 65).

Taille et conduite du pommier. — Le mode naturel de végétation du pommier, ses branches à bois, ses productions fruitières, les principes de sa taille et les applications de ces principes, sont exactement les mêmes que chez le poirier. Cependant ces deux arbres, si voisins l'un de l'autre, ne peuvent être réunis par la greffe d'une manière durable, ce qui indique dans leur constitution plus de différences radicales que n'en montre l'identité complète de leur manière de végéter.

Le pommier greffé sur franc ou sur doucin se conduit en pyramide et en vase, de la même manière que le poirier. La forme en vase est plus avantageuse pour le pommier qui tend moins à s'emporter que le poirier. Le pommier possède de plus que le poirier la faculté de reprendre par la greffe en approche lorsqu'on croise ses rameaux, soit sur les siens, soit sur ceux d'un autre pommier; lorsqu'il est conduit en cordon horizontal simple sur fil de fer, à 50 centimètres du sol, l'extrémité d'un cordon se greffe ainsi par approche au moyen d'une légère entaille dans les deux écorces, sur le coude du cordon suivant. Il en résulte une ligne continue d'une longueur indéterminée, dans laquelle circule la séve fournie par les racines de tous les sujets, ce qui les rend plus durables et plus productifs.

Dans les **jardins** fruitiers où l'espace ne manque pas, on peut consacrer un carré d'une certaine étendue dans le jardin fruitier, à établir ce qu'on nomme *une normandie*. C'est une plantation de lignes alternatives de pommiers demi-nains, en petites pyramides, à 1 mètre 50 les uns des autres, et de pommiers nains à 1 mètre seulement; les lignes sont uniformément espacées à 1 mètre 50 l'une et l'autre. Il faut avoir grand soin, lorsqu'on plante une normandie composée de pommiers sur doucin et sur paradis, de ne point enterrer les greffes. Quand les greffes de ces arbres sont enterrées, elles font l'office de boutures; elles émettent des racines qui leur sont propres, elles *s'affranchissent*, selon l'expression très-juste employée par les jardiniers. En effet, les greffes enracinées comme des boutures ne sont plus nourries exclusivement par le sujet; il en résulte qu'au lieu de rester sous des dimensions réduites, en pyramides demi-naines ou en buissons tout à fait nains, les pommiers grandissent inégalement, outre mesure, et se comportent exactement comme le feraient des arbres *francs de pied*, c'est-à-dire nés de semis de pepins, ou greffés sur des sujets francs, ce qui ne permettrait pas de les conserver dans la Normandie.

On peut profiter de la facilité avec laquelle toutes les espèces et variétés de pommiers se greffent, ou, pour mieux dire, se soudent par approche, pour en former des haies et des tonnelles à la fois très-solides et très-productives. S'agit-il, par exemple, de séparer le jardin fruitier ou potager des autres compartiments d'un grand jardin : au lieu d'une charmille ou d'une haie de clôture de cornouiller ou d'aubépine, on plante une rangée de pommiers qu'on dirige de manière à ce que leurs branches s'entrecroisent en losanges, soit entre elles, soit avec celles de leurs voisins. A chaque point de rencontre de deux branches, l'écorce est incisée, et les deux parties qui doivent se souder sont maintenues par une ligature. Dès la première année la soudure est consolidée ; les pommiers, conduits en haie sous cette forme, sont aussi productifs que s'ils étaient conduits en contrespalier. Le procédé est le même pour établir en quelques années une tonnelle de pommiers soudés en losanges.

CHAPITRE XXXIII

Taille et conduite des arbres à fruits à noyau.

Arbres à fruits à noyau. — Végétation naturelle du pêcher. — Ce que devient un pêcher qu'on ne taille pas. — Taille et conduite du pêcher. — Branches diverses du pêcher. — Ébourgeonnement et pincement. — Formes diverses du pêcher. — Pêcher d'Égypte en pyramide. — Pêcher en palmette simple. — En palmette double. — En V ouvert. — Forme carrée. — Forme à la Demoustier. — Forme en cordon oblique simple et double. — Ses avantages dans les petits jardins.

Pour faire aux arbres à fruits à noyau l'application rationnelle des principes posés dans les chapitres précédents, quant à la taille et à la conduite des arbres à fruits à pepins, il faut avant tout se rendre compte exactement du mode particulier de végétation de chacun de ces arbres afin de pouvoir agir en parfaite connaissance de cause.

Les arbres à fruits à noyau cultivés dans nos jardins sont : le *pêcher*, l'*abricotier*, le *prunier* et le *cerisier*. Le pêcher est le plus important, soit par la valeur élevée de ses fruits, soit par sa fécondité et par le nombre des bonnes espèces que l'horticulture a su en obtenir.

Végétation naturelle du pêcher. — Si l'on sème un noyau de pêche et qu'on laisse croître, sans y toucher, le jeune arbre qui en résulte, cet arbre forme de lui-même une tige qui se ramifie à une certaine hauteur, et qui finit par être surmontée d'une tête irrégulière toute composée de jeunes branches qui se succèdent d'année en année. Quelques-unes de ces branches fleurissent et donnent un certain nombre de fruits; celles qui en ont donné une fois ne peuvent plus en porter jamais, quelle que soit la durée de l'arbre; elles ne peuvent que produire de jeunes branches qui peuvent fleurir et fructifier à leur tour une seule fois, jamais au delà. Toute la sève se porte vers le sommet de l'arbre, le bas des branches reste entièrement nu, et il ne s'y produit jamais naturellement de jeunes bois, tant l'aspiration de la sève par la partie supérieure des branches est puissante chez le pêcher : Telle est la marche invariable de la végétation naturelle de cet arbre; cette marche exactement telle qu'elle vient d'être décrite chez un pêcher greffé, abandonné à lui-même, sans être taillé ni conduit sous une forme déterminée.

Taille et conduite du pêcher. — Les notions qui précèdent montrent déjà quel doit être le but principal de la taille et de la conduite du pêcher. Ceux qu'on désigne sous le nom de *pêchers de vignes,* qu'on ne greffe pas et qui poussent dans les vignobles comme il plaît à Dieu, peuvent sans grand inconvénient être ainsi livrés au cours naturel de leur végétation, jusqu'à ce qu'ils meurent d'épuisement; c'est ce qui a lieu aux États-Unis d'Amérique dans les immenses vergers plantés de pêchers de ce genre, dont les fruits servent à fournir de l'alcool par la fermentation et la distillation. Dans les jardins, il n'est pas possible de laisser au pêcher la même liberté. Sous le climat de Paris et de toute la France, du bassin de la Loire à notre frontière du Nord, le pêcher ne donne de bons fruits que lorsqu'il est cultivé en espalier; le contre-espalier même ne lui suffit pas; les pêches, faute de chaleur, y mûrissent trop tard, ou bien elles n'y mûrissent pas du tout. Lorsqu'un pêcher est cultivé en espalier, on comprend que, même sans tenir compte de la beauté du coup d'œil, un mur garni d'arbres dont les branches seraient toutes nues par le bas et porteraient seulement un peu de verdure au sommet, serait une cause de perte grave pour le jardinier. Il doit donc, pour le tailler, combattre la disposition de la sève à abandonner le bas du pêcher, la retenir et la distribuer également dans toutes les parties de l'arbre qu'il doit savoir rendre toutes productives au même degré, et sachant qu'une branche à fruit de pêcher ne fleurit et ne fructifie qu'une fois, ménager sans interruption des branches de remplacement pour les branches qu'il supprime après qu'elles ont donné une récolte (fig. 66).

Le bourgeon annuel né d'un œil à bois sur une branche de pêcher, n'est pas, comme celui du poirier et du pommier,

garni exclusivement d'yeux à bois ; ces yeux sont accompa-
gnés d'un ou deux boutons à fleurs, sur lesquels repose l'es-

Fig. 66. Branche à fruit du pêcher.   Fig. 67. Branche fleurie du pêcher.

poir de la récolte de l'année (fig. 67). Quelquefois, il se produit sur les rameaux du pêcher de petites branches très-
courtes portant une touffe de feuilles et plusieurs boutons de
fleurs : on les nomme *bouquets*. Les bouquets sont pour le
pêcher **ce** que les bourses sont pour les arbres à fruits à pepins; on les ménage avec soin comme les meilleures des productions fruitières (fig. 68).

Lorsqu'une jeune branche de pêcher, née d'un œil à bois
de l'année précédente, a porté fruit, elle est taillée sur son
œil inférieur, afin que celui-ci s'ouvre sur un bourgeon qui

sera branche à fruit à son tour. Il résulte de cette taille répétée tous les ans un certain nombre de branches courtes, également distribuées sur toute la charpente de l'arbre, et qui ont pour fonctions de produire des branches à fruit; c'est ce que les jardiniers nomment des branches *coursonnes* (fig. 69). Lorsqu'il naît sur une de ces branches un bon œil à bois inférieur, on ne doit pas manquer de tailler sur cet œil afin de rajeunir la branche coursonne dont on prévient par là le prolongement excessif et l'épuisement.

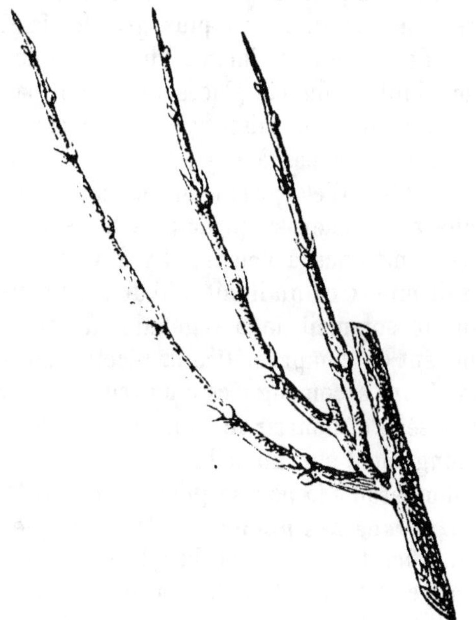

Fig. 68. Bouquet du pêcher.

Tout l'art de bien tailler le pêcher, à part la conservation de la forme sous laquelle il est conduit, consiste à lui ménager un nombre suffisant de branches coursonnes régulièrement distribuées pour que toutes

Fig. 69. Branche coursonne du pêcher.

les parties de l'espalier donnent leur contingent de bonnes

pêches, et à faire naître, au bas des branches qui viennent de porter fruit, un certain nombre de branches de remplacement.

Le pêcher planté dans de bonnes conditions est disposé à émettre plutôt trop que trop peu de pousses annuelles; il arrive même très-souvent qu'un bourgeon annuel très-vigoureux ne reste pas simple; les yeux des aisselles des feuilles de sa partie supérieure s'ouvrent prématurément en faux bourgeons ou bourgeons anticipés. Quelle que soit la vigueur du pêcher, le jardinier n'en doit jamais être embarrassé; pourvu qu'il ne permette pas à la séve de se porter plus d'un côté que de l'autre, et qu'il maintienne l'équilibre de végétation, le pêcher n'aura jamais trop de force, puisqu'il sera toujours possible d'utiliser cette force au profit de la production et de la qualité du fruit.

C'est surtout sur le pêcher que l'ébourgeonnement et le pincement offrent au jardinier les plus grandes facilités pour prévenir tout désordre et maintenir l'harmonie de la forme. Les bourgeons inutiles ou mal placés ne doivent pas être supprimés trop tôt; on doit leur laisser prendre un certain accroissement, afin de n'avoir pas à regretter plus tard un retranchement inconsidéré. C'est pour la même raison que le jardinier ne donne au pêcher sa principale taille annuelle que quand l'arbre commence à fleurir; il voit plus clair dans sa besogne et sait mieux ce qu'il fait. S'il donnait cette taille en hiver pendant le sommeil de la végétation du pêcher, il lui arriverait souvent de compromettre la récolte, en ne conservant que des fleurs accompagnées d'un œil à bois trop faible pour attirer la séve et nourrir le fruit, et de tailler les branches de prolongement sur un œil assez fort en apparence, mais qui ne donnerait à la pousse qu'un bourgeon défectueux.

Formes diverses des pêches. — On a vu que le pêcher en plein vent à haute tige, ou pêcher de vigne, ne se taille pas; on l'élague seulement pour retrancher les branches mortes, malades ou rompues par accident; il n'est conduit sous aucune forme régulière. La *forme en pyramide* n'est point usitée pour le pêcher; une seule espèce, le pêcher *d'Égypte* ou *de Syrie*, d'introduction toute moderne, se prête à la forme en pyramide et donne sous cette forme des fruits passables; la charpente s'établit d'après les principes exposés pour former le poirier en pyramide; tous les autres pêchers veulent l'espalier. Les principales formes du pêcher en espalier sont la *palmette simple* (fig. 70), la *palmette double*, le *V ouvert*, la *forme carrée*, la forme *à la Demoustier*, et *le cordon oblique simple ou double*.

Fig. 70. Pêcher en palmette simple.

Pêcher en palmette simple. — Pour conduire le pêcher sous cette forme, on rabat le pêcher d'un an de greffe sur un bon œil qui donne une pousse unique destinée à être la tige centrale ou flèche de la palmette. On en obtient à la première taille deux bras latéraux qu'on palisse l'un à droite, l'autre à gauche, à la même hauteur; ce sont les premiers cordons inférieurs de la palmette. En les gouvernant avec soin par le pincement et l'ébourgeonnement, on les maintient facilement à l'état de vigueur et d'égalité nécessaire; l'année suivante, la flèche, suffisamment prolongée, donne deux autres cordons qu'on traite de la même manière, et l'arbre se

17

complète d'année en année par le même procédé, jusqu'à ce qu'il ait atteint le haut du mur. Lorsqu'on espace les bras suffisamment pour leur donner une garniture de branches coursonnes et de branches à fruit des deux côtés de chaque cordon, on a soin de ne pas les palisser tout à fait horizontalement, afin que les petites branches de la partie inférieure puissent attirer leur part de la séve. Quand les cordons sont plus rapprochés, on les palisse à peu près horizontalement (fig. 71); mais alors ils n'ont de branches coursonnes et de branches à fruit que sur leur partie supérieure; la première de ces deux méthodes est de beaucoup la plus usitée.

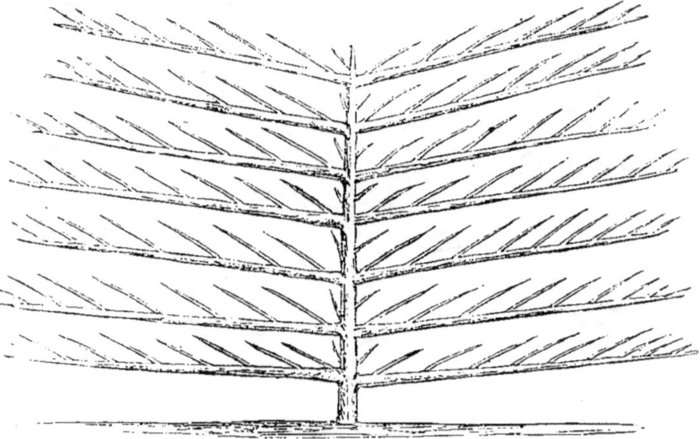

Fig. 71. Pêcher en palmette simple à cordons horizontaux.

Pêcher en palmette double. — On commence cette forme par deux bourgeons d'égale force, palissés verticalement en regard l'un de l'autre, sur chacun desquels on ménage des cordons au même niveau de chaque côté. La palmette double n'offre aucun avantage sur la palmette simple, et n'est presque pas usitée; elle convient surtout aux espèces très-vigoureuses, dont les cordons prennent une grande extension, et qui couvrent une grande surface à droite et à gauche sur l'espalier.

Forme en V ouvert. — Cette forme, désignée dans les anciens traités sous le nom de *forme à la Montreuil*, ne mérite plus ce nom ; elle n'est mentionnée ici que pour mémoire ; les jardiniers de Montreuil y ont peu à peu renoncé pour adopter la forme carrée, remplacée elle-même aujourd'hui peu à peu par la palmette ; la raison en est sensible. Lorsqu'on établit un jeune pêcher sur deux branches divergentes auxquelles on fait produire une charpente régulière complète, un temps toujours assez long se passe avant que le vide laissé sur l'espalier par la divergence des deux bras du V ouvert puisse être rempli. Il en résulte une perte très-sensible quant à la production du fruit. La palmette offre l'incontestable avantage de couvrir toute la surface et de l'utiliser en entier pour la production du fruit.

Forme carrée. — Cette forme a joui longtemps d'une grande faveur ; elle est supérieure à la forme en V ouvert en ce qu'elle couvre plus rapidement la surface du mur ; elle est inférieure à la palmette sous ce rapport qu'une partie des branches de la charpente, commencée comme le V ouvert par deux premiers bras divergents, se trouve dans une position trop rapprochée de la verticale. Toute branche de pêcher dans une position trop droite aspire une trop forte part de séve et tend continuellement à s'emporter aux dépens des autres ; l'équilibre de végétation ne peut être maintenu qu'à force de soin et d'attention. Néanmoins on rencontre encore sur beaucoup d'espaliers de vieux pêchers sous la forme carrée, très-beaux et très-productifs ; mais ils sont successivement remplacés par des palmettes simples, à mesure qu'ils meurent de vieillesse.

Forme à la Demoustier. — Cette forme, actuellement tout à fait abandonnée, commence par le V ouvert ; on donne aux premières branches une très-grande extension, de sorte que la charpente n'est complète qu'au bout d'un grand nombre d'années. Sans doute, dans le jardin d'un amateur qui tient à la beauté du coup d'œil, et qui dispose de beaucoup de surface libre sur ses murs, c'est une fort belle chose qu'un vieux pêcher conduit à la Demoustier, sur un développement de 6 à 8 mètres de chaque côté du tronc, et couvert également de fleurs au printemps et de fruits en été sur toute son étendue. Mais, pour un jardinier de profession, qui paye le loyer du terrain qu'il cultive et ne peut perdre ni un temps précieux, ni la plus grande partie de la surface de l'espalier, cette forme ne peut pas être adoptée et son complet abandon est pleinement justifié.

Forme en cordon oblique.—La forme du pêcher en cor-

Fig. 72. Pêcher en cordon oblique simple.

don oblique est une des plus heureuses innovations de l'horticulture moderne (fig. 72). Le pêcher sous cette forme ne se taille point, à proprement parler, pour établir sa charpente. Après avoir provoqué, par une première taille sur un bon œil, la sortie d'un bourgeon vigoureux, on le laisse aller sans le raccourcir, en se bornant à l'incliner sous un angle de 45 degrés. Les yeux qui s'ouvrent le long du cordon donnent un nombre plus que suffisant de branches coursonnes et de petites branches à fruit. La position inclinée du cordon permet de lui laisser prendre un tel prolongement qu'il s'arrête de lui-même avant d'atteindre le sommet du mur; sinon, il est contenu par le pincement. Les pêchers sous cette forme peuvent être plantés à 75 centimètres les uns des autres; la manière dont ils s'emboîtent l'un au-dessus de l'autre ne laisse aucun vide sur l'espalier, dont pas 1 centimètre carré n'est perdu pour la production du fruit.

Le cordon oblique double (fig. 73) se forme comme le simple, avec deux bourgeons qu'on laisse aller, en ayant soin de

les maintenir d'égale force entre eux par le pincement, l'é-
bourgeonnement et le palissage; on les espace entre eux à

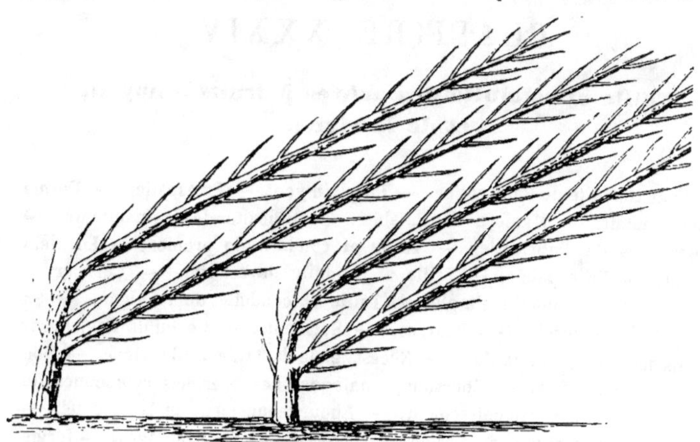

Fig. 73. Pêcher en cordon oblique double.

40 centimètres, sous le même angle, que le cordon simple.
Les pêchers en cordon oblique double doivent être plantés à
1 mètre les uns des autres. L'un des principaux avantages du
cordon oblique, c'est qu'il permet de réunir sur un espalier
de peu d'étendue toute une collection de pêchers, ce qui n'est
pas possible quand chaque arbre individuellement occupe à
lui seul 2 ou 3 mètres courants de surface à droite et à gauche de sa base.

On voit que la taille et la conduite du pêcher, sous quelque
forme que ce soit, en se conformant à son mode particulier de
végétation, n'offrent aucune difficulté sérieuse. Cet arbre est
au contraire d'une extrême docilité, prompt à se mettre à fruit
et régulièrement productif lorsqu'on apporte assez de soin à
le diriger selon les exigences de son tempérament et du
cours naturel de sa sève.

CHAPITRE XXXIV

Taille et conduite des arbres à fruits à noyau, et de la vigne.

Taille et conduite de l'abricotier. — En plein vent. — En espalier. — Forme en éventail. — Manière de l'établir. — Difficulté de la maintenir. — Branches de l'abricotier. — Taille et conduite du prunier. — En plein vent. — En espalier. — Taille et conduite du cerisier. — Cerisier en espalier, en palmette simple. — Taille et conduite de la vigne. — Sa végétation naturelle. — Bourres. — Sarments. — Ce qu'ils deviennent s'ils ne sont point taillés. — Nécessité de la taille de la vigne. — Son but. — Ses effets. — Coursons, analogues aux branches coursonnes du pêcher. — Leur rajeunissement. — Ébourgeonnement ou taille d'été. — Conduite de la vigne. — Forme à la Thomery. — Ses avantages. — forme en cordons verticaux.

Taille et conduite de l'abricotier. Le fruit de l'abricotier ne possède réellement toutes les qualités qui en constituent le mérite, que quand il est récolté sur des arbres conduits en plein vent, à haute tige. Ces arbres s'établissent sur quatre branches principales, en suivant une marche analogue à celle indiquée pour former le poirier et le pommier en vase ou en corbeille. Pendant les premières années, on maintient à la distance voulue les branches de la charpente, en les rattachant à un ou plusieurs cercles de barriques ; puis, on les abandonne au libre cours de leur végétation. L'abricotier dont le bois est toujours extrêmement gommeux, est au nombre des arbres qui, comme disent les jardiniers, n'*aiment pas le fer*, et veulent être taillés le moins possible, une fois qu'ils sont bien établis sous la forme désirée.

Abricotier en espalier. — Dans un jardin fruitier d'une assez grande étendue, on accorde toujours sur l'espalier, une place à l'abricotier, soit pour avoir des abricots mûrs de très-bonne heure, soit pour avoir de très-beaux abricots, bien qu'on sache d'avance qu'ils ne vaudront jamais les abricots de plein-vent. La forme habituellement adoptée pour l'abricotier en espalier est celle en *éventail*, qui, lorsqu'elle est complète, consiste en 5 ou 7 branches de charpente, régulièrement divergentes, comme les fiches d'un éventail. Cette forme se commence de même que le pêcher, par deux bourgeons en regard l'un de l'autre, divergents à la manière des premières pousses d'un pêcher en V ouvert. La seconde année, ces deux branches taillées à 25 ou 30 centimètres sur deux bons yeux donnent les rameaux inférieurs de la charpente qui se continue les années suivantes de la même manière, en ne laissant prendre chaque année aux pousses de prolongement qu'une longueur modérée, afin de bien fixer la séve dans les branches du bas avant de laisser se développer celles du centre dont la direction se rapproche de la verticale. Du reste, quelque soin qu'on prenne d'établir une symétrie parfaite entre toutes les parties d'un abricotier en espalier, cette harmonie de la forme, même entre les mains du plus habile jardinier, ne subsiste jamais bien longtemps. L'abricotier est plus sujet que tout autre arbre, du moins sous le climat de Paris, à perdre subitement une partie de sa charpente dont, sans cause apparente, et sans qu'il soit possible de l'empêcher, la séve se retire tout à coup, ou qui est frappée de mort par un engorgement de gomme extravasée. Ces accidents assez fréquents n'empêchent pas qu'il n'existe sur beaucoup d'espaliers de vieux abricotiers très-productifs. La nature généreuse de cet arbre répare vite ses pertes par des jets vigoureux qui sortent du vieux bois au-dessous de la partie frappée de mort, et les vides de la charpente sont comblés en peu de temps.

Branches de l'abricotier.—Cet arbre se met de lui-même à fruit; ses branches de deux ans portent en même temps des yeux à bois et des boutons à fleurs, supportés les uns et les autres sur une sorte de *console* très-saillante (fig. 74). Ces branches conservent pendant plusieurs années leur fertilité, après quoi, le plus souvent, elles se dessèchent et meurent. Sur les arbres en plein-vent, il ne faut y toucher que pour les élaguer quand elles sont mortes, en laissant à la nature le soin

d'en développer d'autres. Sur l'abricotier en espalier, on supprime dès leur naissance les bourgeons superflus ou mal placés; on contient par une taille modérée, par le pincement et
par le palissage, les bourgeons qui tendent à prendre trop de longueur en
avant ; il s'y forme toujours un certain nombre de petites branches de 10
à 15 centimètres de long, uniquement
chargées de boutons à fruits; ces branches sont pour l'abricotier ce que sont
les bouquets pour le pêcher; on ne les
taille point ; les fruits se succèdent sur
ces branches courtes, pendant plusieurs
années sans interruption.

Taille et conduite du prunier.
— Le prunier est de tous les arbres
fruitiers celui qui se taille le moins;
étant établi sur trois ou quatre bonnes
branches, puis livré à lui-même, cet
arbre prend naturellement une forme
régulière, en tête assez élevée, s'il appartient à une espèce de fruit oblong et
à bois dur, en tête étalée et arrondie, s'il
est d'une variété à fruit rond et à bois
souple, comme la Reine Claude. Le prunier est moins sujet que l'abricotier à

Fig. 74. Branche fleurie
d'abricotier.

perdre des parties de sa charpente par
mort subite ou par engorgement de gomme. Il répare aussi
facilement ses pertes par la vigueur de sa végétation. Les
espèces de prunes les plus recherchées, contrairement à ce
qui a lieu sur l'abricotier, sont meilleures en espalier qu'en
plein-vent; mais, les prunes, même les meilleures, n'ont
jamais assez de valeur pour qu'on accorde aux pruniers une
partie de la surface disponible sur les murs à bonne exposition.
Le prunier n'est donc cultivé en espalier que par exception,
dans les jardins de quelques amateurs qui font un cas particulier de la prune. La taille et la conduite du prunier en

espalier sont de point en point semblables à la taille et à la conduite de l'abricotier en espalier.

Taille et conduite du cerisier. — Le cerisier en plein-vent à haute tige ne se taille pas beaucoup plus que l'abricotier et le prunier; il est rustique et vigoureux et ne demande aucune direction particulière, une fois que sa tête est formée sur quatre branches aussi égales que possible (fig. 75).

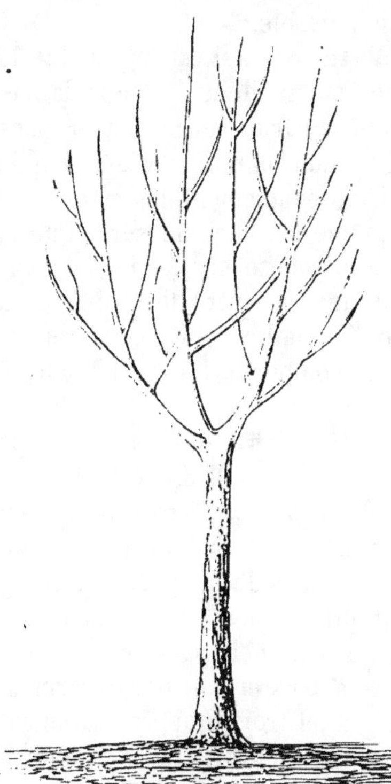

Fig. 75. Cerisier en plein vent.

Cerisier en espalier. — Dans le voisinage des villes, il est souvent très-avantageux de consacrer une partie de la surface des murs à l'exposition du midi, à quelques cerisiers des espèces les plus précoces et les plus estimées; les fruits de ces arbres qui devancent de dix à quinze jours sur le marché les fruits de même espèce récoltés sur les arbres en plein-vent, se vendent très-bien, et le cerisier paye convenablement par ses produits le loyer de la place qu'il occupe sur l'espalier. On le conduit soit en éventail très-étalé, comme l'abricotier, soit en palmette simple, comme le pêcher, en lui faisant subir la même taille, à laquelle sa végétation se prête avec assez de docilité. Quand l'espace ne manque pas, les bras de la charpente, plus nombreux et plus rapprochés entre eux que ceux de l'abricotier et du pêcher, n'ont pas besoin de taille de prolongement; on laisse aller les bras sans les raccourcir; il suffit de veiller à ce qu'ils se maintiennent aussi égaux que possible; ces bras se garnissent d'eux-mêmes de petites branches à fruit sur toute leur longueur, leur fécondité est pour ainsi dire inépuisable.

Taille et conduite de la vigne. — Il est impossible de découvrir la moindre analogie, même éloignée, entre la nature du fruit de la vigne et celle du fruit du pêcher; cependant, par une coïncidence très-remarquable, la végétation de la vigne et celle du pêcher sont exactement les mêmes, et suivent de point en point la même marche, de sorte que la taille de ces deux arbres fruitiers repose sur les même principes. Pour s'en convaincre, il faut observer attentivement un rameau annuel de vigne qu'on ne taille point, et se rendre compte de la manière dont il se comporte, lorsqu'il est livré à lui-même.

Végétation naturelle de la vigne. — Les yeux de la vigne naissent sur le sarment, dans l'aisselle d'une feuille; on les désigne sous le nom spécial de *bourres*, parce qu'ils sont entourés d'un duvet épais ou bourre, de couleur rousse, qui contribue à les préserver des atteintes de la gelée. Au printemps, quand la température est suffisamment adoucie, la bourre s'ouvre pour produire un bourgeon annuel, ou sarment. L'œil de la vigne est en même temps à bois et à fruit; le sarment porte à sa partie inférieure deux ou trois grappes, rarement plus; comme la branche à fruit du pêcher, une fois qu'il a porté fruit, il ne peut plus en produire jamais, quelle que puisse être la durée de son existence. A mesure que le sarment s'allonge, les grappes de sa partie inférieure fleurissent; puis, des grains de raisin succèdent à ces fleurs. Après le second mouvement de la séve, au mois d'août, la plus grande partie du sarment passe de l'état herbacé à l'état ligneux; on dit alors que le sarment est *aouté*. Lorsqu'il ne l'est qu'imparfaitement, ce qui arrive quand l'été et l'automne n'ont pas amené leur contingent normal de chaleur et de beaux jours, le raisin mûrit mal ou ne mûrit pas; c'est pourquoi le vigneron dit avec raison qu'il faut que la vigne mûrisse son bois en même temps que son fruit. A la fin de l'année, le sarment livré à lui-même porte donc vers le bas un certain nombre de grappes de raisin plus ou moins mûres, surmontées d'un rameau ordinairement d'une grande longueur, ligneux à sa base, herbacé à son sommet. Une bourre s'est formée pendant la belle saison dans l'aisselle de chaque feuille.

Au printemps de l'année suivante, chacune de ces bourres, si le sarment n'a point été taillé, s'ouvre pour produire un bourgeon dont la végétation annuelle reproduit toutes les phases qu'on vient de décrire. Mais, comme le sarment en a un très-grand nombre à nourrir, les uns avortent, les autres ne peuvent acquérir qu'une longueur médiocre; quelques-uns seulement d'entre eux portent un ou deux grapillons dont les grains très-clair semés ne peuvent atteindre le volume normal de leur espèce. Si l'expérience était prolongée un an de plus, les sarments seraient encore plus nombreux, encore plus courts, et la vendange se réduirait à quelques grains de raisin.

La taille est donc nécessaire pour la vigne au même titre que pour le pêcher; elle a pour but sur l'un et l'autre de ces deux arbres fruitiers, de faire naître des branches de remplacement pour celles qui, ayant une fois porté fruit ne peuvent plus en porter jamais, et dont on doit par conséquent chercher à obtenir des yeux ou bourres capables de donner des sarments fertiles, si l'on veut avoir une récolte quelconque l'année suivante.

Taille de la vigne. — Quelle que soit la forme sous laquelle la vigne est conduite, la taille est donc toujours fondée sur le même principe; elle donne infailliblement le même résultat. En hiver, lorsqu'il ne gèle pas, que les feuilles de la vigne sont complétement tombées, et que le sommeil de la végétation est aussi profond qu'il peut l'être, chaque sarment est rabattu sur les deux yeux les plus rapprochés de sa base; ces yeux seront au printemps des sarments plus ou moins productifs. La vigne n'ayant à nourrir qu'un nombre d'yeux proportionné à sa force, donne des récoltes régulières, et le raisin conserve toutes les qualités propres à son espèce. Les sarments naissent donc ainsi successivement sur un premier sarment qui leur a servi de point de départ et qu'on nomme *courson*, absolument comme, sur les branches de la charpente d'un pêcher, la branche *coursonne* supporte les branches annuelles ou petites branches qui seules peuvent porter fruit : l'identité sous ce rapport ne saurait être plus parfaite. Quand le cep de vigne vieillit, le courson, après avoir fourni un grand nombre de sarments fertiles, finit par se trouver lui-même trop long, de sorte que les raisins se forment trop loin du bras principal de la vigne sur lequel est inséré le courson. Le jardinier doit guetter avec attention la naissance sur le courson d'un œil inférieur, qui se montre toujours de temps à autre ; il rabat le courson sur cet œil à la taille d'hiver, et moyennant le sacrifice de la récolte d'un an ou deux, le courson se trouve rajeuni, sans que l'ensemble de la récolte en soit très-sensiblement diminué, parce que les coursons ne sont rajeunis au besoin que les uns après les autres.

Ébourgeonnement, taille d'été. — Quand la végétation de la vigne convenablement taillée en hiver suit sa marche régulière, les grappes fleurissent en juin et les grains de raisin se forment aussitôt après la floraison. Mais, dans un sol très-fertile, ou bien quand l'été est particulièrement favorable à la croissance des sarments, ceux-ci continuent à s'allonger outre-mesure, en attirant à eux la plus grande partie de la séve. Alors, la vigne coule, selon l'expression reçue, c'est-à-dire que la plupart des fleurs ne donnent pas de raisin, et qu'une partie des grappes avorte pour se convertir en vrilles, ce qui réduit à rien la récolte. On comprend combien il est urgent, dans ce cas, de s'opposer à cet accroissement extraordinaire du sarment, par un ébourgeonnement donné en temps utile ; c'est ce qu'on nomme également taille d'été, opération qui doit être renouvelée quand les yeux placés au-dessous de la coupe se sont ouverts en faux bourgeons. Ces faux bourgeons, si le jardinier les laissait croître à leur gré, retarderaient la maturité du raisin qui manquerait de saveur et de qualité.

Il faut toujours, même sur la vigne en espalier la mieux gouvernée, dans le meilleur sol et sous l'empire des circonstances climatériques les plus favorables, contenir le sarment par l'ébourgeonnement après que le raisin est bien formé; à la suite de ce retranchement du sommet des sarments, non-seulement le raisin grossit mieux et mûrit plus complétement, mais encore, les yeux du bas du sarment, sur lesquels doit être assise la taille d'hiver, prennent plus de force et préparent mieux la récolte de l'année suivante.

Conduite de la vigne. — Il s'est opéré depuis le commencement de ce siècle une réforme complète dans la manière de conduire la vigne destinée à produire le raisin de table. Sous le climat de Paris, les espèces de vignes qui produisent le meilleur raisin de dessert ne donnent des fruits réellement bons qu'en espalier et en contre-espalier. Tout le monde connaît la réputation justement méritée du *chasselas* dit *de Fontainebleau*, dont la plus grande quantité se produit en effet près de Fontainebleau, sur le territoire du village de Thomery. La supériorité de la méthode des jardiniers de Thomery pour la conduite de la vigne en espalier ne pouvant être contestée, et les bons traités d'horticulture ayant rendu vulgaire la connaissance de cette méthode, tout le

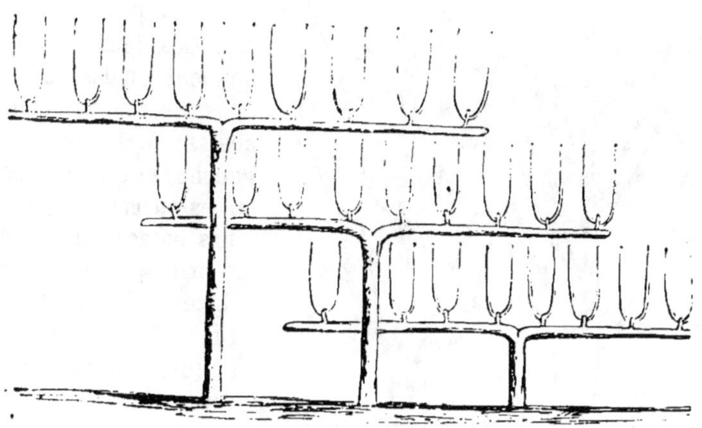

Fig. 76. Vigne à la Thomery.

monde s'est mis à conduire la vigne, non pas partout à la Thomery, mais d'après les mêmes principes, ce qui a singulièrement amélioré la production des bonnes espèces **de raisin** de table.

Forme à la Thomery (fig. 76). Le sarment servant **de** base à cette manière de conduire la vigne, est d'abord amené par des tailles successives à la hauteur où ses deux bras horizontaux doivent être commencés, sur le treillage de l'espalier ou du contre-espalier. Si l'on profitait de la vigueur naturelle de ce sarment pour l'amener d'un seul jet à cette hauteur, le bois de sa partie supérieure n'étant pas assez bien aouté, les bourres sur lesquelles il faudrait tailler pour faire naître les deux bras de la charpente, n'auraient pas assez de vigueur. En ne demandant chaque année au sarment qu'un accroissement modéré, le cep arrivé au point où il doit se bifurquer est robuste, et la taille est assise sur deux bourres aussi vigoureuses que le jardinier peut le désirer. Ces deux bourres donnent naissance à deux sarments qu'on abaisse à droite et à gauche, et qui, par des tailles successives, toujours basées sur le même principe, sont prolongées très-également à 1 mètre ou 1 mètre 50 au plus, à partir de la bifurcation. Quand le cep planté au côté nord d'un mur d'espalier, est

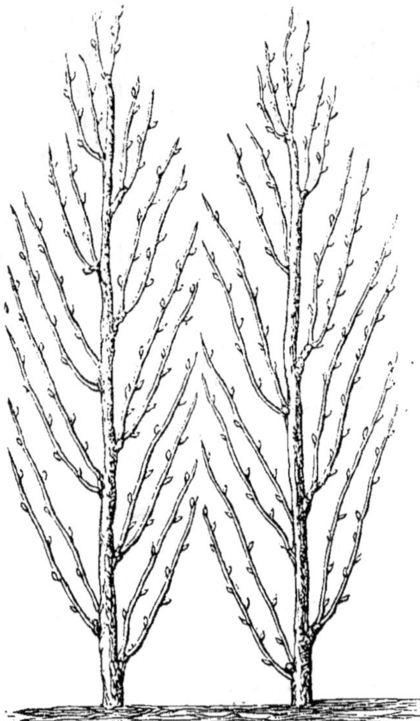

Fig. 77. Vigne en cordons verticaux.

introduit par un trou pratiqué dans la maçonnerie, sur la surface méridionale du mur, ses bras ou cordons horizontaux

taux s'établissent à droite et à gauche, de la même manière.

Ce qui précède contient la clef de toute la méthode de conduite de la vigne à la Thomery; chacun, d'après ces données, peut l'appliquer sans commettre d'erreurs. Sur un mur d'espalier quelle que soit sa hauteur, les cordons de vigne à la Thomery sont étagés les uns au-dessus des autres, le premier à 30 centimètres du niveau du sol, les autres à 50 centimètres de distance. Le treillage de bois ou de fil de fer est disposé pour pouvoir palisser commodément les cordons ou bras de charpente de la vigne, et les sarments annuels chargés de la récolte. Le point capital, c'est que les coursons sur chacun desquels on laisse se développer deux sarments tous les ans, soient espacés entre eux le plus également possible, et qu'ils ne soient pas trop éloignés les uns des autres.

Par la méthode à la Thomery, il ne peut plus être question de ces ceps énormes couvrant des surfaces immenses, ou bien courant en cordons d'une longueur indéterminée. On comprend que, quand on laisse acquérir aux ceps ces dimensions exagérées, l'égale répartition de la séve non plus que l'égale distribution des coursons, n'est plus praticable. La disposition des cordons de vigne à la Thomery, sur un espalier que ces cordons couvrent du haut en bas, oblige à planter les ceps très-rapprochés; cela les empêche de s'emporter en bois inutile; leur raisin en est sensiblement meilleur.

Vigne en cordons verticaux (fig. 77). — La disposition des murs à garnir de vigne en espalier ne permet pas toujours d'adopter la forme à la Thomery, bien que ce soit bien évidemment la meilleure. En partant du même principe, on la conduit avec la même facilité en cordons verticaux, qu'on laisse croître lentement pour espacer convenablement leurs coursons, et qui sont d'ailleurs taillés, ébourgeonnés, palissés et dirigés d'après les principes exposés ci-dessus, principes d'une application facile et d'un résultat infaillible.

La vigne a subi dans sa culture une complète révolution par les travaux récents du docteur Jules Guyot, applicables à la vigne dans les jardins, aussi bien que dans les grands vignobles. Au lieu de la conduite ordinaire de la vigne, on réserve sur chaque cep, à la taille d'hiver, un sarment auquel on laisse tous ses bourgeons, et qui doit seul porter la récolte de l'année courante. Ce sarment, au printemps, est palissé horizontalement sur un fil de fer, à quarante ou cinquante centimètres de terre. Les autres bourgeons, à mesure qu'ils se développent, sont palissés droits sur un échalas ou un fil de fer vertical. Cette disposition est aussi facile à adopter dans un jardin que dans une vigne. Les cordons composés d'un seul sarment porte-fruit sont aussi productifs et tiennent aussi peu de place dans un jardin que les arbres en cordons horizontaux ; des paillassons peuvent être posés en cas de gelées tardives pour préserver les bourgeons naissants, ou en temps d'orage qui peut être accompagné de grèle pour conserver la récolte. Les ceps de vigne isolés peuvent alterner, dans les lignes en arrière des plates-bandes, avec des pommiers ou poiriers en cordons horizontaux. On obtient de cette manière une série aussi productive qu'agréable à l'œil, sur laquelle les poires, les pommes et le raisin des meilleures espèces sont récoltés en abondance.

CHAPITRE XXXV

Arbustes à fruits comestibles. — Figuier.

Arbustes à fruits comestibles. — Groseillier à grappes. — Multiplication. — Boutures. — Marcottes. — Semis. — Taille et conduite du groseillier. — Forme en tête sur une seule tige. — Forme en contre-espalier, en candélabre. — Espèces et variétés. — Groseille Gonduin. — Groseille cerise. — Groseillier épineux ou à maquereau ; — en buisson ; — en palmette ; — en éventail. — Espèces et variétés. — Framboisier. — Taille et conduite. — Espèces et variétés. — Figuier. — Multiplication. — Dans le Midi. — Boutures en pots. — Taille et conduite. — Hivernage sous le climat de Paris. — Espèces et variétés.

Les produits des arbustes à fruits comestibles jouent un rôle assez important dans l'économie domestique ; l'industrie du confiseur et du distillateur ne saurait s'en passer ; ils sont l'objet d'une consommation fort étendue. Près des grands cen-

tres de population, la culture de ces arbustes constitue à elle
seule une branche lucrative du jardinage; partout ailleurs,
elle peut être considérée comme un accessoire indispensable
de tout jardin fruitier.

Cette série d'arbustes comprend le *groseillier à grappes*, le
groseillier épineux ou *à maquereau*, le *framboisier* et le *figuier*.
Bien que dans les pays méridionaux le figuier soit un arbre
de moyenne grandeur, il n'est en réalité qu'un grand arbuste
sous le climat moyen de la France.

Groseillier à grappes. — Multiplication. — Il n'est
pas d'arbuste dont la multiplication soit plus prompte et plus
facile que celle du groseillier à grappes. Lorsqu'il est cultivé
en buisson, chaque touffe donne tous les ans de nombreux
rejetons enracinés qui sont des sujets tout formés pour renouveler les plantations. Si ces rejetons ne sont pas en assez
grand nombre par rapport aux besoins, on couche une partie
des rameaux inférieurs qu'on recouvre de terre sur la moitié
de leur longueur ; ils s'enracinent par le marcottage avec la
plus grande facilité; on les sèvre à l'époque des plantations,
au printemps de l'année suivante. Dans les pépinières, on utilise, pour en faire des boutures, tous les rameaux de groseilliers provenant de la taille annuelle ; ces boutures s'enracinent
très-vite et à peu près partout ; un sol à la fois frais et léger
leur convient particulièrement. L'époque la plus favorable
pour bouturer le groseillier à grappes est le commencement
du printemps, dès les premiers beaux jours, quand cet arbuste reprend le cours de sa végétation annuelle.

On peut aussi, mais seulement dans l'espoir d'obtenir de
nouvelles sous-variétés, semer des pepins de groseille au
printemps, en terre légère dans une situation ombragée.
Comme il importe que les pepins destinés à ces semis soient
aussi parfaitement mûrs que possible, on laisse à cet effet
sécher sur la branche un certain nombre des plus belles
grappes. Lorsque les groseilles sont tout à fait desséchées, on
les fait tremper dans de l'eau pendant quelques heures ; elles
sont ensuite écrasées entre les doigts, et les pepins sont séparés de la pulpe par le lavage. Ces pepins peuvent être semés

en automne, ou bien conservés secs pour être semés au printemps suivant.

Taille et conduite du groseillier. — Dans la plupart
des jardins, le groseillier à grappes n'est soumis à aucune taille
régulière ; on se borne à le laisser croître en buissons touffus
de forme irrégulière, et à supprimer les branches dont la force
productrice paraît épuisée, ou qui meurent de vieillesse. Mais
les jardiniers de profession qui cultivent en grand le groseillier à grappes pour en vendre les produits, le taillent régulièrement en hiver, aux mêmes époques où ils donnent la taille
d'hiver à tous leurs arbres fruitiers. Le bourgeon du groseillier livré au cours naturel de sa végétation commence à produire à sa seconde année ; il est en plein rapport à sa troisième
feuille et commence à s'épuiser à la quatrième. D'après cette
remarque, si l'on veut maintenir les groseilliers au maximum
de leur fécondité, il faut, par une taille raisonnée, provoquer
la naissance des jeunes branches de remplacement, afin d'a-
voir toujours des arbustes composés de branches de deux et
de trois ans, les plus productives de toutes. C'est en raison de
cette pratique de la taille du groseillier que les jardiniers des
villages des environs de Paris qui cultivent cet arbuste en
grand, vendent, les jours de fête champêtre, aux Parisiens,
des branches de groseillier, toutes chargées de fruits mûrs.
Ce sont les branches de trois ou de quatre ans qui devraient
disparaître à la taille d'hiver, et qu'on supprime en été, parce
qu'on trouve l'occasion de s'en défaire avec avantage.

Dans les jardins à la fois fruitiers et paysagers, on plante les
groseilliers en massifs, non pas en buissons, mais en tête arrondie portée sur une seule tige. Il est facile de conduire les groseilliers sous cette forme en les multipliant de boutures faites
avec des rameaux d'un an, bouturés dans une situation verticale.
Les yeux qui garnissent ces rameaux sur toute leur longueur
sont supprimés, à l'exception des trois les plus rapprochés du
sommet ; on supprime de même l'œil terminal. Il se forme ainsi
sur la bouture devenue un jeune groseillier, une tête de trois
branches qu'on taille chacune sur deux bons yeux. En deux
ans, la tête se trouve suffisamment fournie de branches frui-

tières qu'on supprime, comme celle des buissons, avant leur
épuisement, et qui sont remplacées par des bourgeons que la
taille fait sortir de leur base en nombre plus que suffisant.

Le fruit récolté sur les groseilliers conduits sous cette
forme est toujours très-propre, étant né assez loin de terre
pour n'en pas recevoir d'éclaboussures pendant les pluies les
plus violentes. Les groseilliers conduits en tête sur une seule
tige sont très-productifs et d'une durée pour ainsi dire indéfinie. On peut aussi garnir de groseilliers à grappes les treillages de séparation entre les divisions d'un même jardin.
Dans ce cas, la meilleure forme à leur donner est celle d'un
candélabre. Cette forme s'obtient en taillant un groseillier de
bouture sur deux yeux, à la hauteur désirée. Les bourgeons
nés de ces yeux sont inclinés, l'un à droite, l'autre à gauche,
et palissés horizontalement sur le treillage. Des rameaux verticaux sont ménagés par les tailles suivantes sur les cordons
ou bras horizontaux, à la distance de 15 à 20 centimètres les
uns des autres. Ces rameaux, quand leur fertilité est épuisée,
sont remplacés par des bourgeons sortis de leur base. Les
groseilliers à grappes conduits en candélabre sont durables
et d'un aspect gracieux (fig. 78).

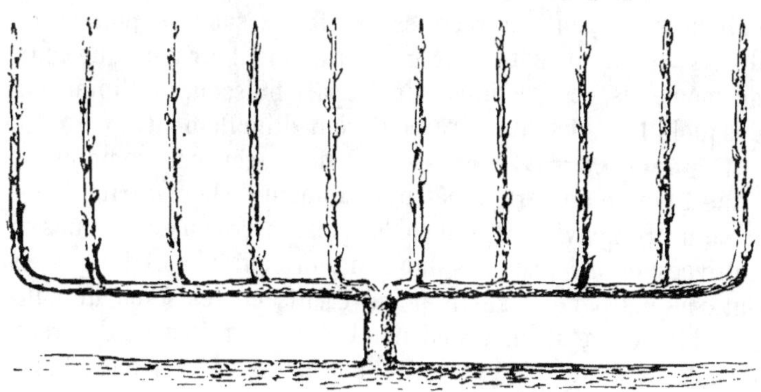

Fig. 78. Groseillier en candélabre.

Espèces et variétés. — Outre les deux espèces anciennes,
l'une à fruit rouge, l'autre à fruit blanc, les semis en ont produit une à fruit d'un rose clair, d'une acidité un peu trop

prononcée, quoique de bonne qualité. C'est au même mode
de multiplication que sont dues le groseillier *Gondouin* et le
groseillier cerise, deux espèces fort recherchées comme fruit
de dessert, en raison du volume extraordinaire des baies dont
se composent leurs grappes. Les catalogues des pépiniéristes
en indiquent d'assez nombreuses sous-variétés à fruit rouge,
rose et blanc, pour la plupart peu distinctes entre elles, à
l'exception de celles qui viennent d'être signalées.

Groseillier épineux ou **à maquereau.** — Cet arbuste
se multiplie comme le groseillier à grappes, soit de bouture,
soit par la séparation de ses drageons enracinés. Lorsqu'on
veut aussi le propager par la voie des semis, dans l'espoir de
conquérir de bonnes variétés nouvelles, il ne faut semer que
les pepins des fruits dont la peau se crève par excès de maturité. On sème ces pepins dans les mêmes conditions que
ceux du groseillier à grappes.

On a longtemps laissé croître le groseillier épineux à sa
fantaisie, sans en prendre d'autre soin que celui de retrancher les branches mortes ou épuisées. Depuis quelques années, on le conduit en contre-espalier sur un treillage, soit
en palmette, soit en éventail, formes auxquelles sa végétation
se prête parfaitement. En donnant cette forme au groseillier
épineux, on peut en récolter les fruits sans se piquer les
doigts ; ces fruits sont plus gros et de meilleur goût que ceux
de même espèce récoltés sur d'épais buissons à l'intérieur
desquels l'air et la lumière pénètrent difficilement.

Espèces et variétés. — Les deux espèces communes,
l'une à fruit d'un vert jaunâtre au moment de la maturité, l'autre d'un rouge violacé, ont été longtemps les seules connues et
cultivées en France. Les horticulteurs anglais et belges en
ont conquis par des semis persévérants et des soins de culture bien dirigés, un grand nombre de variétés de diverses
nuances, à fruit de la grosseur d'une noix ; ces variétés, d'une
saveur plus relevée que celle des espèces communes, sont actuellement répandues dans tous les jardins ; elles sont à la fois
très-rustiques et très-productives. Pour ne pas être forcé de
laver une partie des groseilles à maquereau, qui se détachent

et tombent au moindre vent lorsqu'elles sont mûres, il est bon d'étendre au pied des groseilliers épineux un lit de paille fraîche très-propre au moment de la maturité des fruits.

Framboisier. — Le climat européen ne produit aucun fruit qui soit doué d'un parfum aussi délicat que celui de la framboise. Par une heureuse élasticité de tempérament, le framboisier peut croître et fructifier dans une grande variété de sols et sous des climats très-divers ; comme la ronce, dont il semble n'être qu'une variété, le framboisier se rencontre dans le nord et dans le midi de l'Europe ; c'est sous les climats tempérés qu'il donne les fruits les plus abondants et les plus parfumés. Tous les terrains conviennent au framboisier, dans ce sens qu'il ne refuse pas de croître même dans les plus ingrats ; mais il n'est très-productif que dans les bons terrains. Lorsqu'on veut prolonger la durée de la récolte des framboises, on plante des framboisiers à l'exposition du midi, et d'autres à celle du nord ; les fruits de ces derniers ne sont pas moins abondants que ceux des autres ; mais ils mûrissent seulement quand la récolte des premiers est épuisée.

Taille et conduite du framboisier. — Quoique la durée d'une bonne plantation de framboisiers puisse être indéfinie, quand on ne lui refuse pas une ration suffisante de fumier tous les deux ans, ce sous-arbrisseau n'est cependant vivace que par ses racines qui émettent tous les ans des tiges annuelles. Ces tiges meurent après avoir porté une seule récolte ; elles sont remplacées par les drageons ou rejetons de l'année, qui mourront à leur tour après avoir porté de même une seule récolte. On plante les framboisiers, soit par touffes, en quinconce, à 40 ou 50 centimètres en tout sens, soit en lignes espacées de 40 à 50 centimètres entre elles ; les pieds de framboisiers y peuvent être à 20 ou 25 les uns des autres. Le framboisier n'est multiplié que par la séparation des drageons qui sont toujours produits en nombre surabondant ; on peut aussi les multiplier aisément de boutures.

Dans les plantations en lignes, les plus avantageuses pour la culture en grand, on établit des traverses consistant en perches longues et minces, soutenues par des piquets à

60 centimètres du sol ; toutes les tiges des framboisiers sont palissées le long de ces perches en leur imprimant une légère courbure favorable à la production du fruit. Tous les ans, dès les premiers jours de février, on taille les framboisiers. Cette taille consiste dans le retranchement de la partie supérieure des pousses de l'année précédente, de manière à réduire leur longueur à 90 centimètres ou 1 mètre. Les yeux du sommet qui se trouvent ainsi supprimés seraient à peu près stériles ; s'ils étaient conservés, ils absorberaient inutilement une partie de la séve au détriment des yeux du milieu de la tige qui peuvent seuls produire de belles framboises en abondance. Il faut, pour ne pas perdre une partie des fruits peu adhérents à leur support lorsqu'ils sont mûrs, garnir de paille fraîche la terre entre les lignes de framboisiers.

A l'entrée de l'hiver, les rejetons les plus vigoureux sont réservés pour la production de la récolte de l'année suivante ; les autres sont supprimés et utilisés, s'il y a lieu, pour le renouvellement ou l'entretien des plantations. Un labour superficiel donné avec la fourche à dents de fer est nécessaire aux plantations de framboisiers, à l'entrée de l'hiver, quand les drageons superflus ont été détachés. C'est aussi à la même époque qu'on enterre par un labour superficiel la fumure dont le framboisier a besoin tous les deux ans.

Espèces et variétés. — On ne cultive dans les jardins que quatre variétés bien distinctes de framboisier, lè *framboisier à petit fruit ou des bois*, le *framboisier rouge à gros fruit*, le *blanc à gros fruit* et le *remontant ou des quatre saisons*. Ceux qui figurent en assez grand nombre sur les catalogues des horticulteurs anglais, entre autres le framboisier *Falstolff*, ne sont que des sous-variétés à peine distinctes du rouge à gros fruit.

Figuier. — Le fruit du figuier tient une grande place dans l'alimentation des peuples du Midi, mais principalement à l'état de fruit sec ; on en consomme peu à l'état frais ; les espèces et variétés dont le fruit est le meilleur pour être séché sont les plus cultivées pour cette raison dans les départements du littoral de la Méditerranée. Au nord de ces départements, la figue n'est recherchée que pour être mangée à l'état frais. Jusqu'à la vallée de la Loire, de Roanne à Nantes, le figuier n'a pas besoin de protection contre le froid; il hiverne à l'air libre dans les lieux bien abrités; on le plante principalement dans les grandes cours et les jardins à l'angle intérieur formé par deux murs dont l'un fait face au midi. Sous le climat de Paris, il réclame une garantie plus efficace contre la rigueur des hivers.

Les plantations de figuiers, dans le Midi, sont entretenues au moyen de plant obtenu de bouture et élevé en pépinière. Depuis quelques années on bouture les figuiers dans de grands pots; ils y forment une grande abondance de chevelu et croissent ensuite, après leur mise en place, plus rapidement que les sujets de boutures faites en pleine terre. Aux environs de Paris le petit nombre de variétés de figuiers qu'on cultive sous forme de buissons dans les localités les mieux abritées, au pied des coteaux à l'exposition du plein midi, ne se multiplient que par la séparation de leurs drageons enracinés. Ces drageons peuvent passer directement dans les plantations, sans qu'il soit nécessaire de les cultiver en pépinière. On trouve les meilleures espèces de figuiers multipliées par le marcottage chez les pépiniéristes de profession. Le plant mis en place dans un bon sol profond et léger ne tarde pas à former d'épais buissons auxquels on ne laisse habituellement que trois brins par touffes; les autres sont supprimés même quand il n'y a pas lieu de les utiliser pour les plantations. Le figuier peut, même sous le climat de Paris, porter deux récoltes par an; la seconde ne parvient à maturité que dans les années d'une température exceptionnellement favorable. Dans les années ordinaires, si l'on dispose d'un assez grand nombre de figuiers, on sacrifie la première récolte de quelques-uns d'entre eux en supprimant les fruits à demi formés; on accélère ainsi la formation des figues d'automne qui peuvent presque toujours devenir sinon parfaitement mûres, au moins mangeables avant la fin de la belle saison.

La taille du figuier se réduit au retranchement du sommet des pousses supérieures des branches chargées de fruits, et à la suppression périodique des tiges fatiguées ou épuisées.

Dans la culture en grand, les touffes du figuier sont plantées en quinconce à quatre mètres en tout sens. Tous les ans, avant l'arrivée des premiers froids, les brins dont se composent les buissons de figuiers sont rattachés par des liens d'osier, puis couchés avec précaution jusqu'au fond d'une fosse ouverte dans un sol bien sec; ils sont maintenus dans cette position avec la terre extraite des fosses et dont on les recharge pour empêcher la gelée de les atteindre. Dans cette position, les figuiers cultivés en plein champ à Argenteuil et dans les communes voisines, ne gèlent que lorsqu'il survient des hivers d'une rigueur excessive. Quand un désastre semblable arrive, les souches ne gèlent pas; elles donnent l'année suivante des rejetons grâce auxquels les plantations peuvent être réparées. Dans les jardins où l'on veut avoir quelques figuiers pour la consommation d'un ménage, on ne doit les planter que près d'un mur au midi; il ne faut pas leur laisser dépasser la hauteur d'un mètre cinquante à deux mètres. Au lieu de les courber jusqu'à terre et de les enterrer pour les faire hiverner, on peut alors se contenter de réunir les tiges en faisceau par des liens d'osier, et de les envelopper d'une épaisse chemise de paille fraîche, maintenue par des liens de foin tordu. Ce moyen qui ne serait pas praticable dans la culture en grand, parce qu'il ne serait pas possible de se procurer sans des frais énormes la quantité de paille nécessaire, est le meilleur qu'on puisse employer pour conserver hors des atteintes de la gelée un petit nombre de figuiers. Au printemps, les figuiers ne doivent être découverts que quand les derniers retours de froids tardifs ne sont plus à redouter.

Espèces et variétés. — On ne cultive pour en consommer les fruits à l'état frais que deux espèces de figuiers, l'un à fruit blanc à l'intérieur, d'un vert pâle en dehors, l'autre à fruit violet au dehors comme à l'intérieur. La figue blanche est la meilleure et la plus généralement cultivée, on en possède deux sous-variétés, l'une à fruit rond, connue sous le nom de figue ronde blanche et l'autre à fruit oblong que les jardiniers nomment figue blanche longue. L'une et l'autre sont d'une végétation vigoureuse, et très-productives.

CHAPITRE XXXVI

Culture et rajeunissement des arbres fruitiers.

Soins de culture que réclament les arbres fruitiers. — Fumure. — Fumier frais nuisible aux arbres à fruits à noyau. — Terreau. — Compost. — Arrosages. — Bassinages. — Leur effet utile. — Nettoyage. — Lait de chaux pour les vieux arbres fruitiers. — Arqûre. — Incision annulaire. — Épamprement. — Éclaircissement des fruits. — Enlèvement d'une partie des feuilles du pêcher. — De la vigne. — Rajeunissement des arbres à fruits à pepins.—Par la greffe sur les branches principales.—Par le recépage. — Par la greffe en couronne. — Rajeunissement des arbres à fruit à noyau.

Après avoir suivi l'arbre fruitier depuis les premières phases de sa vie végétale, et l'avoir conduit sous la forme la mieux appropriée à sa nature, jusqu'à ce qu'il soit en pleine force et en plein rapport, il reste à décrire les divers soins de culture qu'il réclame pour prolonger la durée de sa force productive et pour le rajeunir, lorsqu'il est épuisé par un long âge. Ces soins comprennent *la fumure, les arrosages, les bassinages, les nettoyages, l'arqûre, l'incision annulaire, l'épamprement,* et *le rajeunissement.*

Fumure. — Comme tous les terrains cultivés, le sol du jardin fruitier ne conserve sa fertilité que par les engrais qui doivent lui être périodiquement distribués. Cependant, le jardinier tomberait dans une erreur très-préjudiciable à ses arbres fruitiers, si la terre où végètent leurs racines était fumée sans discernement. En général, les arbres à fruits à noyau, dont le bois est gommeux, ne supportent pas le contact immédiat de leurs racines avec le fumier en fermentation. Celui qui commettrait, par exemple, la faute d'enfouir sur les racines des pêchers, abricotiers et cerisiers en espalier, du fumier de chevaux, de bêtes à cornes ou de moutons, tel

18

qu'on le retire de dessous ces animaux, perdrait la même
année le plus grand nombre de ses arbres; tous seraient atteints de la gomme et du rouge, et ceux qui ne succombe-
raient pas immédiatement à ces deux maladies resteraient
pendant plusieurs années languissants et improductifs. Quand
la terre de la plate-bande en avant des espaliers est fatiguée,
et qu'on juge nécessaire de raviver sa fertilité naturelle, il ne
faut lui donner pour engrais que du terreau de vieilles couches
rompues. Le meilleur pour cette destination est celui qui est
le plus passé, comme disent les jardiniers, c'est-à-dire, le
plus complétement dénaturé, de sorte qu'il ne conserve plus
de traces de son état primitif.

Si l'on cultive en grand les arbres à fruits à noyau, soit en
espalier, soit en plein vent, il n'y a pas de meilleure fumure
à leur donner que le compost formé de lits alternatifs de bonne
terre de jardin et de tous les débris de végétaux qui proviennent du sarclage des carrés du potager et de *l'habillage* des
légumes. Le tas de compost grossit pendant tout le cours de
la belle saison; il est démonté et remanié à la bêche pour en
bien mélanger les éléments, une ou deux fois pendant l'hiver.
Au printemps, on donne au sol qui recouvre les racines des
arbres à fruits à noyau une façon très-superficielle avec la
fourche à dents de fer. Une partie de la terre divisée est enlevée et reportée sur d'autres carrés; elle est remplacée par
une égale quantité de compost. Le terreau et le compost possèdent la propriété d'entretenir la fertilité du sol sans com-
muniquer aux arbres à fruits à noyau le germe d'aucune
maladie.

Les arbres à fruits à pepins supportent mieux le contact de
leurs racines avec le fumier frais; toutefois, il vaut mieux ne
donner à ces arbres, ainsi qu'à la vigne, que des engrais à
demi décomposés; ce sont ceux dont leur végétation profite
le plus complétement. Pour la vigne en espalier ou en contre-
espalier, lorsqu'elle occupe à elle seule tout le terrain, le
meilleur des engrais consiste dans ses feuilles et ses sarments
à l'état herbacé, hachés grossièrement avec le tranchant de
la bêche, et enfouis sur les racines des ceps. Ce genre de

fumure entièrement végétale maintient suffisamment la force productrice de la terre et n'altère en rien la qualité des produits de la vigne qui donne les meilleurs raisins de dessert.

Arrosages et bassinages. — A l'exception des départements du midi de la France, où les plantations d'arbres fruitiers, exposées à des sécheresses non interrompues de cinq à six mois, sécheraient sur pied si elles n'étaient irriguées, les arbres fruitiers ont rarement besoin d'être arrosés. Il est utile néanmoins de verser tous les deux jours un seau d'eau au pied des pêchers en espalier, quand la sécheresse se prolonge au milieu de l'été. Il est bon de ne se servir pour ces arrosages que de l'eau qui a séjourné pendant un jour au moins dans les tonneaux enterrés, et dont la température s'est mise en équilibre avec celle du sol environnant. On s'expose toujours à faire tomber une partie du fruit des arbres en espalier lorsqu'on verse de l'eau très-froide sur leurs racines plongées dans un sol échauffé par les rayons d'un soleil brûlant.

Quand le fruit est à moitié de sa grosseur, on donne de temps à autre aux arbres fruitiers en espalier, non pas des arrosages, mais des *bassinages*, c'est-à-dire des aspersions d'eau fraîche distribuées avec une pompe lançante portative, sur toute la surface de l'arbre. Les bassinages entraînent la poussière qui bouche les pores des feuilles, ce qui contribue à maintenir les arbres en bonne santé; ils font acquérir aux fruits leur volume normal; ils préviennent le desséchement du pétiole des fruits et leur chute avant maturité. Il ne faut pas hésiter à bassiner abondamment les espaliers en été, dès que huit à dix jours se sont écoulés sans qu'il soit survenu une ondée bienfaisante de pluie d'orage.

Nettoyages. — On ne peut trop recommander au jardinier de tenir constamment l'écorce de ses arbres parfaitement propre, surtout celle des arbres en espalier. C'est par un temps doux et humide, au printemps, avant le premier mouvement de la sève, qu'il est le plus facile de dépalisser les pêchers et les abricotiers sans en endommager les boutons, et de bien nettoyer des **deux** côtés leurs branches et le treillage qui les soutient, ainsi que la surface du mur. On met obstacle de cette manière, autant que la chose est possible, à la multiplication des insectes nuisibles ; on favorise la transpiration, si nécessaire à la santé des arbres ; on leur procure une vigueur de végétation qu'on n'observe jamais chez les arbres pour lesquels ces soins de propreté sont négligés.

Les arbres fruitiers d'un âge avancé, surtout lorsqu'ils croissent dans un sol plus ou moins humide, se couvrent de mousse et dé lichens gris, blancs ou jaunâtres, dont il faut les délivrer à la même époque, après une bonne pluie douce de printemps. Si leur écorce est gercée et par trop encombrée de mousse, on doit, à l'entrée de l'hiver, aussitôt après la chute des feuilles, badigeonner les arbres du haut en bas avec un lait de chaux semblable à celui qu'on emploie pour blanchir les plafonds. Cet enduit très-peu solide ne résistera pas à l'action des pluies d'hiver et des alternatives de gelées et de dégels ; il aura entraîné dans sa chute une partie de la vieille écorce et avec elle les insectes, leurs œufs et leurs larves, toujours logées en grand nombre dans ses gerçures. Cette opération, facile et très-peu coûteuse, ravive immédiatement la végétation des vieux poiriers et pommiers sous toutes les formes, et leur fait produire d'abondantes récoltes.

Arqûre. — On ne rappelle ici ce procédé suranné et depuis longtemps abandonné par les plus habiles praticiens, que parce qu'il peut leur arriver d'avoir à diriger des jardins fruitiers dont les arbres, longtemps mal taillés et mal gouvernés, résistent aux moyens ordinaires de les mettre à fruit par la taille, le pincement et l'ébourgeonnement. L'arqûre n'est guère praticable que sur les arbres en grandes pyramides dont on a laissé les branches s'emporter et produire une profusion de bois inutile. Dans ce cas, après avoir commencé à réduire l'arbre par la taille, on courbe les principales branches en forme d'arc, en rattachant leurs extrémités soit au tronc, soit aux grosses branches placées au-dessous. L'arqûre, en contrariant la marche naturelle de la séve, la retient dans le bas des branches et y fait naître des boutons à fruit. Elle a d'ailleurs le grave inconvénient de déformer l'arbre et de hâter l'époque de son épuisement. Si, pour remettre promptement à fruit des arbres vigoureux, mais mal dirigés précédemment, on est forcé de recourir à l'arçûre, on cesse l'emploi de ce moyen aussitôt qu'il n'est plus indispensable et qu'on en a obtenu l'effet désiré.

Incision annulaire. — L'incision annulaire n'est ici mentionnée que parce qu'elle peut donner lieu à des expériences qui ne sont pas dépourvues d'intérêt. Elle consiste à détacher, sur une très-petite largeur, un anneau d'écorce d'une branche d'arbre fruitier ou d'un sarment de vigne, dans le but de favoriser le grossissement du fruit. Ce but n'est pas toujours atteint; il paraît néanmoins qu'il peut l'être, qu'il l'a même été réellement quelquefois; cela suffit pour qu'on doive recommander aux amateurs de jardinage de multiplier dans des conditions diverses les incisions annulaires. Lorsqu'elles sont faites avec les ménagements convenables, au moyen de pinces tranchantes construites exprès pour cette destination, les incisions annulaires peuvent faire acquérir à certains fruits un volume extraordinaire et prévenir la coulure du raisin sans compromettre en aucune façon la santé des arbres fruitiers ou des ceps de vigne.

Épamprement. — Dans les grands jardins fruitiers, c'est une opération fort délicate que celle de l'épamprement, consistant dans l'enlèvement d'une partie des feuilles de la vigne et du pêcher, dans le but de faire prendre aux fruits une belle coloration en leur permettant de profiter complétement, pour leur maturation, de la chaleur et de la lumière du soleil. L'épamprement n'est jamais nécessaire que sur les arbres fruitiers et les ceps de vigne en espalier; il doit être précédé, dans les années de grande abondance, par l'éclaircissement des fruits. C'est un mauvais calcul de laisser trop de fruits au pêcher et à l'abricotier en espalier. Si les mêmes arbres sont en plein-vent, les ouragans et les piqûres des insectes se chargent de faire tomber les fruits surabondants; c'est ce qui n'a presque jamais lieu sur l'espalier. Quand le fruit est parvenu au tiers environ de son volume normal, on doit en ôter une partie sur toutes les branches trop chargées et n'en lais·

ser que ce qu'il en faut pour constituer une bonne récolte ordinaire. En agissant ainsi, non-seulement on ménage l'arbre qu'une production excessive épuiserait avant l'âge, mais encore on assure aux fruits conservés toutes les qualités propres à leur espèce.

Quand la vigne végète dans un terrain frais et très-fertile, il arrive assez souvent que les grappes deviennent énormes et que les grains de raisin, trop serrés les uns contre les autres, ne mûrissent qu'imparfaitement. Pour prévenir cet inconvénient, on retranche, avec une paire de ciseaux pointus, un grain sur trois, quand les grains ont le quart environ du volume normal de leur espèce. Cette suppression ne produit pas de diminution sensible dans la récolte; les grains conservés, n'étant pas gênés dans leur développement, deviennent très-gros, et comme ils reçoivent l'air et la lumière librement dans toutes les directions, ils deviennent aussi mûrs et aussi sucrés qu'ils peuvent l'être.

Les pêchers, quand approche le moment de la maturité des pêches, doivent être dégarnis de leurs feuilles afin de découvrir les fruits et de les exposer au soleil; cette opération se fait en deux fois, à huit ou dix jours d'intervalle : si l'on ôtait en une seule fois toutes les feuilles qui doivent être enlevées, le fruit et l'arbre auraient également à en souffrir.

La vigne est épamprée de même, à deux reprises différentes, aux approches de la maturité du raisin. L'épamprement fait acquérir au raisin plus de couleur et plus de qualité qu'il n'en aurait s'il demeurait caché sous l'ample feuillage de la vigne.

Rajeunissement des arbres fruitiers. — Lorsqu'un jardinier, parvenu lui-même à un âge assez avancé, voit dépérir par épuisement de vieux arbres fruitiers qu'il a soignés et cultivés pendant longues années, et qu'il regarde presque comme d'anciens amis, il en ressent un véritable chagrin et ne néglige rien pour chercher à prolonger leur durée en ravivant leur force productive. Les ressources dont il dispose à cet effet sont assez nombreuses; elles varient selon la nature des arbres qu'il s'agit de rajeunir.

Rajeunissement des arbres à fruits à pepins. — Ceux que le jardinier doit tenir le plus à rajeunir sont les poiriers des meilleures espèces cultivés en espalier. Il arrive toujours qu'au bout d'un temps plus ou moins long, les branches principales de la charpente de ces arbres cessent de produire des bourgeons à bois. Parvenus à ce point, leurs productions fruitières s'épuisent et ne peuvent pas être remplacées; car toute branche à fruit a commencé par être à bois, et, du moment où la production du nouveau bois s'arrête chez un arbre fruitier, il touche à son déclin. Pendant quelques années encore, il fleurira très-abondamment; mais il n'aura pas la force de nouer son fruit, et tout ce luxe de floraison sera stérile, puis les bras de la charpente mourront successivement. Pour porter remède au mal, il ne faut pas attendre qu'il ait fait trop de progrès. A la taille d'hiver, on dépouille les bras de l'arbre en partie épuisé de toutes leurs branches à fruit ou autres, ce qui les convertit en longues perches complétement nues. De distance en distance, on pose sur toute la longueur des bras des greffes prises sur des arbres de même espèce dans toute la vigueur de leur végétation. L'énergie avec laquelle ces greffes aspirent la séve imprime à l'arbre une vie nouvelle; de jeunes bourgeons à bois bien constitués y naissent de toutes parts, et il a encore devant lui un long avenir de vie végétale robuste et productive.

Quand on a trop tardé pour que ce mode le plus rationnel de rajeunissement soit encore praticable, on peut recourir tout simplement au recepage, rabattre les bras de la charpente sur le tronc et attendre qu'il en sorte des bourgeons capables de servir de point de départ à une charpente nouvelle. Cette attente est assez souvent trompée; après avoir épuisé ce qui peut lui rester de force à produire quelques rameaux délicats, l'arbre succombe définitivement et ne peut pas être rajeuni. Mais il en est tout autrement lorsque, après avoir recepé, on garnit de greffes en couronne la base des branches de la charpente. Alors chaque greffe qui reprend bien donne une pousse bien constituée, de sorte qu'en peu d'années l'arbre peut être complétement rétabli et avoir autant d'avenir qu'il en avait à l'époque de sa plantation. Ce qui précède s'applique au pommier de même qu'au poirier.

Rajeunissement des arbres à fruits à noyau. — Lorsqu'un vieux pêcher est épuisé, la durée naturelle de la vie végétale n'étant jamais fort longue chez cet arbre, il ne faut pas chercher à le rajeunir ; il vaut mieux le sacrifier et le remplacer, et c'est ce que ne manquent pas de faire les jardiniers de profession. Mais l'amateur qui tient à ses vieux pêchers, qui sait d'ailleurs que ce sont les plus avancés en âge qui donnent les meilleures pêches, quoiqu'ils n'en donnent pas beaucoup, peut tenter le rajeunissement par recepage. Le pêcher est peu disposé à produire de jeunes pousses sur de vieilles branches, *à rejeter du vieux bois*, selon l'expression reçue ; mais il en produit néanmoins assez souvent pour qu'on doive toujours en courir la chance lorsqu'il s'agit de prolonger la durée de vieux pêchers qu'on désire ne pas sacrifier. Si l'on réussit, ce n'est presque jamais complétement ; le jeune bois obtenu n'est jamais assez abondant pour refaire au pêcher une charpente régulière ; mais il peut encore, pendant plusieurs années, donner des récoltes passables d'excellentes pêches.

Le prunier, l'abricotier et le cerisier se rajeunissent d'eux-mêmes dans ce sens que l'énergie naturelle de leur végétation leur fournit longtemps les moyens de remplacer par de jeune bois les branches mortes ou épuisées. Du moment où la force leur manque pour réparer ces pertes, on peut les considérer comme perdus ; aucun procédé praticable ne peut être employé avec succès pour les rajeunir.

CHAPITRE XXXVII

Culture forcée des arbres fruitiers et de l'ananas.

Culture forcée des arbres fruitiers. — Arbres fruitiers forcés sur place. — Pêchers forcés sur place dans la serre temporaire. — Température de jour et de nuit. — Enlèvement d'une partie des feuilles. — Abricotiers forcés avec les pêchers. — Arbres fruitiers forcés dans la serre. — Vigne forcée. — Ceps plantés en dehors de la serre à forcer. — Vigne forcée sur place. Vigne forcée dans la serre tempérée. — Arbres fruitiers nains forcés. — Leur culture préalable dans des pots. — Culture de l'ananas. — Multiplication d'œilletons et de couronnes. — Durée de la croissance de l'ananas. — Température qui lui convient. — Amputation des racines. — Culture en pleine terre dans la serre à forcer. — Semis de graines d'ananas. — Durée de la croissance du plant de semis. — Sa première fructification.

La culture forcée des arbres fruitiers, lorsqu'elle est bien dirigée, peut être une source de bénéfices importants pour le jardinier de profession, et une source de plaisirs variés pour le jardinier amateur; elle n'offre d'ailleurs un intérêt réel que dans les pays tempérés et septentrionaux ; sous le climat du Midi, cette branche du jardinage devient complétement inutile et n'est pas pratiquée. Pour la France en particulier, la culture forcée des arbres fruitiers commence à notre frontière du Nord et s'arrête à la vallée de la Loire. Les arbres fruitiers peuvent être forcés, soit *sur place*, soit *dans la serre*.

Arbres fruitiers forcés sur place. — Ce mode de culture ne s'applique, sous le climat de Paris, qu'aux pêchers et aux vignes en espalier; on force sur place des arbres encore jeunes, mais cependant vigoureux et en plein rapport, choisis parmi ceux des espèces les plus précoces. Ces arbres sont traités par la taille, le palissage, le pincement et l'ébourgeonnement, comme s'ils devaient fleurir et fructifier à l'air libre.

Pêchers forcés sur place. — Dès la fin de janvier, ou au plus tard pendant la seconde quinzaine de février, on accroche au sommet du mur garni de pêchers en espalier, des châssis vitrés mobiles maintenus inclinés dans une position fixe au moyen d'une planche, posée sur champ, sur le bord de laquelle est posé le bord inférieur des châssis, de manière à former une serre temporaire à un seul versant, dont la largeur au niveau du sol est égale à celle de la plate-bande qui règne en avant du mur d'espalier. Les deux extrémités sont fermées par deux cloisons en planches dans l'une desquelles est ménagée une porte. Près de l'extrémité opposée à celle où se trouve la porte, on établit au dehors un appareil de chauffage, dont les tuyaux de chaleur règnent intérieurement dans la serre temporaire, sur des supports en briques. Lorsqu'on chauffe de cette manière un assez grand nombre de pêchers en espalier, on ne peut adopter d'appareil plus avantageux que le thermosiphon; pour en chauffer seulement quelques-uns, on peut se servir d'un simple poêle de fonte; mais, dans ce cas, pendant les nuits souvent très-froides de février et mars, on est forcé de veiller pour alimenter le feu du poêle qui doit donner une chaleur douce non interrompue; tandis que, lorsqu'on se sert du thermosiphon, cette chaleur est produite en allumant le feu le soir, sans avoir à s'en occuper pendant la nuit. Le thermomètre ne doit pas marquer plus de dix à douze degrés centigrades pendant la première semaine. Aux approches de la floraison qui, sous la protection de la serre temporaire, se développe rapidement, on élève graduellement la température jusqu'à 15, puis à 20 degrés centigrades. Quand la température est douce au dehors, on laisse le feu tomber pendant le jour; le soleil suffit pour maintenir à l'intérieur de la serre la température désirée; il faut toujours plus ou moins de feu allumé le soir, pour éviter le refroidissement pendant la nuit : c'est le point capital duquel dépend tout le succès de l'opération. Il ne faut pas oublier qu'à l'époque où les pêches sont à la moitié environ du volume normal de leur espèce, il suffit d'une nuit froide pour les faire tomber presque toutes.

Il faut commencer à ôter une partie des feuilles qui privent les pêches du contact de la lumière, aussitôt qu'elles ont à peu près toute leur grosseur, afin qu'elles puissent se bien colorer; les pêches forcées ont toujours un peu moins de couleur que les pêches mûries à l'air libre.

Les châssis démontés et serrés après la récolte des pêches forcées peuvent durer très-longtemps pourvu qu'ils soient bien entretenus. Quant aux pêchers forcés, quoique la plupart des traités recommandent de les laisser *se reposer* après qu'ils ont été forcés, l'expérience prouve que, si l'on s'est contenté de leur demander en les forçant sur place une quantité modérée de belles pêches, ils ne sont pas plus fatigués après avoir été forcés que s'ils ne l'avaient pas été; ils sont, au contraire, en meilleur état que ceux de même espèce dont la végétation au printemps peut avoir été plus ou moins contrariée par les variations brusques de la température, si fréquentes en cette saison sous le climat de Paris; on peut donc les chauffer dans la serre temporaire plusieurs années de suite, sans le moindre inconvénient.

Les abricotiers des meilleures espèces cultivés en espalier à côté des pêchers, peuvent être soumis au même genre de culture forcée; mais ils s'y prêtent moins docilement que le pêcher; il est fort important de les dépouiller d'une bonne partie de leur fruit parvenu au quart de sa grosseur, lorsqu'ils en sont trop chargés. En laissant sur les branches toute sa récolte, le jardinier risquerait de les voir mourir subitement au moment où la coque du noyau doit devenir ligneuse, de sorte que pour avoir voulu trop avoir, il pourrait perdre non-seulement la récolte, mais les arbres eux-mêmes.

La culture forcée des arbres en espalier, telle qu'elle vient d'être décrite, est si peu coûteuse et d'une exécution si facile, qu'il y a lieu de s'étonner qu'elle ne soit pas généralement pratiquée. Le prix élevé des pêches sur les marchés des grandes villes, un mois ou six semaines avant l'époque de la maturité naturelle de cet excellent fruit, assure au jardinier une rémunération convenable de ses peines et de ses avances. De plus, il peut utiliser, sans nuire aux arbres forcés, le sol de la plate-bande convertie en serre temporaire, et en obtenir des fraises, des petits pois, du plant de choufleurs et de

tomates de très-bonne heure, de manière à en tirer un parti
très-avantageux.

Arbres fruitiers forcés dans la serre. — Lorsqu'o
a construit une *serre à forcer*, destinée exclusivement à li
culture forcée des arbres fruitiers, il faut remplir la plate
bande qui règne le long du mur de la serre, de la terre l
mieux appropriée aux besoins de la végétation des arbres qu
doivent y être forcés. On garnit ensuite ce mur, non pas d
jeunes arbres qu'il faudrait achever de dresser et d'élever
dans la serre, mais d'arbres tout formés qui, moyennant le
précautions indiquées en décrivant la plantation des arbre
fruitiers, supportent très-bien la transplantation et sont imm
médiatement productifs.

La taille et la conduite de ces arbres dans la serre à force
ne diffèrent pas de la taille et de la conduite des mêmes ar
bres à l'air libre. On commence à chauffer à une époque plu
ou moins avancée, selon le degré de précocité souhaité dan
la récolte des fruits ; habituellement, la serre à forcer es
divisée par des cloisons vitrées en plusieurs compartiment
qui peuvent être chauffés les uns après les autres ; par cett
disposition, les fruits forcés n'arrivent pas tous en mêm
temps à maturité, condition favorable pour le placemen
quand ces fruits doivent être vendus. Les soins de cultur
sont les mêmes que pour les arbres en espalier forcés su
place sous l'abri de la serre temporaire. Après la récolte o
tient les panneaux de la serre constamment ouverts ; on peu
même les enlever tout à fait, et ne les remettre en place qu
vers la fin de la belle saison. Le contact prolongé de l'ai
extérieur fortifie les arbres forcés, et les dispose à donne
chaque année des récoltes abondantes.

Vigne forcée. — On plante habituellement en dehors d
la serre à forcer les ceps de vigne qui doivent produire de
raisins forcés à l'intérieur. Les ceps plantés dans la plate
bande, le long du mur d'appui du vitrage de la serre, y son
introduits par des trous ménagés à cet effet dans la maçon
nerie de ce mur ; ils sont dirigés en cordons sur de gros fil
de fer, parallèlement au vitrage. La taille, la conduite, l'ébour

geonnement, l'éclaircissement des grappes trop serrées, l'é-
pamprement vers l'époque de la maturité, sont pratiqués dans
la serre à forcer d'après les mêmes principes que pour la
vigne en cordons cultivée à l'air libre. Il est bon, en hiver,
pendant les fortes gelées, de couvrir de litière ou de fumier
long la terre de la plate-bande extérieure dans lesquelles vivent les racines des ceps soumis à la culture forcée.

Aux environs de Paris, les jardiniers de profession qui forcent en grand la vigne pour en vendre les produits, ne la
forcent pas dans des serres à demeure. Les ceps sont plantés
au pied d'un talus faisant face au sud. L'année où ils doivent
être forcés, une planche posée sur champ au sommet du talus
sert d'appui à un vitrage incliné, qui recouvre les ceps de
de très-près; un fossé, assez profond pour que le jardinier
puisse y circuler librement, règne en avant des ceps conduits
en cordons horizontaux sur deux rangs, tout près de terre;
les tuyaux d'un thermosiphon chauffent l'intérieur de cette
sorte de serre temporaire longue, basse et étroite, par conséquent facile à établir et à chauffer avec beaucoup d'économie:
c'est la manière la moins coûteuse de forcer la vigne.

Le jardinier amateur, guidé par d'autres considérations,
introduit du dehors des ceps de vigne des meilleures espèces,
dans une serre tempérée destinée principalement à la culture
des plantes d'ornement. Il en forme dans cette serre d'élégantes arcades qui, sans nuire en aucune façon à la végétation des plantes exotiques, objet principal de sa sollicitude,
lui donnent une ample récolte d'excellent raisin, et lui permettent d'inviter ses amis à venir vendanger dans sa serre, à
une époque de l'année où il n'y a encore ni fleurs ni fruits
dans les jardins.

Arbres fruitiers nains forcés. — Plusieurs arbres
à fruits à noyau, spécialement le cerisier, l'abricotier et
plusieurs pruniers, peuvent être facilement forcés dans la
serre tempérée et donner dès le mois de mai des fruits mûrs
de très-bonne qualité. A cet effet, on plante un an d'avance
dans des pots d'assez grandes dimensions, remplis d'une bonne
terre ordinaire de jardin, des arbres fruitiers nains, qu'on

trouve tout dressés en petites quenouilles chez tous les pépiniéristes. Ces arbres, soignés, arrosés et cultivés pendant une
année à l'air libre, sont introduits successivement dans la
serre, en commençant, pour ceux qui doivent donner les premiers fruits, aussitôt après la chute des feuilles. Les pots doivent être placés le plus près possible des vitrages, retournés
fréquemment pour que les arbres reçoivent la lumière de
tous les côtés, et arrosés autant qu'il le faut pour que la terre
qu'ils contiennent soit constamment fraîche, sans excès d'humidité. Quelques bassinages sont utiles au feuillage de ces
arbres pour l'entretenir propre, et au fruit pour favoriser son
grossissement.

Les arbres nains forcés en pots chargent beaucoup; leurs
dimensions réduites permettent de les faire figurer sur la
table; chacun des convives y peut cueillir lui-même sa part
de dessert, ce qui contribue à lui faire trouver les fruits meilleurs. Le groseillier et le framboisier, traités de la même manière, sont forcés avec la même facilité; ils donnent des fruits
mûrs à la même époque.

Ananas. — Bien que l'ananas soit le fruit non pas d'un
arbre, mais d'une simple plante herbacée, sa culture doit
trouver place ici par le motif qu'elle est entièrement forcée,
depuis le début jusqu'à l'entière maturité des fruits. L'ananas
peut être multiplié par les œilletons qui naissent au bas de sa
tige, par les touffes de feuilles nommées *couronne*, qui surmontent le fruit, et enfin par le semis de ses graines. Les
deux premiers moyens sont seuls en usage dans la culture
habituelle; les semis ne sont usités que dans l'espoir d'obtenir des variétés nouvelles.

Les œilletons et les couronnes ne doivent pas être plantés
au moment où on les détache; ce sont de véritables boutures
qu'il faut traiter comme toutes les boutures de plantes grasses, en laissant la coupure du talon se ressuyer à l'air avant
de la mettre en terre, sans quoi elle risquerait de pourrir et
de ne pas émettre de racines. La culture de l'ananas étant
forcée d'un bout à l'autre, peut être commencée en toute saison. Pour calculer l'époque à laquelle les fruits arriveront à

maturité, et faire coïncider cette maturité avec les besoins de la consommation, il faut se rendre exactement compte de la durée de sa culture. Elle ne se prolonge pas, comme le disent la plupart des traités, pendant trois années entières, mais pendant dix-huit mois à deux ans, comprenant deux mois de la première année, la seconde tout entière, et de quatre à six mois de la troisième.

Si l'on plante les œilletons dans la première semaine de novembre, ils doivent être dans des pots remplis de terre de bruyère, plongés dans une couche très-chaude, dont la chaleur est entretenue par des réchauds fréquemment renouvelés. Cette couche est ordinairement établie, pour le premier hiver, sous un simple châssis; les plantes y font peu de progrès, mais elles s'enracinent solidement et se disposent à prendre un grand développement au retour de la belle saison. Il ne faut pas laisser la température descendre au-dessous de 20 degrés centigrades pendant la nuit, et 25 degrés pendant le jour. Au printemps, on monte une nouvelle couche également très-chaude, dans laquelle les ananas, disposés à prendre un accroissement très-rapide, sont plongés jusqu'au moment où les pots ne peuvent plus contenir les racines devenues trop volumineuses. On a recours alors à un traitement très-énergique, que peu d'autres plantes supporteraient, et dont le succès constant prouve le tempérament essentiellement robuste de l'ananas. Toutes les racines de la plante sont retranchées au niveau du collet, et l'ananas, après que la plaie s'est ressuyée pendant douze heures à l'air libre, est bouturé de nouveau dans un pot de grandes dimensions rempli d'un mélange de terreau, de terre de bruyère et de bonne terre de jardin, par parties égales. Les pots sont plongés, non plus dans une couche chaude, mais dans la tannée d'une serre à forcer. Dans la culture en grand, on construit exprès pour les ananas des serres très-basses, ayant juste la hauteur nécessaire pour le service intérieur; la bâche qui contient la tannée où sont plongés les pots contenant les ananas, est disposée de manière à ce que les plantes y soient aussi près des vitrages que possible; l'ananas ne peut jamais avoir ni trop de lumière ni trop de chaleur. Pourvu qu'on l'arrose et qu'on l'asperge de temps à autre avec un arrosoir à gerbe percée de trous très-fins, sous forme d'une pluie très-divisée, on peut exposer constamment l'ananas à une température de 35 à 40 degrés; il n'en végètera qu'avec plus de vigueur. Les longues feuilles de l'ananas ont souvent besoin d'être nettoyées sur leurs deux surfaces avec un tampon de linge fin ou un morceau d'éponge légèrement humide. Assez souvent, les plantes sont envahies par des insectes qu'il faut faire périr au moyen de fortes fumigations de tabac.

Vers la fin de l'été, l'ananas, planté au mois de novembre de l'année précédente, commence à développer ses tiges florales; il est alors *en roseau*, comme disent les jardiniers. Tous ne montent pas à la fois, bien qu'ils aient été plantés à la même époque, et il est avantageux pour le jardinier qu'il en soit ainsi, sans quoi tous ses ananas mûriraient en même temps, ce qui en rendrait le placement moins facile. Quand la floraison est passée et que le fruit est formé, beaucoup de jardiniers font subir aux plantes un second retranchement complet des racines; cette amputation n'est nécessaire que quand la terre des pots paraît épuisée, et que les ananas n'y végètent pas avec assez de vigueur. Dans ce cas, les pots sont remplis de nouvelle terre, et les ananas, traités comme à la première amputation, y sont replacés et remis dans la tannée; il n'en résulte qu'un léger temps d'arrêt dans la marche de leur végétation.

On peut aussi, selon la méthode anglaise, actuellement adoptée en France par les plus habiles praticiens, planter les ananas enracinés, aussitôt après leur premier hiver, dans la terre d'une bâche profonde de 60 à 80 centimètres, et fortement chauffée par le thermosiphon. Ils y sont comme en pleine terre, et ne doivent plus subir ni déplacement, ni amputation des racines. Les arrosages doivent être abondants pendant toute la durée de la formation du fruit, à moins que, pour satisfaire sa clientèle, le jardinier ne se trouve dans la nécessité de hâter la maturité du fruit. Il lui suffit pour cela de continuer à chauffer fortement les plantes, et de ne plus les

arroser que juste autant qu'il le faut pour qu'elles ne meurent pas de soif. Les ananas ainsi traités mûrissent très-vite
et sont aussi bons que leur espèce le comporte ; mais ils n'atteignent jamais à leur volume normal.

Lorsqu'on veut tenter, en semant des graines d'ananas, de
conquérir quelque nouvelle variété recommandable, il faut
s'armer de beaucoup de patience. Les graines semées au printemps, en terre de bruyère, lèvent en peu de temps et donnent du plant d'abord très-faible, qui met cinq longues années à grandir et à produire son premier fruit, lequel répond
rarement aux espérances du jardinier. Toutefois, un nombre
assez important de très-bonnes sous-variétés d'ananas est dû
aux soins persévérants pratiqués avec zèle en Angleterre, en
Belgique et en France depuis 1815, époque à laquelle la culture de l'ananas, après une longue interruption, a été reprise
dans les serres d'Europe.

CHAPITRE XXXVIII

Arbres fruitiers cultivés en pots. — Récolte et conservation des fruits.

Culture des arbres fruitiers en pots. — Jardins à la Rivers. — Manière de les établir. — Leurs avantages. — Parties de la France où ils peuvent être utiles. — Jardin fruitier sur la terrasse. — Arbres fruitiers dans les bosquets. — Récolte des fruits à noyau. — Des cerises. — Des abricots. — Des prunes. — Des pêches. — Précautions à prendre pour les brosser. — Propriétés nuisibles de leur duvet. — Récolte des fruits à pepins. — Indice certain du moment favorable. — Fruitier. — Fruitier à la Dombasle. — Conservation du raisin. — Cylindres creux en fer-blanc pour cet usage.

La culture des arbres fruitiers dans des pots a reçu depuis quelques années d'assez nombreuses applications pour qu'il soit indispensable d'entrer à ce sujet dans quelques détails pratiques dont la connaissance est indispensable à ceux qui se trouvent placés dans les conditions où cette manière de cultiver les arbres fruitiers peut être à la fois agréable et avantageuse. Les succès obtenus dans la culture des arbres fruitiers, conduits sous la forme en colonne, et soumis à la taille périodique des racines, afin qu'on puisse en réunir un assez grand nombre sur une surface d'une étendue très-limitée, démontrent d'abord la possibilité de faire vivre et fructifier des arbres à fruits d'espèces variées, dans des pots suffisamment spacieux, remplis de terre très-substantielle, dont on maintient la fertilité à son maximum par des arrosages d'engrais liquides fréquemment répétés. Ces arbres, mis en pots un an ou deux après avoir été greffés, sont taillés très-courts, sous la forme en colonne; on ne laisse prendre à leur flèche que la moitié environ de la hauteur qu'elle atteindrait en pleine terre. Par ce moyen, tout en produisant très-peu de jeunes bois, ils chargent beaucoup, et s'ils sont peu durables, il en coûte peu pour les remplacer lorsqu'ils sont épuisés.

Jardins à la Rivers. — Un habile horticulteur anglais, M. Rivers, a basé sur la culture en pots des arbres fruitiers tout un système de jardin fruitier à l'usage de ceux qui, sous un climat sévère, ne disposent que d'un très-petit espace. Il faut préalablement entourer d'une haie vive, régulièrement taillée en forme de muraille, le carré de jardin qu'on se propose de consacrer aux arbres fruitiers en pots. On dresse de distance en distance, dans la haie même, des piquets qui en dépassent la hauteur de 20 à 25 centimètres. Ces piquets doivent être suffisamment solides pour servir de base à un très-léger bâtis en bois, seulement assez fort pour recevoir au besoin une couverture de paillassons ayant la forme d'un toit à deux versants. Dans l'espace ainsi abrité, les arbres en pots sont rangés sur trois ou quatre lignes parallèles, en ménageant des sentiers intérieurs au centre du carré et le long de la haie, pour le service. Pendant toute la belle saison, les paillassons disparaissent; les arbres sont à peu près à l'air libre; néanmoins, la protection qu'ils reçoivent de la haie, égale aux deux tiers de leur hauteur, suffit pour empêcher qu'ils puissent être renversés par des coups de vent violents. Aussitôt après la chûte des feuilles, quand les arbres sont entrés dans leur période de sommeil végétal, le toit de paillassons est remis à sa place; il y reste jusqu'à ce que les arbres fruitiers en pots aient fleuri et noué leur fruit au printemps de l'année suivante. Le but de ce mode de culture n'est pas d'obtenir des fruits plus précoces qu'ils ne le seraient à l'air libre; mais, dans un jardin à la Rivers, les arbres en pots, garantis de la neige et du verglas pendant l'hiver, hors des atteintes de la grêle et des gelées tardives pendant leur floraison, donnent chaque année des récoltes régulières des meilleurs fruits, ce qui n'aurait pas lieu s'ils étaient toute l'année exposés à l'air libre et cultivés en pleine terre. La culture en pots donne d'ailleurs toutes les facilités désirables pour renouveler la terre dans laquelle vivent les racines des arbres, lorsqu'il y a lieu de présumer que sa fertilité est épuisée.

Sous le climat moyen de la France, les jardins à la Rivers n'offrent pas d'avantage réel; mais au nord de la vallée de la Seine, surtout dans les départements de l'Aisne, des Ardennes et du Nord, ils peuvent être établis dans beaucoup de localités où, sous l'empire des conditions ordinaires, la culture des arbres fruitiers ne pourrait donner que des résultats trop incertains.

Jardin fruitier sur la terrasse.—Il y a, parmi les habitants de Paris et des grandes villes de France, un assez grand nombre d'amateurs d'horticulture qui n'ont, pour satisfaire leur goût pour le jardinage, pas d'autre ressource que celle du jardin sur la fenêtre, et quelquefois sur une terrasse de plain-pied avec leur appartement. Quand cette terrasse n'est pas trop petite, il est facile de la convertir en un berceau couvert de plantes grimpantes d'ornement, auxquelles on peut joindre trois ou quatre ceps de vigne cultivés dans des pots comme ceux qu'on destine à la culture forcée. Ces ceps, dans des pots plus profonds que larges, remplis de très-bonne terre, peuvent y vivre plusieurs années, et donner tous les ans de très-belles grappes d'excellent chasselas qu'un citadin est toujours heureux de pouvoir récolter au cœur d'une ville où le jardinage ordinaire est impossible. Sur une terrasse, dans les mêmes conditions, on peut aussi cultiver dans des pots ou des caisses quelques poiriers greffés sur cognassier et pommiers greffés sur paradis; ces arbres y donnent quelques fruits très-beaux tous les ans, surtout les pommiers-paradis, dont les racines s'étendent peu.

On voit quelquefois figurer sur la table, au dessert, des poiriers d'un mètre 50 centimètres seulement de hauteur, tout chargés des plus belles poires possibles; ces poiriers sont en pots; mais il ne faut pas croire qu'ils aient atteint un tel degré de vigueur et de fécondité avec le peu de terre contenue dans le pot, cette terre fût-elle de la plus grande fertilité. Ce sont des sujets tout dressés et en plein rapport, mis, à l'entrée de l'hiver, dans de grands pots défoncés et posés sur une plate-bande de jardin, dans les conditions les plus favorables. Les racines, sortant librement par le fond du pot, ont vécu aux dépens de la terre de la plate-bande qui leur a fourni les moyens de nourrir largement l'arbre en pot, et de lui faire porter une charge complète de fruits magnifiques. Ces arbres font un effet fort agréable sur une table de dessert où ils figurent après avoir été arrachés; on ne leur laisse de racines que le peu qui tient dans l'intérieur du pot : ils survivent très-rarement à une pareille amputation. Mais, sans prétendre à obtenir des résultats de ce genre, on peut conserver en pots pendant plusieurs années, des poiriers de la Madeleine, d'épargne, de rousselet de Reims et quelques autres, et leur faire produire très-régulièrement tous les ans un petit nombre de très-bonnes poires.

Arbres fruitiers à placer dans les bosquets. — Plusieurs arbres fruitiers, appartenant plutôt à la flore des bois qu'à celle des jardins, donnent cependant des produits qui tiennent fort bien leur place dans le dessert, et dont celui qui dispose d'un grand jardin ne doit pas se priver, bien que ces arbres ne puissent être commodément admis dans le jardin fruitier. De ce nombre sont principalement le néflier, le cormier, le noisetier et même le châtaignier; dans un bosquet d'une étendue suffisante, ces arbres, intercalés dans les massifs d'arbres d'ornement, ne les déparent en aucune façon; ils ajoutent au plaisir que prend la maîtresse de maison à visiter le bosquet à l'entrée de l'automne. Ces arbres ne doivent point être taillés; ils ne réclament aucun soin particulier de culture.

Ici se termine tout ce que nous avions à donner d'utiles indications sur les arbres fruitiers et les divers procédés à employer pour les multiplier, les élever et les gouverner pendant toutes les phases de leur existence. On trouvera, à la fin de ce volume, la liste des meilleures espèces de chaque série d'arbres fruitiers et d'arbustes à fruits comestibles.

Récolte des fruits. — On soigne toute l'année les arbres fruitiers et l'on ne récolte qu'une fois par an leurs précieux produits; il est donc fort important que la récolte des fruits soit opérée dans les meilleures conditions, c'est-à-dire de manière à en tirer tout le parti possible.

Les cerises, le premier fruit mûr de la saison, ne doivent être cueillies que quand elles sont au degré précis de maturité qui convient à chaque espèce. On ne peut pas infliger un blâme bien sévère au jardinier de profession qui cueille ses cerises un peu avant leur maturité parfaite, pour contenter sa clientèle qui consent à donner un bon prix des cerises lorsque, sans être tout à fait mûres, elles le sont seulement assez pour être mangeables. Il suffit que leur maturité soit assez avancée pour que la santé de ceux qui en mangent ne soit pas compromise. Mais, le véritable amateur doit s'imposer la loi de ne cueillir les cerises, comme les autres fruits, que lorsqu'elles sont précisément *à leur point*, c'est-à-dire lorsqu'elles ont acquis au plus haut degré les propriétés comestibles de l'espèce à laquelle elles appartiennent.

Les abricots et les pêches doivent être cueillis seulement lorsqu'en les faisant tourner doucement sur leur support, ils s'en détachent aisément. Les prunes, pour la plupart, peuvent être sans aucun inconvenient attendues jusqu'au moment où elles tombent d'elles-mêmes ; il suffit d'étendre un lit de paille propre sous les arbres à l'époque présumée de la chute naturelle des prunes. En général, on cueille les prunes à chair très-aqueuse, comme les reines-Claude et les mirabelles, et l'on attend la chute des prunes à chair plus sèche, spécialement de celles qui doivent être séchées au four pour être converties en pruneaux.

La récolte de fruits la plus importante est, parmi les fruits à noyau, celle des pêches qui, près des grandes villes, représentent souvent des valeurs très-considérables. Avant de les porter au marché ou de les servir sur la table, les pêches de toutes les variétés doivent être brossées avec une brosse très-douce. Les femmes, habituellement chargés de ce travail parce que leurs doigts, plus légers que ceux des jardiniers, ne froissent pas les pêches mûres, doivent avoir soin de se placer dans un courant d'air assez vif pour entraîner, à mesure qu'il se détache, le duvet qui recouvre la peau de la pêche. Ce duvet est un poison qu'il serait dangereux de respirer, et dont il est fort utile de débarrasser la peau des pêches. Ce n'est donc pas seulement pour leur donner un meilleur aspect, que les pêches doivent être brossées.

Les pommes et les poires, surtout celles des espèces qui se conservent d'une année à l'autre et qui forment la base des desserts pendant toute la mauvaise saison, doivent être cueillies avec toutes les précautions qui peuvent en assurer la bonne conservation. Rien de moins rationnel que l'usage trop généralement suivi de récolter tous les fruits à pepins le même jour, bien qu'ils soient à des degrés très-divers de maturité. On ne doit pas même cueillir, en une seule fois, tous les fruits d'un même arbre; car il peut arriver que ceux de l'intérieur, dans un arbre conduit en pyramide par exemple, soient de 15 jours ou 3 semaines en retard quant à leur maturité, par rapport aux fruits des branches extérieures. Quant au moment le plus convenable pour commencer la récolte, il y a une indication précise qui ne trompe jamais. Si, par un temps calme, on trouve le matin à terre, au pied d'un poirier ou d'un pommier des fruits parfaitement sains, exempts de toute piqûre d'insecte qui aurait pu provoquer leur chute prématurée, il est temps de récolter la plus grande partie de ces fruits.

On choisit, pour cette opération, une belle journée d'automne éclairée par un soleil vif; on ne commence que quand la chaleur du jour a pleinement fait évaporer la rosée de la nuit. A mesure que les fruits sont récoltés dans des paniers de moyenne grandeur, avant de les porter dans le local affecté à leur conservation ultérieure, on les étend sur le plancher sec et bien nettoyé d'une chambre où ils doivent rester au moins deux ou trois jours. On tient ouvertes les portes et les fenêtres de cette chambre, afin d'y établir une bonne ventilation; les fruits y perdent, par évaporation, une partie de l'eau de végétation qu'ils contiennent en excès. Ils sont alors dans les meilleures conditions possibles pour être rangés dans le fruitier, et s'y conserver aussi bien et aussi longtemps que chaque espèce le comporte.

Fruitier. — Dans toute habitation de laquelle dépend un jardin fruitier de quelque importance, une pièce du rez-de-chaussée doit être consacrée à la conservation des fruits : c'est ce qu'on nomme le *fruitier*. Quand il est construit exprès pour cette destination, le fruitier doit être une chambre voûtée, fraiche mais parfaitement exempte d'humidité, beaucoup plus longue que large. Les murs, à droite et à gauche, sont garnis de dressoirs horizontaux, soutenus par des tasseaux et munis d'un rebord d'un ou deux centimètres de saillie. Les fruits sont distribués sur les surfaces de ces dressoirs en évitant de mêler les espèces qui doivent être, autant que possible, classées selon leur ordre de maturité. Les fruits de dessert sont soigneusement séparés des fruits qui ne peuvent être mangés crus. Bien des gens croient bien faire en essuyant les poires et les pommes avec un linge sec, au moment où ils sont déposés sur les dressoirs du fruitier; ce travail est plus nuisible qu'utile à la conservation des fruits; il enlève le très-léger enduit de nature céramineuse dont la peau des fruits est revêtue; cet enduit ralentit assurément l'action de l'air sur le fruit, et il importe de ne pas l'en dépouiller.

Dans les maisons où la récolte des fruits n'a pas assez d'importance pour qu'un local particulier leur soit consacré, on remplace le fruitier proprement dit par le procédé suivant dû au célèbre agronome Matthieu de Dombasle. On fait faire, à peu de frais par le menuisier, des caisses carrées en bois blanc, d'environ 1 mètre de long sur 80 centimètres de large et 8 à 10 seulement de profondeur. Ces caisses, semblables à des tiroirs, n'ont pas de couvercle. On pose la première à plat sur le sol; les fruits y sont disposés comme ils le seraient sur le dressoir d'un fruitier. La seconde, qui doit avoir été ajustée par le menuisier de façon à s'adapter sans laisser de vide sur les bords de la première, est remplie de même et recouverte de la troisième caisse, ainsi de suite. Une pile se compose ordinairement de 12 caisses semblables; on laisse vide celle qui termine la pile et qui lui sert de couvercle. Les piles de caisses tiennent peu de place; leur nombre est proportionné à la quantité de fruits qu'on se propose de conserver; ils y sont parfaitement hors du contact de l'air et de la poussière; de temps en temps, on démonte les piles pour les reconstruire immédiatement après en avoir inspecté le con-

tenu, soit pour retirer les fruits qui commencent à se gâter,
soit pour livrer à la consommation ceux qui arrivent successivement à maturité.

C'est une économie fort mal entendue que celle qui consiste
à ne jamais livrer à la consommation que les fruits qui commencent à se gâter; tous doivent finir par là : il n'y a pas de
fruit dont la durée soit éternelle. Bien des maitresses de
maison regardent comme une sorte de sacrilége de manger
un fruit sain; il résulte de cette manie parcimonieuse que,
dans beaucoup de bonnes maisons où l'on récolte une ample
provision de très-bons fruits, on n'en mange jamais que de
très-mauvais. C'est une véritable duperie que de ne pas consommer chaque fruit à son point précis de maturité, au
moment où il atteint le degré de perfection propre à son
espèce. C'est ce point qu'il faut saisir pour faire figurer les
fruits de garde sur la table au dessert.

Récolte et conservation du raisin. — La récolte du
raisin de table doit se faire le plus tard possible. Quand ce
raisin a pris une belle couleur sur la treille, et qu'il est parvenu à complète maturité, on peut, après avoir tordu la
queue de la grappe, l'enfermer pour le préserver des piqûres
des mouches et du bec des oiseaux, dans des sacs de crin, de
canevas, ou tout simplement de papier non collé. Quand la
température ne permet plus de laisser le raisin sur le sarment, on le récolte par un beau temps sec, et on le suspend
au rebord des tablettes du fruitier, garni de clous à crochet
pour cet usage. Les grappes doivent être attachées à ces clous
par des liens de gros fil, dans une position inverse de celle
qui leur est naturelle. Quelque soin qu'on prenne de les
débarrasser de tous les grains gâtés et de les visiter fréquemment pour veiller à leur bonne conservation, les raisins
suspendus dans le fruitier ne sont jamais de bien longue
garde. Au bout d'un temps plus ou moins long, ou bien la
pourriture s'empare de la peau des grains de raisin, ou bien
ils se dessèchent au point de n'avoir plus qu'une peau d'une
aridité excessive, collée sur les pepins; en cet état, ils ne
sont pas gâtés, mais ils ne sont plus mangeables.

Lorsqu'on tient à conserver à l'état frais une petite quantité de beau raisin de table, jusqu'à une époque assez avancée de la mauvaise saison, on peut employer le procédé suivant : Les sarments sont coupés avec leur charge de grappes de raisins mûrs; leur extrémité inférieure est plongée dans un vase rempli d'eau déposé dans un lieu frais, mais où la gelée ne puisse pénétrer. Tant que le sarment conserve dans l'eau sa vitalité, le raisin s'y maintient en très-bon état; il peut supporter la comparaison avec les meilleurs raisins cueillis sur les vignes forcées; il est de beaucoup supérieur aux raisins conservés par tout autre procédé. On construit, pour pratiquer assez en grand cet excellent moyen de conservation du raisin, des cylindres creux en fer-blanc, posés sur un chevalet de la même forme que ceux dont se servent les scieurs de bois, mais plus bas et plus allongé. Chaque cylindre porte à un bout un robinet et à l'autre un entonnoir, afin d'en pouvoir renouveler l'eau à volonté. De distance en distance, des tubes de fer-blanc de la grosseur du pouce sont soudés à la surface extérieure du cylindre; les ceps sont passés dans ces tubes qui les soutiennent avec leur charge de grappes; ils reçoiven ainsi toute l'humidité dont ils ont besoin pour entretenir la fraîcheur du raisin le plus longtemps possible.

QUATRIÈME PARTIE

VÉGÉTAUX D'ORNEMENT

DE PLEINE TERRE.

CHAPITRE XXXIX

Le Parterre.

Le parterre. — Amendement du sol. — Tracé des compartiments. — Bordures. — Buis. — Bellis. — Œillet mignardise. — Bordures pour les grands parterres. — Gazon. — Lierre d'Irlande. — Ses avantages. — Bordures en seconde ligne. — Distribution des fleurs dans le parterre. — Mélange des nuances. — Classement par dimensions. — Multiplication des plantes d'ornement de pleine terre. — Semis. — Repiquage. — Culture du plant en pépinière. — Boutures. — Marcottes. — Séparation des rejetons. — Des caïeux des plantes bulbeuses. — Bulbilles. — Boutures de plantes qui n'hivernent pas à l'air libre.

La partie la plus attrayante du jardinage est sans contredit celle qui a pour objet la culture des plantes d'ornement, source de plaisirs élégants qu'on peut goûter à tout âge et dans toutes les conditions. L'inoffensive passion des fleurs est au premier rang de celles qu'un honnête homme peut avouer; elle précède toutes les autres, elle leur survit, et la plus belle moitié du genre humain en peut prendre sa part sans craindre d'arriver à la satiété; car, dans la pratique de la floriculture, il se produit constamment du nouveau, et chaque saison amène son contingent de fleurs, d'autant plus précieuses qu'on a pris pour les faire éclore une peine qui est un plaisir.

Afin d'apporter l'ordre et la clarté nécessaires dans nos

instructions sur la culture des végétaux d'ornement, nous traiterons en premier lieu de ceux qui croissent en pleine terre à l'air libre sous le climat moyen de l'Europe centrale, et qui servent, du printemps à l'automne, à la décoration de nos jardins. L'espace consacré à cette branche du jardinage est, comme on sait, désigné sous le nom de *parterre*.

Parterre. — C'est toujours une chose ravissante qu'un parterre bien tenu, même lorsqu'il consiste simplement en une ou deux plates-bandes voisines de l'habitation. Car le parterre, de même que le jardin fruitier, n'est pas toujours distinct du reste du jardin. Beaucoup d'amateurs de jardinage, placés dans une condition intermédiaire aussi éloignée de la gêne que de l'opulence, sont dans la nécessité de consacrer à la production des légumes et des fruits la plus grande partie de leur jardin. Les plates-bandes les plus rapprochées de la maison, et une partie de celles qui entourent les carrés, sont, dans ce cas, les seules consacrées à la culture des fleurs : elles font l'office de parterre.

Dans l'hypothèse la plus favorable, il s'agit de créer à neuf un parterre sur un espace d'une étendue suffisante et convenablement exposé. Le dessin d'un parterre ne peut être soumis à aucune règle précise; s'il comprend plusieurs plates-bandes, chacun peut leur donner, selon son goût, la forme la plus gracieuse, d'après la conformation du terrain; chaque compartiment doit être plus ou moins bombé et relevé vers son centre.

Si le sol du parterre a besoin d'être amendé, il faut y ajouter les amendements qui peuvent être jugés utiles, en quantité suffisante pour n'avoir plus à y revenir. En général, une bonne terre ordinaire de jardin, pourvu qu'elle ne soit pas trop compacte, convient à la presque totalité des plantes d'ornement qui doivent décorer le parterre. Quand elle est trop forte, c'est-à-dire quand l'argile s'y trouve en excès, il faut y ajouter un peu de chaux, et une forte dose de cendres de bois tamisées, mêlées à une égale quantité de terreau. Il n'y a plus alors qu'à entretenir ultérieurement la fertilité du sol du parterre par une dose suffisante de fumier enfoui tous les ans, soit de très-bonne heure au printemps, soit à la fin de l'automne.

Bordures. — Avant de remplir de plantes d'ornement les compartiments du parterre, le dessin en étant arrêté, il faut marquer les contours des allées par des bordures. Pendant des siècles, le buis nain a été seul employé comme bordure dans le parterre; c'est encore une des bordures les plus usitées. Le buis a cependant plusieurs inconvénients graves, outre son aspect triste et sa mauvaise odeur; il sert de refuge aux limaces, aux limaçons, et à une multitude d'insectes nuisibles, dont il favorise la multiplication. Il ne présente, comme compensation à ses défauts, qu'un seul avantage, celui de soutenir très-bien la terre en occupant peu d'espace, parce qu'il peut être tondu avec des ciseaux une ou deux fois par an, et tenu ainsi très-près de terre, sans que sa végétation ait à en souffrir.

Pour les parterres de petites dimensions, le choix à faire entre les plantes qui peuvent servir de bordures est assez limité. Après le buis nain, on emploie fréquemment la *brunnelle* à grandes fleurs, la bellis vivace ou pâquerette à fleur double de diverses nuances, et l'œillet nain, plus connu sous son nom vulgaire de *mignardise*. La plus belle variété d'œillet mignardise est blanche avec une tache pourpre à la base de chaque pétale, ce qui lui a fait donner le nom de *mignardise couronnée*. La bellis vivace et l'œillet mignardise ont, en qualité de bordures, un défaut capital, celui de se dégarnir de place en place, de s'étendre beaucoup en largeur sur d'autres points, et de former, par conséquent, des bordures très-inégales. Les bordures d'œillet mignardise doivent être dédoublées pour cette raison tous les deux ans. On forme aussi de fort jolies bordures autour des compartiments d'un parterre de peu d'étendue, avec plusieurs espèces d'oxalis, spécialement avec l'oxalis de Deppe, charmante petite plante très-florifère. Quand le parterre comprend une plate-bande de terre de bruyère, on peut, après l'avoir entourée de buis, y planter en seconde ligne une bordure formée de touffes alternatives de *cuphea* et de *lobélie* à fleur bleue (fig. 79). Ces

deux jolies plantes se maintiennent naturellement sous de
petites dimensions; leur floraison, pendant la belle saison,
est pour ainsi dire inépuisable.

Fig. 79. Lobélie à fleur bleue.

Bordures pour les grands parterres.—Les bordures
des compartiments des très-grands parterres sont ordinairement formées, soit de gazon, soit de lierre. La meilleure variété de lierre, fort en faveur depuis quelques années, est
celle que les jardiniers nomment *lierre d'Irlande*. Le lierre
est préférable au gazon comme bordure, par sa bonne tenue
et par la facilité avec laquelle il peut être maintenu constamment garni de jeunes pousses d'un très-beau vert: ses feuilles ne deviennent d'un vert sombre un peu triste que lors-

qu'elles ont vieilli. Le gazon, au contraire, par le mélange de plantes sauvages dont le vent et les oiseaux transportent continuellement les semences, ne forme jamais, autour des compartiments d'un grand parterre, des bandes vertes aussi uniformes que les bordures de lierre qui font parfaitement ressortir l'éclat des groupes de fleurs variées auxquelles elles servent d'encadrement

Quand les compartiments du parterre ont une grande largeur, on leur donne, indépendamment de leur bordure vivace de buis nain, de gazon ou de lierre, des bordures de petites plantes bulbeuses, tels que les *crocus* de diverses couleurs, et d'autres de plantes annuelles semées tous les ans au prin'emps en seconde ligne. Les plantes les plus usitées pour cette destination sont le *pied d'alouette nain semi-double* et la *julienne de Mahon*. Cette dernière plante, coupée au niveau du sol après

Fig. 80. Verveine panachée.

qu'elle a fleuri une première fois, sans lui laisser le temps de mûrir sa graine, remonte et fleurit abondamment une seconde fois. L'une des bordures plus gracieuses, d'introduction assez récente, est une verveine rampante, très-florifère, à corolles rayées de violet clair et de blanc pur (fig. 80).

Distribution des fleurs dans le parterre. — Les compartiments du parterre étant dessinés, convenablement amendés au besoin, et bordés, conformément à leurs dimensions, le jardinier doit aviser au meilleur emploi possible des ressources dont il dispose pour qu'il y ait des fleurs *toute l'an-*

née, même en plein hiver. A mesure qu'elles approchent du moment de leur floraison, les plantes semées, bouturées ou marcottées en pépinière, viennent tour à tour se succéder dans le parterre. Pour ces plantes, aussi bien que pour les plantes annuelles qui doivent être semées en place, parce qu'elles ne supportent pas la transplantation, le jardinier doit d'abord avoir égard aux couleurs ; faute de ce soin, à un moment donné, son parterre sera tout rouge, tout bleu, tout jaune, ou tout blanc, au lieu d'être, comme on dit, émaillé de fleurs de nuances mélangées et assorties avec discernement.

Il faut aussi que le jardinier se rende compte des dimensions que doivent acquérir ses plantes d'ornement de pleine terre, afin de les échelonner en plaçant les plus grandes au centre, les moyennes au second rang, et les plus petites en avant, immédiatement après la bordure. Il y a une charmante petite saxifrage au feuillage d'une rare élégance, aux corolles blanches ponctuées régulièrement d'un rouge vif, que les paysans du nord de la France ont surnommée : *Plus je vous vois, plus je vous aime*. Beaucoup de petites plantes florifères sont dans le même cas que cette saxifrage ; le jardinier doit leur assigner dans le parterre une place où elles puissent être vues d'assez près, afin qu'on puisse jouir pleinement de tous les charmes de leur floraison.

Un grand nombre de fleurs de différentes saisons, telles que la *pensée* et l'*héliotrope*, par exemple, suivent, par un mouvement qui leur est propre, la marche apparente du soleil sur l'horizon. Quand leur place est mal choisie, ces fleurs ne peuvent être vues qu'à l'envers par le promeneur marchant dans les allées du parterre, ce qui leur fait perdre une grande partie de leur valeur ornementale ; c'est une faute qu'un jardinier attentif ne doit jamais commettre.

Multiplication des plantes d'ornement de pleine terre. — Le point capital pour le bon entretien du parterre, c'est d'organiser la multiplication des plus belles plantes d'ornement, conformément au climat local et à l'espace disponible. Si cet espace est limité, il vaut encore mieux en sacrifier une partie pour la multiplication, afin de ne jamais manquer de bonnes plantes pour remplacer celles dont la floraison est épuisée, que de laisser les compartiments du parterre vides ou maigrement garnis.

Les semis, les boutures et les marcottes sont les principaux moyens de multiplication en usage pour les plantes appelées à figurer dans le parterre. Les semis des plantes rustiques telles que les *mathioles*, les *campanules*, les *digitales* et une foule d'autres, se font très-bien en pleine terre bien labourée et surtout bien fumée. Il faut consacrer assez d'espace à ce genre de pépinière, pour que les plantes bisannuelles, telles que les *œillets de poète* et plusieurs *campanules*, puissent être repiquées et attendre, en se fortifiant, le moment de prendre place dans le parterre. Les semis de plantes plus délicates ou

Fig. 81. Pétunia rose.   Fig. 82. Coréopsis.

plus exigeantes, telles que les *balsamines*, les *reines marguerites*, les *pétunia* (fig. 81), les *coréopsis* (fig. 82), ne peuvent être faits que sur couche sourde bien chargée de terreau. Les racines fibreuses de ces plantes, sollicitées à se ramifier par la nature pénétrable du terreau qui les nourrit, forment une grande abondance de chevelu. Quand elles doivent être mises en place, on les arrache avec précaution ; elles emportent une bonne poignée du terreau de la couche adhérant à leurs racines, et, moyennant une forte *mouillure*, leur reprise est immédiate, ce qui assure la beauté de leur floraison.

Les boutures peuvent être faites en partie à l'air libre, en partie sous cloche ou sous châssis, dans les mêmes conditions que les semis sur couche sourde.

Les marcottes se font en place, autour de la plante mère, dans la plate-bande où celle-ci a fleuri. Mais si les marcottes, celles des œillets de jardin par exemple, ont besoin, après avoir été sevrées, d'être cultivées pendant un certain temps avant d'être transplantées à la place où elles doivent fleurir, il faut les repiquer en pépinière.

Beaucoup de plantes d'ornement ne sont multipliées par aucun de ces trois moyens ; elles fournissent annuellement plus de rejetons enracinés qu'il n'en faut pour le renouvellement des vieilles touffes. Ces rejetons sont détachés soit au printemps, soit en automne pour être mis immédiatement en place s'ils sont assez forts, ou pour être transplantés dans la pépinière, dans le cas où le jardinier juge qu'ils ont besoin d'y prendre un plus grand développement.

Les plantes bulbeuses florifères doivent aussi très-rarement être multipliées par le semis de leurs graines : ces semis ne sont usités que dans l'espoir d'obtenir des variétés nouvelles supérieures aux anciennes. Tous les ans, on relève les oignons après qu'ils ont fleuri, pour en détacher les jeunes bulbes ou *caïeux* qui sont transplantés en pépinière, et cultivés comme le serait de jeune plant de semis, jusqu'à ce qu'ils soient en état de concourir à la décoration du parterre. Plusieurs des plus belles plantes bulbeuses d'ornement produisent, dans les aisselles des feuilles de leur tige florale, des œilletons nommés *bulbilles*, qui s'enracinent en tombant sur le sol et deviennent avec le temps des plantes parfaites. C'est un moyen supplémentaire de multiplication qu'on peut utiliser principalement pour propager quelques très-belles espèces de lis.

Le jardinier peut en outre, sans autres frais que ceux d'une couche sourde, d'un ou deux châssis vitrés et de quelques cloches de verre, multiplier pendant la belle saison une grande variété de plantes d'ornement qui, sans être précisément de pleine terre parce qu'elles n'hivernent pas à l'air libre sous le climat de Paris, contribuent cependant à varier la décoration du parterre du printemps à l'automne. Telles sont en particulier plusieurs espèces de *calcéolaires*, de *fuchsias* et de *pélargonium*. Il suffit de faire hiverner, dans la serre froide ou l'orangerie, quelques forts pieds de chacune de ces plantes, pour qu'elles fournissent au printemps de nombreuses pousses propres à faire des boutures qui s'enracinent promptement et fleurissent pendant toute la belle saison.

Avec toutes ces ressources, le jardinier de profession, chargé de l'entretien d'un parterre, n'est jamais embarrassé pour l'orner des plus belles fleurs selon la saison. Quant au jardinier amateur, s'il veut que la tenue de son parterre soit irréprochable, il doit s'en occuper toute l'année sans interruption.

CHAPITRE XL

Plantes d'ornement pour diverses destinations.

Plantes et arbustes à tiges grimpantes. — Lierre d'Irlande. — Ses usages. — Sa culture. — Cissus ou vigne vierge. — Son emploi pour masquer les murs. — Glycine de la Chine. — Vigueur de sa végétation. — Moyen de la modérer. — Bignone, jasmin de Virginie. — Jasmin blanc. — Chèvrefeuille d'Italie. — Chèvrefeuille toujours vert. — Clématite odorante. — Clématite d'Henderson. — Aristoloches. — Ampleur de leur feuillage. — Plantes grimpantes annuelles. — Plantes saxatiles, pour orner les rocailles. — Arabette printanière. — Corydale à fleur jaune. — Alyssum corbeille d'or. — Onagre à gros fruit. — Zauchsnéria de Californie. — Son mérite méconnu. — Bruyères. — Saxifrages. — Sédums. — Expérience curieuse sur la végétation des sedums âcre et Rhodiole.

Dans l'état avancé de l'horticulture moderne, le jardinier, chargé de gouverner un parterre complet, doit avoir à sa disposition une grande variété de plantes dont chacune a son genre de mérite particulier et sa destination spéciale. Les plus utiles à connaître sont rangées dans six divisions principales, comprenant les *plantes et arbustes grimpants*, pour couvrir les treillages et les berceaux; les *plantes saxatiles*, pour la décoration des rochers et rocailles; les *plantes aquatiques*, propres à orner les bords des bassins et des pièces d'eau; les *plantes forestières*, pour orner les lieux ombragés par de grands arbres ou par le voisinage des bâtiments; les *plantes odorantes*, chargées de la fonction spéciale de parfumer le parterre; et les plantes *à feuilles persistantes* ou toujours vertes, dont la présence dissimule la nudité du parterre pendant la mauvaise saison.

Plantes et arbustes à tiges grimpantes. — Il y a presque toujours en vue du parterre un pan de mur de clôture ou dépendant d'un bâtiment voisin, qu'il n'est pas possible de laisser à découvert et qu'il faut masquer sous un manteau de verdure et de fleurs, également indispensable pour garnir les berceaux souvent construits en arrière des compartiments du parterre, sur un point d'où l'on découvre tous les groupes de fleurs dont se compose sa parure.

Les plus usitées des plantes grimpantes employées à cet usage sont : le *lierre*, le *cissus* ou *vigne vierge*, la *glycine de la Chine*, la *bignone*, *jasmin de Virginie*, le *jasmin blanc*, les *chèvrefeuilles*, les *clématites* et les *aristoloches*.

Lierre. — Nous avons signalé la valeur du *lierre d'Irlande*, comme plante propre à former de très-bonnes bordures autour des compartiments des grands parterres. Il n'est pas moins utile pour couvrir complétement et en très-peu de temps les murs et les treillages. Mais comme cette plante n'est pas florifère et que ses fleurs verdâtres sont insignifiantes, il ne faut la planter seule qu'à l'exposition du nord, ou bien dans une situation tellement ombragée, qu'on ne peut espérer d'y pouvoir cultiver avec succès d'autres plantes grimpantes à fleurs d'un riche effet ornemental. On multiplie le lierre d'Irlande, soit par le semis de ses graines, soit de boutures ; le second mode de propagation est le plus usité. Les boutures se font avec de jeunes pousses presque toujours plus ou moins garnies de crochets, qui deviennent des racines ; elles s'enracinent en toute saison, car la végétation du lierre ne sommeille jamais ; mais c'est au printemps et en automne qu'elles réussissent le mieux.

Cissus ou vigne vierge. — Cette plante, également connue sous les noms d'*ampélopsis à cinq feuilles* et de *vigne folle*, ne donne qu'une floraison aussi insignifiante que celle du lierre ; elle vient dans les mêmes conditions que le lierre et aux mêmes expositions. Vers le déclin de l'automne, les feuilles de la vigne vierge passent du vert au rouge vineux, ce qui produit un effet assez pittoresque, surtout quand la plante se suspend en festons gracieux à de grands arbres ou à des pans de mur très-élevés. Il est rarement nécessaire de se préoccuper de la multiplication de la vigne vierge. Les graines échappées de ses baies mûres la propagent suffisamment par semis naturel, et donnent en abondance du plant qui peut être mis immédiatement en place, ou élevé un an en pépinière. On utilise aussi comme moyen de multiplication les rejetons nombreux croissant au pied de chaque plante un peu ancienne ; qu'ils soient ou ne soient pas enracinés, ces rejetons reprennent avec une extrême facilité.

Glycine de la Chine. — La glycine de la Chine, actuellement nommée *wisteria* par les botanistes, est l'une des plus jolies, des plus florifères et des plus utiles entre les plantes grimpantes d'ornement. On peut la planter à toutes les expositions et dans tous les terrains ; c'est dans un sol à la fois fertile et léger, à l'exposition du midi, qu'elle fleurit le plus abondamment ; aux expositions moins favorables, elle fleurit un peu moins et beaucoup plus tard, mais elle n'en donne pas moins de très-belles grappes de fleurs papilionacées, d'une nuance améthyste très-délicate, d'une odeur des plus agréables. Sans être précisément remontante, la glycine de la Chine donne toujours, un ou deux mois après sa première floraison qui précède les feuilles au printemps, une seconde

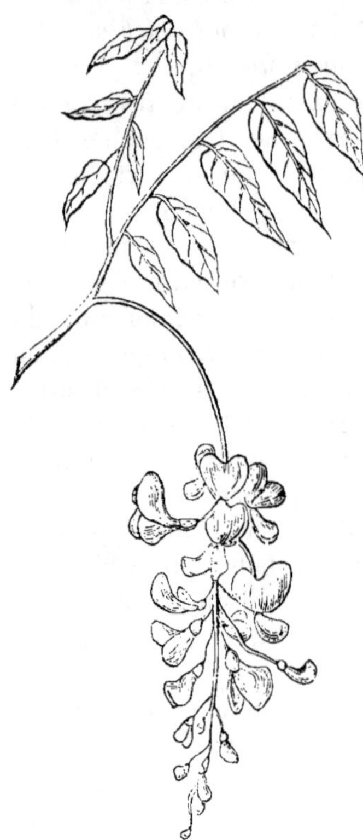

Fig. 83. Glycine de la Chine.

floraison aussi belle et aussi parfumée, quoique moins abondante ; les grappes de fleurs se détachent alors sur son élégant feuillage (fig. 83).

Sous le climat européen, la glycine donne très-rarement des graines fertiles ; aussi n'est-elle presque jamais multipliée par la voie des semis ; les boutures faites avec les rameaux de l'année, et les marcottes faites avec ceux de l'année précédente, s'enracinent très-aisément.

Dans son emploi comme plante grimpante d'ornement, la glycine n'a qu'un défaut qui consiste dans l'excès de vigueur de sa végétation. Dans l'île de Hong-kong, les Anglais, lorsqu'ils en ont pris possession, ont trouvé des pieds de glycine s'étendant d'arbre en arbre dans les bois, sur une largeur de 8 à 10 mètres et une longueur de plus de 300 mètres. En Europe, la glycine ne va pas si vite ni si loin, mais elle envahit en peu de temps de très-grands espaces; heureusement la flexibilité de ses rameaux, lorsqu'ils sont encore jeunes, permet de les replier sur eux-mêmes et de les contenir sur un espace limité. C'est ce qu'il faut faire quand un fort pied de glycine, après avoir garni suffisamment un berceau, est palissé le long d'un treillage de peu d'étendue. La tige principale, prolongée d'abord tout au bas du treillage, est ramenée sur elle-même jusqu'à son point de départ, puis conduite par cordons successifs en allant et en revenant, jusqu'à ce que tout le treillage en soit couvert. On la conduit, par la même méthode, sur fil de fer pour lui faire couvrir complétement la surface d'un mur. La durée de cette plante est indéfinie;

associée au lierre, elle produit un effet des plus gracieux par l'éclat de ses fleurs et le vert pâle de son feuillage qui contraste avec la verdure foncée des feuilles de lierre.

Bignone, jasmin de Virginie. — Le jasmin de Virginie (fig. 84), remarquable par l'éclat de ses touffes terminales de grandes fleurs d'un beau rouge, ainsi

Fig. 84. Jasmin de Virginie.

que par son feuillage découpé d'un très-beau vert, ne fleurit

pas bien à l'exposition du nord ; toutes les autres expositions lui conviennent. Il ne manque à cette belle plante
qu'un peu de parfum : ses fleurs sont complétement inodores.

Le jasmin de Virginie, rangé par les botanistes dans le
genre *tecoma*, se multiplie par bouture et par la séparation
de ses rejetons enracinés; sa durée, comme celle de la glycine, est indéfinie.

Jasmin blanc. — Sous le climat de Paris, il ne faut
aventurer le jasmin blanc en pleine terre qu'à une exposition
tout à fait méridionale; il réunit à la grâce du feuillage le
parfum le plus suave; mais ses fleurs, assez petites par rapport aux dimensions de la plante, ne sont jamais très-abon-
dantes, excepté sous un climat méridional. On le multiplie
soit de boutures, soit de marcottes, au printemps et en automne. Les fleurs du jasmin blanc naissent toujours aux
extrémités des rameaux; on doit, après la chute des feuilles,
tondre les touffes avec des ciseaux, afin de faire sortir le plus
grand nombre possible de jeunes pousses florifères.

Chèvrefeuille. — On peut considérer le chèvrefeuille
comme l'une des plantes grimpantes les plus rustiques du
climat européen, et le traiter en conséquence. Lorsqu'on se
propose d'en garnir un berceau, on peut planter des pieds
assez forts et d'un âge avancé, pourvu que leur séve ne soit
point en mouvement au moment de la plantation. Si l'on a
soin de lever la plante en motte avec le plus de terre possible,
et de mouiller à fond la terre du trou creusé pour la recevoir,
la reprise est assurée. On peut associer au *chèvrefeuille
d'Italie,* variété cultivée de préférence à toutes les autres
dans les jardins, le *chèvrefeuille toujours vert,* dont la fleur,
dépourvue de parfum, est jaune en dedans et d'un rouge très-
vif au dehors; le mélange des fleurs de ces deux chèvrefeuilles
produit un effet très-agréable sur un berceau ou sur un mur
revêtu d'un treillage. On multiplie le chèvrefeuille comme le
jasmin, mais avec encore plus de facilité.

Clématites. — L'horticulture dispose d'un grand nombre
d'espèces et de variétés de clématites, toutes plus ou moins

grimpantes, très-florifères, et dont plusieurs peuvent être cultivées à l'air libre sous le climat de Paris. Les deux espèces les plus usitées pour couvrir les treillages et les berceaux sont la *clématite odorante*, qui fleurit de la fin de juillet jusqu'en septembre, et la *clématite d'Henderson*, qui ne commence à fleurir qu'en automne. La clématite odorante a donné par la culture une fort jolie sous-variété légèrement teintée de rose, et moins répandue dans les jardins qu'elle ne mérite de l'être; elle est aussi odorante que l'espèce commune d'un blanc pur. Toutes les clématites se propagent par bouture et par la séparation de leurs rejetons enracinés.

Aristoloches. — Plusieurs espèces d'aristoloches sont cultivées pour l'ampleur de leur feuillage et la bizarrerie des formes de leurs fleurs qui, pour la plupart, exhalent une odeur peu agréable. L'*aristoloche siphon* est la seule qui puisse hiverner à l'air libre sous le climat de Paris; sa puissante végétation couvre d'un ombrage impénétrable au soleil le très-grands berceaux où l'épaisseur de son ample feuillage en cœur produit en été une fraîcheur très-agréable. Quoique l'aristoloche siphon donne des graines mûres dans nos jardins, on préfère généralement la multiplier de marcottes faites avec du bois de deux ans. On choisit à cet effet un rameau muni de deux nœuds qu'on incise à moitié avant de les recouvrir de terre, en laissant sortir au dehors un bon œil. Ces marcottes, faites au printemps, peuvent être sevrées en automne. L'aristoloche est une des plus rustiques et des plus durables des plantes grimpantes d'ornement.

Plantes grimpantes annuelles. — Les plantes grimpantes annuelles, telles que le *volubilis*, la *capucine*, le *pois de senteur*, le *haricot d'Espagne*, sont au nombre des plus vulgaires; on les sème à la fin de mars ou dans le courant d'avril; elles croissent à peu près partout. Quelque communes que soient ces plantes, elles n'en méritent pas moins d'être multipliées, surtout le pois de senteur qui, comme son nom l'indique, possède un parfum très-prononcé, analogue à celui de la fleur d'oranger; il est particulièrement propre à garnir, dans le parterre, le bas des treillages et des berceaux, et à

20.

former des touffes très-florifères autour des tiges nues des rosiers greffés sur églantier à haute tige.

Plantes saxatiles. — Quoique ce genre d'ornement ne soit pas toujours de très-bon goût, beaucoup d'amateurs se plaisent à élever dans un coin du parterre un rocher artificiel dans lequel ils ménagent des creux pour recevoir divers genres de plantes propres à cette destination spéciale et désignées pour cette raison sous le nom de *plantes saxatiles*. La liste des plantes cultivables à l'air libre sous le climat de Paris est nombreuse; mais toutes les plantes qu'elle comprend ne sont pas ornementales au même degré; les meilleures, pour entretenir un rocher artificiel garni à peu près toute l'année de fleurs ou de verdure, sont : l'*arabette*, le *corydale à fleur jaune*, l'*alyssum corbeille d'or*, l'*aubrietia*, l'*œnothera à gros fruit*, la *zauchsnéria de Californie*, plusieurs *bruyères*, trois ou quatre *saxifrages*, et une douzaine de *sédums*.

ARABETTE PRINTANIÈRE. — La fleur de l'arabette est simple et peu distinguée; son mérite consiste dans sa précocité jointe à une extrême rusticité qui permet de la cultiver dans les terres les plus ingrates. Une poignée de terre mêlée d'autant de sable, jetée dans une crevasse du rocher artificiel, suffit pour faire croître et fleurir abondamment une grosse touffe d'arabette. Quoique cette plante puisse être également multipliée de semis et par la séparation de ses rejetons enracinés, il ne faut pas la semer en place lorsqu'elle est employée à décorer des rocailles; il vaut mieux mettre en place en automne des touffes toutes formées; on en obtient une plus belle floraison. Il faut de même élever en pépinière les touffes d'arabette qui doivent fleurir dans les plates-bandes du parterre dès les premiers jours de mars, alors que les autres fleurs n'y sont pas communes.

CORYDALE A FLEUR JAUNE. — Le corydale, aussi connu sous le nom de *fumeterre bulbeuse*, fleurit abondamment et longtemps, et forme des touffes d'une rare élégance, à cause des fines découpures de son feuillage analogue à celui de la fumeterre officinale. Les graines peuvent être semées en place;

elles perdent immédiatement leurs propriétés germinatives et doivent être semées au moment même où on les récolte. Lorsqu'on leur donne une place dans les plates-bandes du parterre, il est bon de mêler quelques fragments de pierres brisées à la terre où doivent végéter leurs racines bulbeuses; on peut dédoubler les touffes tous les trois ans à la fin de l'automne.

ALYSSUM CORBEILLE D'OR. — C'est la plante saxatile par excellence; ses tiges à moitié ligneuses bravent la sécheresse et ne fleurissent bien que dans un sol sec et un peu pierreux; c'est dans les crevasses des rochers qu'elle fleurit le mieux; mais il ne faut pas l'y semer en place. Les graines semées en mai, dès qu'elles sont mûres, donnent du plant qu'on repique en pépinière en automne et qui n'est mis en place qu'au printemps de l'année suivante; on peut néanmoins, lorsqu'il est assez vigoureux, ne pas le repiquer, et le mettre immédiatement en place avant l'arrivée des premiers froids.

AUBRIETIA. — Cette plante, d'un genre très-voisin de la précédente, est fort en faveur depuis quelques années, à cause de l'éclat et de la durée de son abondante floraison, d'une charmante nuance améthyste. On en possède trois variétés, dont une à fleur rose; leur culture est de point en point celle de l'alyssum corbeille d'or.

ÆNOTHÉRA A GROS FRUIT, ONAGRE A GROS FRUIT. — Cette plante ne convient qu'aux rocailles d'assez grandes dimensions, sur lesquelles elle étend ses tiges chargées de fleurs jaunes d'un éclat et d'une ampleur peu ordinaires. Le meilleur moyen de la multiplier est de la bouturer en été, en employant comme boutures de jeunes pousses qu'on recouvre d'une cloche de verre, et qu'on met en place dès qu'elles sont enracinées.

ZAUCHSNÉRIA DE CALIFORNIE. — On ne rencontre presque plus nulle part cette jolie plante, accueillie à l'époque de son introduction en Europe, avec une faveur qui ne s'est pas soutenue. L'oubli dans lequel elle est tombée n'est nullement justifié; elle forme entre les rocailles d'élégants petits buissons qui supportent très-bien à l'air libre les hivers du climat de Paris, et qui donnent pendant tout l'été une profusion de jolies fleurs d'un beau rouge. La zauchsnéria de Californie est facile à multiplier ; ses graines, qu'elle fournit en abondance, doivent être semées en mai ; le plant de semis fleurit dès sa première année ; tous les sols et toutes les expositions, excepté celle du plein nord, lui conviennent également.

BRUYÈRES. — Le plus grand nombre des bruyères du domaine de l'horticulture appartient à la serre tempérée. Celles de pleine terre, c'est-à-dire celles qui peuvent hiverner à l'air libre sous le climat européen, conviennent parfaitement à l'ornement des rocailles. Les espèces les plus rustiques sont : la *bruyère commune*, la *bruyère cendrée*, la *bruyère multiflore* et la *bruyère à balais*, qui, malgré son usage peu poétique, n'en est pas moins élégante. On les multiplie aisément de boutures, de marcottes ou par le semis de leurs graines. Ces plantes ne prospèrent que dans un sol sableux et léger, connu dans les jardins sous le nom de *terre de bruyère*. C'est avec cette terre qu'il faut remplir les crevasses des rochers artificiels où les bruyères doivent être cultivées à l'air libre.

SAXIFRAGES. — Le nom de la saxifrage, qui signifie *brise-roche*, indique assez qu'elle se plaît au milieu des rocailles. Parmi les nombreuses variétés de saxifrages cultivées dans les jardins, celles qui ornent le mieux les rocailles sont la *saxifrage ombreuse*, aussi connue sous le nom d'*amourette*, et la *saxifrage sarmenteuse*, dont les tiges déliées courent sur les rochers dans toutes les directions, et émettent, de distance en distance, des bouquets de feuilles et de fleurs, ce qui les rend éminemment propres à la décoration des vases suspendus dans les appartements habités. La saxifrage ombreuse, dont les petites fleurs sont ponctuées régulièrement de rouge vif, est celle qu'on nomme, dans le nord de la France, *plus je vous vois, plus je vous aime*. On multiplie les saxifrages par le semis de leurs graines au printemps.

SÉDUMS. — Le genre sédum est riche en espèces très-rustiques, très-florifères, qui, vivant principalement par l'air qu'elles décomposent au moyen de leurs feuilles charnues, ont besoin de très-peu de terre, de très-peu d'eau, et se plaisent particulièrement sur les rocailles; il en est même qui fleurissent difficilement dans toute autre position. On les multiplie par la division des touffes de bonne heure au printemps.

Les plus jolies espèces pour orner les rocailles sont : le *sédum âcre*, à fleurs jaunes en étoile, très-nombreuses; le *sédum à feuilles de peuplier*, à fleurs d'un blanc lavé de rose, d'une odeur agréable; le *sédum rhodiole*, et le *sédum à feuilles de joubarbe*; cette dernière espèce est plus sensible au froid que les autres; elle ne doit être plantée sur les rocailles qu'à l'exposition du plein midi.

On peut faire avec tous ces sédums, mais surtout avec les sédums âcres et rhodioles, une curieuse expérience qui offre de l'intérêt aux personnes sédentaires, ou à celles qui sont privées des moyens de se livrer à leur goût pour la culture des fleurs. Ces plantes, cueillies un mois environ avant leur floraison et suspendues par un fil à un clou dans le mur d'une chambre habitée, y végètent *sans terre et sans eau,* et fleurissent comme en pleine terre.

CHAPITRE XLI

Plantes d'ornement pour diverses destinations.

Plantes aquatiques. — Nymphéa blanc. — Nénuphar jaune. — Sagittaire ou Fléchière d'eau. — Butôme ou jonc fleuri. — Épilobe à grandes fleurs.— Osier fleuri.— Épilobe à feuilles étroites. — Salicaire commune. — Salicaire d'Autriche. — Menthe à feuilles rondes. — Myosotis. — Lobélie de Virginie. — Pontédéria de Virginie. — Plantes forestières. — Propres à décorer les parties ombragées du parterre. — Digitale. — Hypéricum à grandes fleurs. — Mimulus. — Némophiles. — Muguet. — Violette. — Gentiane. — Pervenche. — Anémones. — Hépathique. — Alléluia. — Hoteya. — Tiarella. — Plantes odorantes. — Réséda. — Mimulus musqué. — Sauge. — Thym. — Lavande. — Hyssope. — Leur culture. — conduite du réséda en arbre. — Giroflée. — Mathiole.— Plantes d'ornement à feuilles persistantes. — Avantages de leur culture dans le parterre en hiver.

Plantes aquatiques. — Un bassin ou une pièce d'eau accompagne assez souvent un grand parterre ; ce bassin n'est pas toujours contenu dans un revêtement de pierre de taille ou de marbre, condition qui n'est de rigueur que pour les bassins des promenades publiques ou des très-grands parcs. S'il est seulement entouré d'une ceinture de gazon en pente douce, ses bords offrent un aspect beaucoup plus agréable lorsqu'on les garnit de touffes de plantes aquatiques d'ornement choisies parmi celles qui n'ont rien à redouter du froid de nos hivers.

Parmi ces plantes, les unes ne sont vivaces que par leurs racines qui passent dans la vase au fond de l'eau, le temps de leur sommeil végétal ; les autres, à tiges également annuelles, vivent au bord des eaux ; toutes sont d'une culture des plus faciles. Les premières étalent leurs feuilles et leurs fleurs à la surface de l'eau ; les secondes dressent leurs tiges florales terminées le plus souvent en épis, sur l'extrème limite des eaux où elles semblent se mirer. La flore indigène fournit à l'horticulture dans cette double série le *nymphéa blanc*, le *nénuphar* ou *nuphar à fleur jaune*, la *sagittaire*, le *butôme* ou *jonc fleuri*, la *salicaire*, la *menthe à feuilles rondes* et l'humble *myosotis*. Quand l'eau du bassin est assez profonde pour que la gelée ne puisse jamais en atteindre le fond, on peut joindre à toutes ces plantes indigènes la *lobélia de Virginie*, qui fleurit abondamment pendant tout l'été, et la *pontédéria* du même pays, à floraison également prolongée.

NYMPHÉA BLANC. — Cette plante est un des plus beaux ornements des eaux tranquilles, à la surface desquelles viennent s'épanouir ses fleurs naturellement très-doubles, du blanc le plus pur ; elle ne réclame aucun soin de culture particulier ; on la propage par la division de ses rhizômes ou faux tubercules longs et charnus. S'il y a lieu de craindre qu'en hiver l'eau trop peu profonde du bassin ne gèle en totalité, il faut, après la floraison, retirer les rhizômes du fond de l'eau, les conserver tout l'hiver dans de la vase humide à l'abri de la gelée, et les remettre en place dans le bassin au retour de la belle saison.

NÉNUPHAR JAUNE ou **NUPHAR.** — On associe cette plante au nymphéa blanc, près duquel ses fleurs, semblables à de gros boutons d'or, produisent un effet gracieux. La forme du feuillage de ces deux plantes est la même ; on les propage par le même procédé.

SAGITTAIRE ou **FLÉCHIÈRE D'EAU.** — On trouve partout dans les eaux tranquilles les rhizômes bruns et noueux de la sagittaire, dont les feuilles prennent en s'élevant au-dessus du niveau de l'eau la forme d'un fer de flèche, tandis que celles qui restent sous l'eau sont de simples bandes vertes très-prolongées ; les fleurs à trois pétales blancs, groupées en épis trois par trois, ne manquent pas de grâce ; mais c'est surtout par la forme singulière de ses feuilles que la sagittaire contribue à l'ornement des pièces d'eau. Même culture que le nymphéa.

BUTOME ou **JONC FLEURI.** — La disposition en ombelle des fleurs du butôme d'un très-beau rose, portées sur une tige simple, droite et très-élevée, fait de cette plante une des plus ornementales de la flore aquatique d'Europe. On propage le butôme par la division des touffes arrachées vers la fin de l'automne, séparées chacune en trois ou quatre et replantées immédiatement dans la vase. On peut aussi semer au fond de l'eau, aussitôt qu'elles arrivent à maturité, les graines du butôme. Mais, les semis de ce genre ne sont pas praticables dans les bassins ou pièces d'eau sur lesquelles vivent des couples de cygnes. Ces oiseaux, avec leur long col, vont chercher au fond de l'eau les graines de butôme et celles d'une foule d'autres plantes aquatiques, au moment où l'acte de la germination y développe le principe sucré qui les rend particulièrement agréables aux cygnes. C'est, pour le dire en passant, la raison pour laquelle aucune plante aquatique sauvage ne se propage naturellement à la surface d'un bassin fréquenté par un couple de cygnes.

ÉPILOBE A GRANDES FLEURS. — On utilise, pour orner les bords des pièces d'eau, deux variétés d'*épilobe*, toutes deux à floraison très-prolongée; la plus grande des deux est aussi nommée *osier fleuri*; elle est traçante et ne tarde pas à envahir plus d'espace qu'on ne veut lui en accorder; la plus petite, nommée *épilobe à feuilles étroites*, ne trace pas; on en possède une très-bonne sous-variété à corolles plus amples que celles des deux précédentes, et qu'on plante de préférence; la racine s'enfonce dans la vase, tout au bord de l'eau. On propage l'épilobe par la division des touffes en automne.

SALICAIRE. — Quoique sa floraison soit abondante et très-prolongée, la *salicaire commune* à longs épis de fleurs d'un rouge violacé est rarement admise dans le parterre sur le bord de la pièce d'eau; on lui préfère avec raison la *salicaire d'Autriche*, dont les tiges fleuries sur presque toute leur longueur s'élèvent d'un mètre 50 centimètres à deux mètres. On plante les salicaires comme les épilobes, tout au bord des bassins, la racine dans l'eau; elles sont vivaces; une fois qu'elles ont pris possession du terrain, elles s'y maintiennent à perpétuité.

MENTHE A FEUILLES RONDES. — Quoique ses fleurs petites mais très-nombreuses, d'une nuance violacée très-pâle, man-

quent de grâce et d'éclat, la menthe à feuilles rondes, par son
odeur suave, mérite une place parmi les plantes aquatiques
d'ornement qui toutes sont inodores. Elle est traçante et se
propage d'elle-même partout où l'on en a planté un pied dans
les mêmes conditions que l'épilobe et la salicaire.

MYOSOTIS. — On ne saurait trop multiplier au bord des
eaux le myosotis, sans rival dans la flore des eaux d'Europe
pour la grâce de sa forme et la pureté de sa nuance d'un bleu
d'azur. Comme la menthe à feuilles rondes, le myosotis se
propage de lui-même par ses rejetons, et forme promptement
de grosses touffes, pourvu qu'en été la baisse des eaux ne le
laisse pas à sec ; car, pour peu qu'il vienne à cesser d'avoir
le pied dans l'eau, il jaunit et meurt ; mais, quand l'eau ne
lui manque en aucune saison, il est pour ainsi dire indes-
tructible.

LOBÉLIA DE VIRGINIE. — La méthode la plus sûre pour cultiver avec succès cette jolie plante qui donne de très-beaux
épis de fleurs bleues très-élégantes, c'est de la planter dans des
pots remplis de terre tourbeuse, qu'on enfonce dans la vase, à
peu de distance du bord de la pièce d'eau. Par ce moyen, à
l'approche de l'hiver, on peut retirer les pots du bassin pour
faire hiverner la lobélia dans un local à l'abri de la gelée ;
elle ne réclame pas d'autres soins de culture ; on la multiplie
par la division des touffes à l'entrée de l'hiver.

PONTÉDÉRIA DE VIRGINIE. — Cette plante aquatique également remarquable par la forme singulière de ses feuilles
épaisses et par l'élégance de ses jolies fleurs bleues, doit être
traitée exactement comme la *lobélia de Virginie.*

Plantes forestières. — Le parterre est souvent assez
rapproché des bâtiments ou des groupes de grands arbres
qui composent les bosquets, pour qu'une partie au moins
de sa surface ne reçoive que très-rarement sa part de soleil, ou qu'elle en soit même complétement privée. Les
compartiments dans cette situation ne peuvent être ornés
des mêmes fleurs que les autres ; le jardinier, en prévision
de cette nécessité, doit cultiver un certain nombre de plantes qui croissent naturellement à l'ombre des forêts, afin

que pas une des parties de son parterre ne soit dépourvue de fleurs.

Les plantes les plus belles à la fois et les plus rustiques pour cette destination sont, sous le climat de Paris, la *digitale*, l'*hypéricum à grandes fleurs*, plusieurs espèces de *mimulus*, les *némophiles*, le *muguet*, la *violette*, la *pervenche*, la *gentiane acaule* et plusieurs *anémones*; si l'on dispose d'une certaine quantité de terre de bruyère, on peut joindre à ces plantes l'*holteya du Japon* et la *tiarella*, deux charmantes plantes qui croissent et fleurissent parfaitement à l'ombre.

DIGITALE. — Lorsqu'on se contente de la digitale qui croît dans tous les bois à l'état sauvage, on en transplante de jeunes touffes dans les plates-bandes ombragées du parterre; elles s'y maintiennent à perpétuité avec la seule attention de les dédoubler lorsqu'elles sont trop volumineuses. Si l'on veut y joindre la digitale à grandes fleurs, peu différente de la précédente, mais à floraison plus développée, on en sème la graine au printemps; le plant, repiqué en pépinière, fleurit en été l'année suivante.

HYPÉRICUM. —Cette plante, qui trace et s'étend rapidement dans toutes les directions, se couvre, de juin en septembre, de fleurs d'un grand diamètre, d'un jaune d'or. Il ne faut la planter que dans les situations où elle peut former d'assez grosses touffes, sans quoi elle ne produit pas d'effet. L'hypéricum à grandes fleurs se propage exclusivement par la séparation des drageons enracinés que chaque touffe produit toujours en quantité surabondante.

MIMULUS. — Le genre mimulus est très-riche en belles espèces à floraison abondante et prolongée, qui croissent très-bien à l'ombre. Le *mimulus cardinal*, à fleur d'un rouge éclatant, et le *mimulus varié*, orné de taches pourpres sur fond jaune, sont les deux espèces qui réussissent le mieux dans cette situation. On les multiplie principalement par la division des touffes au printemps; les semis ne reproduisent pas constamment la variété sur laquelle la graine a été récoltée.

NÉMOPHILES. — Rien de plus gracieux que cette jolie plante

au feuillage finement découpé, aux corolles d'un bleu pâle,
d'une rare élégance de forme. Les deux ou trois variétés
cultivées dans les jardins se
multiplient exclusivement de
semis. On sème la graine de
némophile au printemps, en
place, dans les situations les
plus ombragées. Comme son
nom l'indique, cette plante
aime les bois et fleurit abondamment à l'ombre des grands
arbres sans avoir besoin du
contact direct des rayons solaires.

MUGUET, *convallaire de mai*.
—Le muguet, en raison de son
parfum et de la forme gracieuse de ses corolles en gre-
lot, ne saurait être trop multiplié dans les parties ombragées du parterre. Lorsqu'on
désire en garnir d'assez grands
espaces, il faut en semer la

Fig. 85. Némophile.

graine en place, soit en automne, soit au printemps. Si l'on
veut en avoir seulement quelques touffes, on plante les racines arrachées après la floraison ; les plantes fleurissent au
printemps de l'année suivante. On peut associer, dans le parterre, au muguet sauvage pris dans les bois, le muguet à
fleur rose et la variété à fleur double ; toutes sont également
parfumées.

VIOLETTE. — Aussi rustique que le chiendent, la violette
odorante, à fleur simple ou double de diverses nuances, doit
avoir une large place dans le parterre. On en plante quelques
touffes au pied d'un mur au midi, pour cueillir la violette de
très-bonne heure en mars ; la plus grande partie est plantée
à l'ombre ; elle y fleurit d'avril en septembre, lorsqu'on adopte
les variétés remontantes, dites *des quatre saisons*, et la violette

double de Parme, d'un bleu pâle, à floraison très-prolongée.

GENTIANE. — L'espèce commune de *gentiane acaule*, répandue à l'état sauvage sur les bruyères incultes de tout le nord de l'Europe, orne très-bien les compartimènts des parterres les plus ombragés, où ses fleurs en gobelet, d'un bleu sombre, produisent un très-bel effet; on la multiplie par la division des touffes au printemps; elle se contente des terrains les moins fertiles.

PERVENCHE. — Les deux espèces de pervenche indigène, la grande et la petite, croissent et fleurissent à l'ombre sans aucun soin de culture; elles ne sont pas plus difficiles que la gentiane acaule, quant à la qualité du sol. Il faut contenir les touffes en les dédoublant fréquemment, sans quoi elles envahissent rapidement une surface d'une grande étendue. La pervenche est précieuse dans les parties ombragées du parterre, à cause de la précocité de sa floraison.

ANÉMONES. — On peut planter à l'ombre dans le parterre la petite anémone blanche des bois, l'anémone fausse renoncule et l'anémone des Alpes à fleurs bleues; toutes sont également rustiques et se perpétuent d'elles-mêmes dans le terrain dont elles se sont une fois emparées. On peut les multiplier en dédoublant les touffes tous les trois ans; mais les racines détachées, munies d'un bon œil, doivent être mises en place immédiatement : moins elles restent de temps hors de terre, mieux leur reprise est assurée.

On peut joindre à ces anémones indigènes l'anémone hépatique, aussi connue sous le nom d'*alleluia*, parce qu'elle fleurit à l'époque où l'Église catholique commence à chanter *Alleluia*. On en possède deux variétés simples, l'une rose, l'autre bleue, et deux autres qui leur correspondent, à fleurs très-doubles. Toutes ces anémones ont le même défaut, celui de fleurir de très-bonne heure pendant un temps très-court, et d'occuper inutilement le terrain pendant tout le reste de l'année. Il ne faut, par conséquent, pas les prodiguer; mais, dès les premiers beaux jours, on aime à voir s'épanouir dans les compartiments ombragés du parterre leurs fleurs gracieuses qui précèdent toutes les autres.

HOTEYA DU JAPON. — Dans les parterres de peu d'étendue, dont un compartiment ombragé peut être défoncé et rempli de terre de bruyère, on peut cultiver l'*hoteya du Japon*, également remarquable par l'élégance de son feuillage et par ses fleurs d'un beau blanc, à floraison très-durable. Les touffes de cette plante grossissent assez tous les ans pour qu'on puisse la propager en les dédoublant avant la reprise de la végétation au printemps.

TIARELLA. — Comme la précédente, la tiarella se plaît à l'ombre et dans la terre de bruyère; mais si le sol n'est pas naturellement humide, elle veut être fréquemment et largement arrosée. On la multiplie comme l'hoteya, et par le semis de ses graines.

Plantes odorantes. — La plupart des plantes d'ornement de pleine terre très-parfumées ne sont pas douées d'une floraison bien brillante : on ne peut tout avoir; les deux plus odorantes, le *mimulus musqué* et le réséda, ne donnent que des fleurs qu'on aperçoit à peine; mais leur présence se révèle assez par leur odeur suave, et le jardinier ne doit pas oublier de les associer en nombre suffisant aux plantes à fleurs plus brillantes, mais dépourvues de parfum. Outre les deux principales qui viennent d'être signalées, on cultive dans le parterre, surtout à cause de leur bonne odeur, la *sauge*, le *thym*, la *lavande*, l'*hyssope*, la *giroflée jaune*, simple et double, et la *mathiole*.

La *sauge*, le *thym*, la *lavande* et l'*hyssope*, appartiennent à la famille des *labiées*; toutes les plantes de cette famille demandent un terrain sec et une exposition méridionale; elles se multiplient par la division des touffes.

Le *réséda* et le *mimulus musqué* sont annuels; on les multiplie par le semis de leurs graines au printemps. Les jardiniers connaissent, sous le nom de *réséda anglais*, une variété à feuille plus large, à fleur plus développée que l'espèce commune. Si l'on repique, dans un pot rempli de bonne terre de jardin mélangée par moitié avec du terreau de couches rompues, un seul pied de réséda provenant de semis, et qu'au lieu de lui laisser former une touffe, on le conduise sur une seule tige, en lui donnant une baguette droite pour tuteur, on peut le rendre vivace et prolonger indéfiniment sa durée, pourvu qu'on ne lui laisse pas porter graine. Dans ce but, on commence par pincer le sommet de la tige lorsqu'elle se dispose à fleurir. Ce pincement fait développer des pousses latérales dont on conserve trois ou quatre. Quand ces pousses sont près de fleurir, on les pince de même pour leur faire donner à chacune deux pousses florales. Le bas de la tige est devenu ligneux; le réséda a pris la forme d'un petit arbuste dont la tête se compose de huit rameaux maintenus également espacés entre eux par une baguette d'osier mince pliée en cercle. A mesure que les pousses ont fleuri, elles sont retranchées avant la formation des graines; elles se succèdent ainsi sans interruption. Il suffit de tenir pendant l'hiver le réséda devenu vivace dans une chambre habitée, dont la température douce lui convient, pour le conserver perpétuellement en fleurs pendant un nombre d'années indéterminé. Les pots contenant les pieds de réséda, conduits sous cette forme, peuvent être enterrés au printemps dans le parterre, et contribuer à le parfumer pendant toute la belle saison.

La giroflée jaune simple se multiplie par le semis de ses graines; le plant gèle assez souvent en hiver; il ne doit hiverner que dans une position bien abritée, pour être mis en place au printemps dans le parterre où ses fleurs répandent une odeur semblable à celle de la violette.

La mathiole, improprement nommée giroflée blanche, rouge et violette, à fleur double, ne peut être multipliée que de boutures, ainsi que la giroflée jaune à fleur double. Ces plantes, à odeur de girofle, deviennent vivaces lorsqu'on les met en pot à l'entrée de l'hiver pour les faire hiverner dans un local à l'abri de la gelée, et les remettre en place au printemps dans les plates-bandes du parterre.

Plantes d'ornement à feuilles persistantes.—On dissimule la nudité du parterre en hiver en y plaçant temporairement quelques plantes et arbustes à feuilles persistantes, les uns en pots, les autres en pleine terre. On enterre des pots de grandes dimensions contenant quelques pieds de *houx à feuil-*

les panachées, de *cotoneaster*, d'*aucuba* et de *néflier du Japon*. Ces arbustes sont enlevés au printemps pour faire place à un premier assortiment de plantes florifères, ce qui ne pourrait avoir lieu s'ils étaient plantés à demeure. On plante en pleine terre des touffes de *saxifrage à feuilles épaisses*, de *pensées*, de *muflier*, et de quelques autres plantes dont le feuillage ne gèle que dans les hivers d'une rigueur exceptionnelle. Grâce à cette ressource, l'aspect du parterre est encore égayé par un peu de verdure pendant les rares beaux jours des plus mauvais mois de l'année.

L'un des arbustes toujours verts les plus précieux pour la décoration du parterre en hiver est le *Forlythia viridissuca*, aujourd'hui commun et d'un prix peu élevé. Cet arbuste, d'un vert très-gai, comme l'indique son nom, se pare en outre, dès les premiers jours supportables du mois de février, d'une profusion de fleurs d'un jaune d'or, dont la forme rappelle celle des fleurs du jasmin d'Espagne. Ces fleurs semblent d'autant plus agréables dans le parterre, qu'elles y précèdent même celles du coignassier du Japon et des autres plantes et arbustes d'ornement à floraison précoce.

CHAPITRE XLII

Plantes d'ornement de collection.

Plantes d'ornement de collection. — Tulipes. — Formation des planches. — Renouvellement de la terre. — Plantation des oignons. — Espacement. — Conditions que doit réunir une belle tulipe d'amateur. — Soins de culture. — Multiplication par les caïeux. — Par le semis de la graine. — Jacinthes. — Préparation du sol. — Plantation des oignons. — Couverture pour l'hiver. — Tuteurs. — Jacinthes hollandaises. — Jacinthes parisiennes. — Culture forcée. — Culture dans l'eau sur la cheminée. — Renoncule. — Semis. — Transplantation des griffes. — Préparation du sol. — Soins de culture. — Arrosages. — Griffes reposées. — Récolte et conservation de la graine de renoncules.

Parmi les plantes d'ornement qui peuvent être cultivées en pleine terre à l'air libre, il en est qui appartiennent à des genres assez riches en espèces, variétés et sous-variétés, pour qu'on en puisse composer des groupes nombreux; on les désigne par ce motif sous le nom spécial de plantes de collection; ce sont les plantes d'ornement dont la culture offre le plus d'intérêt pour le véritable amateur. Chacune de ces plantes, pour réunir l'ensemble des propriétés qui en constituent le mérite aux yeux du connaisseur, doit posséder un certain nombre de qualités toutes spéciales que l'horticulteur prend à tâche de conserver en les développant de plus en plus. La mode étend son empire sur les plantes d'ornement comme sur toutes les choses de goût et d'élégance; plusieurs plantes d'ornement de collection ont eu leurs périodes de faveur, puis d'abandon et d'oubli; on croit devoir décrire ici la culture de toutes celles de ces plantes qui possèdent un mérite incontestable, quand même quelques-unes d'entre elles seraient passagèrement et injustement dédaignées par un caprice de la mode.

Les principales plantes d'ornement de collection qu'on peut cultiver sans le secours d'une serre sous le climat de Paris, sont : la *tulipe*, la *jacinthe*, la *renoncule*, l'*anémone*, l'*œillet*, l'*auricule*, la *pensée*, le *glayeul*, la *pivoine*, le *dahlia*, le *chrysanthème*, le *phlox*, le *pétunia*, et parmi les arbustes florifères, le *rosier*.

TULIPE. — La tulipe est de toutes les plantes de collection celle qui a été l'objet de la faveur la plus passionnée, faveur très-ralentie, mais qui persiste cependant chez un assez grand nombre d'amateurs. Pour former une belle collection de tulipes, au lieu de faire du premier coup l'acquisition des 800 variétés dont se composent les collections complètes, dépense que peu d'amateurs peuvent se permettre, on se contente de cent ou même de cinquante oignons de premier choix ; il faut les choisir lisses, fermes, bien conformés, et, s'il est possible, d'un volume qui dépasse un peu la moyenne de leur espèce. Tous les ans, ces oignons cultivés avec soin, donnent un certain nombre de caïeux qu'on peut élever séparément en pépinière, et qui, à mesure que leur fleur arrive à sa perfection, peuvent servir à faire des échanges qui finissent par compléter la collection, sans avoir occasionné de dépense exagérée.

Les planches de tulipes doivent être établies dans une situation découverte et bien aérée ; la tulipe est originaire d'Orient, elle croît à l'état sauvage, dans des prairies voisines de la mer ; l'ombre des arbres et des bâtiments ne peut que lui être nuisible. L'exposition qui lui convient le mieux est celle de l'ouest ou du sud-ouest. L'oignon de tulipe se plaît dans une terre franche de jardin mêlée d'un tiers de terreau de couches rompues ; si la terre est plus forte que légère, on y peut incorporer moitié de terreau. Le fumier, même très-avancé en décomposition, tant qu'il n'est point passé à l'état de terreau, est funeste aux oignons de tulipe. La terre se lasse vite de cette culture ; celle où les collections de tulipes sont cultivées avec prédilection, doit être renouvelée en totalité tous les deux ans, au plus tard tous les trois ans, sans quoi la beauté des fleurs est sensiblement altérée. On plante les oignons de tulipes dans la première quinzaine de novembre, en profitant pour cette opération des derniers beaux jours qui composent ce que les jardiniers nomment l'*été de la Saint-Martin,* période de temps doux et supportable qui, sous le climat de Paris, manque rarement de précéder les mauvais jours du commencement de l'hiver. La terre qui doit recevoir la plantation d'oignons de tulipes est enlevée à la profondeur de 40 centimètres, passée à la claie, amendée au besoin avec du terreau qu'on y mélange très-exactement, et remise aussitôt en place. On en réserve environ 1 décimètre d'épaisseur sur le bord de la planche ; la surface est soigneusement égalisée avec un râteau à dents fines et serrées, puis on met les oignons en place, en lignes espacées entre elles de 20 centimètres, et à 12 centimètres les uns des autres dans les lignes. Il faut poser simplement les oignons à leur place, sans les enfoncer en terre, et sans comprimer le sol de la plate-bande ; on plante habituellement sur cinq rangs ; si l'on donnait à la planche de tulipes une plus grande largeur, il en résulterait qu'au moment de la floraison, les derniers rangs, trop éloignés du bord de l'allée, ne pourraient être vus d'assez près pour permettre d'en admirer les beautés de détail qui constituent tout le mérite de cette fleur. Quand tous les oignons sont placés, on répand par-dessus le reste de la terre tenue en réserve, avec les précautions nécessaires pour ne pas les déranger ; puis on égalise au râteau la surface de la planche. Cette surface doit être, non pas tout à fait horizontale, mais légèrement inclinée en avant, pour que les tulipes, disposées en amphithéâtre, les plus hautes en arrière, se présentent avec tous leurs avantages.

Les principales conditions exigées d'une bonne tulipe d'amateur sont : la régularité de la forme, la pureté des nuances, au nombre de deux au moins sur fond d'un blanc très-pur, ou d'un jaune clair, la hauteur de la tige, qui ne doit pas avoir moins de 50 centimètres, avec un diamètre en rapport avec le volume de la fleur, et enfin, une corolle en gobelet, parfaitement droite sur sa tige ; celles dont la tige est flexueuse, ou qui penchent en avant ou de côté, fussent-elles parfaites sous d'autres rapports, sont exclues des collections.

Une fois que les oignons sont plantés dans de bonnes conditions, avec le soin d'assortir les couleurs pour en obtenir l'effet ornemental le plus complet possible, leur culture réclame peu d'attention. Bien qu'elle soit originaire d'un climat beaucoup plus chaud que le nôtre, la tulipe supporte bien à l'air libre le froid de nos hivers sans aucune protection. Les feuilles sortent de terre de très-bonne heure au printemps; on peut donner alors aux planches de tulipes un léger binage, en prenant garde de blesser les oignons, après quoi, il n'y a plus qu'à enlever la mauvaise herbe si elle se montre accidentellement sur la plate-bande.

Il arrive quelquefois que les pluies glacées et les bourrasques accompagnées de neige et de grêle, connues sous le nom de giboulées de mars, remplissent d'eau très-froide le cornet formé par les feuilles de la tulipe et au fond duquel se trouve le bouton; cette eau très-lente à s'évaporer, nuit plus ou moins au bouton par son séjour prolongé. Les amateurs jaloux de faire fleurir leurs tulipes dans les meilleures conditions, font dresser, au-dessus des planches, un très-léger bâti en fer peint de couleur verte, sur lequel une toile est jetée en cas de mauvais temps. Cette tente, pendant la floraison, en prolonge la durée, en préservant les fleurs du contact direct des rayons solaires. Les fruits qui succèdent aux fleurs, doivent être supprimés aussitôt après la chute des divisions du calice coloré qui, chez la tulipe, remplace la corolle; on en réserve seulement quelques-uns, provenant des fleurs les plus parfaites, dont on laisse mûrir la graine, lorsqu'on se propose de l'utiliser pour la multiplication par la voie des semis; habituellement, les tulipes sont multipliées exclusivement par les caïeux qui reproduisent les sous-variétés sans aucune altération. Il faut toujours aux caïeux plusieurs années de culture en pépinière avant d'en obtenir des fleurs dignes de prendre place dans la collection; c'est pourquoi, celui qui tient à maintenir sa collection de tulipes au complet, ou à l'augmenter par la voie des échanges, doit élever tous les ans un assez grand nombre de caïeux plantés à la même époque, dans la même terre et cultivés dans les mêmes conditions que les oignons tout formés.

Après l'enlèvement des fruits, on attend que les feuilles commencent à se flétrir et que les tiges florales aient perdu leur rigidité, pour lever de terre les oignons à qui on laisse perdre une partie de leur eau de végétation, en les exposant à un courant d'air vif dans un local où le soleil ne puisse pénétrer. Dès qu'on les juge suffisamment secs, ils sont serrés dans des casiers numérotés, afin qu'au moment de la plantation on puisse assortir à volonté les couleurs. Les caïeux réservés pour la multiplication doivent être traités de même, et classés avec le même soin.

Les semis ne reproduisent pas identiquement les sous-variétés. Il faut être doué de beaucoup de patience pour multiplier les tulipes de cette manière; on ne peut espérer de voir le résultat définitif des semis qu'au bout de 10, 12 et quelquefois 15 ans de culture, et après cette longue attente, les fleurs obtenues sont le plus souvent inférieures à celles qu'on possédait déjà.

Il arrive quelquefois aux oignons de tulipe de ne produire pendant un an que des feuilles; on dit dans ce cas qu'ils se reposent; leur floraison n'en sera que plus belle les années suivantes. De temps en temps, sans périodicité régulière, les plus beaux oignons d'une collection donnent des fleurs imparfaites, entièrement différentes de leur floraison ordinaire; mais en continuant à les cultiver dans les conditions ci-dessus décrites, on peut compter avec certitude que leurs fleurs redeviendront aussi parfaites qu'elles pouvaient l'être antérieurement.

JACINTHES. — Quoique la jacinthe soit originaire des mêmes pays que la tulipe, elle est d'un tempérament un peu différent et beaucoup plus sensible aux impressions du froid; elle n'hiverne pas sans couverture sous le climat de Paris; c'est pourquoi beaucoup d'amateurs ne plantent leurs oignons de jacinthes qu'au printemps, quand les froids les plus rigoureux sont entièrement passés. Mais les jacinthes ainsi traitées ne donnent pas une aussi belle floraison que celles dont les oignons ont été mis en terre en septembre ou au plus tard, dans la première quinzaine d'octobre. L'oignon de jacinthe qu'on ne plante pas en automne, s'épuise en efforts pour végéter dans le tiroir où il est conservé; au moment où on le met en terre au printemps, il a déjà perdu en partie sa vigueur et ne peut donner qu'une floraison médiocre.

Les oignons de jacinthes craignent le contact du fumier, encore plus que les oignons de tulipe; il leur faut une terre légère, douce, un peu sablonneuse, mêlée d'un tiers de terre de bruyère, ou d'une égale quantité de terreau; le terreau de feuille est de beaucoup préférable, pour cette culture, au terreau de couches, à moins que celui-ci ne soit complétement décomposé. La plate-bande ne doit pas être défoncée à une aussi grande profondeur que pour la plantation des tulipes; il suffit d'en enlever la terre à deux décimètres de profondeur, et de la replacer après l'avoir passée à la claie et amendée avec la dose prescrite de terreau ou de terre de bruyère; la même terre peut servir à la culture plusieurs années de suite; le défoncement et l'amendement de la plate-bande ne doivent être renouvelés qu'au bout de 3 ou 4 ans. Les oignons mis en place à 16 centimètres en tout sens, sont recouverts, comme les oignons de tulipes, d'un décimètre de bonne terre réservée à cet effet.

Les oignons de jacinthe ne donnent pas leurs fleurs tous à la même époque; l'amateur qui veut profiter le plus complétement possible de la floraison de sa collection de jacinthes, plante, à côté les uns des autres, les simples et les semi-doubles qui fleurissent ensemble dès la première quinzaine de mars, et les doubles dont la floraison se prolonge jusqu'à la fin d'avril. Pour garantir les oignons de jacinthe contre les atteintes de la gelée, il faut bien se garder de les couvrir de fumier ou seulement de litière imprégnée d'urine de bestiaux; on perdrait la plus grande partie des oignons; il ne faut employer comme couverture que de la litière parfaitement sèche ou mieux, une couche épaisse de feuilles, maintenue en place par des lattes ou des perches qui empêchent les vents de les disperser; les feuilles sont, pour les planches de jacinthes, la meilleure des couvertures. Les plus belles jacinthes, à fleurs très-doubles et très-nombreuses, n'ont pas la tige assez forte pour se soutenir; on leur donne pour tuteurs de petites baguettes peintes en vert, munies de deux ou trois anneaux horizontaux en fil de fer mince; les tiges, passées dans ces anneaux, ne peuvent être renversées par les grands vents de l'équinoxe de printemps, et les pluies violentes toujours fréquentes à l'époque de la floraison des jacinthes.

Les collections de jacinthes se composent de deux séries les *hollandaises* et les *parisiennes*; les premières sont incontestablement supérieures aux secondes, mais elles dégénèrent, et au bout de quelques générations, leurs caïeux ne donnent que des fleurs méconnaissables; les collections de jacinthes de Hollande ne peuvent être entretenues qu'au moyen d'acquisitions continuelles d'oignons achetés dans leur pays d'origine, ce qui finit nécessairement par coûter fort cher. Les collections de jacinthes parisiennes, moins belles à la vérité et d'une floraison moins développée, sont plus rustiques et moins sujettes à dégénérer; on les entretient très-facilement au complet, au moyen de leurs caïeux cultivés comme les oignons tout formés. Après la floraison, quand les feuilles commencent à se faner et à jaunir, il est temps de lever de terre les oignons de jacinthe qu'on laisse un jour ou deux, si le temps est beau, se ressuyer à l'air libre, et qu'on resserre dans des tiroirs en les enveloppant de papiers numérotés, afin de pouvoir mélanger les couleurs à l'époque de la plantation.

Les jacinthes de collection donnent des fleurs simples, semi-doubles et doubles; les fleurs simples sont les seules qui produisent des graines; on les sème à la volée, en septembre, dans une terre préparée comme pour planter les oignons. Les très-petits oignons de semis ne sont levés de terre qu'à partir de leur troisième année; pendant les deux premières années, la culture se borne à préserver le jeune plant de la gelée en hiver, en le couvrant de litière ou de feuilles sèches, et à retrancher les feuilles au niveau du sol, dès qu'elles commencent à se flétrir. La floraison des oignons de jacinthe de semis n'est parfaite qu'au bout de dix à douze ans; ce mode de multiplication n'est usité que dans l'espoir d'obtenir de nouvelles sous-variétés de mérite, espoir qui n'est pas très-souvent réalisé.

Les oignons de jacinthe se prêtent avec la plus grande docilité à la culture forcée. Dès la fin de l'automne, et successivement pendant tout l'hiver, on plante des oignons de jacinthe dans des pots remplis de terreau qu'on entretient dans un état constant d'humidité modérée, et qu'on porte dans une serre tempérée; ils entrent aussitôt en végétation et montrent leurs fleurs au cœur de l'hiver. Chacun peut se donner le plaisir de forcer sur l'appui de la cheminée d'un appartement habité, quelques belles jacinthes en pots. On peut aussi poser les oignons à l'orifice d'une carafe de forme convenable, en verre blanc ou bleu, remplie d'eau pure. On voit bientôt les racines se former, plonger jusqu'au fond du vase, et la plante se développer et fleurir.

La vigueur de végétation de la jacinthe permet de faire avec cette plante une curieuse expérience. On plante dans un vase de verre plein de terreau deux oignons, l'un le sommet en bas, près du fond du vase percé à cet effet, l'autre, dans sa position naturelle, près de l'orifice du vase. Ces dispositions prises, le premier vase est adapté sur un second, rempli d'eau pure. L'oignon supérieur suit le cours ordinaire de sa végétation; l'oignon inférieur en fait de même, mais en sens inverse; les feuilles, la tige et les fleurs poussent de haut en bas, au milieu de l'eau, et la floraison n'est ni moins belle ni moins colorée que celle de l'oignon qui végète au contact de l'air.

RENONCULE. — La renoncule est de toutes les plantes de collection celle dont la culture est la plus simple et la plus facile. On la multiplie aisément et à très-peu de frais par le semis de ses graines, de sorte qu'on en peut former dans le parterre des planches d'une assez grande étendue qui présentent, au moment de la floraison, un charmant coup d'œil par la grâce de la forme des fleurs et la variété de leur coloris. Les sous-variétés très-nombreuses ne se reproduisent pas par les semis sans modifications; elles manquent de fixité. Mais en prenant la précaution de ne semer que des graius récoltés sur des plantes à fleurs foncées ou de nuances vives, on peut compter sur un riche mélange, où les couleurs claires et les

couleurs obscures seront dans de justes proportions, parce
qu'une partie des graines de fleurs foncées ne produit que des
fleurs de nuances claires.

On peut semer en pleine terre la graine de renoncules,
soit au printemps, soit en automne; mais il est de beaucoup
préférable de ne semer que dans des terrines, ce qui permet de semer pour ainsi dire en toute saison, les terrines
pouvant être facilement rentrées en hiver dans un local où
la gelée ne puisse pénétrer. Pour obtenir du plant vigoureux
disposé à fleurir de très-bonne heure, il faut remplir les terrines, non pas de terre, mais de bouse de vache desséchée,
pulvérisée, puis humectée au degré convenable et maintenue
fraîche ensuite par des arrosages modérés mais fréquents.
Quand les feuilles de jeune plant de renoncules commencent
à jaunir, on cesse d'arroser; le contenu des terrines étant
devenu suffisamment sec, est émietté et passé au travers d'un
tamis de fil de fer. Il reste sur le tamis de très-petits tubercules ou *griffes* de renoncules, dont chacune ne se compose
que de deux ou trois doigts seulement. Dès les premiers beaux
jours du printemps, ces jeunes griffes peuvent être plantées
dans une bonne terre de jardin douce et substantielle, plutôt
légère que forte, amendée avec de bon terreau. On peut, dès
la première transplantation, espacer les jeunes griffes à un
décimètre en tout sens; si l'on a soin de les arroser deux fois
par jour, excepté lorsqu'il pleut abondamment, presque toutes montrent leurs fleurs dès la première année. Lorsqu'on
s'est procuré par les semis une ample provision de griffes
toutes formées, on plante à la distance et dans les conditions
ci-dessus indiquées, à deux reprises différentes, une première
fois au commencement du printemps, une seconde fois en été.
Le parterre se trouve ainsi décoré deux fois pendant la belle
saison, de deux beaux massifs de renoncules en fleurs.

On lève de terre les griffes après qu'elles ont fleuri, quand
leurs feuilles passent du vert au jaune. Celles dont on désire
récolter la graine restent un peu plus longtemps sur pied; on
ne détache pas immédiatement la graine mûre, adhérente aux
écailles en touffes arrondies qui succèdent à la fleur; ces

touffes sont liées en paquets et suspendues dans un lieu sec
jusqu'au moment d'utiliser la graine pour les semis. Les griffes
n'ont pas, comme les oignons de tulipes et de jacinthes, une
disposition naturelle à végéter quand on s'abstient de les planter au printemps. On peut les conserver un an dans le tiroir;
les jardiniers les nomment alors *griffes reposées*; elles donnent une plus belle floraison et s'épuisent moin vite que les
griffes qu'on plante tous les ans.

Les arrosages sont le point capital de la culture des renoncules de collection. Pour ne pas trop tasser la terre sur les
griffes, il ne faut arroser qu'avec un arrosoir à gerbe percée de
trous très-fins, et donner, surtout pendant la floraison, peu
d'eau à la fois, sauf à renouveler l'arrosage plusieurs fois par
jour.

CHAPITRE XLIII

Plantes de collection (suite).

Anémones. — Récolte de la graine. — Soins de culture. — Œillet flamand. — Qualités qu'il doit réunir. — Terre à œillet. — Boutures incisées. — Marcottes. — Rajeunissement des plantes. — Auricule. — Conditions d'admission dans les collections. — Culture en pots. — Multiplication. — Pensée. — Semis de la graine. — Hivernage du plant. — Récolte de la graine. — Glaïeul. — Plantation des oignons. — Arrachage. — Séparation des caïeux. — Pivoine. — Pivoine Montan. — Culture. — Multiplication de semis. — De greffe sur racine. — Dahlia. — Qualités d'un beau dahlia. — Mise des tubercules au germoir. — Plantation des tubercules. — Arrachage et conservation. — Chrysanthèmes. — Principales séries. — Floraison tardive. — Multiplication de bouture. — Phlox. — Phlox de Drummond. — Pétunia.

ANÉMONE. — Après avoir été pendant longues années la fleur de collection la plus recherchée en France, en Allemagne et en Angleterre, l'anémone a fini par n'être plus cultivée que par un petit nombre d'amateurs. Du temps de la grande fureur de cette plante, les amateurs avaient inventé pour en désigner les différentes parties tout un vocabulaire de termes spéciaux; ils y distinguent le *pampre*, la *fane*, la *baguette*, pour désigner les feuilles, la collerette et la tige, le *manteau*, la *culotte*, le *cordon*, les *béquillons* et la *peluche*, parties diverses de la fleur, dont chacune doit satisfaire aux conditions d'un programme très-exigeant. Aujourd'hui, toute fleur réellement belle, quand même il lui manquerait quelques-unes des qualités jugées autrefois indispensables, est reçue dans les collections; le point capital c'est que les nuances en soient vives et la forme régulière avec le centre bombé en forme de bouton, et les pétales extérieurs bien développés, la fleur étant double, ou semi-double.

Il faut toujours admettre de plus quelques anémones à fleurs simples afin de récolter de la graine pour les semis,

les fleurs semi-doubles n'en donnent pas. La graine d'anémone
étant très-légère et pouvant être emportée par le vent, il faut
surveiller sa maturité pour la récolter en temps utile. Les semis se font dans les mêmes conditions que ceux de graines de
renoncule ; les soins de culture sont les mêmes pour ces deux
plantes. Les griffes ou pattes d'anémones se conservent comme
les griffes de renoncules, mais elles craignent jusqu'à un certain point l'excès de la sécheresse pendant l'hivernage. Pour
en obtenir une belle floraison, il faut les planter régulièrement
tous les ans au printemps ; on les perdrait presque toutes en
les laissant reposer d'une année à l'autre ; c'est le seul point
en quoi leur tempérament diffère de celui des renoncules.

ŒILLET. — L'œillet a produit par la culture un grand
nombre de variétés, à fleurs aussi belles que parfumées ; on
ne considère comme plante de collection que l'*œillet flamand*, dont les principales qualités distinctives sont la forme
parfaitement ronde de la fleur bombée régulièrement à son
centre, des pétales entiers, sans aucune découpure sur les
bords, et une ou deux couleurs en bandes longitudinales
très-nettement tranchées sur fond d'un blanc pur.

L'œillet flamand qui réunit toutes ces qualités est d'un prix
assez élevé ; en Belgique et dans le département du Nord, où,
de temps immémorial, la culture de cet œillet est en grande
faveur, les plantes toutes formées, obtenues de bouture ou de
marcotte se vendent fort cher ; les graines elles-mêmes, récoltées sur les plantes de premier choix à fleurs doubles, sont
vendues sur le pied d'*un franc la graine* ; il est vrai que les
très-beaux œillets doubles en donnent très-peu. Néanmoins,
l'amateur le moins favorisé de la fortune peut, avec du soin
et de la patience, se former une belle collection d'œillets flamands, en commençant par acquérir seulement quelques marcottes de 5 ou 6 des plus belles espèces qu'il s'appliquera
ensuite à multiplier, soit de bouture et de marcotte, soit par le
semis de leurs graines ; il aura amplement, par ce moyen peu
dispendieux, de quoi faire, avec les amateurs d'œillets, des
échanges qui compléteront en quelques années sa collection ;
il l'entretiendra au complet par le même procédé. L'œillet de

collection ne doit être cultivé qu'en pot, afin que la plante puisse être aisément mise, en cas de besoin, à l'abri des intempéries des saisons. Ce n'est pas que l'œillet soit extrêmement sensible au froid ; il supporte très-bien un froid sec de 10 à 12 degrés ; mais, au printemps, quand de faibles gelées succèdent à des dégels pluvieux, et que le givre ou le verglas s'attachent à ses feuilles, il ne résiste pas à ces alternatives dont il est bien plus facile de le préserver lorsqu'il n'est pas en pleine terre. Divers traités de jardinage donnent les recettes plus ou moins compliquées des *composts*, désignés sous le nom de *terre à œillet ;* ces recettes sont parfaitement superflues ; une bonne terre ordinaire de jardin, mêlée d'une petite quantité de terreau, lorsqu'elle semble un peu trop compacte, est la meilleure des terres à œillets.

On donne aux œillets flamands une baguette mince pour tuteur, les tiges étant trop délicates pour se soutenir ; on arrose modérément pendant la belle saison, et si les pots contenant les œillets sont mis à l'abri pendant l'hiver, on ne leur donne d'eau que tout juste autant qu'il en faut pour empêcher qu'ils ne meurent de soif.

L'œillet flamand se multiplie principalement de boutures et de marcottes. Les boutures ne s'enracinent pas facilement, à moins qu'on ne pratique aux nœuds enterrés des incisions qui pénètrent dans la moitié de leur épaisseur, et qui favorisent la formation des racines. Les jeunes pousses propres à servir de marcottes naissent le plus souvent le long de la tige, à diverses hauteurs, de sorte que le marcottage au pied de la plante, par la méthode ordinaire, n'est pas possible. On se sert de petits pots fendus latéralement, ou de cornets en zinc attachés au tuteur de l'œillet à la hauteur de la marcotte. Après en avoir retranché les feuilles inférieures et avoir incisé les nœuds de la partie qui doit être enterrée, on remplit de bonne terre le pot ou le cornet dans lequel on a fait entrer le bas de la pousse à marcotter ; on a soin d'entretenir la terre fraîche sans excès d'humidité, et l'on ne sèvre la marcotte que quand on s'est assuré qu'elle a formé de bonnes racines.

Les plantes d'élite des œillets de collection peuvent vivre très-longtemps ; mais, en vieillissant, elles sont sujettes à dégénérer. Dans ce cas, les fleurs se déforment, elles diminuent de volume, et les pétales perdent la pureté de leur fond blanc qui devient lavé de rose ou de violet clair. La plante en cet état n'est pas perdue ; il faut la dépoter au printemps et la planter en pleine terre dans le parterre ; elle y forme, pendant le cours de la belle saison, une touffe vigoureuse de pousses inférieures, qui servent à la multiplier de boutures ou de marcottes ; en même temps, la fleur reprend son volume normal, sa forme arrondie et bombée, et la pureté de son coloris ; elle peut alors être remise en pot et reprendre sa place dans la collection.

L'œillet flamand ou de collection a, parmi les insectes, un ennemi acharné dans le forficule ou le perce-oreille, qui dévore les boutons lorsqu'ils sont sur le point de s'épanouir. Pour détruire cet insecte, on suspend au sommet des tuteurs qui soutiennent les tiges florales des œillets, des sabots de moutons fraîchement abattus, vulgairement désignés sous le nom d'*ergots de moutons*. Pendant la nuit, les forficules attirés par l'odeur particulière de ces ergots s'y retirent en foule ; on les y surprend le matin de bonne heure, et l'on en délivre les œillets.

AURICULE. — L'auricule, plus connue sous son nom vulgaire d'OREILLE D'OURS, est comme l'anémone fort déchue de son ancienne faveur qui en a fait longtemps la fleur de prédilection d'une classe d'amateurs fort nombreuse. La culture de l'auricule a donné naissance à un vocabulaire particulier ; les amateurs distinguent dans la fleur : le *clou* (pistil), qui en occupe le centre, les *paillettes* (étamines), qui doivent effleurer le niveau de la corolle sans s'élever au-dessus ; l'*œil*, ou partie centrale, d'un jaune clair ou d'un blanc pur, qui doit trancher nettement, en formant un cercle régulier, avec le reste du limbe de la corolle dont la teinte doit être très-foncée avec des reflets veloutés. L'on est, en général, moins exigeant de nos jours qu'on ne l'était autrefois, quant aux perfections demandées à une auricule de collection ; on admet même les jaunes à fleurs doubles, bien qu'elles ne possèdent qu'un mérite contesté par beaucoup de connaisseurs.

L'auricule n'est pas plus sensible au froid que l'œillet flamand, mais elle est encore plus sujette que lui à périr par la pourriture de la souche charnue qui porte les feuilles et les hampes ou tiges florales ; c'est pourquoi sa culture ne réussit bien que dans des pots remplis de la même terre où l'on cultive les œillets. C'est surtout à la fin de l'automne et au printemps, pendant les giboulées de mars, qu'il importe de placer les auricules en pot, soit sous châssis froid, soit dans un local quelconque où l'humidité froide, que cette plante redoute par-dessus tout, ne puisse l'atteindre. Lorsqu'on ne cherche pas à conquérir des variétés nouvelles, ce qui n'est possible que par les semis, on se contente de multiplier les auricules en détachant en automne les *œilletons* ou rejetons enracinés qui naissent au pied des anciennes touffes; ces œilletons, cultivés dans les mêmes conditions que les plantes toutes formées, croissent très-vite et fleurissent dès leur premier été. Bien que l'auricule ne soit pas remontante, dans le sens rigoureux de cette expression, les plantes convenablement soignées pendant l'hivernage et arrosées sans excès, mais tous les jours, matin et soir, pendant les chaleurs, donnent pour la plupart une seconde floraison au commencement de l'automne.

PENSÉE. — Cette plante est la plus facile à cultiver de toutes les plantes de collection ; il suffit de semer la graine dans le courant du mois d'août, sur une plate-bande à l'exposition du midi, afin que le plant de semis passe l'hiver à l'air libre sans souffrir du froid que d'ailleurs la pensée redoute peu, à moins qu'il ne soit d'une rigueur exceptionnelle ; dans ce cas, le moindre abri de paillassons ou de litière sèche jeté sur les plantes pendant les fortes gelées et retiré dès que le temps s'adoucit, assure la conservation des pensées. Le plant provenant des semis faits au mois d'août montre toujours quelques fleurs avant l'hiver ; on profite de cette circonstance pour ne conserver dans les collections que les fleurs de premier choix en éliminant les autres (fig. 86). Les amateurs exigent dans une belle pensée de collection : une corolle bien étalée, sans plis, d'une forme bien arrondie, une tache centrale foncée ou *masque*, d'où partent des rayons également foncés sur fond jaune ou blanc, et une distribution symétrique des taches sur les cinq divisions de la fleur. La graine récoltée sur les plantes dont les fleurs satisfont à toutes ces conditions, ne reproduit pas constamment des fleurs semblables ; mais si l'on a semé de la graine de pensée d'un bon choix, toutes les sous-variétés de quelque valeur se retrouvent, sans exception, dans le plant de semis,

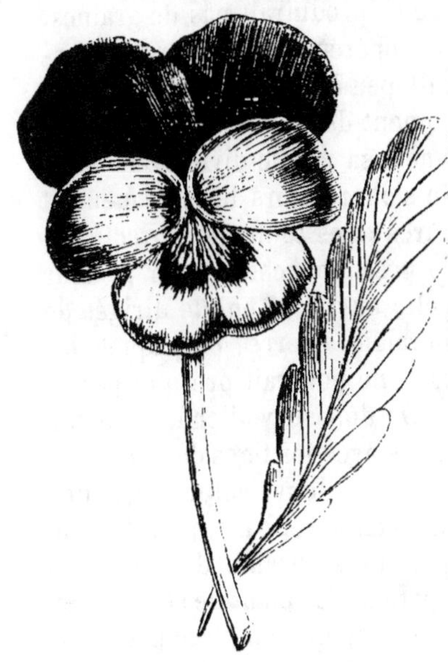

Fig. 86. Pensée.

ce qui rend inutile la multiplication de bouture indiquée comme moyen de propager les variétés les plus distinguées. Ce moyen est défectueux en ce sens qu'il ne donne que du plant délicat, auquel il est difficile de faire bien passer l'hiver, de sorte qu'au printemps, les collections de pensées venues de bouture se trouvent incomplètes et dégarnies, ce qui n'a pas lieu lorsqu'on s'en tient à la multiplication de semis. Il importe que le plant de semis qui se développe pendant les fortes chaleurs du mois d'août soit arrosé assez souvent pour que sa croissance ne soit pas ralentie par la sécheresse.

La graine de pensée est assez difficile à récolter à cause d'une singulière particularité de la végétation de cette plante. Tant que la graine n'est pas formée, la tige qui supporte la fleur de la pensée se recourbe à l'endroit même de l'insection de la corolle, de sorte que celle-ci est dans une position verticale ; si elle ne l'était pas, la pluie ou seulement la rosée tombant sur les organes reproducteurs, la fécondation ne pourrait avoir lieu, et la pensée ne produirait pas de graines. Mais, dès que la fécondation est opérée, la courbure du sarment de la tige florale disparaît peu à peu ; cette tige devient toute droite, de sorte qu'au moment de la maturité des graines, la capsule qui les renferme a sa pointe dirigée en haut, sans incliner d'aucun côté, elle s'ouvre alors brusquement et laisse échapper les graines mûres dans toutes les directions. Si la capsule avait conservé la position occupée par la fleur pendant son épanouissement, elle aurait la pointe dirigée de côté ; toutes les graines tomberaient à terre, en paquet, les unes sur les autres, et la pensée ne pourrait presque pas se reproduire par semis naturels. On doit surveiller la maturité des graines et cueillir les capsules avec les tiges de toute leur longueur, pour les laisser compléter leur maturité sur une feuille de papier, dans un local bien aéré, sans quoi il serait difficile de se procurer une quantité suffisante de graine de pensée pour l'entretien des collections. Le plant de semis, bien gouverné pendant l'hivernage, est repiqué en place par groupes dans le parterre ; les pensées y fleurissent abondamment pendant toute la belle saison.

GLAÏEUL. — Le glaïeul (fig. 87) est une des plus récentes parmi les plantes de collection. Sa culture n'est pas difficile ; mais, ses oignons aplatis, très-volumineux dans quelques espèces, ne donnent une belle floraison que dans la terre de bruyère pure. On peut, à la rigueur, remplacer cette terre par un mélange de terre légère sableuse et de terreau de feuilles ; mais alors, les glaïeuls ne sont pas aussi parfaits qu'ils peuvent l'être lorsqu'ils sont plantés en terre de bruyère. Il ne faut planter les oignons à l'air libre qu'en avril, quand les derniers retours de froids tardifs ne semblent plus à craindre ; on lève les oignons en novembre par un temps sec, et l'on en détache les caïeux, qu'ils ne donnent jamais qu'en petit nombre.

Les glaïeuls composent des collections nombreuses dont les principales séries, à floraison magnifique et très-prolongée, comprennent : le glaïeul *perroquet*, le glaïeul *cardinal*, et le glaïeul *de Grand*, avec plusieurs subdivisions, toutes riches en sous - variétés d'une grande beauté de forme et de coloris.

PIVOINE. — Les collections de pivoines se composent de trois séries distinctes, comprenant : les *pivoines en arbre* ou *à tige ligneuse*; les *pivoines à tige herbacée à fruit velu*, et les *pivoines à tige herbacée à fruit lisse*. La pivoine en arbre ou *pivoine Montan* est la base des collections, la véritable pivoine d'amateur. On en possède une quarantaine de très-belles espèces, toutes remarquables par l'ampleur, l'abondance et le brillant coloris de leurs fleurs qui s'épanouissent de très-bonne heure au printemps. Le nombre des espèces ou variétés de pivoine Montan s'accroît lentement, parce qu'on ne peut espérer de belles nouveautés qu'en multipliant cette plante par le semis de ses graines; d'une part elle en donne peu, de l'autre, le plant de semis ne dit son dernier mot qu'au bout de douze à quinze longues années, et le résultat définitif répond rarement aux espérances du jardinier. Néanmoins, il y a toujours des semeurs persévérants, et quelques nouvelles pivoines Montan d'un mérite réel sont mises de temps en temps dans le commerce de l'horticulture.

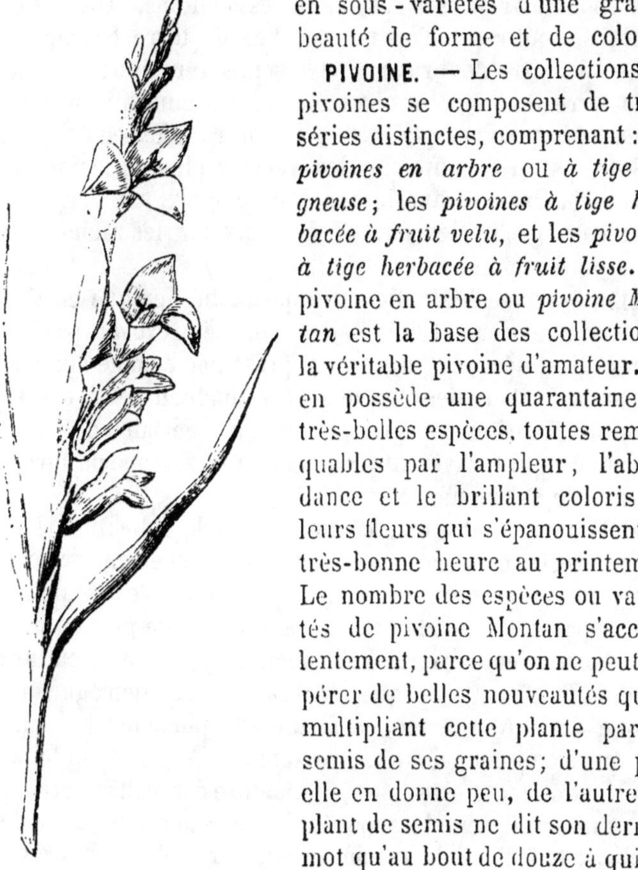

Glaïeul. Fig. 87.

La pivoine Montan est rustique; elle hiverne très-bien à l'air libre sous le climat de Paris; elle y forme des massifs de buissons d'un à deux mètres de haut; quoique les vents

glacés du nord et du nord-ouest grillent quelquefois ses premières feuilles au printemps, il est très-rare que les froids
tardifs endommagent sérieusement ses boutons. Toutes les
pivoines se cultivent dans un mélange de terre franche de
jardin et de terre de bruyère ; les semis réussissent mieux
dans la terre de bruyère sans mélange. On multiplie principalement les pivoines par la division des touffes en éclatant
au printemps ou en automne les racines plus ou moins tu-
berculeuses. On peut aussi, pour en obtenir une floraison
plus précoce, greffer les variétés de choix sur les racines des
espèces plus communes.

DAHLIA.—Quand le dahlia fut importé du Mexique en Europe au commencement de ce siècle, on ne prévoyait pas ses
brillantes destinées ; la plante était présentée comme alimentaire par ses tubercules charnus et volumineux. On assure
que les Mexicains en mangent ; ce qui est certain, c'est que
les premiers qui essayèrent d'en manger en Europe ne furent
pas tentés de recommencer.

Le dahlia (fig. 88) a été, comme plante de collection, l'un
des plus recherchés parmi les végétaux d'ornement propres
à la décoration des grands parterres. Sa faveur s'est soutenue
tant que, par des semis heureux, des variétés de plus en plus
belles succédaient aux variétés anciennes ; la seule culture
du dahlia fit, à cette époque, en France, en Allemagne, en
Belgique et en Angleterre, la fortune de plusieurs horticulteurs qui s'en occupaient exclusivement. Aujourd'hui la faveur de cette plante est passée ; le nombre des belles variétés
est si grand qu'il semble superflu de chercher à en créer de
nouvelles ; la facilité de les multiplier par la division des tubercules et par la greffe sur racines est telle que le prix en
est devenu des plus modiques. Le dahlia reste ce qu'il doit
être : *le roi de l'automne*, comme disent les Anglais, et l'on
ne conçoit pas, en effet, ce qui pourrait remplacer ses belles
touffes de fleurs éclatantes des nuances les plus variées, s'il
venait à disparaître de nos parterres ; mais, ce n'est déjà
plus, pour ainsi dire, une plante d'amateur, dans le vrai sens
de cette expression. On exige d'un beau dahlia une forme

globuleuse régulière, des *ligules* ou fleurons en cornet, symétriquement disposés, et une tige assez longue pour déborder le feuillage, assez forte pour que la fleur ne retombe pas et ne se montre pas à l'envers.

Fig. 88. Dahlia.

Les dahlias se plaisent dans une terre franche de jardin, plutôt un peu forte que trop légère. Il ne faut pas hasarder la plantation des tubercules en pleine terre avant la première quinzaine de mai, les jeunes pousses pouvant être tuées sans remède par quelques heures d'une gelée matinale d'un degré seulement. Mais, dès la fin de mars, on réunit les tubercules tout près les uns des autres sous un châssis froid au pied d'un mur au midi ; c'est ce qu'on nomme mettre les dahlias *au germoir*. Là, plongés jusqu'au collet de la racine dans une terre douce mêlée de terreau et tenue très-légèrement humide, ils entrent lentement en végétation, sans avoir rien à craindre des froids tardifs. Au moment de la mise en place à l'air libre, chaque tubercule, près duquel on plante en même temps un solide tuteur, est déjà muni d'une bonne pousse qui se consolide au contact de l'air et fleurit dès la fin de l'été. Sans cette précaution, le dahlia fleurirait trop tard, et les premières gelées de la fin de l'automne feraient périr la plante encore toute chargée de boutons prêts à s'épanouir. L'usage a prévalu depuis quelques années de ne laisser à chaque touffe qu'une seule tige qui devient très-solide et presque ligneuse à sa base. Cette tige unique se ramifie régulièrement ; elle donne des touffes d'une bonne tenue, très-floriférées et sans excès de feuillage. Toutes les variétés de dahlia ne prennent pas le même développement ; lorsqu'on en forme des massifs sans leur associer d'autres plantes, on doit avoir soin de les assortir par couleurs, et de placer au centre des massifs les variétés dont la tige doit dépasser en hauteur celle des autres dahlias. Les tubercules doivent être arrachés avant les gelées et conservés à l'abri du froid.

CHRYSANTHÈME DE L'INDE. — Quoique le chrysanthème de l'Inde ait, comme le dahlia, dit à peu près son dernier mot, et qu'en raison de la facilité de sa multiplication, soit de semis, soit de bouture, soit aussi par le dédoublement des touffes, le prix en soit devenu très-modéré, la faveur de cette plante n'est pas tombée ; elle est encore au premier rang des plantes de collection. Les collections de chrysanthèmes sont formées de quatre séries, comprenant, les chrysanthèmes *à fleurs en renoncule*, à *fleurs en Reine-Marguerite*, à

Fig. 89. Chrysanthème.

fleurs pendantes en forme de gland, et le *chrysanthème nain,* à *fleur en pompon* (fig. 89).

Toutes ces plantes sont également rustiques et d'une culture facile ; toute bonne terre de jardin leur convient ; elles y fleurissent abondamment et forment en peu de temps de fortes touffes ; mais toutes ont le même défaut, celui de fleurir très-tard, en novembre et décembre, de sorte que les premières gelées sérieuses les détruisent en pleine floraison. Aussi les plus belles espèces de la première et de la quatrième série sont-elles le plus souvent cultivées dans des pots qu'on rentre dans l'orangerie ou la serre froide à l'approche des grands froids; ces jolies plantes y fleurissent pendant une partie de l'hiver.

Le chrysanthème de collection possède plus que toute autre plante la propriété de reprendre de bouture à toutes les époques de sa végétation. Si l'on bouture des rameaux chargés de boutons bien formés, ces rameaux s'enracinent et fleurissent à l'époque habituelle, mais ils ne grandissent plus. On peut, par ce procédé des plus simples, former de bouture des touffes de chrysanthèmes de très-petites dimensions, propres à orner les petits parterres et à prendre place en hiver dans les jardinières d'appartement.

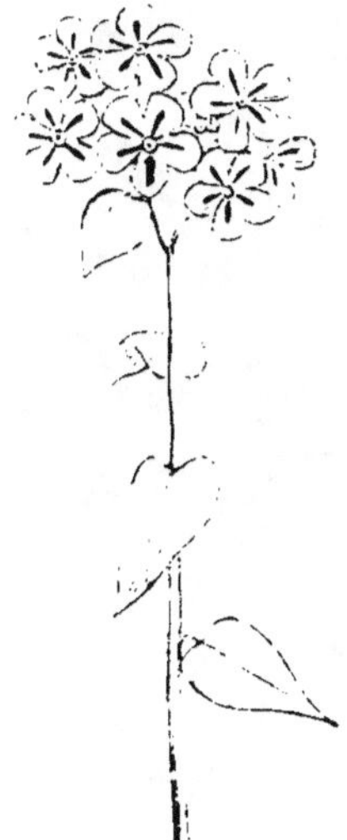

Fig. 90. Phlox de Drummond.

PHLOX. — Les phlox ont produit de nos jours un si grand nombre de belles variétés qu'ils se sont élevés au rang des plantes de collection. Ce sont, à proprement parler, des sous-arbrisseaux à tiges annuelles ligneuses, à racines vivaces, à floraison abondante et prolongée ; la collection comprend une quarantaine d'espèces distinctes, dont chacune continue à donner par les semis de belles sous-variétés. L'une des espèces les plus intéressantes est le *phlox de Drummond* (fig. 90), qui se reproduit tous les ans de semis, et donne des touffes peu élevées mais très-florifères. Le phlox de Drummond prospère dans un mélange de terre franche et de terre de bruyère; une bonne terre ordinaire de jardin suffit aux autres espèces.

PÉTUNIA. — Le nombre des variétés de cette charmante

plante, dont les fleurs abondantes et essentiellement remontantes sont douées d'une odeur douce très-agréable, s'accroît
de jour en jour ; on en possède dès à présent de·quoi former
des collections qui restent constamment en fleurs pendant
toute la belle saison. Les espèces les plus remarquables sont
le *pétunia à fleur blanche*, la première introduite de l'Amérique du Sud, son pays natal ; le *pétunia rose uni*, dont les
sous-variétés vont jusqu'au pourpre velouté le plus foncé ; le
pétunia à œil noir central, et le *pétunia veiné de pourpre* sur
fond rose, l'un des plus recherchés des amateurs de ce beau
genre. On sème sur couche sous châssis ou bien en pleine
terre sur terreau, à l'exposition du midi, la graine de pétunia
qui donne de bonne heure du plant qu'on peut mettre en place
très-jeune et qui végète avec vigueur, pourvu qu'il soit largement arrosé, dans une bonne terre ordinaire de jardin.

On trouvera à la fin de ce volume les listes des plus belles
espèces, variétés et sous-variétés de toutes les plantes d'ornement de collection de pleine terre.

CHAPITRE XLIV

Les Rosiers.

Classification des rosiers. — Cent-feuilles. —Provins ou damas. — Ile Bourbon. — Portland ou perpétuels. — Noisettes. — Rosiers du Bengale. — De la Chine. — Rosiers thé. — Rosiers sarmenteux. — Usages des divers rosiers en horticulture. — Multiplication. — Semis. — Hybridation. — Greffe. — Choix des églantiers. —Greffe en fente de côté. — En écusson. — Taille. — Son but. — Direction des bourgeons. — Culture des rosiers à l'air libre. — Déplacement pour les forcer à fleurir. — Culture forcée.

La multiplication, la culture et la taille du rosier doivent être étudiées séparément, à la suite des autres plantes d'ornement de collection de pleine terre, non-seulement parce que la rose n'a pas cessé d'être la reine des fleurs depuis les temps bibliques jusqu'à nos jours, mais aussi parce que les collections de rosiers ne renferment pas moins de 3,000 espèces, variétés et sous-variétés. Il est vrai que beaucoup d'entre elles sont plus ou moins contestables et ne se distinguent que par des caractères appréciables seulement pour les connaisseurs consommés; mais on peut porter de 1,800 à 2,000, le nombre des roses incontestablement distinctes et qui ne peuvent être prises les unes pour les autres.

Classification des rosiers. —Pour se reconnaître et établir un ordre régulier parmi tant d'arbustes appartenant tous au même genre, on a proposé diverses classifications fondées sur des caractères botaniques; la plus usitée est celle du célèbre botaniste anglais Lindley. Pour le jardinier, il suffit de distinguer les séries de rosiers bien tranchées, classées d'après leurs propriétés les plus remarquables au point de vue de l'horticulture. En les considérant sous ce rapport, on trouve que les rosiers se rangent naturellement dans huit séries, comprenant :

1° Les *cent feuilles*, type le plus ancien de la rose perfectionnée

par la culture ; tous à fleurs très-odorantes , et très-doubles,
mais qui ne remontent pas ; 2° les *provins*, à fleur semi-double,
à odeur très-prononcée, à nuances en général très-vives, qu'on
devrait nommer *rosiers de Damas,* car ils ont été rapportés de
la vallée de l'Oronte au temps des croisades, par un comte de
Champagne qui les avait multipliés dans les jardins dépendant
de son château de Provins ; 3° les *rosiers bourbon ou de l'île
Bourbon,* qui ont donné par le semis de leurs graines le plus
grand nombre des variétés les plus recherchées ; 4° les *portland* ou *perpétuels,* les plus remontants de tous les rosiers
cultivés ; 5° les *noisettes* à floraison automnale très-abondante, mais inodore ; 6° les *rosiers d'Inde* comprennent les
rosiers du *Bengale et de la Chine,* très-remontants, à odeur
double, mais faible, à fleurs seulement semi-doubles, plus
sensibles au froid que tous les précédents ; 7° les *rosiers thé,*
suffisamment distincts par l'odeur particulière de leurs roses
et la délicatesse de leurs nuances ; 8° les *rosiers sarmenteux
ou grimpants,* propres à orner les treillages et les berceaux
en compagnie des arbustes d'ornement à tiges sarmenteuses
(Voy. ch. XL).

Usages. — Les rosiers se prêtent en horticulture à une
foule de destinations diverses. Les espèces qui comme la plupart des cent feuilles prennent naturellement beaucoup d'accroissement, et forment d'épais buissons par les rejetons nombreux que leurs souches produisent, sont tout à fait à leur
place à l'entrée des bosquets, sur la lisière des massifs de
grands arbres d'ornement. Cette situation convient surtout à
la *rose des peintres,* à la *rose d'York,* blanche au cœur, couleur de chair, et à la charmante petite *rose pompon,* qui, malgré sa petitesse, s'épanouit sur de très-grands buissons. Les
provins, de taille moins élevée, font un très-bel effet parmi les
massifs d'arbustes qui, dans les jardins paysagers, servent de
transition entre le bosquet et le parterre. Les séries des
portland, des *île Bourbon,* des *noisettes,* sont spécialement
propres à être greffés sur églantiers à haute tige; elles forment la base des collections d'amateurs ; leurs fleurs offrent la
plus riche variété de nuances, y compris le jaune pur, d'une

rare fraîcheur chez la rose *jaune de Perse;* le bleu pur manque, bien que les anciens auteurs arabes parlent de la rose bleue, sans équivoque possible, comme d'une fleur vulgaire dans les jardins au temps de la domination des Maures en Espagne et en Portugal. Les *rosiers du Bengale et de la Chine,* vivaces seulement par leurs racines, conviennent aux jardins où l'on a peu d'espace à leur accorder; ils doivent être rabattus sur la souche à l'entrée de l'hiver, et garnis de terre recouverte de feuilles pour préserver la souche des atteintes de la gelée; leur pousses annuelles fleurissent tout l'été avec profusion; dans le Midi, ce sont de grands buissons à feuillage persistant, dont on forme des haies fleuries du plus agréable effet. On comprend par ce rapide aperçu quel parti l'horticulture peut tirer des rosiers dans les conditions les plus diverses.

Multiplication. — La multiplication des rosiers, surtout celle des rosiers de collection, greffés sur églantier, constitue à elle seule une branche importante de l'horticulture; ceux qui s'en occupent spécialement sont désignés dans le langage des jardiniers sous le nom de *rosistes.* Tous les rosiers à bois solide, spécialement ceux de la série des cent-feuilles donnent tous les ans une profusion de rejetons enracinés. On les sépare au printemps ou à l'entrée de l'hiver, avant la chute des feuilles; ils sont élevés en pépinière, et conduits sous la forme désirée. Il est inutile de recourir pour ces rosiers à d'autres moyens de multiplication.

La série des bengales et des rosiers de la Chine, à bois très-tendre et rempli de moelle, s'enracine très-facilement de bouture, mieux à l'étouffée, sous châssis, qu'à l'air libre. Les rosiers de bouture fleurissent très-jeunes et grandissent très-rapidement; ce moyen, pour cette série de rosiers, est usité conjointement avec la séparation des rejetons qui, placés dans des conditions favorables, fournissent de bonnes plantes, même quand ils n'ont que peu ou point de racines au moment où ils sont détachés de la souche.

Les semis sont le mode de multiplication des rosiers qui offre le plus d'intérêt; toutes les variétés de toutes les séries, même celles des variétés les plus doubles, donnent tous les ans quelques fruits ou *cynorrhodons* renfermant des graines fertiles ; les étamines sont si nombreuses dans la rose qu'elles ne se changent jamais toutes en pétales et qu'il en reste toujours assez pour la fécondation. Les graines renfermées dans les cynorrhodons ne doivent être enlevées et semées que quand le fruit a un peu dépassé sa parfaite maturité, après les premières gelées. Les semis se font au printemps, en terre de bruyère, afin de favoriser autant que possible le développement des racines. Les jeunes rosiers de semis sont ensuite transplantés dans une terre plus substantielle où on les élève en pépinière. Ils font quelquefois attendre assez longtemps leur première floraison ; c'est pourquoi, ceux dont la tenue et le feuillage font espérer une bonne nouveauté, sont greffés sur églantier dès leur seconde année ; ils y fleurissent immédiatement, ce qui permet de juger s'ils doivent être éliminés ou conservés dans la collection.

Hybridation. — Ce fut au commencement de ce siècle que le marquis de Villarési, en Italie, comprit la possibilité de créer par hybridation de nouvelles variétés de rosiers. Le procédé qu'il mit en usage est tout primitif. Ceux de ses rosiers dont il désirait opérer le croisement furent palissés au bas du treillage d'un espalier, tout près les uns des autres. Au moment de la floraison, M. de Villarési entrelaça leurs rameaux, s'en remettant aux vents et aux insectes du soin de charrier du pollen d'une fleur dans l'autre. Les semis des graines des cynorrhodons que produisirent ces roses, lui donnèrent, parmi une multitude de fleurs insignifiantes, quelques très-belles nouveautés. Ce succès eut du retentissement, et M. de Villarési eut un grand nombre d'imitateurs. De nombreux croisements, pratiqués avec plus de soin et de méthode, donnèrent des résultats plus fréquemment heureux. Aujourd'hui, l'on peut, sans hybrider directement une sous-variété par une autre, semer les graines contenues dans les cynorrhodons récoltés sur des rosiers qui font partie d'une collection de rosiers d'un bon choix ; les vents et les insectes auront inévitablement opéré des croisements accidentels ; un grand nombre de roses modernes, parmi les plus célèbres, n'ont pas d'autre origine.

Lorsqu'on se propose de féconder artificiellement deux roses d'espèces très-différentes, dans l'espoir de créer une sous-variété intermédiaire, il faut secouer l'une des roses au-dessus de l'autre au moment de leur plus complet épanouissement, et entourer ensuite le rosier d'une gaze, afin que la rose hybridée ne puisse recevoir accidentellement du pollen d'une autre espèce, ce qui ferait manquer l'opération. L'hybridation des roses donne quelquefois des résultats prévus mais fort singuliers; c'est ainsi que par le croisement hybride entre une rose très-rouge et une autre d'un blanc pur, a été créée la rose *prince Albert*, dont chaque pétale est blanche d'un côté et rouge de l'autre.

Greffe du rosier. — Le plus grand nombre des rosiers qu'on multiplie par le moyen de la greffe, est greffé sur églantier à haute tige. Ce genre de greffe du rosier est tellement usité que, dans un rayon fort étendu autour de Paris, de Lyon et des autres grandes villes, la race des églantiers propres à recevoir la greffe des espèces les plus recherchées est complétement épuisée. Déjà plusieurs horticulteurs ont réalisé des bénéfices importants rien qu'en élevant de semis des églantiers qu'ils vendent lorsqu'ils ont acquis le degré de développement qui les rend propres à être greffés. Lorsqu'on achète des églantiers sauvages dans le but de les greffer, il faut, au moment où on les plante, retrancher la portion de la souche qui adhère ordinairement au bas de la tige qui doit être droite, exempte de nœuds, de blessures et de ramifications. Si les sujets d'églantiers conservaient une portion de leur souche, ils donneraient une multitude de rejetons, ce qui épuiserait l'arbuste en pure perte au détriment de la beauté de sa floraison.

L'églantier demande une année au moins de culture en pépinière avant d'être en état de recevoir la greffe; il en faut toujours planter un certain nombre au delà de la quantité précise dont on a besoin; il en manque toujours une partie à la reprise, et les greffes ne réussissent jamais en totalité. On greffe au printemps, pendant la plus grande activité de la séve, soit sur deux ou trois rameaux ménagés au sommet de l'églantier, et dont chacun reçoit une greffe en écusson, soit sur la tige principale, dégarnie de toutes ses ramifications. Dans ce cas, on greffe en fente de côté, en employant

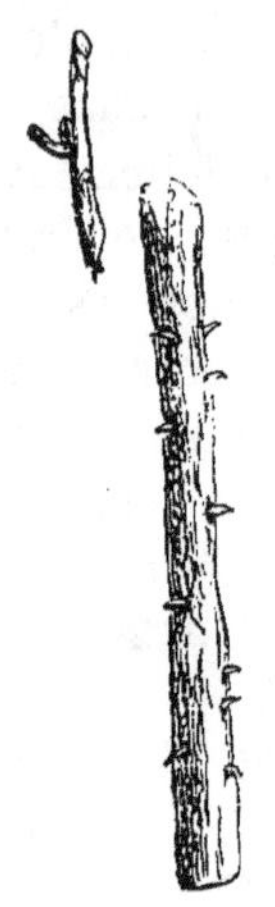

Fig. 91. Greffe en fente du rosier

Fig. 92. Greffe en écusson du rosier.

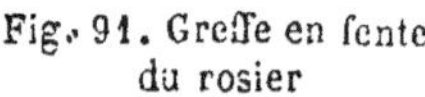

pour greffe un rameau de l'année précédente muni de deux bons yeux (fig. 91); ou bien, on pose deux écussons tout près du sommet de la tige, en regard l'un de l'autre (fig. 92). Cette dernière méthode, la plus usitée des deux, est celle qui, quand chacun des deux écussons a donné une bonne pousse, offre le plus de facilité pour former en peu de temps par la taille une tête régulière, élégante et florifère au rosier greffé.

Taille du rosier. — Quand le rosier, greffé ou non, appartient à une espèce rustique et vigoureuse, comme le sont tous les cent-feuilles et les espèces grimpantes à tiges sarmenteuses, on les taille à coups de ciseaux, absolument comme s'il s'agissait de tondre une haie. Mais les rosiers d'espèces plus délicates, surtout lorsqu'ils sont greffés sur églantier, doivent être taillés avec plus de soin et de méthode. Après qu'on a éliminé le bois mort, les rameaux rompus accidentellement et ceux qui font confusion, on taille ces rosiers dans le double but d'en obtenir une abondante floraison, et de les maintenir sous une bonne forme. Chaque variété a, sous le rapport de la floraison, selon qu'elle est ou qu'elle n'est pas remontante, ou seulement bifère, sa manière particulière de végéter. Chaque œil bien conformé devant donner un rameau plus ou moins florifère, le jardinier qui doit parfaitement connaître le tempérament des rosiers compris dans la collection qu'il dirige, règle sa taille en conséquence en laissant à chaque rameau un, deux ou trois yeux qui seront autant de rameaux.

Quant à la conservation de la forme, elle est facile pour le jardinier qui donne, à l'époque de la taille, une attention suffisante à la place occupée par les yeux des rameaux du rosier. Ces yeux produisent des bourgeons qui, à mesure qu'ils grandissent, s'allongent toujours sous un angle très-ouvert, le plus souvent à angle droit avec la branche qui les porte. Ainsi, quand le jardinier a besoin de remplir un vide dans la partie intérieure de la tête d'un rosier greffé, il taille sur un œil dont la pointe est dirigée *en dedans*, et même, s'il est nécessaire que le bourgeon qui naîtra de cet œil pousse avec beaucoup de vigueur, il supprime en *l'éborgnant*, avant qu'il ait commencé à s'allonger, l'œil inférieur à celui sur lequel il a taillé. Lui faut-il, au contraire, pour l'harmonie de la forme du rosier, une bonne branche extérieure ? il taille sur un œil ayant la pointe *en dehors*, et il sait d'avance quelle place occupera le rameau dont il provoque ainsi la naissance. C'est afin d'éviter les erreurs auxquelles pourrait donner lieu la direction mal calculée des bourgeons, que beaucoup de rosiers, dont les yeux sont naturellement peu apparents, ne sont taillés qu'au printemps, quand la végétation est assez avancée pour que le jardinier distingue clairement dans quel sens s'allongeront les bourgeons nés de chacun des yeux réservés par lui à la taille pour compléter ou maintenir la régularité de la tête de ces arbustes.

Culture des rosiers à l'air libre.—Lorsque les rosiers élevés, greffés et taillés comme on vient de l'indiquer, ont été plantés dans de bonnes conditions, ceux greffés sur églantier dans une terre plus forte que légère, ceux de l'Inde, élevés en buisson, en terre de bruyère mêlée par partie égale à une terre franche de jardin, ils réclament peu de soins ultérieurs de culture. En cas de longue sécheresse seulement, ils ont besoin d'arrosages modérés; s'il n'est pas possible de les déplacer périodiquement faute d'espace, on doit, tous les trois ou quatre ans, enlever une partie de la terre où végètent leurs racines, et la remplacer par de nouvelle terre de même nature que celle qu'on enlève. La terre des rosiers cultivés dans des pots doit être, en vertu du même principe, renouvelée tous les deux ans. Quand les pucerons envahissent les rosiers en été, à la suite d'une longue période de sécheresse, on les en débarrasse par la fumée du tabac. On tient, à cet effet, une cloche de verre (cloche à melons) suspendue au-dessus de la tête du rosier, afin que la fumée du tabac ne se dissipe qu'après avoir asphyxié les pucerons, sans nuire à la végétation du rosier.

Il arrive quelquefois que des rosiers greffés sur églantiers bien portants en apparence, ne fleurissent presque pas. Il faut alors, à l'époque de la reprise de leur végétation, les arracher et les replanter immédiatement tout près de la place qu'ils ont précédemment occupée; ce déplacement suffit pour les décider à fleurir. Le succès de l'opération est néanmoins plus assuré quand la disposition du terrain permet de transporter les rosiers à une certaine distance de leur premier emplacement.

Culture forcée des rosiers. — Tous les rosiers, mis en pots et rentrés dans une serre tempérée ou chaude, peuvent être *forcés* et donner une riche floraison longtemps avant l'époque de leur floraison naturelle; mais on ne force habituellement que les rosiers des espèces remontantes. Les jardiniers de profession à qui leur clientèle demande beaucoup de bouquets de bal, forcent en pleine terre sous des châssis chauffés par des réchauds de fumier ou par un thermosiphon, des buissons de rosiers Thé, de rosiers du Bengale et de la Chine, et des rosiers Portland ou perpétuels; ils ont ainsi des

roses à cueillir tout l'hiver. Les amateurs de rosiers qui n'ont
pas besoin en hiver d'une si grande quantité de roses, mettent seulement en pots un an d'avance un certain nombre de
rosiers des mêmes espèces qu'ils rentrent successivement
dans la serre tempérée ou la serre chaude, afin d'avoir un
certain nombre de roses à cueillir de la fin de l'automne au
commencement de l'été de l'année suivante.

CHAPITRE XLV

Culture des végétaux annuels, bisannuels et vivaces, de pleine terre.

Culture des plantes annuelles d'ornement. — Semis. — Plantes qu'on doit semer par touffes. — Plantes annuelles qui doivent être repiquées. — Plantes vivaces herbacées. — Gazons. — Ray-grass anglais. — Mélange de semences pour les terrains secs. — Quantité de semence par are. — Sarclage des gazons. — Plantes isolées. — Palma-christi. — Acanthe. — Héracléum de Sibérie. — Yucca gloriosa. — Groupes d'arbustes. — Lilas.· — Spirées. — Buddleyas. — Taille d'été du lilas de Perse. — Greffe du josikœa sur le frêne, et du lilas sur le josikœa. — Arbres d'ornement. — Jardins paysagers. — Arbres isolés. — Catalpa. — Tulipier de Virginie. — Situations qui leur conviennent. — Arbres fruitiers employés comme arbres d'ornement.

Après avoir décrit en particulier la culture des plantes et arbustes d'ornement de pleine terre appropriés à diverses destinations spéciales, et celle des plantes de collection, il reste à indiquer les soins généraux de culture que réclament les plantes annuelles, bisannuelles et vivaces, sous le climat de la France centrale, pour concourir toute l'année à la décoration du parterre.

Plantes annuelles. — Semis. — Les graines de la plupart des plantes annuelles de pleine terre doivent être semées en place au printemps; plusieurs d'entre elles végètent assez rapidement pour qu'après en avoir obtenu une première floraison, on puisse renouveler les semis avec la certitude de voir les mêmes plantes fleurir une seconde fois avant la mauvaise saison. Quelques règles assez importantes doivent être observées à l'égard des semis de graines de plantes annuelles. Ces graines sont d'autant moins enterrées qu'elles sont plus petites; les moins volumineuses, celles de *coquelicot double*, par exemple, ne sont pas enterrées du tout. Après les avoir répandues à la surface du sol, elles sont mêlées à la couche superficielle avec un râteau à dents rapprochées, puis on répand par-dessus une couche très-mince de terreau sec en poudre. La jeune plante née d'une graine très-petite est trop faible pour soulever la terre dont elle est chargée, quand la graine a été enterrée trop profondément. Celles de ces plantes qui sont individuellement peu développées et peu florifères ne paraissent à leur avantage que quand on en forme des groupes assez volumineux. *La clarkia*, par exemple, ne produit aucun effet dans le parterre et semble une petite fleur tout à fait insignifiante lorsqu'on en voit deux ou trois brins isolés; elle offre au contraire l'aspect le plus gracieux lorsqu'on en sème la graine sur un espace circulaire de 35 à 40 centimètres de diamètre, soit qu'on sème séparément les deux variétés, l'une blanche, l'autre rose, soit qu'on les mélange pour former des touffes à floraison très-prolongée : il en est de même des *eutoca*, des *schizantes* (fig. 93), des *brachycomes* et d'une foule d'autres, d'introduction plus ou moins récente, acquisitions précieuses pour la flore de nos jardins.

À l'époque des principaux semis de plantes annuelles, en mars et avril, le parterre n'a encore qu'un petit nombre de plantes en fleur. Le

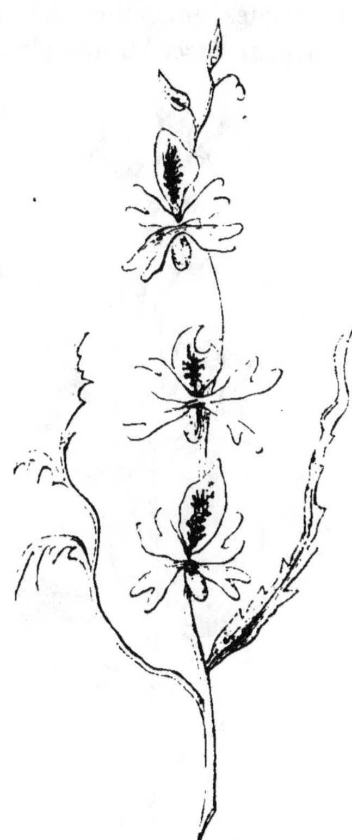

Fig. 93. — Schizante de Graham.

jardinier doit se rendre compte exactement de l'espace dont

il dispose, afin de n'en pas accorder trop aux semis en place, et de ne pas s'exposer à en manquer plus tard pour le repiquage des plantes élevées en pépinière. Quoique le plus grand nombre de ces plantes soit bisannuel comme l'*œillet de poëte* et la plupart des *campanules*, plusieurs plantes annuelles, telles que le *tagète* ou *œillet d'Inde* et la *balsamine*, ne fleurissent pas bien lorsqu'on les sème en place. Leur présence étant indispensable dans le parterre pendant la plus grande partie de la belle saison, il faut remarquer d'avance la place qu'elles devront occuper, soit dans les intervalles entre les semis de plantes annuelles, qui ne doivent pas être transplantées, soit pour succéder aux plan-

Fig. 94. Brunelle à grandes fleurs.   Fig. 95. Pentstemons.

tes à floraison très-précoce, telles que la *saxifrage à feuilles épaisses*, l'*arabette* et l'*abyssum* ou *Corbeille d'or*, qui laissent

de très-bonne heure des vides à combler dans les compartiments du parterre.

Parmi les plantes annuelles de pleine terre, il en est beaucoup, comme la *clarkia*, l'*eucharidium*, la *gillia*, la *némophilæ*,
les *silènes*, les *coréopsis*, La *brunelle* à grandes fleurs (fig. 94),
l'*œillet de la Chine* et plusieurs belles espèces de *delphiniums*,
qu'on peut traiter comme des plantes bisannuelles en les
semant en automne, pour qu'elles lèvent pendant les derniers
beaux jours, le jeune plant né de ces semis pouvant très-bien
résister aux froids des hivers du climat de Paris. Il est

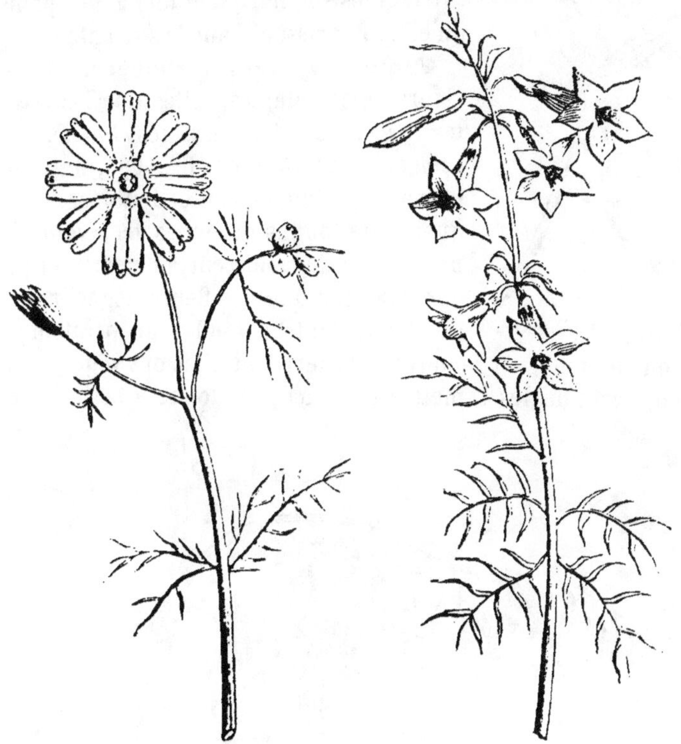

Fig. 96. Cosmos. Fig. 97. Cantua.

toujours prudent de semer les graines de ces plantes assez
clair, dans une situation abritée, à l'exposition du midi, afin

que l'on soit assuré de les retrouver en bon état au printemps,
à l'époque où elles doivent être transplantées dans les compartiments du parterre. Quant aux plan-
tes réellement bisannuelles, telles que
les *œillets de poëte*, les *pentstemons*
(fig. 95), les *cosmos* (fig. 96), les *cantua*
(fig. 97), les *rudbeckia* (fig. 98), si l'on
veut en obtenir une belle floraison, il
faut semer leurs graines non pas en automne, mais au printemps, en mars et
avril, et les soigner toute une année pour
qu'elles fleurissent l'année suivante.

Plantes vivaces herbacées.—Plusieurs de ces plantes, telles que les *iris*,
les *lys blancs* et *jaunes*, les *Phlox*, les
aconits et les *diélytra* (fig. 99), doivent
être assez fréquemment dédoublées, sans
quoi leurs touffes devenues trop volumineuses, se dégarnissent au centre et ne
donnent plus que des fleurs dégénérées.

Fig. 98. Rudbeckia.

En dédoublant les touffes au printemps
ou en automne, on renouvelle la terre où elles ont végété, ou
bien, avant de les remettre en place, on donne à cette terre

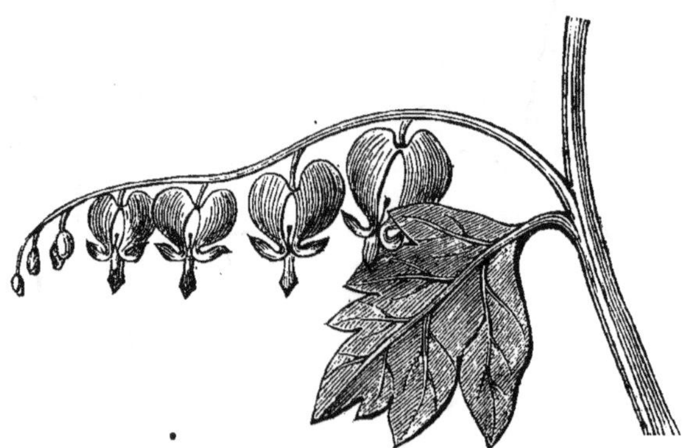

Fig. 99. Diélytra.

une bonne fumure d'engrais très-consommé. Avec ce soin et

celui de ne pas les laisser manquer d'eau pendant les chaleurs, ces plantes, d'un tempérament robuste, se maintiennent dans le parterre à perpétuité.

Gazons. — Les Anglais, grâce au climat humide de leur ile, ont obtenu les premiers à leur plus haut degré de valeur ornementale, ces admirables pelouses, vrais tapis de velours vert que les jardins de toute l'Europe ont admis à leur exemple. Aujourd'hui, les pièces de gazon soigneusement entretenues n'appartiennent plus exclusivement, comme dans l'origine, aux grands jardins paysagers ; on les a introduites avec le plus grand succès dans les jardins de dimensions moyennes, surtout dans ceux qui sont à la fois fruitiers et paysagers, où les groupes d'arbres fruitiers sont disposés dans des compartiments dessinés dans le style pittoresque, séparés les uns des autres par des pièces de gazon.

Dans les bons terrains, le ray-grass anglais est la base des plus beaux gazons ; pourvu qu'il soit suffisamment arrosé, et fauché assez souvent pour ne pas le laisser fleurir, il ne se dégarnit pas du pied et se maintient longtemps en très-bon état. Pour les terrains secs, qu'il est difficile d'arroser avec abondance, on sème des mélanges dans diverses proportions de plusieurs graminées associées à quelques plantes fourragères de la famille des légumineuses.

La proportion la plus usitée est de 600 graines de grains de ray-grass par are ; les mélanges de graminées et de légumineuses fourragères peuvent être semés dans une proportion un peu plus faible ; 500 grammes par are garnissent suffisamment le terrain. Après avoir légèrement mêlé au sol la graine de gazon par un hersage superficiel au râteau, on passe le rouleau pour raffermir le terrain ; si la pluie se fait attendre après que le gazon est levé, on arrose modérément, et l'on fauche aussitôt que l'herbe est assez haute pour que l'action de la faux soit possible.

Quelque soin qu'on puisse prendre d'entretenir une pièce de gazon, elle finit toujours par être plus ou moins infestée de mauvaise herbe dont les vents et les oiseaux transportent les semences ; il est nécessaire pour cette raison de donner tous

23.

les ans aux pièces de gazon un ou deux sarclages, pour empêcher la multiplication des mauvaises plantes surtout de celles
dont les graines sont pourvues d'une aigrette, telles que les
pissenlits, qu'il importe d'extirper avant qu'ils ne fleurissent.
Au printemps, si la terre gazonnée paraît soulevée par les
alternatives de gelées et de dégels, on répand sur toute la
pièce de gazon une bonne dose de terreau très-consommé
mêlé à de la vase d'étang desséchée et pulvérisée, puis on
passe le rouleau; on le passe une seconde fois après qu'on a
fauché le gazon.

Plantes isolées. — Dans les pièces de gazon d'une médiocre étendue, rien ne produit un meilleur effet qu'une
touffe isolée d'une de ces plantes aux feuilles amples comme
celles des grandes espèces de *rhubarbe* ou élégamment dé-
coupées, comme le *ricin* ou *palma-christi*, l'*acanthe molle*
et l'*héracléum de Sibérie*. On peut faire servir au même usage
quelques pieds de *yucca gloriosa* dont les touffes de feuilles
persistantes analogues à celles des agaves, et les tiges florales
chargées d'une multitude de fleurs en cloches d'un blanc verdâtre, se détachent de la manière la plus pittoresque sur le
vert uniforme du terrain gazonné. Ces plantes sont vivaces, à
l'exception du ricin dont on sème les grains tous les ans en
place, quand les derniers froids tardifs du printemps ne sont
plus à craindre; leurs formes élégantes ou bizarres et la
puissance de leur végétation servent à rompre la monotonie
des pelouses; elles font, dans les jardins pittoresques de petites
et de moyennes dimensions, le même effet que les touffes
d'arbustes et les arbres d'ornement isolés, dans les jardins
paysagers du plus grand style.

Groupes d'arbustes. — Ce n'est qu'à une époque assez
rapprochée de la nôtre qu'on a commencé, à l'imitation des
Anglais, à planter dans les grands jardins des groupes d'arbustes nommés en anglais *schrubbery*, mot intraduisible pour
lequel il faudrait introduire le terme équivalent d'*arbusterie*,
qui manque à notre langue. Ces groupes contenus dans des
compartiments dessinés comme ceux d'un parterre, mais sur
une plus grande échelle, comprennent de nos jours une très-

riche variété d'arbustes parmi lesquels les *lilas*, les *spirées* et les *buddleyas* tiennent le premier rang.

Les lilas ont donné par les semis un assez grand nombre de belles variétés dont les plus répandues sont le lilas franc ou de Macly, le plus beau de tous, le lilas blanc, et le lilas de Perse. Lorsqu'on ne se propose pas d'utiliser les graines du lilas en les semant dans l'espoir d'en obtenir de nouvelles sous-variétés, il faut, aussitôt après la floraison, supprimer toutes les fleurs fanées, sans permettre que des graines leur succèdent. La production des graines épuise le lilas et rend presque nulle la floraison de l'année qui suit celle où les graines ont mûri en trop grande abondance. Ce soin, et celui de débarrasser les buissons de lilas de la multitude de rejetons qu'ils émettent chaque année, et qui sont leur principal moyen de multiplication, suffisent pour en obtenir régulièrement chaque année une splendide floraison.

Depuis quelques années on traite d'une façon toute particulière le lilas de Perse, dans le but d'en régulariser la floraison. Dès que les fleurs sont flétries, on retranche immédiatement non-seulement les fleurs, mais tout ce qui, sur cet arbuste, offre une apparence de verdure ; on lui fait subir une taille d'été aussi sévère que l'est pour les rosiers greffés la taille d'hiver. Le jardinier, en donnant cette taille au lilas de Perse, compte sur la vigueur de la seconde séve chez cet arbuste. En effet, en peu de jours, le lilas de Perse ainsi taillé commence à émettre des bourgeons qui lui refont avant l'époque de la chute des feuilles une tête élégante, dont toutes les pousses terminales donnent l'année suivante leur bouquet de fleurs parfumées. Cette méthode pour la taille du lilas de Perse est due à M. Hardy, jardinier en chef du Luxembourg.

Un arbuste très-voisin du lilas, le *syringa josikœa* dont la fleur moins étalée et un peu plus foncée que celle du lilas, s'épanouit environ quinze jours plus tard, peut donner lieu à une curieuse expérience facile à répéter à très-peu de frais. Si l'on greffe en fente sur un jeune frêne un rameau de josikœa, il y reprend sans difficulté ; au bout d'un an ou deux, quand la végétation de la greffe semble assez vigoureuse, on greffe

sur le josikœa une belle espèce de lilas. En quelques années,
le lilas forme une touffe aussi florifère que s'il était franc
de pied ; on a pour résultat des arbustes fleuris à une assez
grande élévation au-dessus du sol qui, dans une avenue de
très-grands arbres, où les lilas ainsi greffés alternent avec des
ormes, des hêtres, des tilleuls ou des marronniers d'Inde,
produisent au printemps un effet des plus pittoresques.

Les *spirées* arborescentes, dont une charmante variété à fleur
rose contraste avec les autres espèces à fleur d'un blanc satiné,
sont ornementales à la fois par leurs fleurs et par leur feuillage
assez semblable à celui du sumac de Virginie. Les fleurs naissent exclusivement, chez la plupart des spirées, à l'extrémité
des rameaux de l'année ; l'arbuste doit être taillé tous les ans
après la chute de ses feuilles, dans le but d'obtenir pour le
printemps de l'année suivante le plus grand nombre possible
de jeunes pousses florifères ; la spirée croit d'ailleurs dans
tous les sols et à toutes les expositions.

Le buddleya de Lindley (fig. 100), moins connu et moins

Fig. 100. Buddleya de Lindley.

cultivé qu'il ne mérite de l'être, supporte bien les hivers
ordinaires du climat de Paris ; si l'arbuste gèle pendant les
hivers très-rigoureux, il se refait promptement par les rejetons de la souche qui ne gèle pas. Les tiges élancées, gracieu-

sement retombantes, se terminent par de longs épis de fleurs d'un violet foncé. Le buddleya de Lindley végète très-bien dans une caisse sur un balcon aux deux bouts duquel il donne tout l'été un ombrage parfumé des plus agréables.

On peut associer aux arbustes florifères, dans la formation des massifs, quelques-uns des plus gracieux arbustes dont la beauté consiste dans l'abondance de leurs baies d'un rouge sombre chez le *cotoneaster*, d'un rouge de sang chez les différentes espèces de *houx*, et d'une très-belle nuance de feu chez le *buisson ardent* (*crotægus pyracantha*, tous également rustiques et peu exigeants quant à la qualité du sol.

Arbres d'ornement. — Les arbres d'ornement complètent la série des végétaux vivaces de pleine terre. Les uns sont recherchés pour leurs fleurs, comme le *catalpa*, le *tulipier de Virginie*, les variétés nombreuses de *robinier* ou *faux acacia*, et le *paulownia imperialis*, ou *Ki-Ri* du Japon, d'introduction toute moderne; les autres, comme le *platane*, le *virgilier*, les *érables* et le *sycomore*, doivent leur place dans les bosquets à l'ombrage que donne leur abondant feuillage. D'autres encore sont cultivés pour la bizarrerie de leur feuillage aux formes insolites dans le *Gingko biloba*, et à sa couleur étrange dans le hêtre noir. Deux autres séries, celle des *arbres conifères*, dont les feuilles sont remplacées par des aiguilles, et celle des *arbres pleureurs*, à branches naturellement retombantes, méritent également une place dans les jardins paysagers.

L'art de dessiner et de créer les parcs ou jardins paysagers, art dont la pratique constitue la profession de l'*architecte de jardins*, comprend la construction des terrasses, kiosques, ponts, fontaines; le placement des vases, statues, colonnes monumentales, le creusement des lacs, bassins, pièces d'eau et rivières artificielles; tout cela ne peut être qu'indiqué dans le *Jardinier de tout le monde*; c'est plutôt une branche de l'architecture qu'une division du jardinage.

Arbres isolés. — Dans les jardins de moyennes dimensions, où le style pittoresque est adapté à un espace de peu d'étendue, on plante fréquemment dans des situations isolées divers arbres d'ornement propres à des destinations particulières. Sur les points les plus élevés du terrain, d'où l'on découvre le paysage extérieur, on plante les arbres à branches retombantes, le *frêne* et le *saphora pleureurs* et les arbres à feuillage touffu, propres à faire l'office de berceaux, tels que le *robinier sans épines* et le *néflier parasol*. Un seul de ces arbres parvenu à toute sa croissance couvre un assez grand espace sous lequel une table et des siéges peuvent être placés. Au bord des eaux, le *saule pleureur* est pour ainsi dire indispensable. Sur les limites des grandes pièces de gazon, on plante, selon la disposition du terrain et l'étendue du jardin, des arbres florifères, tels que des *catalpas*, des *paulownias*, des *tulipiers de Virginie*, des *cercis* (*arbre de Judée*), et d'autres arbres remarquables par leurs formes et l'élégance de leur feuillage. Ces arbres sont habituellement livrés au cours naturel de leur végétation ; ils croissent par conséquent sous leur forme naturelle, ce qui les rend particulièrement propres à servir de modèles aux peintres, surtout lorsqu'on les encadre dans des massifs composés de manière à faire ressortir leurs avantages.

Le *tulipier* ne prend un grand accroissement et ne fleurit avec abondance que lorsqu'il est entouré d'autres arbres aussi grands ou plus grands que lui, qui le garantissent contre les coups de vent violents ; c'est de toutes les intempéries des saisons celle qu'il redoute le plus. Moyennant cette précaution, on peut planter le tulipier avec succès même au nord de la vallée de la Seine. Le catalpa ne doit être planté que dans des situations aussi bien abritées que celles qui conviennent au tulipier. Ce n'est pas que le catalpa redoute le froid ; mais son bois est excessivement cassant ; le moindre coup de vent le fait fendre du haut en bas, et le dépouille fréquemment de ses plus belles branches, d'autant plus aisément que ses larges feuilles donnent au vent beaucoup de prise, et contribuent à rendre son bois plus fragile. Les paulownia et l'arbre de Judée peuvent être plantés dans tous les terrains et à toutes les expositions; leur bois est aussi solide que celui du catalpa est fragile.

Quelques grands arbres fruitiers, spécialement des pommiers et des abricotiers, peuvent de même être plantés isolément dans les positions où leur forme peut concourir à l'effet pittoresque de l'ensemble du jardin; on a la récolte de leurs fruits par-dessus le marché.

CINQUIÈME PARTIE
PLANTES D'ORANGERIE ET DE SERRES

CHAPITRE XLVI
Plantes d'orangerie.

Orangerie. — Végétaux d'orangerie. — Oranger. — Sa culture à l'air libre dans le Midi. — Pour ses fruits. — Pour ses fleurs. — Multiplication. — Semis de pepins de citronnier. — Élevage du plant. — Greffe en fente à la Pontoise. — Boutures de rameaux. — Boutures de feuilles. — Marcottage. — Culture de l'oranger en pots. — En caisses. — Renouvellement de la terre. — Exposition à l'air libre. — Les orangers du grand Frédéric, à Potsdam. — Produits de l'oranger. — Récolte des fleurs. — Taille. — Pincement. — Espèces et variétés. — Culture des petits orangers dans l'appartement. — Grenadier. — Marcottage. — Greffe. — Espèces et variétés. — Soins de culture.

L'orangerie est un genre de construction à peu près abandonné de l'horticulture de nos jours; elle ne répond plus aussi complétement que la serre froide aux besoins du jardinage moderne; c'est pourquoi la serre froide lui est constamment préférée (voyez première partie, chap. VI). Néanmoins, il existe encore dans beaucoup d'anciennes habitations à la campagne, des orangeries auxquelles on ne peut pas donner d'autre destination. Il est donc indispensable de donner un coup d'œil aux végétaux d'orangerie, c'est-à-dire à ceux qui, sous le climat de Paris, peuvent hiverner dans une orangerie et s'y maintenir en bon état. La liste n'en est pas très-longue; elle comprend l'*oranger*, le *grenadier*, le *myrte*, le *laurier-rose*, le *kalmia*, et les variétés d'*azalées* et de *rhododendruns* qui ne peuvent hiverner à l'air libre.

ORANGER.. — La culture de l'oranger à l'air libre n'est possible en France que dans une zone assez étroite, parallèle au littoral de la Méditerranée, particulièrement dans le Var; on en trouve de vastes plantations cultivées aux environs d'Hyères pour la récolte des fruits qui sont abondants, mais de qualité médiocre, et aux environs de Grasse pour la récolte des fleurs livrées à la distillation. La plus grande partie de l'eau de fleur d'oranger qui se consomme en France, est distillée dans le département du Var. Sous l'heureux climat de la Provence, il ne faut à l'oranger qu'un sol plutôt léger que fort, et des irrigations assez abondantes pour qu'il n'ait pas à souffrir de la sécheresse. Dans les hivers d'une rigueur exceptionnelle, les orangers de Provence gèlent quelquefois, mais jamais assez complétement pour qu'ils ne puissent être rabattus sur les branches principales et rétablis en peu d'années par la vigueur naturelle de leur végétation.

Dans tout le reste de la France, l'oranger a besoin pour passer l'hiver en sûreté, d'une orangerie qui peut être remplacée par une chambre assez spacieuse, au rez-de-chaussée, percée de larges fenêtres, faisant face au midi.

Multiplication. — Il n'y a guère que les horticulteurs de profession qui s'occupent régulièrement, à Paris et dans les grandes villes des départements qui n'appartiennent pas à la région méridionale, de la multiplication de l'oranger. Cette branche du jardinage est fort avantageuse, parce que l'oranger est au nombre de ces arbustes que tout le monde aime et que chacun peut se procurer à un prix modéré en l'achetant jeune pour se donner le plaisir de le voir grandir. On en possède des variétés qui, tout en fleurissant abondamment, grandissent peu, et conviennent aux amateurs qui ont peu d'espace à leur accorder. Néanmoins les personnes sédentaires pourvues d'assez de patience, d'aisance et de loisir, peuvent multiplier elles-mêmes l'oranger pour s'amuser à lui voir parcourir sous leur direction toutes les phases de sa croissance.

On multiplie l'oranger par le semis de ses pepins, par la greffe, le bouturage et les marcottes; les semis et la greffe sont les deux moyens de multiplication les plus usités pour l'oranger. A Paris, plusieurs des établissements d'horticulture qui s'occupent spécialement de la culture de l'oranger, font venir du plant prêt à recevoir la greffe ou même déjà greffé depuis un an, des environs de Gênes et de Nice, dans le royaume de Sardaigne; on commence aussi à en recevoir de plusieurs points du département du Var. Les autres sèment principalement des pepins de citrons. Les motifs de cette préférence sont fondés sur la quantité considérable de citrons qu'emploient tous les ans les confiseurs de Paris, ce qui donne aux jardiniers une grande facilité pour se procurer les pepins nécessaires à leurs semis. Le plant de semis de pepins de citrons reçoit indifféremment la greffe de toutes les variétés d'oranger et de citronnier. Pour la culture de l'oranger dans des pots ou des caisses, il se comporte mieux étant greffé sur citronnier que s'il était franc de pied. Il n'y a guère que trois ou quatre variétés d'orangers qui se reproduisent franches de pied par le semis des pepins de leurs fruits; tous les autres, surtout les plus recherchés dans le commerce de l'horticulture, doivent être greffés.

On sème les pepins de citrons ou d'oranges, mais de préférence ceux de citron, dans une terre très-légère, composée de moitié terreau de feuilles, moitié terre de bruyère. Beaucoup de jardiniers sèment immédiatement dans la terre à orangers; mais cette terre est trop forte pour le jeune plant de semis; il y forme difficilement de bonnes racines. Les pots dans lesquels les pepins sont semés, soit isolément dans de petits pots, soit deux ou trois dans chaque pot de moyenne grandeur, sont enterrés dans le terreau d'une couche tiède; ils y passent leur premier et leur second hiver; on leur donne de l'air seulement pendant les beaux jours; ils ne sont tout à fait exposés à l'air libre, du printemps à l'automne, qu'à leur troisième et quelquefois à leur quatrième année.

Greffe. — Dès la fin de leur première année, quelques orangers peuvent être greffés; les autres le sont successivement de la seconde à la cinquième année; cela dépend de la hauteur à laquelle on se propose de commencer à leur former une tête régulière. On peut greffer très-jeunes ceux qui

appartiennent à des espèces naines ou peu développées, dont
la tête se commence à une hauteur de 25 à 30 centimètres au-
dessus de la terre du pot ; on ne peut greffer que beaucoup
plus tard ceux qui doivent devenir des orangers de première
grandeur, et dont la tête ne doit être établie qu'à la hauteur
d'un mètre 50 centimètres à 2 mètres.

L'oranger se greffe en fente ; le mode de greffe le plus usité
est celui qu'on désigne sous le nom de *greffe à la Pontoise*.
C'est une greffe en fente de côté, dont le sujet inséré à la
place d'un œil dans l'aisselle d'une feuille est un rameau de
même diamètre à peu près que le sujet. Ce rameau, détaché
d'un arbre tout formé, peut être choisi tout chargé de boutons à
fleurs ; la greffe n'en réussit pas moins. C'est de cette manière que sont obtenus ces charmants petits orangers couverts de fleurs, sous de très-petites dimensions. La facilité de
les multiplier par la greffe à la Pontoise permet aux jardiniers de profession de les livrer aux prix les plus modérés.

La ligature du jeune oranger greffé ne doit être que légèrement serrée ; il faut la desserrer dès que la greffe est bien
attachée au sujet. La sève n'étant jamais complétement stationnaire chez l'oranger, surtout chez les jeunes sujets élevés
de semis et tenus constamment sous châssis tiède, on peut à
la rigueur les greffer en toute saison ; mais l'époque la plus
favorable est celle de la plus grande activité de la sève, au
printemps. Les amateurs d'horticulture qui n'ont pas d'orangerie et sont forcés d'habiter une grande ville, et de se contenter d'une serre portative, soit froide, soit chauffée par une
lampe à esprit-de-vin, peuvent, d'après les indications qui
précèdent, semer des pepins de citrons ou d'oranges bigar-
rades, greffer les sujets à la Pontoise, à deux ans au plus tard,
et les voir fleurir abondamment par rapport à leur petite
taille, l'année qui suit celle où ils ont été greffés.

Boutures. — On peut bouturer l'oranger dans la même
terre qui sert pour les semis, en employant comme boutures
non-seulement de jeunes rameaux, mais même de simples
feuilles dont on enterre le pédoncule et qui finissent par s'enraciner et donner naissance à un jeune arbre. Ce procédé

n'est pas à l'usage des horticulteurs de profession, parce que les jeunes orangers de bouture poussent lentement et manquent généralement de vigueur ; mais l'amateur d'horticulture peut se former par le bouturage toute une collection d'orangers qui restent longtemps de petite taille ; pour celui qui ne dispose que d'un local peu spacieux faisant office d'orangerie, c'est un avantage plutôt qu'un défaut.

Marcottage. — En attachant à un tuteur suffisamment solide un pot fendu sur le côté et rempli de terre de bruyère, on peut s'en servir pour marcotter un rameau d'oranger placé de manière à pouvoir être supprimé sans détruire l'harmonie de la forme de l'arbre. Ce procédé de multiplication de l'oranger est encore moins usité que le bouturage, quelques amateurs y ont recours de temps en temps pour avoir eu un an des sujets assez forts, qui fleurissent immédiatement, et qu'il n'est pas nécessaire de greffer..

Culture de l'oranger en caisse. — Les petits orangers nains, ou des espèces lentes à croître, dont les sujets doivent rester longtemps sous de petites dimensions, végètent aussi bien et mieux dans des pots que dans des caisses, pourvu que leurs racines n'y soient pas trop profondément enterrées, qu'on les arrose largement en été, très-modérément en hiver tant qu'ils séjournent dans l'orangerie, et qu'on change la terre des pots quand l'état de l'arbuste indique qu'elle est épuisée. Les orangers de plus grande taille ont besoin de caisses d'une capacité proportionnée au volume des racines de l'arbre. Ces caisses sont construites de manière à ce que leurs côtés s'enlèvent à volonté l'un après l'autre, de sorte que, sans déplacer l'arbre, sans mettre en même temps toutes ses racines à découvert, on en renouvelle partiellement la terre, aussi souvent qu'il le faut pour le maintenir en bon état de végétation. Dans les grandes orangeries, on marque sur l'un des côtés de la caisse la date du renouvellement de sa terre, afin que le jardinier ne puisse pas en perdre le souvenir.

A Paris, on met les orangers à l'air libre le 15 mai, et on les rentre en orangerie au 15 octobre. Ces dates ne sont pas de rigueur au sud et au nord de la vallée de la Seine; chaque jardinier doit agir à cet égard selon le climat local. On sait qu'à Potsdam, le grand Frédéric perdit, en 1755, tous ses orangers par un retour de gelée tardive, pour avoir forcé son jardinier à les sortir, contre son avis, un peu plus tôt que d'habitude. Aussi, chaque fois que le roi donnait à son jardinier un ordre que celui-ci ne trouvait pas raisonnable en matière de sa compétence, le jardinier se contentait de répondre : Sire, nous avions de bien beaux orangers à Potsdam en 1755 !

La propreté est le premier besoin de l'oranger à tout âge ; les feuilles des jeunes orangers doivent être fréquemment lavées en dessus et en dessous, une à une, avec une éponge mouillée pour en détacher la poussière ; les grands orangers reçoivent de fréquents bassinages donnés de bas en haut, afin que le dessous des feuilles soit lavé comme le dessus.

Produits. — L'oranger bien soigné donne un produit d'une valeur assez élevée par la vente de ses rameaux fleuris pour bouquets, et de ses fleurs détachées que les confiseurs et les distillateurs payent à un prix assez élevé. Au moment de la floraison, les fleurs doivent être récoltées tous les jours, et même deux fois par jour. Dans le Midi, cette récolte se fait pour ainsi dire sans interruption : les orangers y portent presque toute l'année des fruits mûrs, des fruits verts et des fleurs. On ne laisse pas porter fruit à ceux dont la fleur livrée à la distillation est considérée comme le principal produit.

Taille. — L'oranger qu'on ne taille point, par cela seul qu'il est dans une caisse et que ses racines ne peuvent pas s'étendre plus d'un côté que d'un autre, prend naturellement une forme symétrique ; car pour lui comme pour tous les arbres possibles, les racines font les branches, et réciproquement, les branches font les racines. A moins que l'exiguïté de l'orangerie ou du local qui en tient lieu ne l'exige impérieusement, il faut laisser le jeune oranger *se faire lui-même*, en se bornant à supprimer les branches languissantes ou superflues qui encombrent inutilement l'intérieur de sa tête et empêchent l'air et la lumière d'y pénétrer librement.

Quand les orangers ont grandi, il devient nécessaire de les tailler modérément tous les ans, pour les maintenir sous la forme
désirée, et pour en obtenir une quantité raisonnable de jeunes
pousses florifères. On ne doit donner cette taille générale aux
orangers *qu'un mois environ* avant le moment où ils doivent
être rentrés dans l'orangerie ; cette époque, sous le climat de
Paris, coïncide assez régulièrement avec le milieu du mois
de septembre. Mais, indépendamment de la taille de septembre, s'il y a dans la tête de l'oranger des vides importants à
remplir, et qu'il soit utile, à cet effet, de faire ramifier quelques-uns de ses rameaux extérieurs, on opère le pincement
de ces rameaux dès que l'oranger est mis à l'air libre, vers
le milieu de mai, parce que c'est l'époque où la végétation de
cet arbre est le plus active.

Ce qui précède ne s'applique qu'aux orangers tout formés
et de forte taille ; les petits orangers, on ne peut trop insis-
ter sur ce point, ne doivent point être taillés.

Espèces et variétés. — Dans les pays où l'oranger et le
citronnier sont cultivés en grand comme arbres fruitiers de
première importance, on en possède une multitude de variétés. Le jardinier de S. M. le roi de Naples en a dressé une
monographie qui en contient plus de deux cent cinquante,
parfaitement distinctes. En France, les orangeries en admettent une vingtaine d'espèces comprises dans les deux séries
principales des *orangers* dont les plus répandus sont : l'*oranger proprement dit*, l'*oranger de la Chine à feuilles de myrte*,
l'*oranger pamplemousse*, et le *bigaradier ;* et les *citronniers*
auxquels se rattachent les *limettiers* et les *cédratiers.*

Tous doivent être multipliés, gouvernés et taillés d'après
les principes exposés ci-dessus. Pour les petites orangeries,
les deux espèces les plus agréables à cultiver sont le bigaradier, à floraison très-abondante, dont les fruits mûrissent
assez souvent en orangerie, et le petit oranger à feuille de
myrte, dont les oranges vertes, à moitié de leur grosseur,
sont confites au sucre et à l'eau-de-vie, et fort estimées d'une
classe nombreuse de consommateurs, sous le nom de *chinois.*

Lorsqu'on désire conserver dans un appartement quelques

orangers de petite taille, il faut pendant l'hiver les tenir près
d'une fenêtre et les retourner fréquemment, afin qu'ils reçoivent successivement, de tous les côtés, la lumière dont la privation les fait beaucoup souffrir. Il faut éviter de les laisser
dans une chambre où l'on entretient du feu; en général, il
fait toujours assez chaud dans une orangerie ou dans le local
qui en tient lieu, pourvu que la gelée ne puisse y pénétrer.
Autrement, une température trop douce met à contre-temps
en mouvement la séve de l'oranger qui ne donne dans ce cas,
au printemps, que des pousses faibles et une floraison avortée.
Pendant l'été, les orangers qui ont hiverné dans un appartement sont placés à l'air libre sur un balcon; s'ils sont en
pot, il importe que les parois extérieures des pots ne reçoivent pas directement le contact des rayons solaires, sans quoi
les racines qui touchent à la paroi intérieure du pot seraient
exposées à une chaleur trop intense qui pourrait causer la
mort des jeunes orangers. Un morceau de planche, placé
entre le pot et le balcon, empêche cette chaleur excessive de
se produire.

GRENADIER. — Dans nos départements du Midi, le grenadier est un arbuste très-rustique qui croît naturellement en
buisson et donne du pied une multitude de rejetons qui servent à le multiplier. Sous le climat de Paris, c'est un arbuste
d'orangerie cultivé pour son abondante floraison. On peut
multiplier le grenadier en semant des graines de grenade, et
par la séparation des rejetons de la souche; mais ces deux
moyens sont peu usités, parce que les sujets qu'on en obtient
ne végètent pas avec assez de vigueur. On préfère recourir au
marcottage qui donne immédiatement des sujets robustes; le
grenadier se prête mieux que tout autre arbuste à ce mode
de multiplication; la formation des racines sur le rameau
marcotté doit être favorisée par une ligature de fil de laiton,
ce qui constitue une *marcotte étranglée :* on peut placer la
marcotte en pot au printemps et la sevrer dès la fin de l'été
pour faire hiverner les jeunes sujets en orangerie dans des
pots ou des caisses de grandeur convenable.

On cultive en orangerie trois espèces de grenadiers, le

rouge à fleur simple, dont les fruits, petits et très-acides, mûrissent quelquefois sous le climat de Paris ; le *rouge à fleur double*, le plus généralement cultivé, et le *blanc à fleur double*, moins répandu que les deux autres. Chez les jardiniers de profession, le grenadier à fleur simple est multiplié par le marcottage, pour fournir un grand nombre de sujets destinés à recevoir la greffe des deux autres.

On greffe le grenadier en fente, mais non pas à la Pontoise, genre de greffe auquel son mode de végétation ne peut pas se prêter. Il végète parfaitement dans la terre à oranger, il réclame les mêmes soins de culture et la même température en hiver que l'oranger ; on ne le taille que pour supprimer le bois mort ; il ne faut pas chercher à lui faire prendre une forme symétrique ; il se forme naturellement une tête irrégulière, mais gracieuse et très-florifère. Sa durée, **comme celle de** l'oranger, est indéfinie.

CHAPITRE XLVII

Plantes d'orangerie (suite).

Myrte.— Son tempérament à l'état sauvage. — Modifications qu'il subit dans l'orangerie. — Multiplication de semis. — Seconde floraison en hiver. — Arrosages. — Bassinages. — Rempotage. — Laurier-rose. — Sa végétation sous son climat naturel. — Sommeil hivernal. — Multiplication. — Semis. — Boutures en terre de bruyère. — Boutures dans l'eau. — Lie de vin mêlée à la terre des caisses de laurier-rose. — Greffe des espèces de choix sur l'espèce commune.—Kalmia.—Multiplication.— De boutures. — De marcottes. — De semis. — Culture forcée. — Azalées de pleine terre. — Azalées de l'Inde. — Culture d'été en pleine terre à l'air libre. — Rhododendrums. — Multiplication de semis. —Repiquage à deux ans. — A quatre ans. — Terre qui leur convient. — Rempotages.

MYRTE. —Le myrte dont l'espèce commune croît à l'état sauvage sur les collines incultes de nos départements voisins de la Méditerranée, est rangé parmi les végétaux d'orangerie, bien que quelques-unes des plus belles espèces, notamment le *myrte à petites feuilles* et le *myrte cotonneux*, appartiennent à la serre tempérée. On multiplie les variétés à fleurs simples par le semis de leurs graines qu'il faut faire venir du Midi; car, sous le climat de Paris, les haies du myrte donnent rarement des graines fertiles. On multiplie les espèces à fleurs doubles, de marcottes et de boutures, les unes et les autres assez lentes à s'enraciner. Dans l'orangerie, le myrte ne prend jamais de grandes dimensions ; mais sa floraison est abondante et prolongée, et lorsqu'il n'est point en fleur, il se recommande par l'élégance et l'odeur résineuse très-agréable de son feuillage lustré. Dans son pays natal, le myrte croît sur des coteaux pierreux où il supporte une température très-élevée et des sécheresses continues de plusieurs mois. Néanmoins, dans l'orangerie, il semble que son tempérament change complétement. Il n y prospère que dans un mélange par parties égales de terre de bruyère et de bonne terre de

jardin ; il lui faut en été une situation découverte et l'exposition au plein midi , il n'a, pour ainsi dire, jamais trop chaud.
Il réclame des arrosages fréquents, même en hiver, et ne peut
supporter, lorsque ses racines sont emprisonnées dans une
caisse, la privation d'eau qu'il supporte si bien entre les crevasses des rochers de son pays natal. Cette anomalie tient à
ce que sur les bords de la Méditerranée, si la chaleur est excessive pendant le jour, la rosée des nuits est très-abondante et
fait, jusqu'à un certain point, compensation à la persistance de
la sécheresse. Dans l'orangerie où cette ressource lui manque,
il faut arroser le myrte pendant l'hivernage plus souvent que
les autres végétaux dont la séve doit sommeiller plus ou moins
de l'automne au printemps.

Souvent, après la première floraison en été, le myrte donne
un grand nombre de jeunes pousses qui se couvrent de boutons, de sorte qu'il est prêt à donner une seconde floraison
aussi belle que la première, au moment où l'arrivée des premiers froids ne permet plus de le laisser à l'air libre. Dans
l'orangerie, les boutons tombent ordinairement avant d'avoir
pu s'épanouir ; mais, si le myrte disposé à refleurir est rentré
dans une serre tempérée, ou simplement dans un appartement
habité où l'on entretient un bon feu, il donne au commencement de l'hiver sa seconde floraison, pourvu qu'on ne le laisse
pas souffrir de la soif. Lorsqu'il survient une pluie douce,
on peut la lui laisser recevoir pendant un quart d'heure pour
nettoyer son feuillage de la poussière qui s'y attache. De temps
en temps, il est bon de lui donner, en plaçant son pot ou sa
caisse dans une position inclinée au-dessus de la pierre à laver, un bassinage à l'aide d'un arrosoir à gerbe percée de trous
très-fins. Par ce moyen on enlève la poussière adhérente au
feuillage sans mouiller avec excès la terre du pot ou de la
caisse, ce qui aurait lieu nécessairement si, tandis que le jardinier donne au myrte ce bassinage, l'arbuste restait dans sa
position naturelle.

A mesure qu'un jeune myrte grandit, il faut le changer de
pot pour lui en donner un plus grand, et finalement le mettre
dans une caisse de dimensions proportionnées à sa taille, et

dont la terre est renouvelée au plus tard tous les deux ans. Il est d'autant plus nécessaire de placer le myrte dans les meilleures conditions pour qu'il végète avec énergie, que plus il donne de jeunes pousses, plus il fleurit. Quand la terre de sa caisse est épuisée et qu'on ne la renouvelle pas en temps utile, il ne meurt pas, mais il cesse de fleurir. Le myrte ne veut point être taillé ; si pour ajouter un de ses rameaux fleuris à un bouquet, ou pour régulariser sa forme, on juge nécessaire de retrancher une branche à sa tête, on ne doit user de ce procédé à son égard qu'avec les plus grands ménagements, car il ne répare qu'avec lenteur les pertes de ce genre qu'on lui a fait subir pendant sa floraison.

LAURIER-ROSE. — Cet arbuste, l'un des plus gracieux de tous ceux qui croissent à l'état sauvage dans les pays méridionaux, a donné par les semis et la culture sous des conditions diverses un assez grand nombre de belles variétés à fleurs simples, semi-doubles, pleines, de diverses nuances de rose et de pourpre, blanc pur, jaune clair et jaune orangé. Dans tous les pays chauds, à commencer par le midi de la France, le laurier-rose, nommé par les botanistes *nérium*, croît en abondance au bord des eaux où sa floraison se prolonge pendant plusieurs mois ; ses racines presque aussi longues que ses tiges, plongent dans le lit des torrents à sec pendant tout l'été, et vont chercher à une grande profondeur l'humidité abondante dont il ne peut se passer. En hiver, il a les racines et le bas de la tige dans l'eau, et ne s'en porte que mieux. Ces indications sont utiles au jardinier pour faire prospérer les collections de nérium en orangerie, il faut au laurier-rose la même terre qu'à l'oranger, et des arrosements très-abondants pendant tout le temps qu'il passe à l'air libre. En hiver, au contraire, le jardinier a intérêt à procurer au laurier-rose en orangerie le sommeil végétal le plus complet possible ; car, dans son pays natal, sa végétation ne subit pas de temps d'arrêt. Dans ce but, une fois qu'il est rentré, on diminue graduellement les arrosages, et l'on finit par ne plus lui donner d'eau qu'une fois par semaine, juste autant qu'il lui en faut pour qu'il ne sèche pas sur pied. Lorsque le moment approche où la température extérieure permettra de le remettre à l'air libre, le laurier-rose doit être arrosé un peu moins rarement ; il semble alors renaître à la vie en sortant de l'orangerie et ses jeunes pousses de l'année précédente fleurissent abondamment.

On multiplie le laurier-rose avec la plus grande facilité par le semis de ses graines, le bouturage de ses jeunes pousses et la greffe. Les semis usités seulement dans l'espoir de conquérir des variétés nouvelles, doivent être faits avec des graines tirées de nos départements du Midi ; plusieurs variétés à fleurs blanches et jaunes se reproduisent assez constamment par le semis de leur graines. On sème au printemps, en terre de bruyère ; le plant doit être repiqué très-jeune, isolément, dans des pots plus profonds que larges, remplis de terre à oranger.

Les boutures faites au printemps, sous châssis à l'exposition du nord, ou au moins dans une situation ombragée, réussissent toujours ; on les met en pot dès que la reprise de leur accroissement annonce qu'elles sont enracinées. Dans les villes, les amateurs qui ne possèdent qu'un ou deux lauriers roses, ornement du balcon pendant l'été, peuvent les multiplier de bouture par le procédé suivant, très-usité, et d'un succès certain. Vers le milieu d'avril, on coupe au niveau de la tige principale les pousses dont le retranchement ne nuit pas à la forme de l'arbuste ; chacune de ces pousses est plongée dans une bouteille pleine d'eau, de manière à ce que le bout de la bouture ne touche pas le fond de la bouteille. L'eau étant, comme on l'a vu, l'élément indispensable de la végétation du laurier-rose à l'état sauvage, les boutures ne tardent pas à former des racines, surtout si les bouteilles sont placées sur l'appui d'une fenêtre à l'exposition du midi. Dès qu'elles sont suffisamment pourvues de racines, les boutures sont plantées dans des pots plus profonds que larges, remplis de terre mêlée de terreau ; elles doivent être largement arrosées tout l'été, et mises dans des pots plus grands, dès que leur développement en indique la nécessité.

A Paris, à l'entrepôt des vins et à la porte de plusieurs marchands de vin, les passants admirent de magnifiques buissons de lauriers-roses; la vigueur de ces arbustes et l'abondance réellement extraordinaire de leur floraison sont dues à une petite quantité de lie de vin mêlée à la terre où végètent leurs racines. Partout où l'on peut se procurer ce genre d'amendement et le mêler, à dose modérée, à la terre dans laquelle végètent les lauriers-roses, on leur donne par là une force et une abondance de floraison très-remarquables.

La greffe est surtout usitée pour multiplier sur l'espèce commune les variétés plus recherchées. On applique avec succès au laurier-rose la greffe herbacée en fente, faite au printemps, à l'époque de la plus grande activité de la végétation. Dans le Midi, les amateurs dont les jardins confinent à un ruisseau le plus souvent grani d'une large bordure de lauriers-roses sauvages, greffent de cette manière sur ces arbustes le laurier-rose semi-double et double, et les variétés à fleurs jaunes, blanches et orangées; ils obtiennent par là des massifs aux nuances mélangées du plus riche effet ornemental.

KALMIA.—C'est à tort que dans les traités du jardinage les plus répandus, le kalmia est indiqué comme *très-rustique* et pouvant, sous le climat de Paris, hiverner à l'air libre. Ce bel arbuste, si remarquable par la profusion de ses fleurs d'un blanc lavé de rose, doit être considéré comme appartenant à l'orangerie. Ceux qu'on plante à l'air libre en pleine terre de bruyère ne gèlent pas toujours; mais le premier hiver un peu rude les emporte lorsque après beaucoup de peine et de soins on a réussi à en obtenir des buissons élégants et très-florifères. On peut seulement laisser le kalmia assez tard dehors à la fin de l'automne et le remettre à l'air libre de bonne heure au printemps.

Le kalmia peut être multiplié de marcottes et de semis. Les marcottes sont peu usitées parce qu'elles mettent deux longues années à s'enraciner. Les semis, presque seuls en usage, se font en été, dès que la graine est mûre; car elle perd immédiatement ses propriétés germinatives et doit être semée aussitôt qu'elle est parvenue à maturité. Cette graine étant très-fine est seulement mêlée à la surface du sol qui doit être composé par parties égales de sable et de terre de bruyère. Le plant repiqué très-jeune, à l'ombre, ne fleurit qu'à sa seconde et à sa troisième année ; il est beaucoup plus sensible au froid que les arbustes tout formés ; on lui fait passer sous châssis son premier hiver, et on l'accoutume peu à peu au contact de l'air en soulevant les châssis. Les trois espèces distinctes de kalmia, le kalmia *latifolia* ou à *feuilles larges*, le plus communément cultivé, le kalmia à *feuilles étroites* (*augustifolia*), et le kalmia *glauque* ou à *feuilles de romarin*, se multiplient de la même manière ; le mode de culture de ces arbustes est le même que celui de l'oranger ; ils prennent naturellement une bonne forme et n'ont pas besoin d'être taillés. Les deux dernières espèces rentrées à la fin de l'automne dans une serre tempérée ou chaude, se prêtent facilement à la culture forcée et sont en fleur avant la fin de l'hiver.

AZALÉES. — Le genre azalée comprend deux divisions bien tranchées dont la première renferme seulement des arbustes de pleine terre, à fleurs naissant le plus souvent avant les feuilles, et dans lesquelles on rencontre toutes les nuances de rose et de rouge à partir du blanc lavé de rose jusqu'au rouge vif, **et tous** les tons jaunes, du jaune paille au jaune orange. Ces arbustes demandent la terre de bruyère pure et une exposition septentrionale ou très-ombragée ; leur culture est d'ailleurs celle de tous les arbustes de pleine terre ; ils produisent un bel effet au printemps par l'abondance et la précocité de leur floraison, surtout lorsqu'ils sont associés à des arbustes à feuilles persistantes, à floraison plus tardive. La seconde division comprend, sous le nom d'*azalées de l'Inde*, toutes celles qui n'hivernent pas à l'air libre. A la rigueur, ces arbustes appartiennent à la serre froide ; mais lorsqu'on dispose d'une orangerie assez spacieuse pour pouvoir accorder aux azalées une place près des fenêtres, afin qu'elles ne soient jamais privées trop longtemps du contact de la lumière qui leur est indispensable, elles hivernent bien dans l'orangerie. Ceux qui n'en possèdent qu'un petit nombre peu-

vent également leur faire passer l'hiver dans une chambre suffisamment éclairée, dont la température ne doit ni descendre
au-dessous de zéro, ni s'élever au-dessus de 3 à 4 degrés.

La culture des azalées de l'Inde n'offre aucune difficulté
lorsqu'on dispose d'un terrain où l'on peut leur faire passer à
l'air libre, en pleine terre de bruyère, toute la belle saison,
du commencement de mai à la fin de septembre. Dans ce cas,
il n'est pas nécessaire de s'en occuper plus que des autres
arbustes de pleine terre jusqu'au moment où on les remet
dans des pots ou des caisses de grandeur convenable, pour
les rentrer dans l'orangerie. Quand on doit, faute de place
dans le jardin, tenir des azalées de l'Inde constamment en
pots, la terre des pots doit être changée tous les ans. Celle où
elles prospèrent le mieux est composée par parties égales de
terre de bruyère et de terreau de feuilles. A chaque rempotage, le fond des pots est garni d'une couche de fragments de
pots cassés, afin de donner un écoulement rapide aux eaux
superflues des arrosages. Bien que les azalées de l'Inde aient
besoin d'être fréquemment arrosées, le séjour prolongé de
leurs racines dans un milieu trop humide leur cause un
grave préjudice; c'est une des raisons pour laquelle ces arbustes sont bien plus vigoureux et donnent une bien plus
belle floraison lorsqu'on les plante l'été en pleine terre à l'air
libre.

La fleur des azalées de l'Inde est tellement abondante que,
pendant la floraison qui ne dure pas moins d'un mois, le feuillage en est entièrement masqué. Le blanc, le rouge brique,
le rouge vif et le violet clair sont les nuances dominantes des
fleurs des azalées de l'Inde. Ces arbustes bien soignés peuvent vivre très-longtemps, et prendre par la taille toute sorte
de formes, sans devenir moins florifères.

RHODODENDRUM. — Le genre rhododendrum, de même que
le genre azalée, est riche en espèces et variétés qui peuvent
parfaitement hiverner à l'air libre sous le climat de Paris;
mais il en contient aussi un grand nombre parmi les plus
recherchés, qui ne peuvent se passer d'un abri pendant l'hivernage. Les horticulteurs de profession qui cultivent en grand

les rhododendrums, leur consacrent une serre froide; ceux qui n'en ont qu'un petit nombre peuvent les traiter comme des arbustes d'orangerie. Ces arbustes produisent un si bel effet dans les jardins, surtout ceux qui appartiennent à l'espèce désignée sous le nom de rhododendrum *arboreum*, qui a produit par la culture une multitude de sous-variétés, que leur multiplication et leur élevage forment comme une branche distincte de l'horticulture. Beaucoup de grands établissements d'horticulture sont exclusivement consacrés aux rhododendrums. On multiplie cet arbuste par le semis de ses graines qui donnent assez souvent de belles nouveautés; on sème aussi la graine de l'espèce la plus rustique parmi les rhododendrums de pleine terre, le rhododendrum *ponticum*, dont les sujets peuvent recevoir la greffe de toutes les autres variétés, ce qui permet de multiplier à volonté celles qui donnent rarement des graines fertiles, et celles dont on craint que les fleurs ne se reproduisent pas sans altération par les semis.

Pour pratiquer avec succès la multiplication des rhododendrums de semis, il faut beaucoup de persévérance. On sème dans des terrines remplies de terre de bruyère passée au crible fin. La terre cuite des terrines étant toujours plus ou moins poreuse, on les plonge dans un baquet plein d'eau, de manière à ce que l'eau du baquet affleure constamment le niveau de la terre de bruyère dans les terrines. L'humidité qui s'infiltre à travers l'épaisseur des terrines suffit pour que la terre de bruyère, à la surface de laquelle les graines de rhododendrums sont répandues sans être recouvertes, soit toujours au degré de fraîcheur nécessaire pour en déterminer la germination. Il faut semer clair, parce que le jeune plant, à quelque variété qu'il appartienne, ne supporte pas le repiquage avant sa seconde année au bout de laquelle il est encore petit et très-délicat. On le repique une première fois, en lignes, à quelques centimètres seulement de distance, sur des plates-bandes disposées pour recevoir à l'entrée de l'hiver des coffres recouverts de châssis vitrés. Les jeunes rhododendrums passent encore deux ans dans cette situation, après

quoi ils sont repiqués une seconde fois, soit en pots, pour
être rentrés en hiver dans l'orangerie, soit en pleine terre de
bruyère, à 30 centimètres en tout sens. Ceux qui n'hivernent
pas dans l'orangerie ont besoin en hiver d'un abri de châssis
vitrés qu'on retire au printemps. Ils ne commencent à grandir
assez rapidement qu'après ce second repiquage, après lequel
ils montrent leurs premières fleurs, à leur cinquième ou
sixième année. Il faut aux rhododendrums une bonne terre
de bruyère, peu compacte, mais substantielle, renouvelée
tous les deux ans au moins, pour ceux qui sont cultivés dans
des pots.

L'orangerie, outre les arbustes dont on vient d'indiquer la
culture, peut à la rigueur abriter en hiver les espèces les
moins délicates de *fuchsias*, de *pélargoniums*, et de plusieurs
autres plantes destinées à figurer en été dans le parterre;
mais ces plantes ne sont réellement à leur place que dans la
serre froide.

CHAPITRE XLVIII

Plantes de serre froide. — Le Camellia.

La serre froide. — Plantes qu'elle peut admettre. — Sa supériorité sur l'orangerie. — Camellia. — Son introduction en Europe. — Premier camellia introduit en France. — Climat sous lequel le camellia croît en pleine terre. — Multiplication. — Semis. — Leurs conditions de succès. — Leur résultat. — Bouturage. — Manière d'opérer. — Bouturage dans la serre d'appartement. — Greffe Faucheux, seule usitée pour le camellia. — Époque favorable pour cette greffe. — Terre à camellia. — Rempotages. — Arrosages. — Température de l'eau pour arroser les camellias. Taille. — Peu nécessaire aux camellias en pots. — Soins de culture. — Bassinages. — Nettoyages à fond. — Aération des camellias. — Nécessité de leur donner une atmosphère humide en été. — Conditions de leur végétation dans leur pays natal.

La serre froide. — Rien ne prouve mieux les progrès accomplis par l'horticulture moderne dans la culture des plantes exotiques d'ornement, que l'accroissement incessant du nombre des serres froides en Europe, partout où le jardinage est en honneur, tant chez les simples amateurs que chez les jardiniers de profession. A mesure que le tempérament et le mode de végétation des plus belles plantes empruntées à la flore des pays chauds ont été mieux étudiés, on a reconnu cette vérité longtemps inaperçue, que le plus grand nombre des végétaux élevés en serre tempérée peut hiverner dans la serre froide, et que pour les voir prospérer et fleurir, il suffit de les placer hors des atteintes de la gelée en hiver et des coups de soleil en été. Par suite de ce progrès important dans la pratique du jardinage, tout un assortiment varié des plus belles plantes d'ornement a pu émigrer de la serre tempérée dans la serre froide. Cette révolution dans une des branches les plus intéressantes de l'horticulture, en a amené une autre que nous avons eu précédemment

occasion de signaler. Il s'est trouvé, grâce à la baisse de prix
du fer et du verre, éléments de construction de la serre froide,
qu'à dépense égale, en substituant la serre froide à l'orangerie, le nombre des plantes auxquelles on pouvait offrir
l'hospitalité pendant l'hivernage, était plus que doublé.

La serre froide, outre les plantes d'assortiment dont chacune a sa destination spéciale, admet, comme base essentielle
de sa population végétale, un certain nombre de plantes de
collection qui ne contribuent pas seulement à sa décoration,
mais dont une partie, du printemps à l'automne, vient accroître les ressources du jardinier pour l'ornement du parterre;
ce sont : le *camellia*, le *fuchsia*, la *calcéolaire*, le *pelargo-
nium*, et la *cinéraire*.

CAMELLIA. — Lorsqu'en 1739, le père Kamel, missionnaire
allemand, introduisit en Europe l'arbuste qui porte son nom,
personne ne prévoyait l'avenir du camellia ni le rôle qu'il
était appelé à jouer dans les serres d'Europe. C'était un assez
joli arbuste dont la fleur simple, d'un beau rouge, n'avait pas
par elle-même une grande supériorité sur celle du cognassier
du Japon. Ce ne fut que beaucoup plus tard, qu'en Angleterre
d'abord, puis en France, en Belgique, et dans tous les pays
du reste de l'Europe, le camellia, si longtemps relégué parmi
les végétaux cultivés uniquement pour l'étude de la botanique, s'éleva de prime abord au premier rang des arbustes de
collection. Il le mérite par la grâce de la forme qu'il prend
naturellement et sans être taillé, par la beauté de son feuillage lustré et persistant, et par la durée de sa floraison, dont
on peut jouir de la fin de novembre jusqu'à la fin d'avril.

Sauf le parfum dont la fleur du camellia est complétement
dépourvue, cette fleur serait digne de rivaliser avec la rose.

Le premier camellia importé en France fut envoyé d'Angleterre à madame Bonaparte, épouse du premier consul, à l'époque
de la paix d'Amiens. Tamponnet, jardinier de la Malmaison,
reçut des mains de celle qui devait être l'impératrice Joséphine
un petit rameau dont il fit une bouture; c'était un camellia à
fleur double blanche (*alba flore pleno*), ancêtre d'une innom-
brable postérité. On admire encore aujourd'hui ce camellia

conservé comme un précieux souvenir dans l'établissement
de M. H. Courtois, le successeur de Tamponnet.

Le camellia n'appartient à la serre froide que dans les départements placés en dehors de ce qu'on nomme *la limite des
oliviers*; entre cette limite et la mer, il vit et fleurit en pleine
terre dans les lieux abrités contre les vents du nord, particulièrement dans le Var. L'Italie méridionale lui rend le climat
de son pays natal; là, il peut acquérir une hauteur de sept à
huit mètres; on en voit de cette taille dans les jardins du pa-
lais du roi de Naples à Caserte. C'est surtout en Italie que le
camellia primitif à fleur rouge simple, et plusieurs variétés
semi-doubles portent des fruits de la grosseur d'un petit abricot, remplis de graines fertiles. C'est par le semis de ces graines, semis qui se poursuivent avec persévérance, qu'ont été
conquises les huit cents variétés de camellia qui figurent dans
les collections. Les botanistes accordent à quelques-unes de
ces variétés, entre autres au camellia *reticulato*, le rang d'espèce distincte.

Les semis ne sont pas, même dans les pays du Midi, le mode
de multiplication le plus usité; on ne sème que dans l'espoir.
assez fréquemment réalisé, de grossir le nombre des variétés
de mérite. Les boutures, les marcottes et la greffe sont les
modes de propagation le plus généralement adoptés. On sème
les graines de camellia en terre de bruyère qu'il faut avoir
soin de maintenir constamment humide, sans quoi la graine
ne lève pas. Lorsqu'on dispose d'une grande quantité de
graines, on ne risque pas de perdre sa peine en multipliant
les semis. Quand les jeunes sujets ont montré leur première
fleur, si elle n'a aucun mérite particulier, on peut toujours
les utiliser en greffant dessus les variétés les plus recherchées.

Bouturage du camellia. — On ne peut employer avec
succès pour bouturer le camellia que des rameaux de l'année
précédente. Ces rameaux appartiennent rarement aux variétés
de choix qu'on préfère généralement multiplier par la greffe;
on ne voit dans les collections d'amateurs et dans celles des
jardiniers de profession que des camellias greffés. Le but du

bouturage est donc uniquement de multiplier les sujets propres à recevoir les greffes. Néanmoins quelques anciennes variétés dont le temps n'a pas diminué le mérite, entre autres le
camellia *fimbriata* et le camellia *alba flore pleno*, se multiplient très-bien de boutures. Chez les horticulteurs et chez les
amateurs qui ont des collections nombreuses de camellias à
entretenir au complet, on cultive pour cette destination spéciale des camellias à fleur simple, qu'on dispose par la taille à
donner un grand nombre de jeunes pousses détachées chaque
année au printemps et utilisées en qualité de boutures. Afin
de ménager l'espace, ces boutures sont plantées tout près les
unes des autres dans des terrines remplies de bonne terre de
bruyère; pour peu que cette terre paraisse trop compacte,
on y mêle du sable siliceux fin, dans la proportion d'un quart
ou même d'un tiers. Les terrines, remplies de boutures de camellia, sont recouvertes d'une cloche de verre et placées soit
sous châssis à l'ombre, soit dans la partie de la serre froide
la mieux ombragée; car le moindre coup de soleil, ou même
le contact prolongé d'une lumière trop vive, compromettrait
le succès de l'opération. Les dames, qui prennent plaisir à
cultiver quelques jolies plantes exotiques dans une petite
serre froide portative, charmant meuble d'appartement qui
se place sur un guéridon ou une console dans un salon, peuvent y bouturer avec un succès assuré des pousses de l'année
précédente détachées d'un camellia simple; au bout de quarante à quarante-cinq jours, elles seront enracinées et com-
menceront à pousser.

A mesure que la reprise de leur végétation annonce que
les boutures de camellia sont munies de bonnes racines, on
les transplante isolément dans des pots d'un petit diamètre,
elles y achèvent de croître jusqu'à ce qu'elles soient en état
d'être greffées. Lorsqu'il n'y a pas de motifs particuliers de
se hâter, il vaut mieux attendre pour greffer les sujets de
bouture de camellia, qu'ils aient pris un certain développement; ils nourrissent mieux leur greffe et forment de meilleurs arbustes que ceux qui ont été greffés trop jeunes.

Greffe. — Les divers modes de greffe usités pour greffer

le camellia ont été successivement abandonnés pour la greffe
de côté, connue des jardiniers sous le nom de *greffe Faucheux.*
Le sujet reçoit une entaille pratiquée dans l'aisselle d'une
feuille, de façon à ce qu'on y puisse insérer un rameau taillé
en coin à sa base, en laissant subsister la partie supérieure
du sujet jusqu'après la reprise de la greffe. Alors seulement
la tête du sujet est supprimée et utilisée comme bouture. On
voit que la greffe Faucheux ne diffère de la greffe à la Pontoise qu'en un seul point. Dans la greffe à la Pontoise, le sujet et la greffe sont de la même grosseur; la greffe est chargée de fleurs et de boutons; dans la greffe Faucheux, le sujet
est beaucoup plus fort que la greffe qui consiste en une
pousse de l'année précédente, encore éloignée de l'époque
où elle doit commencer à fleurir; du reste, il n'y a pas de
différence entre ces deux manières de greffer.

On ne greffe le camellia qu'au printemps, au moment de
la plus grande activité de la séve; les sujets greffés sont placés sous cloches soit dans la serre froide, soit sous châssis,
jusqu'à ce que la greffe commence à pousser; les jeunes camellias sont alors rempotés dans des pots plus grands que
ceux dans lesquels ils ont grandi. On trouve dans les traités
généraux de jardinage et dans les traités spéciaux de la culture du camellia, diverses recettes de terre à camellia, dans
lesquelles entrent toute sorte d'ingrédients. Toutes ces recettes prescrivent de laisser vieillir les mélanges avant de
les employer; il en résulte qu'elles reviennent à un simple
mélange de terre et de terreau; car, au bout d'un temps plus
ou moins long, tout engrais, quel qu'il soit, se réduit forcément en terreau. Il est plus court de mêler directement un
tiers de terreau de feuilles à un tiers de charbon de bois en
poudre et à un tiers de bonne terre de jardin. Le camellia
épuise très-vite la terre et demande impérieusement un sol
riche et très-substantiel. Le meilleur moyen de satisfaire à
cette exigence, c'est d'incorporer au compost préparé pour
rempoter les camellias une forte dose d'engrais humain, non
désinfecté. La proportion ordinaire est d'un dixième à un
huitième de la masse totale. Quand cet engrais a été bien in-

corporé au compost et remanié à plusieurs reprises pendant un intervalle de trois mois, il ne répand plus aucune mauvaise odeur; il communique aux camellias une vigueur extraordinaire. Le compost fertilisé avec l'engrais humain doit être renouvelé tous les deux ans ; ce moyen d'entretenir la végétation du camellia est préférable aux *bouillons de fumier* préparés avec de la bouse de vache, du crottin de mouton, ou une petite quantité de guano délayée dans de l'eau; les arrosages de cette nature sont très-fertilisants, mais d'un effet trop passager. Le mois de juin est l'époque de l'année la plus favorable pour rempoter les camellias tout formés, dont on attend la floraison.

Il importe que les arrosages avec de l'eau simple, dont le camellia a plus ou moins besoin toute l'année, lui soient donnés avec de l'eau à la température de la terre des pots. Si pendant l'automne, tandis que les boutons à fleur sont en voie de formation, on se sert d'eau trop froide pour arroser les camellias, leurs boutons se détachent et tombent; la chute si fréquente des boutons des camellias cultivés dans l'appartement n'a bien souvent pas d'autre cause. Une floraison trop abondante fatigue beaucoup le camellia; il arrive même fréquemment que dans un groupe de trois ou quatre boutons adhérant à la même branche, pas un seul ne peut s'épanouir. Il ne faut pas craindre dans ce cas d'en supprimer une partie pour sauver le reste. Mais, comme le pédoncule du camellia est extrêmement délicat, il serait dangereux d'en détacher quelques-uns; ils tomberaient presque tous. On doit se borner à trancher horizontalement, à peu près à la moitié de leur hauteur, les boutons qu'on ne veut pas conserver; ce qui reste après cette suppression se dessèche et tombe, sans compromettre les boutons qui doivent fleurir.

Taille. — Lorsqu'on élève les camellias dans des pots ou des caisses, on peut les laisser aller à leur fantaisie pourvu qu'ils soient du reste bien gouvernés; la forme qui leur est naturelle et qu'ils prennent d'eux-mêmes, vaut toutes celles qu'on peut leur faire prendre artificiellement. Ceux qu'on plante en pleine terre de bruyère dans le *Jardin d'hiver* reçoivent par la taille toutes les formes qu'on veut bien **leur** donner ; leur végétation généreuse s'y prête avec une docilité parfaite (Voy. *Jardin d'hiver*, chap. XLIX). Les camellias, élevés dans de grandes caisses, sont habituellement conduits sous la forme en pyramide d'après les principes exposés pour la taille des arbres à fruits à pepins.

Soins de culture. — La végétation très-active du camellia est entretenue presque autant par son feuillage, qui décompose l'air atmosphérique pour s'en approprier les principes, que par ses racines elles-mêmes ; il est donc de la dernière importance pour le succès de sa culture que les deux surfaces de ses feuilles soient maintenues dans un état constant de propreté, afin qu'elles puissent remplir librement leurs fonctions. Tant que les camellias restent dans la serre, la poussière leur cause peu de dommage ; mais, du moment où ils sortent de la serre froide pour passer une partie de l'été à l'air libre, pour peu que la sécheresse se prolonge, ils sont infailliblement envahis par la poussière. Les bassinages donnés avec un arrosoir à gerbe percée de trous très-fins ne nettoient qu'à moitié le feuillage des camellias ; il faut essuyer de temps à autre toutes les feuilles une à une avec une éponge fine très-légèrement humide. Plusieurs traités sur la culture du camellia recommandent de donner ce nettoyage à fond *une fois par an*. On comprend que le jardinier chargé de soigner une collection très-nombreuse de camellias, n'a pas le temps de recommencer souvent une pareille opération ; toutefois, s'il s'en tient à un seul nettoyage par an, ce travail n'aura pas une bien grande utilité. Mais, l'amateur qui n'en a qu'un nombre limité, ou bien qui ne regarde pas à sa peine pour le bien-être de ses arbustes, même quand il en possède un grand nombre, doit les nettoyer à fond, feuille à feuille, aussi souvent qu'il juge qu'ils en ont besoin. Ceux qui vivent dans un appartement habité, où la nécessité de faire les chambres chaque jour soulève inévitablement plus ou moins de poussière, ne peuvent être essuyés moins souvent qu'une fois par semaine, et non pas une fois par an.

Sous le climat de Paris, le camellia, qui n'est pourtant pas

beaucoup plus sensible au froid que l'oranger, n'est sorti de
la serre, pour être exposé à l'air libre, que vers le milieu de
juillet, quand les pousses annuelles ont à peu près accompli
toute leur croissance. On a remarqué, ou cru remarquer que,
dans la serre froide, le jeune bois peut acquérir plus de vigueur, ce qui contribue à rendre les camellias plus florifères.
Lorsqu'on dispose d'un local bien abrité pour l'aération des
camellias, on peut les sortir dès les premiers jours de juin ;
ils n'en poussent que mieux. Mais les amateurs en possession
d'une collection de plusieurs centaines de camellias, et les
horticulteurs de profession qui en ont plusieurs milliers, craignent avec raison de les exposer à l'air libre pendant la saison
des orages, parce qu'une grêle de quelques minutes peut
tout détruire. Ils laissent donc leurs camellias dans la serre
toute l'année, se bornant, pendant la belle saison, à enlever
les vitrages de la serre, qu'on peut remettre à leur place et
couvrir de paillassons en un tour de main, à l'approche d'un
violent orage.

D'après les rapports des voyageurs botanistes, le camellia
dans son pays natal forme des bois taillis dans les terrains
frais et fertiles ; on prend soin de l'élaguer pour le rendre
apte à sa destination spéciale qui consiste à servir de manches à
balai. On voit par là qu'une atmosphère plus ou moins humide
lui est favorable ; car plus une plante étrangère, quelle qu'elle
soit, retrouve hors de chez elle les conditions de végétation de
son pays natal, plus le succès de sa culture est assuré. C'est
pourquoi, tant que les camellias vivent à l'air libre, soit hors
de la serre froide, soit dans cette serre dégarnie de ses panneaux, il faut répandre très-souvent de l'eau sur le sol, dans
les intervalles des pots et des caisses, indépendamment des
arrosages et des bassinages donnés aux arbustes eux-mêmes.
Placés ainsi dans une atmosphère à la fois chaude et humide,
ils profitent à vue d'œil et se préparent à fleurir avec profusion.

CHAPITRE XLVIX

Plantes de serre froide. — Fuchsia. — Pélargonium. — Calcéolaire. — Cinéraire.

Fuchsia. — Leur origine. — Variétés hybrides. — Baies comestibles du fuchsia globosa. — Culture du fuchsia en serre froide. — Sa place en été dans le parterre. — Sa culture en serre tempérée. — Multiplication. — Semis. — Boutures. — Terre qui lui convient. — Température pour l'hivernage des fuchsias. — Pélargoniums. — Espèces qui prennent place en été dans le parterre. — Dans les vases suspendus. — Hivernage dans la serre froide. — Calcéolaires. — Multiplication. — Semis. — Division des touffes. — Cinéraires. — Séparation des rejetons. — Semis. — Soins à prendre pour récolter la graine. — Pépinière dans la serre froide. — Lantanas. — Verveines. — Agérat du Mexique. — Véronique remarquable. — Véronique d'Henderson.

FUCHSIA. — Cette jolie plante offre l'un des exemples les plus remarquables du pouvoir de l'hybridation pour modifier les végétaux cultivés par les soins de l'homme. Pendant près d'un siècle, sa fleur, qui par sa forme ne ressemble à aucune autre, est restée stationnaire et très-peu répandue dans les collections, ne sortant pas de la serre tempérée. Puis, lorsqu'ont été introduites les espèces à fleurs très-allongées, à tiges ligneuses de grandes dimensions, les horticulteurs et amateurs ont commencé à opérer entre ces fuchsias et les anciens à fleurs courtes, aux formes arrondies, des croisements hybrides couronnés des plus brillants succès, surtout de nos jours; car l'introduction des plus beaux fuchsias hybrides ne remonte pas plus haut que 1837. Le nombre des variétés, à part les espèces distinctes admises par les botanistes, est de plusieurs centaines, dont deux seulement appartiennent à la flore de la Nouvelle-Zélande; toutes les autres proviennent directement de l'Amérique du Sud, ou ont été obtenues par hybridation (fig. 101).

Un fait curieux et inattendu s'est produit dans la culture du fuchsia Les baies qui succèdent aux fleurs élégantes de

Fig. 101. Fuchsia, Venus victrix.

cet arbuste sont d'une saveur fade et d'un petit volume ; elles ne sont regardées comme mangeables ni en Amérique, ni à la Nouvelle-Zélande. Il y a vingt ans, un jardinier anglais émigra à la Nouvelle-Zélande ; s'étant établi près de l'une des villes naissantes de cette colonie dont le climat correspond assez exactement à celui du midi de la France, il fut fort étonné de voir un *fuchsia globosa* emporté par lui d'Europe, et planté en espalier à l'air libre, se couvrir de baies rouges, du volume d'une cerise. Il trouva ces baies excellentes, consulta le médecin de la colonie pour s'assurer qu'elles étaient exemptes de toute propriété nuisible, et, sur la parole du docteur, se mit à en vendre à ses voisins. On vend aujourd'hui des fruits de fuchsia à la livre, comme des cerises, sur les marchés de toute la Nouvelle-Zélande. Il est très-probable que le même résultat pourrait être facilement obtenu par la culture du fuchsia en pleine terre à l'air libre, en Italie, en Espagne, dans le midi de la France et en Algérie.

Bien que dans les traités spéciaux et la plupart des ouvrages d'horticulture, le fuchsia soit rangé parmi les plantes de serre tempérée; c'est essentiellement une plante de serre froide qui peut, comme le camellia, être cultivée en pleine terre dans le jardin d'hiver (Voy. *Jardin d'hiver*, chap. L). Les amateurs passionnés du genre fuchsia ne laissent jamais les collections de ces arbustes sortir de la serre tempérée, dont ils se contentent de laisser les panneaux ouverts jour et nuit pendant l'été pour aérer les fuchsias. Ils croient, bien à tort, que les nuances de la corolle et du calice coloré ont des tons plus foncés et moins délicats, lorsque les fleurs s'épanouissent en plein air; nos propres observations n'ont pas confirmé cette remarque. On peut voir pendant tout l'été, dans les jardins publics et dans les plus beaux jardins particuliers, des groupes de fuchsias *globosa*, *serratifolia*, *fulgens* et quelques autres dont on enterre les pots dans les plates-bandes du parterre; ces arbustes y prennent beaucoup de force et n'y fleurissent pas moins bien que dans la serre froide ou la serre tempérée. Ce n'est pas qù'au point de vue de la culture, la coutume de ne jamais mettre les fuchsias en plein air puisse être blamée; elle préserve leurs fleurs très-peu adhérentes du danger d'être détachées par les coups de vent violent, et les plantes d'être hachées par la grêle pendant les orages; elle rend la floraison, sinon plus belle, au moins plus durable; elle dispense du soin de déplacer, pour les sortir et les rentrer, les nombreux arbustes qui composent les collections complètes; elle est aussi-très favorable aux fuchsias à l'époque où ils viennent d'être rempotés. Mais il est utile de prévenir le commun des amateurs que, d'une part, la serre froide suffit aux fuchsias, et que, de l'autre, ils auraient tort de priver le parterre d'un des éléments de sa décoration en été, en s'abstenant d'y enterrer les fuchsias en pot qui sont parfaitement à leur place à l'air libre, durant toute la belle saison. Le fuchsia prospère dans la terre dont nous avons indiqué la composition pour le camellia; seulement, ou peut supprimer de ce compost le charbon de bois en poudre et le remplacer par une proportion égale de bonne terre de jardin, quand celle-ci est plutôt légère que forte. L'engrais humain n'est pas moins utile à toutes les variétés de fuchsias qu'il ne l'est aux camellias; il rend surtout leur floraison abondante et remontante sans interruption jusqu'à la fin des beaux jours.

Multiplication. — Les semis et le bouturage sont les deux procédés usités pour la propagation du fuchsia. La graine très-fine du fuchsia se sème à fleur de terre, uniquement dans le but de conquérir des nouveautés. Le jeune plant étant très-sensible au moindre froid, lorsqu'on sème à la fin de l'automne, au moment où les baies qui renferment la graine sont complétement mûres, on ne peut semer que dans des terrines remplies de terre de bruyère mêlée de sable, qu'on place dans une serre chaude, ou tout au moins tempérée. C'est ainsi qu'en agissent les horticulteurs de profession dont les établissements renferment tous les genres de serre. Les amateurs, qui n'ont pas de serre chaude ou tempérée à leur disposition, ne peuvent semer qu'au printemps, à la fin d'avril, sur une couche sourde garnie de terre de bruyère sableuse et recouverte d'un châssis vitré. Le plant peut être repiqué de très-bonne heure; il montre sa fleur l'année suivante. Les sujets dont la fleur est insignifiante sont immédiatement sacrifiés; ils ne peuvent être d'aucun usage parce qu'on ne greffe pas le fuchsia; non que cet arbuste ne puisse se prêter très-docilement à ce mode de propagation, mais parce que la greffe n'offre à l'égard du fuchsia aucun avantage réel, toutes les variétés pouvant être multipliées de boutures avec une égale facilité.

Bouturage du fuchsia. — Parmi les plantes et arbustes de serre froide ou tempérée, il n'en est aucun qui s'enracine de bouture plus facilement que le fuchsia. On emploie pour boutures les pousses d'un ou de deux ans, dont la taille annuelle fournit une ample provision. On peut les bouturer immédiatement dans la même terre qui convient aux plantes

toutes formées, dans une place ombragée de la serre froide.
Il en est de tellement vivaces qu'on peut les bouturer comme
les chrysanthèmes, à tout âge, en toute saison, et pour ainsi
dire dans toute espèce de terre, excepté dans les sols trop
compactes. Lorsqu'on a bouturé des rameaux suffisamment
allongés, on les maintient au moyen d'un tuteur parfaitement
droit et l'on supprime à mesure qu'elles se produisent toutes
les pousses latérales, à l'exception des trois ou quatre les
plus rapprochées du sommet. Celles-ci servent de base à une
tête retombante d'un effet gracieux, forme naturelle du fuchsia. La taille consiste à rabattre tous les ans les branches qui
viennent de fleurir, a quelques centimètres seulement de la
tige principale, au moment où les plantes sont rentrées dans
la serre froide pour l'hivernage; par cette taille, on provoque
au printemps suivant l'émission de jeunes rameaux très-florifères. A partir du moment où les fuchsias ont été rentrés et
taillés, on diminue graduellement les arrosages pour finir par
ne plus leur donner que la quantité d'eau nécessaire pour
prévenir leur mort par dessèchement. Au printemps, dès
qu'on voit leurs bourgeons s'allonger et leur végétation
reprendre son activité, les arrosements redeviennent plus
fréquents et plus abondants. La température la plus favorable
à l'hivernage des fuchsias est entre deux et cinq degrés centigrades; au-dessous de deux degrés, ils souffrent plus ou
moins du froid. Cette température est facile à maintenir dans
la serre froide au moyen d'un poêle placé au dehors et qu'on
allume seulement pendant les froids les plus rigoureux; quelques degrés de chaleur de trop, en provoquant à contre-temps
le mouvement de la séve des fuchsias, leur nuiraient autant et
plus qu'une température d'un ou deux degrés trop basse.

Les collections de fuchsias, sans égard aux espèces botaniquement différentes, sont classées en trois séries, d'après la
coloration du calice, celles des fuchsias *blancs* ou *carnés*, des
fuchsias *roses* et des fuchsias *rouges*. (Voir, à la fin du volume,
les listes de fuchsias)

PÉLARGONIUMS. — Les pélargoniums de collection, presque aussi riches en telles sous-variétés que les fuchsias, ap-

partiennent à la serre tempérée ; une partie nombreuse du public horticole les désigne sous le nom de *géraniums* qu'ils portaient dans l'origine. (Voyez *serre tempérée*, chap. LII.)

Mais, en dehors des pélargoniums de collection, il en reste un certain nombre qui appartiennent à la serre froide et dont la floraison éclatante produit en été un très-bel effet dans le parterre. Les plus remarquables de cette série sont les pélargoniums *inquinans* et *zonale*, dont on possède des variétés à fleurs écarlates, à fleurs roses et à fleurs d'un blanc pur. Toutes se multiplient de boutures faites au printemps, en terre de bruyère, sous cloche ou sous châssis, et mises en pleine terre en mai dès qu'elles se disposent à fleurir. Tant que ces pélargoniums sont à l'air libre, on les traite absolument comme des plantes annuelles de pleine terre ; il leur faut tout l'été des arrosages abondants, grâce auxquels leurs fleurs se succèdent sans interruption jusqu'en automne. On en forme d'élégantes ceintures sur la lisière des massifs d'arbres et d'arbustes d'ornement du jardin paysager ; on en garnit les vases de marbre ou de fonte, dans les grands jardins, en leur associant des pétunias blancs ou roses ; enfin, les variétés à tige retombante font un effet agréable, en mélange avec le saxifrage de la Chine, dans les vases suspendus comme ornement aux fenêtres, au plafond d'un appartement, ou aux vitrages de la serre froide.

A l'entrée de l'hiver, pour peu que le jardin ait une certaine étendue. le jardinier y doit avoir une telle masse de pélargoniums en pleine terre qu'il lui serait impossible de les faire hiverner en totalité. Il fait choix d'un nombre de belles plantes proportionné aux besoins présumés du bouturage pour l'année suivante, et il sacrifie tout le reste. Les plantes réservées sont mises en pots et rentrées dans la serre froide où elles hivernent convenablement en les tenant près des vitrages et les arrosant avec ménagement.

CALCÉOLAIRES.—Le genre calcéolaire se compose de deux séries distinctes, dont l'une comprend plusieurs jolies espèces qui passent l'hiver en serre froide et la belle saison dans le parterre, l'autre les innombrables sous-variétés dont les ama-

teurs forment de riches collections. La culture de toutes ces
plantes se rapporte de tout point à celle du fuchsia. La terre
qui convient au fuchsia convient également à la calcéolaire ;
l'époque des rempotages est la même pour les deux plantes.

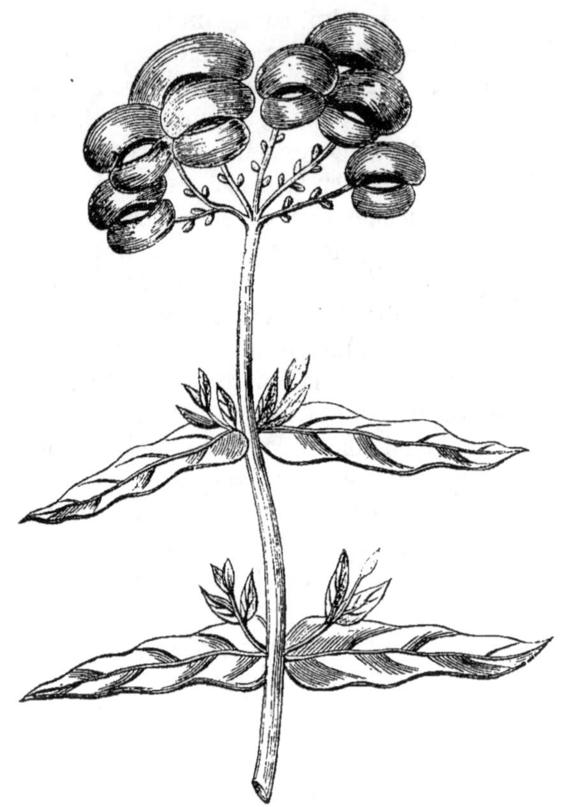

Fig. 102. Calcéolaire à feuilles rugueuses.

On multiplie les calcéolaires par le semis de leurs graines,
dans les mêmes conditions et avec les mêmes précautions
indiquées pour les semis de fuchsia. Les semis ne sont en
usage que pour obtenir des nouveautés devenues tellement
nombreuses, que si tous les ans quelques-unes des anciennes
n'étaient pas éliminées pour faire place aux plus belles, les

collections de calcéolaires comprendraient des milliers de sous-variétés distinctes par le coloris de leurs fleurs. Ces sous-variétés sont tellement fugitives que pas une seule ne se reproduit par le semis de ses graines. On pourrait maintenir par le bouturage celles qu'on tient à conserver ; mais il n'est pas souvent nécessaire de recourir à ce moyen ; les calcéolaires donnent presque toutes une multitude de rejetons enracinés qu'on sépare en automne et qu'on met en pots isolément, comme si c'étaient de jeunes plantes obtenues de semis, pour leur faire passer l'hiver dans la serre froide. Beaucoup d'amateurs cultivent les calcéolaires en serre tempérée sans les en laisser sortir, dans le but de prolonger leur floraison ; la serre froide leur suffit parfaitement pourvu qu'en hiver la température n'y descende jamais plus bas que deux ou trois degrés centigrades au-dessus de zéro. La serre froide, exclusivement consacrée à une collection de calcéolaires, doit être ombrée avec soin dès que le soleil commence à produire à l'intérieur une température élevée ; ce soin doit être continué pendant toute la belle saison. Les calcéolaires ont besoin d'arrosages fréquents et abondants, surtout celles qui, comme la *calcéolaire à feuilles rugueuses*, doit prendre place de bonne heure dans le parterre et y fleurir jusqu'en automne (fig. 102).

CINÉRAIRES. — Les cinéraires, que les botanistes rapportent au genre *seneçon*, ont sur une foule d'autres plantes de serre froide plusieurs avantages importants qui méritent d'être signalés. Leurs fleurs offrent les plus belles nuances de bleu et de pourpre qui existent dans tout le règne végétal ; elles fleurissent de très-bonne heure et se succèdent sans interruption pendant trois mois ; elles s'accommodent très-bien de l'atmosphère concentrée d'un appartement où elles sont tout à fait à leur place, leurs fleurs étant totalement dépourvues d'odeur.

On multiplie les cinéraires, comme les calcéolaires, par la division des touffes dont on sépare les rejetons qui, le plus souvent, ne sont pas enracinés. Ils sont placés isolément dans des pots pleins d'un mélange de terre de bruyère et de terreau par parties égales ; on les traite ensuite comme des boutures. Pourvu qu'on les arrose abondamment, les rejetons deviennent rapidement de fortes plantes disposées à fleurir immédiatement dans la serre froide qu'elles ornent à une époque de l'année où la plupart des autres plantes de serre froide ne sont pas en fleur. On recherche surtout celles dont les rayons sont fond blanc, bordés de violet pourpre, et celles d'une nuance unie mais très-éclatante.

Quand la floraison des cinéraires est épuisée, quelques précautions sont nécessaires à l'égard de celles dont on se propose de récolter la graine. Les semences des cinéraires sont pourvues d'aigrettes et disposées comme celles du vulgaire pissenlit que les enfants s'amusent à disperser en soufflant dessus. Si les cinéraires porte-graines restaient à l'air libre, le moindre coup de vent emporterait au loin leurs semences à mesure qu'elles arriveraient à maturité. On les rentre donc dans la serre froide et l'on récolte les corymbes chargés de graines sans attendre leur maturité complète. Ces corymbes, ou cimes défleuries sont liés par paquets et suspendus dans un lieu sec où ne règne aucun courant d'air; la graine achève de mûrir et peut alors être facilement recueillie sans perte.

Les semis de graines de cinéraires se font dans la même terre que l'on donne aux rejetons détachés des touffes; elles lèvent promptement; le plant est repiqué très-jeune, puis traité ultérieurement comme les rejetons. Le plant de semis de cinéraires ne reproduit pas constamment le coloris des fleurs sur lesquelles on a récolté la graine; mais, en semant la graine de cinéraires de premier choix, on obtient un très-beau mélange dans lequel se produisent souvent de remarquables nouveautés. Pour mieux faire ressortir le mérite des cinéraires, on les dispose sur des gradins en les assortissant par nuances, depuis les plus claires jusqu'aux plus foncées; elles offrent alors pendant trois mois un aspect d'une grande richesse et des tons tellement vifs que la palette du meilleur peintre ne peut les reproduire. Les cinéraires sont vivaces; mais, pour avoir toujours la collection au complet en très-beaux échantillons, il faut renouveler les plantes par les semis ou

par la séparation des rejetons, et n'en jamais avoir qui soient
âgées de plus de deux ou trois ans.

Pépinière dans la serre froide. — L'amateur qui doit
attacher une importance égale à la bonne tenue du parterre et
à celle de la serre froide, réserve toujours dans celle-ci, sans
nuire à la beauté du coup d'œil, une place à l'écart pour la
multiplication de quelques plantes qui doivent être élevées en
pépinière dans la serre froide pour être mises en place dans
le parterre lorsqu'elles se disposent à fleurir. Telles sont particulièrement les *lantanas*, les *verveines*, l'*agérat du Mexique*
ou *célestine*, la *véronique remarquable* et la *véronique d'Henderson*.

Les *lantanas* (fig. 103) se multiplient par le semis des graines
fournies en abondance par les plantes mises en pleine terre

Fig. 103. Lantana camara.   Fig. 104. Agérat du Mexique.

où elles fleurissent avec profusion depuis le milieu de mai jusqu'à la fin de septembre, et jusqu'en octobre quand il ne sur-

vient pas de gelées blanches trop précoces à l'arrière-saison.
Les semis peuvent se faire sous châssis sur couche sourde, ou
bien en terre de bruyère dans des terrines placées dans la
serre froide. Les soins à donner au jeune plant qui se met
immédiatement à fleurir, sont les mêmes que pour les calcéolaires et les cinéraires. On rentre à la fin de septembre quelques touffes de lantana dans la serre froide; elles continuent
à fleurir et fournissent des boutures pour la multiplication
au printemps de l'année suivante. Le plant de bouture de
lantana fleurit immédiatement comme le plant de semis. On
mélange dans les massifs les variétés à fleurs jaunes, couleur
de feu, roses, lilas et blanches.

Les *verveines*, que le nombre de leurs variétés, à fleurs
écarlates, roses, violettes et blanches, élève presque au rang
de fleurs de collection, se multiplient de boutures faites sous
cloche dans la serre froide, au printemps; on les met en place
à l'air libre dans le par-
terre quand elles com-
mencent à fleurir. Quel-
ques plantes de chaque
variété sont mises en
pot à la fin de l'automne
pour hiverner dans la
serre froide; elles four-
nissent des boutures
pour la multiplication.

L'*agérat du Mexique*,
ou *célestine bleue* (fig.
104), fort à la mode de
nos jours, se multiplie
aussi de bouture dans
la serre froide, et prend
ensuite place dans le
parterre où il fleurit

Fig. 105. Véronique remarquable.

usqu'aux premières gelées sans interruption; il hiverne dans
la serre froide.

La *véronique remarquable* (fig. 105) se bouture de même

dans la serre froide et fleurit dans le parterre à l'air libre aussi longtemps que la célestine. Lorsqu'on la tient constamment en serre froide, dans des pots ou des caisses de grandeur convenable, remplis de terre de bruyère, on peut l'élever sur une seule tige et en former en peu d'années des arbustes de grandes dimensions très-florifères.

La *véronique d'Henderson* est traitée comme la précédente ; elle n'en diffère qu'en ce que ses longs épis de fleurs d'un beau lilas clair à leur sommet sont blancs à leur base, tandis que les épis de la véronique remarquable sont d'une seule couleur.

L'assortiment d'autres plantes de serre froide et le parti qu'il est possible d'en tirer sont décrits dans le chapitre suivant, consacré au jardin d'hiver, la plus agréable des formes de la serre froide.

CHAPITRE L

Le Jardin d'hiver.

Le jardin d'hiver. — Son origine. — Sa distribution intérieure. — Arbres et arbustes d'orangerie en pleine terre. — Camellia en espalier. — Taille et conduite. — Soins de culture. — Pivoine moutan. — Yucca. — Rosiers du Bengale et de la Chine. — Arbres et arbustes à feuillage ornemental. — Araucaria. — Pin de Norfolk. — Palmier de Sicile. — Arbustes grimpants florifères. — Clianthus. — Sa greffe sur le baguenaudier. — Passiflores. — Fleur de la passion. — Passiflore bleue. — Greffe des autres espèces sur la passiflore bleue. — Sa place dans le jardin d'hiver. — Plantes à fleurs odorantes. — Œillet de bois. — Violette remontante. — Réséda en arbre. — Chimonante odorant. — Clethra de Madère. — Sa multiplication de marcottes. — Lycopode du Brésil. — Cyclamens. — Lobélias.

Origine du jardin d'hiver. — Les Anglais nomment la serre froide *la maison verte* (*green house*), ou le *conservatoire* (*conservatory*). Cette dernière expression est la plus juste de toutes, et elle aurait mérité d'être adoptée dans toutes les langues si déjà elle n'y était admise comme en français, sous une autre acception. Nous avons en effet, dans les deux chapitres précédents, considéré la serre froide sous le point de vue de la conservation en hiver des végétaux d'ornement qui, sous le climat européen, ne peuvent pas hiverner à l'air libre. Il nous reste à en faire ressortir l'avantage comme *jardin d'hiver*. Le premier jardin d'hiver fut établi à Paris il y a environ quarante ans, par un habile horticulteur, M. Fion, qui cultivait un jardin de peu d'étendue entouré de murs. Il eut l'heureuse idée d'y faire élever des rangées de piliers supportant des arcades de fer, ce qui lui permit de le couvrir en entier de vitrages, et d'y cultiver en pleine terre les plus beaux végétaux d'orangerie et de serre froide, sans recourir à l'emploi d'aucun appareil de chauffage. Depuis cette époque, le nombre des jardins d'hiver s'est accru d'année en année ; Berlin et quelques autres grandes villes d'Allemagne ont des jardins d'hiver de grande étendue servant de promenade publique.

Distribution intérieure. — L'intérieur d'une serre froide destinée à servir de jardin d'hiver doit être dessiné comme un jardin d'agrément en miniature, des allées tortueuses, des siéges de distance en distance, un bassin pour les arrosages, des vases suspendus aux arcades et garnis de plantes retombantes, complètent la distribution et la décoration intérieure du jardin d'hiver.

Arbustes d'orangerie en pleine terre. — L'oranger, le grenadier, le myrte et le laurier-rose y fleurissent en pleine terre et y prennent de grandes proportions; on leur donne à chacun dans la plate-bande ou le massif dont ils font partie, la terre qui leur convient le mieux, et dont on a indiqué la composition. Leurs racines pouvant s'étendre en liberté, il n'y a pas, comme pour les mêmes arbustes en caisse, nécessité de leur donner de nouvelle terre périodiquement. On peut aussi se dispenser de les tailler, si ce n'est pour élaguer les branches mortes, malades, ou qui font confusion. Il est bien plus agréable de voir, dans le jardin d'hiver, l'oranger dont la végétation ne s'arrête pas pourvu qu'il soit suffisamment arrosé, se couvrir presque toute l'année de fleurs et de fruits. et prendre la forme qui lui est naturelle, que de lui donner par la taille une forme symétrique. Dans l'orangerie, cette forme est une nécessité, parce que l'espace manque d'une part, et que de l'autre, un arbre dont les racines sont emprisonnées dans une caisse, ne peut pas conserver son port naturel ; dans le jardin d'hiver, au contraire, un bosquet d'arbres et arbustes exotiques est d'autant plus agréable que ces végétaux y sont moins gênés et moins déformés par la taille. Cette remarque s'applique à tous les autres arbres et arbustes d'orangerie et de serre froide qui peuvent être admis à faire partie de la décoration du jardin d'hiver.

CAMELLIA *en pleine terre en espalier.*— De tous ces arbustes, le plus beau, par la variété, l'abondance et la durée de sa floraison, c'est le camellia. Planté en pleine terre dans le jardin d'hiver, le camellia ne ressemble plus que de loin à ce qu'il est quand ses racines vivent à l'étroit dans la terre d'un pot ou d'une caisse. Conduit en espalier sous la forme en palmette simple à cordons horizontaux, le long des vitrages, il devient en quelques années le rival pour la taille des plus beaux poiriers cultivés en espalier à l'air libre. Sa charpente s'établit par la même taille et d'après les mêmes principes que celle du poirier. C'est sous cette forme que les vieux camellias se montrent le plus florifères et qu'ils réparent le plus vite les pertes que les jardiniers leur font subir pour en utiliser les fleurs et les rameaux fleuris pour les parures et les bouquets de bal.

Il faut avoir soin de ne pas planter les camellias du jardin d'hiver trop près d'autres arbustes qui, comme le laurier-rose, par exemple, demandent des arrosages très-abondants; les racines du camellia, auxquelles suffit une humidité beaucoup plus modérée, pourraient avoir à en souffrir. Pendant tout l'été, environ du 15 juin à la fin d'août, les vitrages du jardin d'hiver, derrière lesquels sont plantés des camellias en espalier, doivent rester ouverts jour et nuit; on ne les ferme qu'à l'approche des orages. Il est utile, pour la facilité du service, que les camellias en espalier dans le jardin d'hiver soient palissés, non pas directement sur le vitrage, mais sur un grillage en gros fil de fer qui en est indépendant.

Plantes de pleine terre pour le jardin d'hiver. — Plusieurs plantes qui supportent bien l'hivernage à l'air libre font partie obligée de l'ornement du jardin d'hiver; telles sont en particulier les *pivoines moutan* et les *yuccas*. Cette dernière plante surtout, par son feuillage analogue à celui des agaves d'Amérique, produit un effet très-pittoresque, même lorsqu'elle n'est pas en fleur. Il est dans son tempérament d'émettre sa tige florale sans époque fixe, très-souvent à l'entrée de l'hiver, de sorte que les premiers froids, sans compromettre l'existence de la plante elle-même, en font périr la fleur en boutons sans lui laisser le temps de s'épanouir. Dans le jardin d'hiver, à quelque époque qu'ils se décident à fleurir, les yuccas fleurissent complétement, et leur floraison v est beaucoup plus prolongée qu'elle ne le serait à l'air libre pendant la saison la plus favorable.

Dans le jardin d'hiver, les massifs de *rosiers du Bengale* et *de la Chine*, qu'il faut rebattre tous les ans sur la souche quand ils hivernent à l'air libre, donnent des roses toute l'année ; les *verveines* interrompent à peine leur floraison aux nuances éclatantes ; les *lantanas*, les *calcéolaires jaunes*, les *véroniques d'Henderson* et les *agérats du Mexique* fleurissent tout l'hiver, et les collections de chrysanthèmes de l'Inde déploient tout le luxe de leurs nuances aussi riches que variées, alors que la glace et la neige ont fait disparaître toute trace de la vie végétale au dehors.

Arbustes à feuillage ornemental. — A côté des massifs d'arbustes florifères, le jardin d'hiver, où la diversité des formes et des feuillages doit contribuer à l'effet de l'ensemble, admet d'autres massifs d'arbres dont le feuillage seul est ornemental, spécialement les *arancarias*, le *pin de l'île de Norfolk* et le *chamærops humilis* ou *palmier de Sicile*, dont la présence donne à la végétation des massifs un aspect africain, tandis que la foule des plantes et des arbustes florifères, qui ne laissent en aucune saison le jardin d'hiver dégarni de fleurs, lui conserve les caractères du bosquet et du parterre européens.

Plantes grimpantes. — Les piliers, habituellement en fonte de fer, qui soutiennent les arcades du jardin d'hiver, ont besoin d'être masqués sous des touffes de plantes sarmenteuses et grimpantes dont les plus belles méritent une mention spéciale. Le jasmin à fleur jaune et le jasmin d'Espagne, à fleurs également parfumées, y viennent sans autre soin que celui de diriger et de raccourcir au besoin leurs rameaux florifères ; ils ne réclament aucun procédé particulier de culture ; on les multiplie de boutures avec une extrême facilité. On leur associe pour la même destination des *clianthus* et des *passiflores*, choisis parmi les espèces de ces deux genres qui n'ont pas impérieusement besoin de la serre tempérée.

CLIANTHUS. — Les *clianthus de Dampierre* et *à fleurs pourpres*, l'un et l'autre remarquables par la beauté et la singularité de leur floraison, n'ont pas besoin de la serre tempérée, bien qu'ils figurent comme appartenant à cette serre dans la plupart des traités et des catalogues. La serre tempérée est si peu nécessaire qu'on peut se donner le plaisir de les faire croître et fleurir à l'air libre en espalier, au midi, sous le climat de Paris, avec la seule précaution de réunir en faisceau leurs rameaux flexibles à l'entrée de l'hiver, et de les envelopper d'une couverture de paille qui suffit pour les préserver des atteintes de la gelée ; à plus forte raison, les clianthus peuvent-ils hiverner sans difficulté dans le jardin d'hiver, en pleine terre de bruyère, où leur place est au pied des piliers auxquels on les rattache à mesure que leurs tiges s'allongent. On peut multiplier les clianthus de boutures ; mais ceux qui désirent en avoir très-promptement des plantes robustes, abondamment florifères, doivent mettre en place dans le jardin d'hiver des pieds déjà forts de *baguenaudier* (*colutea*), arbuste d'une extrême rusticité, qu'il est facile de se procurer partout. L'année suivante, au printemps, les rameaux du baguenaudier sont rabattus sur la tige principale ; chacun d'eux reçoit une greffe en fente de clianthus à fleur pourpre, ou de clianthus de Dampierre ; on peut même greffer les deux espèces sur différentes branches du même sujet. Les greffes fleurissent immédiatement et très-abondamment. La taille consiste à retrancher le vieux bois épuisé qu'on remplace par de jeunes rameaux vigoureux et florifères.

PASSIFLORES. — Les passiflores, plus connues sous leur nom vulgaire de *fleurs de la passion*, parce qu'en y mettant un peu de bonne volonté, on retrouve dans leurs fleurs les instruments de la passion, sont toutes des plantes d'une grande énergie de végétation. La *passiflore bleue* et la *passiflore rameuse* appartiennent seules à la serre froide, par conséquent, au jardin d'hiver ; les autres espèces ou variétés, au nombre d'une vingtaine, appartiennent à la serre tempérée ou à la serre chaude, dans laquelle plusieurs d'entre elles mûrissent leurs fruits volumineux et mangeables.

La passiflore bleue, la plus rustique de toutes, se plante au pied des piliers, dans un mélange de terre de bruyère et de bonne terre de jardin; il ne faut planter à portée de ses racines aucune autre plante moins vigoureuse qu'elle-même; elle aurait à souffrir de son voisinage. La meilleure manière d'obtenir de la passiflore bleue une floraison très-abondante dans le jardin d'hiver, c'est de laisser monter ses tiges le long des piliers jusqu'à la moitié de leur hauteur et de la conduire, à partir de ce point, sur des fils de fer tendus horizontalement d'un pilier à un autre.

On greffe en fente sur cette passiflore toutes les autres espèces à fleurs rouges et pourpres du coloris le plus brillant. Les passiflores ne peuvent pas hiverner dans le jardin d'hiver; mais en les greffant de bonne heure, au printemps, sur la passiflore bleue, elles poussent énergiquement et fleurissent tout l'été. En automne, il faut les rabattre sur le sujet qu'on peut ensuite laisser pousser et fleurir, ou bien qui peut être greffé une seconde fois avec un rameau d'une espèce plus recherchée. Toutes les passiflores se multiplient également bien de boutures; mais les boutures des espèces les plus délicates végètent péniblement et ne fleurissent jamais bien dans le jardin d'hiver où elles n'ont jamais assez chaud, et où, d'ailleurs, elles ne peuvent pas hiverner; tandis qu'étant greffées sur la passiflore bleue, on en obtient une floraison satisfaisante, en les traitant comme plantes annuelles.

Plantes à fleurs odorantes. — On ne doit pas oublier, dans le jardin d'hiver quelques touffes de plantes à fleurs très-odorantes, particulièrement l'*œillet de bois*, qui fleurit pendant la plus mauvaise saison, le *réséda en arbre*, la *violette remontante*, et quelques arbustes dont la fleur n'a rien d'éclatant, mais qui répandent un parfum très-doux, qui ne peut, comme celui de la fleur d'oranger, incommoder les personnes d'un tempérament nerveux. Deux arbustes d'ornement de serre froide, le *chimonanthe odorant* et le *clethra de Madère* remplissent très-bien cette destination dans le jardin d'hiver.

Le chimonanthe odorant ne doit point être planté seul, parce qu'il a le défaut, comme plusieurs espèces d'*azalées* et de *rhododendrums*, de ne prendre ses feuilles qu'après avoir fleuri. La floraison du chimonanthe odorant n'est pas éclatante, mais elle est très-prolongée; elle dure plus de deux mois, en commençant en décembre pour ne finir qu'en février, quand l'arbuste commence à se revêtir de son feuillage. Sa place est donc dans le jardin d'hiver, au milieu des arbustes à feuillage persistant, à floraison brillante mais inodore; on le multiplie de boutures.

Le *cléthra de Madère* est moins répandu qu'il ne mérite de l'être, parce qu'il ne reprend que très-difficilement de bouture et que, comme il donne rarement des graines fertiles dans les serres d'Europe, on ne peut le multiplier de semis. Il faut avoir recours au marcottage qui réussit assez bien; mais les marcottes de cléthra de Madère ne peuvent être sevrées qu'au bout de deux ans. Ceux qui ont la patience nécessaire pour ne pas reculer devant ces lenteurs, en sont récompensés par la floraison de ce gracieux arbuste, qui fleurit abondamment à la fin de l'été et pendant une partie de l'automne et répand dans le jardin d'hiver une odeur des plus délicates.

Bordures. — Les compartiments du jardin d'hiver ont absolument besoin, de même que ceux du parterre à l'air libre, d'être dessinés par des bordures. L'atmosphère plus ou moins concentrée de l'intérieur d'un jardin d'hiver ne permet pas d'y employer comme bordures les mêmes plantes qui réussissent à l'air libre; les bordures de gazon y sont surtout difficiles à maintenir dans un état satisfaisant. Aussi, dans tous les jardins d'hiver a-t-on adopté généralement depuis quelques années comme bordure le *lycopode du Brésil*, jolie petite plante qui ne s'emporte jamais et reste, moyennant quelques arrosages, d'une incomparable fraîcheur de verdure toute l'année. On multiplie le lycopode du Brésil par la division des touffes; son emploi est devenu tellement étendu que sa culture constitue pour ainsi dire une branche distincte de l'horticulture, et que plusieurs jardiniers, aux environs des grandes villes, font de la multiplication et de la vente du lycopode du Brésil, pour les bordures dans les jardins d'hiver, la base principale de leur industrie. On en possède plusieurs variétés, toutes propres au même usage.

CYCLAMENS.—Dans un jardin d'hiver bien dessiné, on doit toujours ménager des espaces clairs, assez éloignées des massifs d'arbres et d'arbustes pour recevoir autant de lumière que s'ils étaient à découvert à l'air libre, ces espaces sont consacrés à la culture en pleine terre des plantes de petites et de moyennes dimensions. Le nombre des plantes que cette partie du jardin d'hiver peut admettre est très-considérable ; parmi les plus petites qu'on plante au bord des allées, immédiatement en arrière de la bordure, on doit une mention particulière au *cyclamen*, élevé au rang de fleur de collection par le grand nombre de jolies variétés conquises de semis depuis quelques années en France et en Belgique, où la culture du cyclamen est fort en faveur.

On multiplie le cyclamen exclusivement par le semis de ses graines qui mûrissent assez facilement, tant celles des variétés à floraison de printemps, que celles qui ne fleurissent qu'en automne. La graine semée aussitôt qu'on la récolte donne du plant qui ne doit être repiqué qu'au printemps de l'année suivante, quelle que soit l'époque des semis. Dans le jardin d'hiver, si l'espace ne manque pas, on peut semer dans un coin la graine de cyclamen et repiquer immédiatement en pleine terre pour en former des touffes ou des massifs, en les plantant à 5 ou 6 centimètres seulement pour les petites espèces, et 8 à 10 pour les plus grandes. Quoique la racine charnue soit vivace, il vaut mieux ne pas conserver trop longtemps les cyclamens, et renouveler fréquemment la collection par le plant de semis. Si l'on a soin d'admettre en nombre égal dans les collections les espèces qui fleurissent au printemps et celles à floraison d'automne, on jouit des fleurs du cyclamen deux fois par an dans le jardin d'hiver.

LOBÉLIAS. — Parmi les plantes de moyenne grandeur qui peuvent figurer avec avantage dans les compartiments du jardin d'hiver, les *lobélias* tiennent un rang distingué par la vivacité des nuances de leurs fleurs, dans lesquelles dominent le rouge, le violet et le bleu. Dans la culture en pleine terre, les lobélias, vivaces pour la plupart seulement par leurs racines, fleurissent bien à l'air libre ; mais les racines doivent hiverner dans l'orangerie ou la serre froide. Dans le jardin d'hiver, elles peuvent rester en place toute l'année. Les lobé-lias se conservent longtemps et forment de très-belles touffes ; mais leur floraison perd une partie de son éclat chez les plantes qu'on laisse trop vieillir. On les multiplie facilement par la division des touffes ; celles qui donnent des graines fertiles doivent être de préférence multipliées de semis faits en terre de bruyère au moment même où les graines arrivent à maturité.

Dans le choix à faire entre la profusion de belles plantes d'ornement qui peuvent contribuer à la décoration du jardin d'hiver, l'amateur doit particulièrement s'appliquer à y multiplier, de préférence aux autres, les plantes qui fleurissent tard en automne, en plein hiver et de bonne heure au printemps. La présence des plantes fleuries en pleine terre, lorsque le parterre est dépourvu de fleurs, est ce qui donne le plus de prix à la serre froide disposée en jardin d'hiver.

CHAPITRE LI

Plantes de serre tempérée.

Plantes de serre tempérée. — Pélargoniums de collection. — Français. — Anglais ou de fantaisie. — Leurs conditions de perfection. — Multiplication. — Semis. — Bouturage. — Soins de culture. — Taille. — Exposition à l'air libre. — Rempotage. — Enlèvement des feuilles gâtées. — Éricas. — Difficultés de leur culture. — Multiplication. — Semis. — Graines récoltées en Europe. — Graines tirées du cap de Bonne-Espérance. — Temps que met la graine à lever. — Repiquage du plant. — Boutures. — Soins de culture. — Aération. — Rempotages. — Epacris. — En quoi elles diffèrent des éricas.

Heureux l'amateur assez favorisé des dons de la fortune pour pouvoir se permettre le luxe d'une serre tempérée; il y peut loger une multitude de plantes bien autrement variées que dans l'orangerie ou la serre froide ; il a, pour ainsi dire, toute la flore des régions tropicales à sa disposition, moins les végétaux qui réclament impérieusement la serre chaude. En outre, pendant les quelques mois que les plantes de serre tempérée peuvent passer à l'air libre, la serre tempérée devient l'infirmerie des plantes plus ou moins souffrantes de l'orangerie et de la serre froide, surtout de celles qui sont trop sérieusement malades pour qu'on puisse espérer qu'elles se rétabliront au dehors sous l'influence du soleil d'été.

Les plantes d'ornement de serre tempérée comprennent un certain nombre de plantes de collection dont les plus rechercher sont les *pélargoniums*, les *éricas*, les *cactées* et les *amaryllis*. Chacune de ces séries est riche en espèces, variétés et sous-variétés qui toutes ont entre elles une grande analogie de tempérament, et réclament à peu de chose près les mêmes soins de culture.

PÉLARGONIUMS. — On a signalé comme plantes de serre froide les espèces de pélargonium qui doivent hiverner dans

cette serre et qui, pendant tout l'été, ornent le parterre de
leurs fleurs aux nuances éclatantes. Les vrais pélargoniums de
collection sont tous de serre tempérée ; ils sortent rarement
de cette serre, même en été, à moins que ce ne soit pour
décorer une *jardinière* placée dans un appartement ; l'extrême
délicatesse de leurs fleurs dont un coup de vent un peu
fort et une forte pluie d'orage peuvent disperser ou déchirer
les pétales, ne permet guère de les exposer à l'air libre tandis
qu'ils sont en fleur ; ils se divisent en deux séries qui, toutes
deux, ont pour condition essentielle de perfection une corolle
d'une forme analogue à celle de la pensée quant à la disposition des pétales. La première série comprend les *pélargoniums français*, à corolles très-larges, régulièrement maculées
de taches plus ou moins foncées sur fond clair ; la seconde
est formée des *pélargoniums anglais* ou *de fantaisie*, dont le
caractère est d'avoir les deux pétales supérieurs d'un pourpre
uni, très-foncé, encadré d'un très-mince liséré blanc.

Multiplication. — Les pélargoniums de collection donnent presque tous des graines fertiles qui servent à les multiplier de semis dans l'espoir d'en obtenir de bonnes nouveautés. On ne laisse porter graine qu'aux plus belles plantes, soit
qu'on les ait hybridées avec d'autres espèces de choix, soit
que l'horticulteur s'en soit remis au hasard des croisements
accidentels. Le pélargonium qui a mûri sa graine ne remonte
pas, il ne donne par conséquent qu'une floraison par an ; ceux
dont on ne désire pas récolter les semences sont traités diffé-
remment : à mesure que les fleurs se flétrissent on les retranche
sans laisser à la graine le temps de se former ; moyennant
cette précaution, le pélargonium est essentiellement remontant ; les meilleures espèces fleurissent avec peu d'interruption, du milieu de mai à la fin du mois d'août.

Les graines sont semées au moment même où elles arrivent
à maturité, dans des terrines remplies de terre de bruyère
qu'on a soin de tenir constamment humide ; le jeune plant de
semis est repiqué isolément dans des pots de petites dimensions ; il passe l'hiver dans la serre tempérée et montre sa
première fleur au mois de mai de l'année suivante.

Le bouturage est le mode de multiplication le plus usité pour les pélargoniums de collection ; on emploie comme boutures de jeunes pousses détachées des touffes qui ont cessé de fleurir à la fin de juillet et dans le courant du mois d'août. Lorsqu'on opère en grand et qu'on multiplie les pélargoniums pour la vente, on dresse dans la serre tempérée ou sous un châssis à l'exposition du midi un lit épais de bon terreau de couches rompues fortement comprimé. Les boutures y sont placées tout près les unes des autres et recouvertes d'un châssis vitré ; celles qu'on fait dans la serre sont recouvertes d'une cloche de verre ou d'une verrine qu'on enlève seulement quand la végétation du plant de bouture permet de juger qu'il est bien enraciné. Quand on opère sur une moindre échelle, les boutures de pélargoniums destinées seulement à l'entretien d'une collection peuvent être faites dans une terrine ou dans un grand pot plus large que profond, rempli de terreau bien foulé : on les recouvre d'une cloche ou d'une verrine. Dès que le plant de bouture est rentré en végétation, il est temps de le repiquer isolément, comme le plant de semis, dans des pots qu'on a soin de tenir dans la partie la plus éclairée de la serre tempérée pendant tout l'hiver, sous l'influence d'une température de 5 à 6 degrés au moins durant les plus grands froids, et de 10 à 12 degrés après les fortes gelées, sans dépasser cette dernière température jusqu'à ce que les boutons à fleurs commencent à se montrer, ce qui d'ordinaire a lieu dans le courant d'avril. A partir de cette époque, on donne de temps en temps un peu d'air à la serre aux pélargoniums, en ayant soin de préserver les jeunes plantes prêtes à fleurir du contact direct des rayons solaires. A cet effet, on blanchit avec un lait de chaux la surface intérieure des vitrages de la serre, ou bien on étend par-dessus, en dehors, un canevas très-clair. Il serait dangereux d'ombrer les pélargoniums avec une couverture de paillassons ; l'exclusion trop complète de la lumière produirait l'étiolement ; les pousses florifères s'allongeraient outre mesure et leur floraison avorterait.

Soins de culture. — Les pélargoniums doivent être rempotés tous les ans au printemps, à l'époque de la reprise de

leur végétation qui n'est jamais complétement interrompue.
On donne des pots plus grands à ceux dont la taille paraît
l'exiger; on se contente, pour les autres, de détacher environ
la moitié de la motte de terre adhérente aux racines et de la
remplacer par de nouvelle terre, en remettant chaque plante
dans le pot dont elle vient d'être momentanément retirée. La
meilleure terre pour les pélargoniums se prépare avec moitié
bonne terre légère de jardin, moitié terreau de couches rompues. Beaucoup d'amateurs donnent à leurs pélargoniums de
la terre de bruyère, soit seule, soit mêlée de terreau; les
plantes y végètent assez bien, mais elles ne sont ni aussi robustes, ni aussi florifères que dans le mélange que nous
indiquons.

La végétation généreuse du pélargonium permet de le soumettre à la taille pour lui faire prendre une forme régulière
qu'il ne prendrait pas naturellement et sans laquelle son effet
ornemental est incomplet. Au sortir de l'hivernage, les pélargoniums des espèces les plus robustes sont établis sur quatre
branches, dont chacune est taillée à son tour pour lui en faire
donner deux autres, de sorte que la tête se compose de huit
branches symétriquement espacés, toutes de même force et
également florifères. Ceux des espèces plus délicates sont
établis seulement sur trois branches qui, par la taille, en
donnent chacune deux, pour former une tête régulière de six
branches.

Après la floraison, les pélargoniums peuvent passer quelque
temps à l'air libre; leurs pots sont enterrés dans une plate-
bande à bonne exposition; les plantes y consolident leur bois
et prennent de la force pour bien supporter l'hivernage dont
elles ont toujours plus ou moins à souffrir. On les rentre dans
la serre tempérée dès que les nuits commencent à être fraîches, dans le courant de septembre. Pendant 'hivernage, les
pélargoniums doivent être arrosés modérément et soumis graduellement à la température indiquée pour le jeune plant de
semis ou de bouture. Il importe de leur donner dans la serre,
de l'automne au printemps, le plus de lumière possible. C'est
surtout faute de lumière en hiver que les pélargoniums de

collection perdent partiellement leurs feuilles. De quelque manière qu'on les traite, ils en perdent toujours une partie ; dès qu'une feuille commence à jaunir, il faut sans retard la détacher en abaissant son pédoncule peu adhérent à la branche ; faute de ce soin, qu'il faut prendre assidûment en faisant l'inspection des pélargoniums *tous les jours*, la feuille qui meurt complétement et tombe d'elle-même laisse sur la branche une cicatrice qui peut finir par la faire mourir elle-même.

ÉRICAS. — Pour les vrais amateurs, le mérite des éricas, plus connues sous leur nom vulgaire de *bruyères*, consiste en grande partie dans les obstacles qu'il faut savoir surmonter pour les multiplier, les élever et en former de bonnes plantes à floraison brillante et prolongée ; celui qui réussit complétement dans cette culture goûte par-dessus tout le plaisir de la difficulté vaincue. Les espèces et variétés du genre *érica* sont très-nombreuses ; on croit généralement, sur la foi des traités d'horticulture les plus accrédités, que les plus belles et les plus délicates d'entre les bruyères de serre tempérée ne peuvent être cultivées avec succès sous le climat moyen de la France ; cette erreur a été principalement propagée dans le public horticole par les horticulteurs de profession. Ils ont en effet éliminé de leurs cultures de bruyères les plus belles espèces cultivées en Angleterre, en Belgique et en Hollande, et l'on ne peut les en blâmer. La culture de ces espèces exige des soins trop minutieux ; elle fait attendre trop longtemps des résultats, et, en dernière analyse, le nombre des amateurs disposés à payer à un prix convenable les plus belles bruyères n'est pas assez grand en France pour que, chez le jardinier qui cultive pour la vente, il y ait avantage à les propager. Ces considérations, fort justes en elles-mêmes, ne doivent point arrêter le simple amateur qui cherche dans la culture des plantes de serre tempérée et dans celle des *éricas* en particulier, le plus agréable des délassements. Il en est de même du jardinier au service d'une maison opulente: avec un peu de soin, il peut entretenir une collection complète de bruyères dans la serre tempérée, sans en exclure celles dites *anglaises*, qui sont en Angleterre l'objet d'une prédilection justifiée par leur beauté, et qui peuvent réussir sous notre climat aussi bien et mieux que sous celui de la Grande-Bretagne.

Multiplication. — Le meilleur mode de multiplication des éricas est le semis de leurs graines que les plus belles espèces donnent toujours en quantité suffisante. Ces graines sont toujours préférables à celles qu'on trouve dans le commerce et qui sont expédiées du cap de Bonne-Espérance. La plupart des bruyères de collection appartenant non pas à de simples sous-variétés plus ou moins fugitives, mais à des espèces botaniquement distinctes, se reproduisent sans modification par le semis de leurs graines ; le jardinier qui sème les graines récoltées sur les bruyères de sa propre collection connaît par conséquent d'avance le résultat de ses semis ; s'il sème de la graine venue du Cap, il peut très-bien, après des soins longs et minutieux, ne voir croître que du plant des espèces les moins recherchées. Les horticulteurs de profession sèment en terre de bruyère bien tamisée, dans des terrines qu'ils enterrent sur couche sourde sous-châssis. Ce procédé est bon pour eux, parce qu'ils ont besoin pour d'autres destinations de tout l'espace disponible dans la serre tempérée ; mais les semis réussissent beaucoup mieux dans la serre tempérée où les terrines sont soumises à l'influence d'une atmosphère plus égale et moins variable que celle qui peut régner sous un châssis tiède, lequel ne peut jamais être l'équivalent d'une serre tempérée. Il faut répandre la graine de bruyère à la surface des terrines et tamiser par-dessus un peu de terre de bruyère sableuse, dont l'épaisseur ne doit pas dépasser un à deux millimètres. L'amateur qui connaît parfaitement les espèces sur lesquelles il a récolté la graine pour ses semis, ne doit semer ensemble que la graine de celles qui lèvent à peu près dans le même espace de temps ; ce temps est très-variable : quelques bruyères lèvent au bout de cinq à six semaines, d'autres au bout de cinq à six mois, d'autres enfin au bout d'un ou de deux ans. Durant tout cet intervalle, on ne doit pas laisser la terre où les graines sont semées se dessécher un seul jour.

Le plant parvenu à la hauteur de 5 à 6 centimètres est prêt à être repiqué. Ses racines sont si délicates que les jeunes plantes sont toujours très-fatiguées par le repiquage ; les pots doivent être prêts d'avance et remplis de terre de bruyère mêlée d'un tiers de terreau de feuilles. On enlève alors tout le contenu des terrines dont la terre est émiettée avec soin, de manière à endommager le moins possible les racines qui sont excessivement délicates ; par ce procédé, elles souffrent beaucoup moins que si on les arrachait une à une ; le plant doit être repiqué très-rapidement, afin que les racines soient exposées à l'air le moins longtemps possible.

Les boutures se font dans des conditions analogues à celles des semis ; on se sert de jeunes pousses d'un an dont on enlève les feuilles inférieures en laissant seulement celles du sommet ; elles sont plantées tout près les unes des autres et entretenues dans une humidité modérée, soit sous châssis tiède, soit dans la serre tempérée. Elles sont lentes à s'enraciner, mais elles finissent toujours par former de bonnes racines, ce qu'on reconnaît à l'allongement de leur pousse terminale. Le repiquage s'opère dans les mêmes conditions que celui du plant de semis. Un peu de chaleur et beaucoup de lumière, en excluant toutefois le contact du soleil d'été, et des arrosages assidus, mais modérés, assurent le succès du bouturage des éricas.

Soins de culture. — Les éricas ne doivent pas être mises en plein air avant la fin du mois de mai ; les nuits froides leur sont très-préjudiciables. Dès le 15 avril, les panneaux de la serre tempérée occupée par les bruyères sont ouverts tout le jour, puis pendant la nuit, afin que les bruyères soient accoutumées par degrés à l'air libre avant d'y être placées à demeure. Les arrosages doivent être donnés avec beaucoup de ménagement ; les bruyères redoutant beaucoup soit la sécheresse, soit l'excès de l'humidité ; au lieu de donner en une seule fois à chaque plante toute la quantité d'eau dont on juge qu'elle a besoin, il vaut mieux en été les arroser trois ou quatre fois par jour, et deux fois pendant la mauvaise saison.

Les rempotages exigent aussi beaucoup d'attention ; les

plantes grandissant lentement n'ont pas souvent besoin de recevoir des pots de dimensions de plus en plus grandes, mais il leur faut une ou deux fois par an un peu de nouvelle terre de bruyère mêlée de terreau de feuilles. Lorsqu'on doit rempoter, on interrompt les arrosages un jour ou deux, la motte se détache alors facilement du pot; on en retranche 1 ou 2 centimètres d'épaisseur de l'ancienne terre, qu'on remplace par de nouvelle, insinuée et légèrement foulée entre la motte et les parois du pot. Bien que les bruyères ne meurent pas sous l'influence d'un froid modéré et que la température de la serre froide puisse leur suffire à la rigueur, néanmoins on ne peut les faire hiverner en bon état et leur faire donner une bonne floraison que dans la serre tempérée. Dans tous les cas, elles doivent y rester enfermées pendant deux ou trois semaines après avoir été rempotées.

Les éricas en fleur supportent mieux que beaucoup d'autres plantes d'ornement de serre tempérée l'action des vents et des fortes pluies d'orage, parce que les corolles monopétales sont très-adhérentes et que le feuillage, pour ainsi dire filiforme, n'est pas aisément endommagé par l'eau des pluies qu'il laisse facilement égoutter; c'est pourquoi les collections nombreuses risquent peu de chose lorsqu'on leur fait passer à l'air libre le temps de leur floraison. Mais les amateurs de ce beau genre, surtout ceux dont les collections contiennent beaucoup d'espèces délicates, ne doivent pas hésiter à les tenir, tant que dure la floraison, dans la serre tempérée, sauf à en ouvrir les panneaux jour et nuit et à les fermer seulement en cas de mauvais temps. On peut aussi porter les bruyères en fleur dans une jardinière d'appartement, elles y sont tout à fait à leur place, et leur floraison s'y prolonge autant que dans la serre tempérée.

On cultive exactement, comme les éricas, les nombreuses variétés du genre *épacris*, confondu avec les éricas sous le nom commun de bruyère, facile à distinguer néanmoins par la disposition constante de leurs fleurs en épis *unilatéraux*, n'ayant des fleurs que sur un rang et toujours du même côté. Le feuillage des épacris est le même que celui des bruyères;

les fleurs sont en général plus allongées, à tube légèrement recourbé, d'un coloris très-vif dans lequel le rouge foncé est la nuance dominante.

Les bruyères et les épacris ne doivent point être taillées, ce serait les gâter ; elles prennent naturellement une bonne forme en buisson ; les plus délicates, à tiges grêles, ont seules besoin d'être soutenues par un ou plusieurs tuteurs qu'il faut choisir minces et peindre en vert clair, afin qu'ils se voient le moins possible. Les espèces robustes, à bois très-dur, peuvent se passer de tuteurs.

CHAPITRE LII

Plantes de serre tempérée (suite).

Cactées. — Singularité de leur végétation. — Céréus ou cierges. — Cierge du Pérou. — Son mode de croissance. — Multiplication. — Semis. — Hybridation accidentelle. — Bouturage. — Ses conditions de succès. — Hivernage. — Soins de culture. — Espèces et variétés. — Mélocactes. — Echinocactes. — Mammillaires. — Epiphylles. — Opuntias. — Nopal. — Figuier d'Inde. — Plantes grasses. — Agavé. — Rareté de sa floraison dans la serre. — Aloès. — Abondance de sa floraison. — Crussulan. — Rochea. — Stapélias. — Bizarrerie et odeur particulière de leurs fleurs. — Preuve du sens de l'odorat chez les mouches. — Ficoïdes ou mesembrianthèmes. — Semis. — Bouturage. — Espèces naines pour les étagères de salon.

CACTÉES. — La végétation des cactées est tellement bizarre, tellement différente de celle de toutes les autres plantes cultivées ou sauvages, que les cactées sont à très-juste titre recherchées d'une classe nombreuse d'amateurs et considérées comme l'un des ornements, sinon le plus beau, du moins le plus singulier de la serre tempérée ; quelques espèces seulement appartiennent à la serre chaude.

Les cactées donnent une physionomie toute spéciale à la flore de l'Amérique du Sud dont elles sont originaires ; les principaux genres, tous riches en espèces et variétés, dont se composent les collections, sont les *céréus* ou *cierges*, les *mélocactes*, les *échinocactes*, les *mammillaires*, les *épiphylles* et les *opuntias*. Dans tous ces genres, à l'exception des épiphylles, les feuilles n'existent pas, elles sont remplacées par la tige qui remplit à la fois les fonctions de la tige et celles des feuilles ; chez les épiphylles, c'est la même chose en sens inverse, il n'existe que des feuilles charnues, plus ou moins épaisses, sortant les unes des autres et faisant à la foi fonctions de feuilles et de tiges.

CÉRÉUS ou **CIERGES.** — Les cierges sont, à proprement

parler le type de la famille des cactées. Quelques-uns des cierges les plus remarquables sont doués d'une étonnante énergie de végétation. Dans son pays natal, le *cierge du Pérou*, qui croît entre les crevasses des rochers, adossé à des roches nues perpendiculaires, à l'exposition du plein midi, supporte alternativement des chaleurs sèches prolongées pendant plusieurs mois sans interruption et des pluies torrentielles presque aussi longues. Sa croissance, presque complétement stationnaire pendant la saison sèche, reprend une vigueur extraordinaire au retour de la saison pluvieuse. On en a conservé longtemps un très-bel échantillon au Muséum d'histoire naturelle, on lui avait construit une serre, ou pour parler plus juste, une cage de verre qu'il fallait exhausser périodiquement; on ne pouvait prévoir où il s'arrêterait lorsqu'il mourut accidentellement. Tous les cierges et généralement toutes les cactées ont à peu près le même tempérament; toutes ont la faculté de rester longtemps plongées dans un sommeil végétal complet, de se réveiller pour croître et fleurir et de retomber dans le même sommeil.

Multiplication. — Les cierges se multiplient par le semis de leurs graines, mais tous ne produisent pas des fruits mûrs sous le climat de Paris, dans les serres tempérées les mieux dirigées. Les graines de cierges sont semées en terre de bruyère dans des terrines qu'on tient en serre tempérée. Le plant de semis, repiqué très-jeune dans un mélange par parties égales de terre franche de jardin et de terre de bruyère, ne reproduit pas constamment les fleurs de l'espèce sur laquelle la graine a été récoltée; c'est du moins ce qui est arrivé plusieurs fois dans les semis faits avec des graines de cierges récoltées en Europe. Mais il faut observer que ces graines provenaient de plantes cultivées parmi beaucoup d'autres d'espèces voisines qui s'étaient trouvées en fleur au même moment; le pollen étant très-abondant chez toutes les cactées et chez les cierges en particulier, les variations observées dans la fleur des plantes obtenues de semis peuvent être considérées comme dues à l'hybridation par croisement accidentel. Le mode de multiplication le plus usité à l'égard des cactées de toute espèce est le bouturage. Comme il n'y a pas chez ces plantes, aux formes excentriques, de jeunes branches à détacher pour en faire des boutures sans nuire à la plante mère, on sacrifie une portion de tige qu'on divise en tronçons de quelques centimètres de long seulement. La plaie produite par ce retranchement sur la plante mère est promptement cicatrisée, le cierge répare très-vite les pertes de ce genre par l'énergie de sa végétation.

Les tronçons destinés à servir de moyen de multiplication ne doivent pas être bouturés immédiatement; s'ils étaient mis en terre au moment même où ils viennent d'être coupés, tandis que la plaie de la coupure est encore toute fraîche, ils pourriraient et ne formeraient pas de racines. On les dépose sur une tablette dans un lieu sec où ils restent deux ou trois jours jusqu'à ce que les plaies des coupures soient bien cicatrisées. Chaque bouture est alors plantée isolément dans un pot rempli du même mélange indiqué pour le repiquage du plant de semis. Les cierges, de même que toutes les cactées, peuvent être bouturés à peu près en toute saison; c'est au printemps et vers la fin de l'été que les boutures réussissent le mieux. Lorsque les jeunes pousses qu'elles donnent, dès qu'elles sont enracinées, ont acquis une certaine longueur, variable d'une espèce à l'autre, on retranche leur extrémité supérieure dont on laisse la plaie sécher au contact de l'air. Cette amputation les dispose à bien fleurir l'année suivante. Les jeunes cierges de bouture enracinés au printemps passent l'été à l'air libre et sont rentrés dans la serre tempérée dès le milieu de septembre. Les arrosages qu'ils ont dû recevoir avec ménagement, mais sans interruption, pendant toute la période d'activité de leur végétation, sont alors graduellement diminués, puis supprimés tout à fait pendant l'hivernage. Les cierges sont rangés sur des tablettes dans un coin de la serre tempérée, ils hivernent ainsi, à sec, sous une température moyenne de 6 à 8 degrés, qu'on porte à 12 et même à 15 degrés au moment de la reprise de leur végétation; ils fleurissent pour la plupart à leur seconde année.

Soins de culture. — Les plantes toutes formées n'ont

besoin pour bien végéter et fleurir abondamment que du même traitement auquel on soumet le plant de boutures. On ne recommence à les arroser au printemps que quand elles montrent les premiers signes de la reprise de leur végétation. Il faut leur donner très-peu d'eau au début et en augmenter graduellement la dose tant qu'elles n'ont point passé fleur. Chez la plupart des espèces, les fleurs ne durent que quelques heures et tombent sans donner naissance à des fruits ; les plantes qui portent fruit et dont on se propose d'utiliser la graine pour la multiplication de semis, sont arrosées et tenues en plein air jusqu'à la maturité du fruit, puis on les rentre en septembre dans la serre tempérée où elles hivernent dans les mêmes conditions que le jeune plant de boutures.

Espèces et variétés. — Les espèces du genre céréus les plus recherchées dans les collections sont le *céréus speciosissimus* ou *cierge magnifique* à fleur en vase, dont les pétales intérieurs offrent des reflets d'un éclat que le pinceau ne saurait rendre, et ses hybrides les *céréus de Quillardet* et *toujours en fleur;* viennent ensuite le céréus à grandes fleurs dont la fleur, d'un diamètre de 12 à 15 centimètres, ne s'épanouit que la nuit, se flétrit le matin, et répand un parfum pénétrant analogue à celui de l'héliotrope et de la vanille ; les amateurs passionnés veillent pour guetter la floraison de ce cierge, en admirer la beauté et en respirer l'odeur réellement délicieuse ; puis le *céréus serpentin,* dont la fleur, de la même forme que celle du céréus magnifique, répand l'odeur de la rose ; et enfin le *céréus fouet,* dont les longues tiges flexibles et cylindriques se couvrent d'une profusion de fleurs du rose le plus vif. Ce dernier est le plus rustique de tous ; il ne demande pour tout soin que quelques arrosages de temps en temps aux approches de la floraison et pendant tout le temps où il est en fleur ; il peut à la rigueur hiverner dans la serre froide ou dans un appartement habité aussi bien que dans la serre tempérée.

MÉLOCACTES. — Les cactées du genre mélocacte ne sont admises dans les collections que pour la singularité de leur forme en boule, sillonnées de côtes saillantes dont l'arête est chargée de touffes de poils ou d'épines. Les espèces très-volumineuses fleurissent rarement; celles de petites et de moyennes dimensions montrent un peu plus souvent, mais sans périodicité régulière, leurs fleurs satinées de diverses nuances de rouge, de rose et de jaune, rangées en cercle au sommet de la plante dans laquelle on ne peut reconnaître ni tiges, ni feuilles, ni rien qui y ressemble. Pour les soins de culture, la terre, les arrosages, la température de l'hivernage, la culture des mélocactes est exactement la même que celle des cierges. Leur multiplication est assez difficile; leur forme ne se prête pas au bouturage; on sème dans les mêmes conditions que celle des cierges la graine tirée des pays d'origine de ces singuliers végétaux, car ils fructifient rarement dans les serres d'Europe.

MAMMILLAIRES. — Les cactées de ce genre ressemblent aux mélocactes, avec cette différence que leurs arêtes saillantes sont formées de mamelons charnus, desquels dérive leur nom. Leur floraison, des mêmes nuances que celle des mélocactes, n'est pas plus fréquente; la manière de les cultiver est la même de point en point que celle des cierges.

ÉCHINOCACTES. — La ressemblance de ces plantes avec les mélocactes est frappante; les plantes de ce genre sont pour la plupart armées de fortes épines très-dures, mais peu adhérentes. A la Jamaïque, où les échinocactes croissent en abondance à l'état sauvage dans les montagnes, les chèvres les détachent à l'aide de leurs cornes et les font rouler comme si elles jouaient avec jusqu'à ce qu'il n'y reste plus d'épines, après quoi elles peuvent les manger sans se blesser les lèvres. Leur culture est la même que celle des trois genres précédents.

ÉPIPHYLLES. — Les plantes de ce genre se rapprochent de l'aspect des autres végétaux par leurs feuilles échancrées, emboîtées les unes dans les autres; les fleurs qui offrent les plus belles nuances de rouge et de rose, naissent dans les échancrures des bords des feuilles, ce qui donne à la plante fleurie une physionomie originale. On multiplie très-facilement les épiphylles par le bouturage, en prenant pour bouture une feuille entière ou un fragment de feuille, dont on laisse bien cicatriser la plaie avant de la mettre en terre, dans les mêmes conditions que les tronçons de cierges. Les épiphylles sont moins sensibles au froid que la plupart des autres cactées ; on peut les cultiver dans la serre froide ; mais c'est toujours dans la serre tempérée qu'elles végètent le mieux et qu'elles donnent la plus belle floraison.

OPUNTIAS. — Le genre *opuntia* est un des plus remarquables de la famille des cactées ; une espèce de ce genre, le *nopal*, nourrit la cochenille, insecte qui fournit le plus beau rouge pour les arts, connu sous le nom de *carmin*; une autre, de très-grandes dimensions, connue sous le nom de *figuier d'Inde*, parce que ses fruits très-sucrés se mangent comme des figues, sert de clôture pour les héritages en Algérie et en Sicile. On admet dans les collections un grand nombre d'espèces d'opuntias, toutes remarquables par leur forme en raquettes ajustées les unes au-dessus des autres, et régulièrement couvertes de petites touffes de poils ou de piquants, disposées en quinconce. Le mode de multiplication est celui des épiphylles ; leur culture est la même que celle des cierges. Les opuntias produisent un bon effet dans la serre à cause de l'excentricité de leur forme ; la plupart des espèces fleurissent rarement ; leurs fleurs, d'un rose terne, ne sont pas en rapport avec les dimensions des plantes et les amateurs ne tiennent pas compte de leur effet ornemental.

Plantes grasses. — On comprend sous ce nom, en horticulture, un assez grand nombre de végétaux fort différents les uns des autres, qui ont pour caractère commun l'épaisseur de leurs feuilles charnues, et la faculté de vivre beaucoup plus par l'air qu'elles décomposent et dont elles s'approprient la substance, que par la terre dans laquelle vivent leurs racines. Ces plantes forment une sorte de transition entre les cactées et le reste de la végétation du globe. Les genres les plus remarquables de plantes grasses appartenant à la serre tempérée sont : les *agaves*, les *aloès*, les *crassules*, les *stapélias* et les *ficoïdes*. La plupart de ces plantes peuvent se contenter de la serre froide ; quelques-unes, à la rigueur, pourraient même hiverner en orangerie; mais **leur culture ne** donne de bons résultats que lorsqu'on peut leur faire passer l'hiver dans la serre tempérée, même à celles qui sont indiquées comme appartenant à la serre chaude.

AGAVÉ. — Comme les cactées à floraison **rare**, les agavés d'Amérique ne sont cultivées dans les serres en France que pour la beauté de leur feuillage disposé en touffe élégante et, chez quelques espèces, rayé de jaune sur fond **vert**. Quant à la floraison, elle ne se montre qu'à de très-rares intervalles; il en est qui ne fleurissent que tous les cinquante ans. En Espagne, en Italie et en Sicile, on en forme des haies infranchissables; sous le climat du midi de l'Europe, les agavés montrent souvent leurs fleurs élégamment disposées en candélabre sur une tige droite très-élevée. On les multiplie par les œilletons détachés du collet de la racine, et par le semis de leurs graines que le commerce tire du Mexique ou de l'Europe méridionale. Ces graines sont semées en terrine, dans la terre de bruyère pure, et tenues en serre tempérée. Le plant de semis ou d'œilletons est traité comme le plant de boutures de cactées; il lui faut, comme à toutes les plantes grasses, des arrosages modérés en été et point d'eau en hiver. Les agavés sortent de la serre tempérée vers la fin de mai et doivent y rentrer dans le courant de septembre.

ALOÈS. — L'aspect des aloès est tellement semblable à celui des agavés, que le public confond en général ces deux genres de plantes grasses. Leur culture et leurs procédés de multiplication sont les mêmes, avec cette différence fort essentielle au point de vue de l'horticulture, que dans la serre tempérée les aloès fleurissent abondamment et régulièrement. Bien que leurs fleurs aient peu d'éclat, elles sont fort élégantes et produisent un effet ornemental très-agréable dans les collections où les aloès en fleur sont associés aux agavés qui ne fleurissent presque jamais.

CRASSULAS. — Le genre crassula est riche en espèces à floraison abondante et prolongée, aux nuances éclatantes dans lesquelles le rouge vif est la couleur dominante. Toutes ces plantes se cultivent en terre de bruyère dans la serre tempérée, et se multiplient par le semis de leurs graines. On peut aussi bouturer leurs jeunes pousses, ou même des feuilles, avec la précaution de laisser la plaie se cicatriser avant de la mettre en terre. La culture des crassulas est de tout point la même que celle des cactées. L'une des plus belles espèces forme botaniquement un genre à part sous le nom de *rochéa;* elle donne des touffes de petites fleurs écarlates qu'on associe aux plantes grasses non florifères; elles égayent l'aspect un peu sévère de la végétation des serres tempérées consacrées aux cactées et aux autres plantes grasses.

STAPÉLIA. — Cette plante, dont la fleur en étoile, charnue, de nuances sombres, hérissée de poils rudes, est une des plus bizarres du règne végétal, peut parfaitement fleurir dans la serre tempérée, bien qu'elle soit indiquée partout comme plante de serre chaude; elle n'exige aucun soin particulier de culture, et doit être traitée comme les autres plantes grasses de serre tempérée. Dans une serre de petites dimensions, il ne faut pas admettre un trop grand nombre de stapélias; leurs fleurs exhalent une odeur nauséeuse, analogue à celle de la viande corrompue. Cette particularité a donné lieu à une expérience fort curieuse par laquelle les naturalistes ont pu constater que les mouches sont douées du sens de l'odorat, bien qu'on en ignore le siége. Si l'on enferme un pied de stapélia en fleur dans une chambre contenant de grosses mouches, connues sous le nom de *mouches à viande,* ces insectes viennent déposer leurs œufs dans l'épaisseur de la corolle des fleurs de stapélia. Elles n'y peuvent être attirées par le sens de la vue, car cette fleur n'offre aucune ressemblance, même éloignée, avec un morceau de viande avancée, où les mouches à viande viennent déposer habituellement leurs œufs; il faut donc que ce soit le sens de l'odorat qui donne lieu à leur méprise.

FICOIDES. — Ces jolies plantes, nommées par les botanistes *mézembrianthèmes,* se cultivent en terre de bruyère, et se multiplient, soit de semis, soit de bouture, avec la plus grande facilité. On ne considère comme appartenant à la serre tempérée que les espèces vivaces dont on peut réunir de nom-

breuses collections. Les semis se font au printemps en terre
de bruyère ; les boutures se font en juin et juillet, avec les
mêmes précautions indiquées pour les boutures de cactées ; le
plant de semis ou de bouture est repiqué en pots en septembre et rentré en serre tempérée ; il doit hiverner à peu près
à sec ; il fleurit l'année suivante. Les ficoïdes donnent une
profusion de fleurs élégantes dont quelques-unes sont parfumées ; on y trouve toutes les nuances de rose, de violet clair
et de couleur de feu ; leur place est à côté des crassulas dans
la serre aux plantes grasses ; elles peuvent passer à l'air libre
une partie de l'été, mais il faut les rentrer de bonne heure en
septembre. Toutes les ficoïdes fleurissent très-bien dans une
jardinière d'appartement ; les espèces naines, plantées dans
de petits pots de terre rouge, sont le principal ornement des
étagères de salon, où elles figurent à côté des espèces également naines de cactées, d'agavés et d'aloès, sans réclamer
d'autre soin de culture qu'une très-petite quantité d'eau tous
les matins, à partir du mois d'avril, époque où elles rentrent
en végétation.

CHAPITRE LIII

Plantes de serre tempérée (suite).

Amaryllis. — Composition des collections. — Causes de leur rareté dans les cultures. — Amaryllis à bandes. — Multiplication. — Semis. — Élevage du plant. — Séparation des caïeux. — Soins de culture. — Amaryllis de la reine. — Époque de leur floraison. — Amaryllis lis de saint Jacques — Dorée de la Chine. — Équestre. — Réticulée. — Divers usages de la serre tempérée. — Sa construction à un seul versant. — Plantes pour la garnir. — Serre-salon. — Sa distribution. — Plantes qu'elle peut admettre. — Ixias. — Sparaxis. — Achimenès picta. — Serre tempérée convertie en jardin d'hiver. — Bassin pour les plantes aquatiques. — Nélumbiums. — Leur culture. — Plantes diverses de serre tempérée. — Leur culture. — Entretien et réparations.

AMARYLLIS. — Le genre amaryllis est riche en espèces botaniques distinctes, toutes d'une rare beauté; quelques-unes appartiennent à la serre froide, d'autres à la serre chaude, le plus grand nombre à la serre tempérée. Parmi ces dernières, deux très-belles espèces, l'*amaryllis vittata* ou à *bandes*, et l'*amaryllis de la reine*, ont produit de nos jours par les semis et les croisements hybrides une multitude de sous-variétés qui les ont élevées au rang de plantes de collection. Les collections d'amaryllis sont assez rares dans les serres en France, en raison des difficultés que présente leur culture, et aussi du prix élevé des belles variétés ; ce prix ne peut pas beaucoup diminuer, parce que la plupart des bulbes donnent peu de caïeux, que les caïeux ne fleurissent bien qu'à force de soins, et que les oignons de semis ne donnent des fleurs qu'au bout d'un temps variable selon les espèces, mais toujours fort long. Il n'est donc pas étonnant que peu d'horticulteurs s'occupent de la multiplication des amaryllis, branche du jardinage dont les produits ont peu de débouché. C'est au contraire une culture très-attrayante pour tout amateur qui possède une serre tempérée.

Multiplication. — L'amaryllis à bandes celle dont la

culture est le plus répandue, se multiplie principalement par
le semis de ses graines qui, sous le climat de Paris, mûrissent parfaitement, parce que la plante fleurit vers le milieu
de juin, ce qui laisse à la graine une longue période de beau
temps et de fortes chaleurs pour compléter sa maturité. On
sème dès que les graines sont mûres, dans des terrines remplies d'un mélange de terre franche de jardin et de terreau
de feuilles. Le même mélange convient aux plantes toutes
formées ; seulement, si la terre du jardin est pauvre en principes calcaires, on peut y ajouter une petite quantité de compost de chaux et gazon ; une terre froide, où la chaux n'existe
qu'à trop faible dose, ne convient pas aux amaryllis.

En maintenant la terre des terrines à un degré moyen d'humidité, les graines lèvent assez promptement ; on laisse les
jeunes plantes dans les terrines jusqu'à la fin de l'automne ;
à cette époque, on laisse sécher complétement la terre des
terrines afin d'en ôter les jeunes bulbes d'amaryllis qu'on
fait ressuyer à l'air, dans un local bien aéré, et qui sont conservées à l'abri du froid, comme les autres oignons de fleurs
qui ne doivent être mis en terre qu'au printemps.

Vers la fin de l'hiver, dès que les jeunes oignons manifes-
tent des dispositions à entrer en végétation, on les plante
isolément dans des pots remplis de la terre indiquée pour les
amaryllis toutes formées. Ces pots restent jusqu'à la fin de
mai dans la serre tempérée, et passent à l'air libre le reste de
la belle saison. Quand leurs feuilles jaunissent, en automne,
il est temps de cesser d'arroser les amaryllis et de les traiter
comme pour leur premier hivernage ; cette culture doit être
continuée avec persévérance en donnant chaque année de
nouvelle terre et des pots de plus en plus grands, à mesure
que les oignons grossissent ; ils finissent par fleurir et l'on
obtient assez souvent de bonnes nouveautés par la voie des
semis. L'amaryllis à bandes est indiquée dans la plupart des
traités comme plante d'orangerie ou de serre froide ; le plant
de semis peut, en effet, être élevé dans la serre froide ; mais
il y végète mal, il fait attendre longtemps sa première floraison, et sa fle r n'est jamais aussi belle que lorsqu'il est

traité comme plante de serre tempérée. Les caïeux détachés des anciens oignons sont traités de tout point comme les oignons obtenus de semis.

Soins de culture. — Dès que les oignons d'amaryllis à bandes devenus assez volumineux, commencent à fleurir, on doit leur donner de grands pots où leurs racines fibreuses puissent plonger à l'aise dans la terre indiquée plus haut. Les époques pour lever les oignons de terre, les replanter et les exposer à l'air libre, sont les mêmes pour les plantes faites que pour le jeune plant de semis ou de caïeux. On arrose modérément au début, et plus largement, à mesure que les amaryllis se disposent à fleurir. Au moment de la floraison, on rentre les plantes en fleur dans la serre tempérée afin de préserver les fleurs des fortes pluies d'orage assez fréquentes en juin sous le climat de Paris. On ne laisse à l'air libre que les plantes dont on se propose de récolter la graine. Les autres sont replacées en plein air après la floraison ; elles y restent jusqu'à l'époque où les oignons doivent être levés et séchés pour l'hivernage. C'est en suivant cette marche et en donnant à leurs amaryllis dès le début de leur végétation une température de 8 à 10 degrés, portée graduellement à 12 ou 15, jusqu'au moment de les placer en plein air, que les amateurs hollandais et belges obtiennent des plantes dont la hampe ou tige florale, de près d'un mètre de haut, porte de six à huit fleurs d'une ampleur et d'une vivacité de coloris extraordinaires ; avec les mêmes soins, on peut aspirer partout au même succès.

AMARYLLIS DE LA REINE. — La culture de cette espèce ne diffère pas essentiellement de celle de l'amaryllis à bandes, quant à la composition de la terre et aux soins généraux de culture ; mais, comme elle ne fleurit qu'en plein hiver, les oignons levés à la fin de l'été, et débarrassés de leurs caïeux, sont plantés dans des pots spacieux avant la fin de l'automne, et placés dans la serre tempérée, dans les endroits les mieux éclairés. Bien que les amaryllis de cette série soient indiqués dans beaucoup de traités comme plantes de serre chaude, elles fleurissent très-bien dans la serre tempérée.

Les variétés d'amaryllis de la reine, toutes **fort** belles **et** d'un coloris très-éclatant, donnent rarement des graines fertiles; l'époque de la floraison ne permet pas souvent à la fleur de produire des graines et à ces graines de mûrir ; le seul moyen de multiplication en usage pour ces amaryllis, est l'élevage des caïeux qu'on détache lorsqu'on lève les oignons de terre, et qu'on traite d'ailleurs comme les **plantes** faites pour les amener à fleurir après plusieurs années de **soins** assidus. Les collections d'amaryllis composées des espèces et variétés dont on vient de décrire la culture, ont comme on le voit deux floraisons par an, celle des amaryllis à bandes en plein été, et celle des amaryllis de la reine au cœur de l'hiver. Les collections admettent en outre l'*amaryllis lis de Saint-Jacques*, à fleur d'un rouge magnifique, l'une des plus belles du genre, l'*amaryllis dorée de la Chine*, l'*amaryllis équestre ou écarlate*, l'*amaryllis réticulée* et une dizaine d'autres espèces. En profitant de la coïncidence de leur floraison, on peut opérer le croisement hybride de ces espèces entre elles et avec celles qui servent de base aux collections, et faire naître par le semis de leurs graines de très-belles sous-variétés, d'autant plus précieuses pour le véritable amateur qu'elles lui ont coûté plus de peine et de soins minutieux.

Divers usages de la serre tempérée. — Lorsqu'une serre tempérée est dirigée par un horticulteur de profession, dans le but de vendre les plantes d'ornement qu'il y peut élever, tout y est sacrifié à l'utilité; les végétaux de collection de serre tempérée, puis ceux qui sont les plus recherchés des amateurs dans chaque localité, sont naturellement ceux que le jardinier y multiplie de préférence. L'amateur, au contraire, cherche avant tout à rendre sa serre tempérée le plus agréable possible, tant par le bon choix que par l'heureux arrangement des plantes dont il prend soin de la garnir. Si elle est construite à un seul versant, condition assez fréquente dans les jardins où l'on profite pour la construction de la serre tempérée d'un mur de clôture à l'exposition du midi, ce mur, qui formé le fond de la serre, est tapissé de fougères dans le bas, et garni dans le haut de cordons de vigne de

Frankentot et grosse perle de Hollande, associées à diverses plantes grimpantes telles que des *mandevillea suaveolens* et des *grenadilles*, ou passiflores à fleur rouge, à fruit comestible. Quelques ceps des mêmes vignes conduits en cordons le long des vitrages, et en arcades dans le sens transversal de la serre tempérée, ne retranchent aucun espace à la culture des plantes d'ornement, et donnent de très-bonne heure du raisin forcé d'excellente qualité.

Serre-salon. — Si la serre tempérée est construite de plain-pied avec un salon du rez-de-chaussée dont elle forme la continuation, disposition dont on a déjà signalé les avantages (Voyez ch. VI), on ménage au milieu, dans le sens de sa plus grande longueur, un espace vide assez large pour qu'en cas de réception, un tapis y puisse être étendu. Des places sont réservées pour des siéges au centre et aux deux extrémités; on suspend des lustres au sommet des vitrages, et les gradins en amphithéâtre à droite et à gauche de l'allée centrale, sont chargés des plus jolies plantes en fleur, en plaçant sur le devant celles qui comme les *ixias*, les *sparaxis* et les *achimènes*, se recommandent par des beautés de détail, et veulent être admirées de très-près. Tel est en particulier l'*achimenès picta*, dont la corolle tubulée d'une rare élégance de forme, est intérieurement marbrée de taches pourpres sur fond jaune clair, de l'effet le plus gracieux (fig. 106).

Le genre achimenès, par le nombre et la variété de ses espèces, la durée de son inépuisable floraison et la facilité de sa multiplication de bouture, est un des plus précieux pour l'ornement de la serre-salon.

Serre tempérée convertie en jardin d'hiver. — En décrivant la distribution et le peuplement d'un jardin d'hiver, nous avons dû prendre l'hypothèse le plus généralement réalisée, et représenter le jardin d'hiver dans les conditions d'une serre froide. Mais quand l'amateur consent à faire les frais d'un bon thermosiphon et d'un chauffage continu à partir de l'entrée de la mauvaise saison pour maintenir de jour et de nuit entre 8 et 12 degrés la température du jardin d'hiver, alors c'est un petit coin de l'Afrique ou de l'Inde mis sous

verre ; la serre tempérée, convertie en jardin d'hiver, possède
la température printanière du climat tropical en hiver sans en

Fig. 106. Achimenès picta.

avoir les chaleurs excessives en été ; il ne tient qu'à l'amateur
d'y réunir les plantes d'ornement les plus rares et les plus
précieuses, à l'exception seulement de celles qui éprouvent
un besoin exagéré de chaleur humide et qui ne sauraient
prospérer que dans la serre chaude.

Bassin pour les plantes aquatiques. — Il faut beaucoup d'eau pour les arrosages dans la serre tempérée, cette
eau ne peut être distribuée aux plantes que quand elle a pris
la température de l'atmosphère de la serre ; elle doit, à cet
effet, séjourner assez longtemps dans un bassin peu profond
où elle est amenée du dehors. Si le bassin occupe le centre
du jardin d'hiver et que son emplacement soit dégagé du voisinage des grands végétaux, de manière à ce qu'il reçoive
directement la lumière solaire, on peut le garnir des plus

belles plantes aquatiques, ce qui jette une heureuse variété dans l'aspect de cette partie de la serre tempérée. L'une des plus remarquables parmi ces plantes est le *nelumbium*, dont la floraison est sans rivale pour la beauté dans toute la flore des eaux; il ne le cède qu'à la seule *victoria regia*, la reine des eaux des contrées tropicales, et l'emporte sur toutes les autres plantes aquatiques. La culture du nélumbium, dont on possède deux espèces, l'une à fleurs d'un blanc teinté de rose, l'autre d'un jaune d'or, est excessivement simple, on garnit le fond du bassin de vase d'étang, sans mélange d'aucune espèce d'engrais ou d'autre terre quelconque; les *rhizômes* ou faux tubercules des nelumbiums y sont plantés au printemps au fond de l'eau; ils ne tardent pas à émettre de larges feuilles qui viennent s'épanouir à la surface de l'eau; la plante fleurit vers la fin de l'été et se dépouille d'elle-même de ses feuilles à l'entrée de l'hiver, les racines hivernent dans la vase et rentrent en végétation au printemps de l'année suivante. Les *pontédérias*, les *lobélias* et une foule d'autres plantes aquatiques propres à la décoration des bassins dans les serres froides ou à l'air libre, prospèrent et fleurissent encore mieux dans le bassin de la serre tempérée où l'on peut leur associer la charmante *sensitive aquatique*, dont la racine flotte entre deux eaux et dont les tiges gracieuses se couvrent d'un feuillage rétractile au toucher comme celui de la sensitive ordinaire.

Plantes diverses de serre tempérée. — Dans le jardin d'hiver en serre tempérée, la végétation n'a plus, pour ainsi dire, aucun caractère européen; les myrtes, les orangers, les grenadiers, les lauriers-roses, que tous ceux qui ont voyagé dans le Midi ont pu voir en pleine terre à l'air libre, comme les pommiers des vergers du Nord, sont ici remplacés par des massifs de *browallia*, de *brugmansia* et d'autres arbustes florifères totalement étrangers à la flore d'Europe. Par-dessus ces massifs s'élèvent des touffes de *bambous* élancés, puis, çà et là, quelques-uns des arbres fruitiers de nos colonies des Antilles, tels que le *persea*, dont le fruit est la *poire d'avocat*; l'*eugénia*, à feuilles de myrte; l'*eucalyptus* et le *métrosidéros*,

tous trois représentant la flore de l'Australie, et pour couron-
nement quelques-unes des plus belles fougères en arbre de
la Nouvelle-Zélande et des iles de la Sonde. Quelques belles
plantes, aux formes bizarres, de la famille des cactées, spécialement des *opuntias,* de grandes dimensions, achèvent de
donner le dernier trait à la physionomie étrangère de cette
réunion de plantes précieuses qu'il est facile de faire croitre
en pleine terre dans la serre tempérée dans des conditions de
sol et de température peu différentes de celles de leur pays
natal.

En avant des massifs d'arbustes et de grandes plantes,
séparés par des pelouses de lycopode du Brésil, des compartiments formant le parterre du jardin d'hiver, reçoivent,
toujours en pleine terre, les collections d'*amaryllis*, d'*ixias*,
de *sparaxis* et d'*alstræmerias* aux fleurs abondantes, parées
des nuances les plus vives ou les plus délicates, tandis que
dans les vases suspendus aux cintres de la serre tempérée
s'épanouissent les fleurs élégantes d'un bleu velouté de la
torrenia asiatica, en société d'une foule de charmantes *gesnériacées.*

La culture de toutes ces plantes rentre dans les conditions
de celle des plantes précédemment décrites en détail ; toutes
se plaisent dans la terre de bruyère pure ou mélangée de terreau de feuilles ; celles qui ne donnent pas de graines fertiles
sont facilement multipliées de bouture, de marcotte ou de
greffe, et l'amateur, qui trouve toujours amplement dans sa
serre tempérée matière à tous les genres de multiplication,
peut, en utilisant ces ressources inépuisables, se procurer les
moyens d'enrichir ses collections par voie d'échange, non-
seulement sans frais, mais encore en goûtant le plaisir supplémentaire d'obliger des confrères en horticulture ; car souvent il suffit de l'échange de quelques plantes rares pour faire
naître l'amitié entre gens qui, sans cela, pouvaient être toute
leur vie hostiles ou indifférents.

Quand la serre tempérée n'est pas convertie en jardin d'hiver
et qu'elle ne contient pas de plantes en pleine terre, on choisit
pour y faire exécuter les travaux indispensables d'entretien

l'époque de l'année où le plus grand nombre des plantes est temporairement à l'air libre. Dans le cas contraire, si les peintres et les vitriers doivent être introduits dans le jardin d'hiver en serre tempérée, le propriétaire doit surveiller personnellement leurs opérations afin qu'ils y fassent le moins de dégât possible, car on ne peut espérer qu'ils n'en feront pas du tout.

CHAPITRE LIV

Plantes de serre chaude.

Plantes de serre chaude. — Orchidées. — Causes de leur cherté. — Difficulté de leur multiplication. — Orchidées épiphytes. — Orchidées terrestres. — Oncidium. — Fleur de l'oncidium papilio. — Oncidium carthaginense. — Aérides. — Leurs conditions de végétation. — Dendrobiums. — Leur culture analogue à celle des aérides. —Lælias. — Ornement
des cabanes des sauvages. — Miltonias. —Stanhopeas. — Parfum et bizarrerie de leurs fleurs. — Cattleyas. — Phalénopsis. — Uropédium. — Vanillier. — Sa végétation en pot. — En parasite sur bois ou sur muraille. —
Fécondation artificielle de ses fleurs. — Népenthès. — Ses urnes ou Ascidies. — Æschinantes. — Leur multiplication de bouture. — Abondance et
beauté de leur floraison.

Les serres chaudes ne sont pas très-communes en France;
il faut avoir à la fois un goût très-prononcé pour les végétaux
les plus rares de la Flore des contrées intertropicales, et
posséder une fortune assez considérable, pour pouvoir se permettre le luxe très-dispendieux d'une serre chaude dont la
construction et l'entretien coûtent fort cher, et qu'on ne peut
remplir que de plantes d'un prix très-élevé, en raison de la
difficulté de leur multiplication. En outre, la serre chaude ne
peut pas être, comme la serre froide et la serre tempérée,
transformée en jardin d'hiver; l'amateur de végétaux exotiques ne peut point y passer chaque jour les heures les plus
agréables de sa journée; il y règne en toute saison une si
haute température, qu'il est malsain d'y séjourner trop longtemps. Toutes ces considérations expliquent suffisamment
pourquoi, chez les amateurs d'horticulture, on rencontre
moins de serres chaudes que de serres froides ou tempérées.
Néanmoins, pour le riche amateur qui sait tenir compte des
avantages en compensation des inconvénients, la serre chaude
offre une source continuelle de plaisirs; on y cultive des
plantes auxquelles on ne saurait donner nulle part ailleurs

l'hospitalité qui leur convient; on y peut goûter à chaque instant la vive satisfaction qui résulte d'une lutte heureuse contre l'obstacle, d'une victoire remportée sur la difficulté.

Les diverses séries de plantes qu'admet la serre chaude sont toutes à peu près au même degré difficiles à bien cultiver ; l'amateur qui veut réussir dans leur culture doit en faire sa principale occupation. On peut considérer comme plantes de collection de serre chaude les *orchidées*, les *broméliacées* et les *palmiers*.

ORCHIDÉES. — Les orchidées sont, sans contredit, les êtres les plus excentriques de tout le règne végétal; leurs fleurs n'ont, pour ainsi dire, aucun rapport de forme avec celles des autres plantes; les bulbes et les tubercules sont remplacés chez elles par des rhizômes ou *pseudo-bulbes*, aux formes bizarres; les racines proprement dites , au lieu de plonger dans le sol et d'y puiser les aliments du végétal dont elles font partie, s'implantent en parasites dans les fentes de l'écorce des grands arbres, ou bien, balancées dans l'air et terminées par des mamelons à surface verte, elles font vivre exclusivement plusieurs orchidées aux dépens de l'atmosphère, et prennent pour cette raison le nom de *racines aériennes*. Dans l'intérieur de la fleur, les organes reproducteurs ne s'éloignent pas moins des formes habituelles et de la manière ordinaire de fonctionner des étamines et des pistils des fleurs régulières. En général, les fonctions de ces organes s'accomplissent très-lentement chez les orchidées; la présence de la corolle, partie la plus apparente de la fleur, ayant précisément pour but de protéger ces organes pendant l'acte mystérieux de la fécondation, tant que cet acte n'est pas accompli , la corolle persiste, c'est ce qui rend suffisamment compte de la durée extraordinaire de la floraison de beaucoup d'orchidées , il en est dont les corolles tiennent pendant plus d'un mois. Cette persistance, aux yeux de l'amateur d'orchidées, compense jusqu'à un certain point la rareté de la floraison de la plupart de ces plantes qui ne fleurissent presque jamais avec une périodicité sur le retour de laquelle il soit permis de compter.

Les orchidées sont après les palmiers et presque sur la même ligne sous ce rapport, les plus chères de toutes les plantes d'ornement. Quoique l'époque à laquelle elles ont commencé à être en faveur dans les serres d'Europe soit déjà assez éloignée de la nôtre, le prix des orchidées a peu diminué; nous avons eu déjà précédemment occasion de faire observer que le prix d'une plante d'ornement quelconque ne peut pas s'élever beaucoup lorsque, soit de bouture ou de marcotte, soit par le semis de ses graines , cette plante peut être multipliée rapidement et facilement. Une plante ne peut pas non plus baisser sensiblement de prix, quand on ne peut employer aucun de ces procédés pour sa multiplication sur une grande échelle. Or, les orchidées ne donnent ni tiges ni rameaux qui puissent être bouturés ou marcottés; elles ne produisent presque jamais de graines fertiles dans les serres d'Europe, et ne peuvent se propager que par la division des pseudo-bulbes, moyen qui ne réussit pas toujours. Il est d'ailleurs impossible de faire venir des graines d'orchidées de leur pays d'origine; les orchidées ne croissent naturellement qu'à l'ombre des forêts des pays à la fois les plus chauds et les plus humides du globe. Dès que les graines qui toutes sont excessivement petites et ressemblent à une poussière très-divisée, arrivent à maturité, elles se dispersent dans tous les sens; celles qui rencontrent des conditions favorables lèvent et perpétuent les espèces; les autres perdent en très-peu de temps leurs propriétés germinatives; il serait par conséquent inutile de chercher à les recueillir pour les expédier aux horticulteurs d'Europe, qui ne sauraient en tirer parti. Ces faits montrent comment et pourquoi la culture des orchidées reste et doit rester le partage d'un nombre très-limité de riches amateurs qui peuvent leur consacrer une serre particulièrement appropriée aux exigences de leur végétation.

Serre aux orchidées.—La serre aux orchidées est ordinairement à un seul versant, de forme bombée, faisant face à l'Est ou à l'Ouest; elle doit être abondamment pourvue d'eau pour les arrosages et les bassinages fréquents dont les orchidées ont continuellement besoin; elle est précédée d'un vestibule assez spacieux pour que, dans aucun cas, l'air extérieur n'y puisse être introduit brusquement, avant d'avoir été amené à la température de l'atmosphère intérieure de la serre.

Les orchidées, par rapport à leur culture se divisent en *épiphytes* et *terrestres*. Les orchidées épiphytes croissent à l'état sauvage sur les branches des arbres des régions tropicales, comme le gui sur nos pommiers et nos chênes. On les cultive en serre chaude soit dans de petits paniers de fil de fer suspendus, où la base de leurs rhizômes se trouve entourée de mousse humide dans laquelle elles étendent leurs racines, soit sur des morceaux de liége ou de bois à écorce rugueuse, garnis de mousse; les orchidées y sont maintenues au moyen de fils de plomb, jusqu'à ce qu'elles s'y soient accrochées par leurs racines. Les orchidées terrestres sont cultivées dans des pots, comme toutes les autres plantes; on leur donne une terre de bruyère plus ou moins tourbeuse, soit émiettée, soit coupée en fragments entre lesquels l'air peut circuler.

Les genres de la famille des orchidées les plus recherchés des amateurs sont en première ligne les *oncidiums*, les *aérides* et les *deudrobiums*, et en seconde ligne, les genres *lælia*, *miltonia*, *cattleya*, *stanhopea*, *phalænopsis* et *uropédium*.

ONCIDIUM. — La fleur des orchidées du genre oncidium se recommande entre toutes par sa ressemblance avec divers insectes. On peut s'en convaincre par l'inspection de la fleur de l'*oncidium papilio*, qui ressemble parfaitement à un papillon (fig. 107). Ce qui complète l'illusion à cet égard, c'est que la tige florale, longue de 80 centimètres à 1 mètre, presque droite et d'un vert sombre, fait l'effet d'une baguette au sommet de laquelle apparait la fleur comme un papillon qui serait venu s'y poser.

Les oncidiums sont en partie épiphytes, en partie terrestres; les espèces épiphytes se cultivent sur des pièces de bois suspendues aux arcades de fer de la serre chaude, sous l'empire d'une température de 20 à 25 degrés. Tant que leur végétation reste stationnaire, il suffit de les tenir modérément humides; ils prennent leur part de l'humidité tiède qui doit

toujours régner dans la serre aux orchidées. Dès qu'ils se
disposent à fleurir on les place le plus près des conduits de

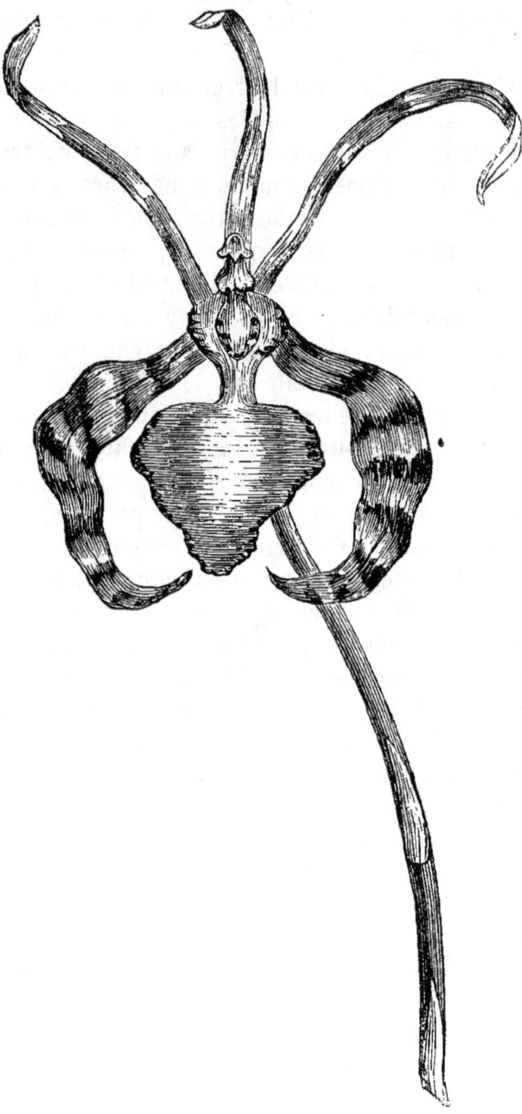

Fig. 107. Oncidium papilio.

chaleur et on les asperge fréquemment pour favoriser le développement de leurs tiges florales, après la floraison, on les remet dans leur première situation. Les espèces terrestres sont plantées en pots dans des fragments de terre de bruyère tourbeuse du volume de quelques centimètres cubes chacune; elles sont d'ailleurs, quant à la température et aux bassinages, cultivées dans les mêmes conditions que les espèces épiphytes.

Le genre oncidium renferme des espèces d'une incomparable beauté, telles que l'*oncidium papilio* et l'*oncidium roseum*; d'autres, sans être aussi brillantes, se recommandent comme l'*oncidium carthaginense*, par l'odeur agréable et la profusion de leurs innombrables petites fleurs jaunes zébrées de brun, semblables à de gracieux insectes.

AÉRIDES. — Les aérides sont toutes considérées comme épiphytes, et elles le sont en effet dans ce sens que, fixées sur l'écorce d'un morceau de bois, elles y fleurissent parfaitement; mais ce support ne leur est même pas indispensable. On peut les suspendre au moyen d'un fil de plomb dans le lieu le mieux chauffé de la serre, et se contenter d'entourer la base de leurs rhizômes avec de la mousse humide; leurs racines s'étendront dans l'air de tous côtés; les aérides ne réclament pas d'autres moyens d'existence. Contrairement à la tendance générale des fleurs de la presque totalité des végétaux, dont les tiges florales s'élèvent au-dessus de leur feuillage pour que la floraison ait lieu en plein air et en plein soleil, les aérides laissent pendre leurs tiges florales de haut en bas, ce qui ajoute à la singularité de leur effet ornemental. On en possède un assez grand nombre d'espèces, toutes fort jolies, mais à floraison capricieuse et qui, très-bien portantes en apparence et en bon état de végétation, restent longtemps stationnaires sans se décider à fleurir.

DENDROBIUMS. — Comme les aérides, les dendrobiums laissent pendre de haut en bas leurs tiges florales qui décrivent une courbe gracieuse et se couvrent de fleurs d'une incomparable fraîcheur de coloris; chaque plante donne toujours plusieurs tiges florales dont les fleurs ne s'épanouissent

pas toutes à la fois, de sorte qu'elles contribuent longtemps à
l'ornement de la serre chaude. On peut attacher les dendrobiums à des morceaux de bois en les entourant de mousse
humide à la base des rhizômes ; mais leur végétation marche
mieux quand on les plante dans des corbeilles de fil de fer
remplies de fragments de terre de bruyère tourbeuse semblables à ceux qu'on emploie pour la culture des oncidiums terrestres. La manière dont les dendrobiums jettent de différents
côtés leurs longues grappes de fleurs pendantes, accouplées
deux par deux, rend leur aspect bien plus agréable lorsqu'elles
sont cultivées dans des corbeilles suspendues, où rien ne
gêne l'expansion de leurs tiges dans l'air qui semble être
leur élément, comme il est celui des aérides.

LÆLIAS. — Les orchidées du genre lælia sont généralement
terrestres. Dans l'intérieur de l'Amérique du Sud, les naturels
du pays, frappés de la beauté des fleurs des lælias et de plusieurs autres orchidées des genres voisins, en tapissent le sommet de leurs cabanes, comme dans plusieurs de nos départements les habitants des campagnes se plaisent à couvrir de
touffes d'iris la partie extérieure des fours. Les lælias fleurissent longtemps et assez régulièrement; elles fournissent un assez
grand nombre de jeunes rhizômes qui servent à les multiplier.
Leur culture est celle des autres orchidées terrestres ; il ne
faut séparer les jeunes rhizômes des anciennes touffes que
dans un moment où leur végétation est à l'état de repos ;
autrement, la floraison des plantes toutes formées serait compromise.

MILTONIA. — La plupart des plantes de ce beau genre sont
épiphytes et se cultivent sur des morceaux de bois suspendus ; leurs fleurs sont aussi belles que parfumées, elles fleurissent moins fréquemment que les lælias.

CATTLEYAS. — Les orchidées du genre cattleya n'ont pas
la bizarrerie de formes et l'étrangeté de coloris des oncidiums ;
mais elles l'emportent sur les autres orchidées par l'ampleur
de leurs corolles dans lesquelles dominent les nuances roses,
lilas et pourpre foncé. Avec des soins et de la patience, en
les traitant comme les orchidées terrestres et leur donnant un

mélange de terre de bruyère et de mousse dans des pots suffisamment spacieux, on finit par en former des touffes volumineuses à floraison brillante et prolongée. Elles redoutent
en général l'excès de chaleur qui convient aux autres orchi
dées; on doit leur réserver les places les moins chauffées de
la serre chaude.

STANHOPEAS. — Les fleurs des orchidées du genre stanhopea sont plus bizarres que belles; leur coloris n'a rien de
brillant; l'épaisseur de leurs corolles charnues les fait res-
sembler à des fleurs imitées en cire ou en sucre. On les rencontre néanmoins dans toutes les collections d'orchidées, elles
y sont regardées comme indispensables en raison de leur parfum qui ne ressemble à aucun autre et qui rappelle à la fois,
à l'odorat, la boutique d'un parfumeur et celle d'un confiseur.
Ce genre de parfum est surtout développé chez une stanhopea,
surnommée pour cette raison odoratissima. Toutes les stanhopeas sont épiphytes; elles fleurissent assez facilement dans
les parties les plus chaudes de la serre aux orchidées; on les
fixe avec du fil de plomb sur l'écorce de morceaux de bois
suspendus, en entourant la base des rhizômes avec de la
mousse humide. On en possède une douzaine d'espèces à fleurs
odorantes qui se soutiennent très-longtemps.

PHALÉNOPSIS. — Ce genre n'est pas riche en espèces; mais
sa floraison, au lieu d'être seulement étrange comme celle
des stanhopeas, est aussi gracieuse que singulière; elle justifie le surnom d'*amabilis*, donné par les botanistes à l'espèce
la plus répandue dans les collections. Sa culture est celle des
orchidées épiphytes; elle ne fleurit bien qu'à l'aide de beaucoup d'humidité et d'une chaleur soutenue.

UROPÉDIUM. — Les espèces peu nombreuses du genre uropédium ne méritent une mention que comme échantillon de
l'excès de la bizarrerie dans la floraison des orchidées; celle
que nous avons dessinée dans les serres de MM. Thibaut et
Ketteleer, portée sur une hampe de 40 centimètres environ,
est d'un jaune verdâtre, avec des lignes d'un brun noir; les
appendices de la corolle touchent jusqu'à terre. La culture des
uropédiums est moins difficile que celle de beaucoup d'autres

orchidées ; on peut leur donner, au lieu de terre de bruyère tourbeuse, une bonne terre ordinaire de jardin, plus légère

Fig. 108. Uropédium.

que forte; il faut les tenir dans les places les moins chauffées
tant qu'elles ne fleurissent pas, et les rapprocher des tuyaux
de chaleur quand elles se disposent à fleurir (fig. 108).

En dehors des orchidées de collection, quelques plantes de
cette famille sont l'ornement indispensable de la serre chaude,
en raison de divers genres de mérite propres à chacune d'elles;
la plus digne des soins de l'amateur, sous tous les rapports,
c'est assurément le *vanillier*.

VANILLIER. — Dans son pays natal, au Mexique, le vanillier
est une de ces lianes d'un développement immense, qui se
balancent d'un arbre à un autre et finissent souvent par
étouffer de leur puissante végétation parasite l'arbre aux
dépens duquel elles vivent en implantant dans son écorce les
suçoirs de leurs longues racines aériennes. Dans la serre aux
orchidées, les jeunes plantes de vanillier, obtenues de bouture,
sont plantées en pots dans de la terre de bruyère tourbeuse,
elles y prennent un accroissement assez rapide. On peut les
y laisser tant que les racines aériennes ne se montrent pas sur
leurs tiges; dès que ces racines apparaissent, la plante ne
peut plus vivre exclusivement aux dépens de la terre du pot
par ses racines terrestres; elle tend à commencer à vivre
comme orchidée épiphyte. On place alors à sa portée un tronc
d'arbre sur lequel elle s'accroche d'elle-même; à partir de ce
moment, elle ne demande plus que des aspersions fréquentes
et une chaleur soutenue pour fleurir avec abondance et prendre
un grand développement. A défaut de tronc d'arbre, si les dispositions intérieures de la serre aux orchidées en rendent
l'emploi difficile, on peut placer les jeunes vanilliers en pot
au pied du mur du fond de la serre; ils ne tarderont pas à y
grimper d'eux-mêmes et à en garnir la surface, comme le
ferait un pied de lierre à l'air libre.

La floraison du vanillier n'est pas brillante; ses fleurs, d'assez
grandes dimensions, sont d'un blanc verdâtre et n'ont rien de
bien remarquable comme ornement. Longtemps le vanillier a
été cultivé dans la serre chaude sans fructifier; en 1836, feu
M. Neumann, alors jardinier en chef des serres du Muséum
d'histoire naturelle, eut l'heureuse idée de prendre avec un

pinceau le pollen et de l'appliquer directement sur les organes femelles des fleurs qui tout aussitôt devinrent fécondes et produisirent de longues gousses de vanille dont l'odeur ne le cédait en rien à celle de la vanille récoltée dans le Nouveau Monde. Aujourd'hui, tout le monde peut pratiquer avec le même succès ce procédé d'une exécution facile. Il ne faut féconder artificiellement de cette manière les fleurs du vanillier, que lorsqu'elles sont complétement épanouies et que leurs organes reproducteurs sont bien développés ; l'heure la plus favorable pour cette opération est entre onze heures et midi.

Parmi la multitude de plantes rares qui ne peuvent prospérer que dans la serre aux orchidées, on peut recommander spécialement aux amateurs les *népenthès* et les *æschynanthes*, les uns pour la singularité de leur végétation, les autres pour la beauté de leur floraison et la richesse de leur coloris.

NÉPENTHÈS. — La fleur du népenthès est verdâtre, et sans aucune valeur ornementale ; c'est cependant en raison de sa rareté et des difficultés de sa multiplication, une des plantes de serre chaude dont le prix est le plus élevé. Ce qu'on cherche à faire développer dans la népenthès, ce ne sont pas les fleurs très-peu apparentes, et qui du reste ne sont d'aucune utilité, parce qu'elles ne produisent pas de graines fertiles dans les serres d'Europe ; ce sont les ascidies ou vases en forme d'urne antique qui terminent les vrilles ou filaments contournés en spirale, dont la plante est munie. L'extrémité des vrilles commence par s'aplatir et se replier sur elle-même en godet ; son développement est des plus curieux ; il finit par en résulter une sorte de pot à l'eau avec son couvercle, quelquefois d'une assez grande capacité. Les népenthès, originaires de Ceylan et de l'Indo-Chine, y croissent dans les terrains marécageux ; leur urne ou ascidie est constamment remplie d'une eau très-claire ; le même phénomène s'obtient dans la serre aux orchidées pourvu qu'on ait soin d'arroser abondamment la terre des pots où vivent les népenthès. Ces plantes demandent une situation très-chaude mais ombragée ; on les multiplie par la séparation des rejetons, assez difficiles à élever ; les plantes faites, munies d'une ou deux ascidies, même quand elles ne fleurissent pas, sont d'un prix aussi élevé que celui des plus brillantes orchidées.

ÆSCHYNANTES. — La disposition des æschynanthes à laisser pendre dans toutes les directions leurs longues tiges grêles terminées par des fleurs d'un coloris éclatant, en bouquets ou en ombelles, en fait un des plus gracieux ornements de la serre chaude; elles sont d'autant mieux placées parmi les orchidées que leur culture est de point en point celle des aérides et des dendrobiums. On sait que la floraison de toutes les orchidées est capricieuse, et qu'il est toujours plus ou moins difficile de les multiplier; les æschynanthes, au contraire, reprennent de bouture aussi aisément que des achimenès, et égayent la serre aux orchidées, par leur floraison inépuisable.

CHAPITRE LV

Plantes de serre chaude (suite).

Palmiers. — Genres admis dans la serre chaude. — Cocotier. — conditions de germination des cocos. —Difficulté de l'élevage des jeunes cocotiers.— Dattier. — Semis des noyaux de dattes. — Forêt de dattiers en Égypte. — Bouturage des drageons de dattier. — Latanier. — Rareté de sa floraison en Europe. — Areca. — Caryota. — Broméliacées. — Singularité de leur coloris. — Genres admis dans la serre chaude. — Bananiers. — Leur culture en serre chaude. — Valeur alimentaire de leurs fruits. — Gloxinias. — Leur culture en serre chaude. — Amhertia nobilis. — La plus belle entre toutes les plantes du globe. — Conclusion.

PALMIERS. — On sait que le père de la botanique, Linné, avait surnommé les palmiers *les princes des végétaux* (*principes vegetantium*); les jardiniers les nomment avec plus de raison *les végétaux des princes*. Il faut posséder en effet une fortune princière pour loger convenablement une collection de palmiers dans une serre chaude dont la hauteur sous verre ne peut pas être de moins de 4 à 5 mètres, pour chauffer à la température de 15 à 25 degrés une serre aussi élevée, et enfin pour la peupler de plantes dont les moindres, en beaux échantillons, coûtent des sommes fabuleuses.

Les palmiers de l'ancien et du nouveau continent sont très-nombreux, tous d'une rare élégance de formes, presque tous recommandables sous leur climat natal par la somme des produits utiles qu'ils fournissent à l'alimentation ou à l'industrie. Les palmiers admis le plus généralement dans les serres d'Europe appartiennent aux genres *cocos*, *phœnix*, *latania*, *areca* et *caryota*. Tous ces palmiers fleurissent rarement et ne mûrissent jamais leur fruit dans nos serres; ils n'y sont cultivés qu'en raison de la magnificence de leur feuillage regardé comme l'emblème du triomphe dès la plus haute antiquité.

COCOTIER. — (*cocos-nucifera*). Cet arbre est au nombre de ceux qui rendent au genre humain le plus de services dans

les régions intertropicales ; son fruit à demi mûr donne une
boisson saine et nourrissante, sous le nom de lait de cocos ;
sa chair est un aliment très-sain lorsqu'il est parvenu à maturité ; l'huile de ses amandes est propre à une foule d'usages
domestiques et industriels ; les fibres de son enveloppe forment des balais d'un excellent service ; la coque de sa noix
tient lieu d'écuelles, et pendant une partie de l'année, son
ombrage tient lieu d'habitation. Les livres des anciens sages
de l'Inde ont tous pour frontispice un homme lisant un ma-
nuscrit, couché à l'ombre d'un cocotier chargé de fruits, emblème qui signifie qu'avec le cocotier capable de pourvoir à
lui seul à la plupart de ses besoins, l'homme a le loisir de se
livrer aux études spéculatives.

Dans les serres d'Europe, le cocotier, malgré les soins les
plus attentifs, ne vit jamais un grand nombre d'années, et ne
peut, par conséquent, acquérir de bien fortes dimensions. On
le multiplie de semis ; les cocos dont on désire obtenir de
jeunes plantes, sont mis en terre de bruyère tenue constamment humide. Pour les décider à germer, il faut les exposer
à une très-haute température, tout près des tuyaux du thermosiphon de la serre aux orchidées, et ne les rapporter dans
la serre chaude aux palmiers, que quand leurs premières
feuilles sont bien développées. Les jeunes cocotiers ont toujours besoin de beaucoup de chaleur et d'arrosages fréquents ;
on les cultive dans des caisses spacieuses, remplies d'un
mélange de terre de bruyère et de terreau très-consommé.
Ceux qu'on parvient à conserver assez longtemps pour qu'ils
se forment une belle touffe de feuilles, se vendent à des prix
très-élevés.

DATTIER.—(*phœnix dactylifera*). Les produits du palmier-dat-
tier tiennent une place très-importante dans l'alimentation des
peuples de l'Afrique ; la facilité de conservation des dattes et
leurs propriétés très-nourrissantes sous un petit volume, les
rendent particulièrement propres à servir d'approvisionnement aux voyageurs qui traversent en caravanes les déserts
de cette partie du monde. Dans le Darfour et les autres États
de l'Afrique orientale, où la monnaie est à peu près inconnue,

des caisses de dattes d'un poids déterminé, ayant une valeur acceptée de tout le monde, tiennent lieu de moyen d'échange pour les ventes et les achats de quelque importance. Dans les serres d'Europe, le dattier ne donne pas de fruits; mais il fleurit assez souvent, vit fort longtemps, et prend en vieillissant de très-fortes proportions.

On multiplie le dattier principalement par le semis des pepins de dattes, dont l'enveloppe est dure comme de la corne, et qui néanmoins lèvent facilement, même sous l'empire de conditions en apparence très-peu favorables. C'est en tirant parti de cette particularité que le vice-roi d'Égypte, Méhémet-Ali, a réussi à arrêter dans son pays les sables mouvants des déserts sur les limites des terres cultivables, en y plantant plusieurs rangs de dattiers. Les fruits de ces dattiers forment une branche de revenu considérable; les pepins de ceux qui tombent à terre, c'est-à-dire sur le sable, ont germé et formé une forêt qui remplit d'autant mieux sa destination qu'elle s'élargit tous les ans en empiétant sur le désert.

On cultive les dattiers dans le même mélange indiqué pour les cocotiers. Parvenus à un certain âge, ils produisent à leur base des bourgeons qu'on peut détacher et utiliser pour la multiplication, en les traitant comme des boutures.

LATANIER. — (*latania rubra*). Le latanier diffère des autres palmiers par la forme de sa feuille qui représente un vaste éventail, et qui lui donne un aspect des plus pittoresques. On le multiplie par le semis de ses graines qu'on fait venir principalement de l'île Bourbon, son pays natal; sa culture est celle du cocotier. Le latanier vit très-longtemps dans la serre chaude; il y devient presque aussi grand que sous le climat des tropiques, mais il y fleurit très-rarement. Un très-beau latanier, après un demi-siècle d'existence dans la serre chaude du Muséum d'histoire naturelle, y a fleuri pour la première fois en 1857; il y a peu d'autres exemples de la floraison du latanier en Europe.

AREGA. — Les palmiers du genre areca n'ont pas dans leur pays d'origine la même importance que les précédents et ne fournissent pas la même somme de produits utiles. Mais, pour

l'ornement des serres chaudes, on leur accorde une préférence
justifiée par la beauté de leurs formes et l'élégance de leur
feuillage d'un très-beau vert, et plus encore par la facilité de
leur culture. A la rigueur, les palmiers de ce beau genre se
contenteraient de la serre tempérée ; mais ils croissent plus
vite et mieux dans la serre chaude, où ils doivent être traités
comme le cocotier.

CARYOTA. — On multiplie les palmiers du genre caryota
par le semis de leurs graines tirées des îles Moluques, leur
pays d'origine ; une seule espèce donne des drageons enracinés
qui servent à sa multiplication, ce qui leur a valu le surnom
de *sobolifera*. La culture de tous ces palmiers remarquables
par les piquants dont sont armées les côtes de leurs feuilles,
est celle du cocotier.

BROMÉLIACÉES. — Les plantes d'ornement de la famille des
broméliacées offrent toutes une grande ressemblance avec
l'ananas, type de cette famille, par la manière dont sont groupées leurs feuilles charnues, épaisses et tranchantes comme
celles de l'ananas. Leur culture est celle des orchidées terrestres ; elles prospèrent dans une terre de bruyère tourbeuse,
soit grossièrement émiettée, soit divisée en fragments mêlés
à de la mousse humide. Mais, comme elles n'exigent pas le
même degré d'humidité que les orchidées, on les réserve pour
orner la serre chaude consacrée soit aux palmiers, soit aux
plantes assorties de serre chaude autres que les orchidées,
cultivées, comme on l'a vu précédemment, dans une serre à
part.

Les broméliacées le plus généralement admises dans la
serre chaude, appartiennent aux genres *aechmea*, *bilbergia*,
tillandsia et *gusmannia*. L'effet ornemental de ces plantes
tient à une circonstance particulière de leur végétation. Les
fleurs, d'un coloris très-brillant, sont portées sur une tige florale également colorée, et accompagnées de bractées dorées
comme la tige et les fleurs, des couleurs les plus vives ; ni la
tige, ni les bractées, ni les fleurs ne sont chez les broméliacées de la même couleur ; il en résulte une opposition de
nuances toutes très-brillantes, de l'effet ornemental le plus

saisissant. On multiplie les broméliacées d'ornement par la séparation des œilletons qu'elles donnent fréquemment à leur base, comme les ananas. Quelques-unes donnent aussi des graines fertiles, et peuvent être multipliées de semis. Elles veulent être arrosées largement, surtout à l'époque de leur floraison, et ne doivent jamais sortir de la serre chaude.

BANANIERS. (*Musa sapientium*). — Les bananiers rendent autant de services aux hommes des contrées tropicales que les cocotiers et les dattiers; la banane est la base de la nourriture de populations entières auxquelles elle ne coûte que la peine de la cueillir. Le plus productif et le plus facile à cultiver de tous les bananiers, est le bananier nain de la Chine qui fructifie abondamment dans les serres chaudes d'Europe. Il y a quelques années, un missionnaire anglais désirant préserver des famines périodiques les habitants de l'un des archipels de l'Océanie, leur porta des plants de bananiers dont il avait étudié la culture dans les serres du feu duc de Devonshire à Chastworth; l'introduction de ce seul végétal, bientôt répandu dans toutes les îles du voisinage, sauva pour jamais les pauvres insulaires des retours de la disette inconnue chez eux depuis cette époque.

Dans la serre chaude, le bananier est à la fois plante d'ornement par son feuillage d'une ampleur sans égale et du plus beau vert velouté, et par ses grappes pendantes de fleurs bizarres nommées *régimes*, auxquelles succèdent des fruits un peu fades, mais très-nourrissants qui se mangent crus ou cuits sur le gril. On ne peut pas donner au bananier le nom d'arbre, car il n'a pas de tige dans le vrai sens de cette expression; ce qui figure un tronc chez le bananier, c'est la réunion des pédoncules des feuilles emboîtés et comme soudés les uns dans les autres. La tige véritable est une simple hampe qui s'élève au-dessus de la touffe des feuilles et s'incline vers le sol avant de fleurir; ainsi les plus grands bananiers ne sont, en définitive, que des plantes herbacées, de proportions extraordinaires.

Le bananier est, en raison même de l'ampleur de son feuillage et de l'activité de sa végétation, une plante très-vorace,

il faut le planter dans une bâche ou fosse établie dans la
serre chaude et remplie de terre de jardin très-substantielle,
de bon terreau de couches rompues et de terre de bruyère,
par parties égales. Ce mélange ne peut servir qu'une fois;
quand il a nourri une seule génération de bananiers et que
celle-ci a porté fruit, avant de renouveler la plantation, il
faut remplacer par du compost entièrement neuf, celui dont
on arrache les bananiers épuisés. Dans les serres chaudes
dont un compartiment est consacré à la culture des bananiers,
le plant est mis en place à deux mètres de distance dans une
bâche profonde d'un mètre et large d'un mètre 50. Les bananiers donnent des rejetons qui servent à les multiplier; il
leur faut des arrosages abondants et fréquents pendant tout
le cours de leur végétation. Cultivés uniquement comme
plantes d'ornement et associés aux palmiers dans la serre
chaude, les bananiers y produisent l'effet le plus pittoresque.

La série des plantes d'ornement de serre chaude est extrêmement nombreuse; elle comprend des végétaux florifères de
toutes les dimensions, grâce auxquels il y a en toute saison
des fleurs dans la serre chaude. L'un des genres les plus
précieux parmi les plantes de petite taille très-florifères, c'est
le genre gloxinia si riche en belles espèces et variétés qu'il
s'est presqu'élevé au rang de plantes de collection. Les gloxinias sont cultivées en terre de bruyère dans les parties les
mieux chauffées de la serre; elles ont besoin d'arrosements
très-fréquents. Les plus belles variétés de gloxinias donnent
souvent des graines fertiles dont le semis fait naitre fréquemment de nouvelles sous-variétés; les anciennes se conservent
par la séparation des jeunes tubercules, on peut aussi les
propager par boutures de feuilles qui s'enracinent assez facilement sous cloche, à l'étouffée.

Nous ne pouvons mieux clore la description des plus beaux
végétaux de serre chaude et de leurs procédés de culture,
qu'en rendant hommage à celle à laquelle les botanistes et les
horticulteurs ont décerné d'un commun accord le prix de la
beauté entre toutes les productions les plus brillantes du
règne végétal; elle est dédiée à lord Amherst, ancien ambas-

sadeur d'Angleterre à la Chine; elle a été nommée en son honneur *amherstia nobilis*. Pour s'en former une idée, il faut se représenter un arbre à tête gracieuse, de la famille des légumineuses, dont le feuillage offre la disposition élégante et régulière de celui du robinier, avec l'ampleur de celui des plus beaux palmiers. De la base des rameaux partent des grappes de fleurs qui n'ont pas moins d'un mètre à un mètre et demi de long; chacune de ces fleurs en particulier est parée de couleurs d'une vivacité éblouissante.

Introduite il y a quelques années seulement dans les serres d'Europe, l'*amherstia nobilis* y a fleuri déjà plusieurs fois en Angleterre; on comprend que le plaisir de la voir croître et fleurir ne peut être réservé qu'à un bien petit nombre d'amateurs opulents. Sa culture est celle des palmiers; on la plante ordinairement en pleine terre dans la bâche de la serre chaude; elle y prospère mieux que dans une caisse même suffisamment spacieuse.

Nous voici au terme de ce travail dans lequel nous avons réuni toutes les données qui peuvent justifier son titre; celui qui nous prendra pour guide et s'astreindra à suivre de point en point nos indications, aura, nous pouvons le lui promettre, selon les conditions locales et le genre de culture qu'il adoptera, les plus beaux légumes, les meilleurs fruits, les plus belles fleurs dans le parterre et dans la serre; il goûtera la plus inoffensive des satisfactions, celle du succès dans un travail à la fois agréable et utile, et nous serons heureux de penser que nombre de gens étrangers jusqu'ici à l'art du jardinage, devront cette satisfaction au JARDINIER DE TOUT LE MONDE.

NOTE

SUR LE JARDINAGE SANS JARDIN.

On n'a pas négligé, dans le cours de cet ouvrage, de donner, chaque fois que l'occasion s'en est offerte, quelques instructions sur les soins que réclament certaines plantes d'ornement, pour croître et fleurir dans une chambre habitée, ou sur l'appui d'une fenêtre. Néanmoins, il y a dans les villes tant de gens que leurs affaires y retiennent toute l'année et pour lesquels c'est une cruelle privation de se passer d'un jardin, que le JARDINIER DE TOUT LE MONDE croit leur devoir des conseils plus complets et plus détaillés : tel est l'objet de cette note.

En principe, il ne faut pas songer à égayer un appartement en y cultivant quelques plantes d'ornement, si l'on n'a pas pris d'avance la résolution de leur accorder des soins assidus. Les plus nécessaires de ces soins sont les arrosages donnés toujours avec de l'eau à la température de l'appartement, jamais avec de l'eau glacée, telle qu'elle sort du puits ou de la fontaine. Il faut en outre essuyer de temps en temps les feuilles des plantes avec un tampon de linge fin ou un morceau d'éponge très-légèrement humide; quant à celles qui, comme les bruyères, ont au lieu de feuilles des aiguilles qu'il ne faut pas songer à nettoyer une à une, on doit profiter de toutes les occasions de les exposer à une bonne ondée de pluie douce et bienfaisante, ou bien les arroser en les tenant dans une position inclinée, pour que leur feuillage seul soit bassiné sans mouiller avec excès la terre des pots où vivent leurs racines.

En plein hiver, c'est un grand plaisir pour les personnes sédentaires de voir végéter, les unes dans du terreau tenu constamment humide, les autres dans de l'eau pure, de belles plantes bulbeuses d'ornement. Les *crocus* et les tulipes-duc de Tholl, à fleurs fond rouge bordé de jaune, ne fleurissent bien que dans le terreau; on peut, au contraire, faire fleurir dans de l'eau pure des jacinthes, des narcisses-jonquilles, et même l'admirable *lis de saint Jacques* (*amaryllis*), l'une des plus belles entre toutes les plantes bulbeuses d'ornement. Un soin très-important quant à ces dernières plantes, c'est celui de tenir constamment remplis d'eau les vases qui les contiennent, de telle sorte que la *couronne*, c'est-à-dire le bourrelet qui entoure le plateau, soit en contact continuel avec l'eau, et que le reste de l'oignon soit à découvert. Si, par négligence, on laisse le sommet des racines un jour ou deux seulement en contact avec l'air, en oubliant de remplir les carafes en temps opportun, la végétation éprouve un temps d'arrêt; il n'en faut pas davantage pour faire manquer la floraison.

Les cactées naines sont parfaitement à leur place sur une élégante étagère suspendue entre deux fenêtres, au mur d'un salon ou d'une chambre habitée. Les plus jolies vivent et fleurissent en compagnie d'une grande variété d'autres plantes grasses également naines, dans des pots dont le diamètre ne dépasse pas celui d'un coquetier. Ces pots, en terre rouge, sont placés sur les dressoirs de l'étagère, chacun dans une très-petite soucoupe de même terre; il ne faut les arroser en hiver que juste assez pour prévenir leur complète dessiccation, et recommencer à leur donner une cuillerée d'eau par pot tous les matins, seulement quand elles rentrent en végétation et qu'elles se disposent à fleurir. Si l'espace disponible permet d'admettre de plus une jardinière d'appartement, ce meuble élégant, contenant une capsule de zinc remplie de terre, reçoit en hiver pour décoration principale des *camellias*, des *bruyères*, des *pimélées*, et d'autres plantes à fleurs inodores, à floraison prolongée, auxquelles succèdent sans interruption les plus belles plantes d'ornement de chaque saison. Pour ceux qui n'ont à leur disposition ni jardin ni serre, et qui ne veulent pas être obligés à fréquenter continuellement les marchés aux fleurs, le meilleur procédé pour l'entretien d'une

jardinière d'appartement, c'est de s'abonner avec un horticulteur qui, moyennant une rétribution mensuelle modérée, se
charge de reprendre les plantes dont la floraison est épuisée,
et de les remplacer par d'autres prêtes à fleurir.

C'est déjà beaucoup pour un amateur de fleurs privé d'un
jardin que d'avoir à soigner des plantes bulbeuses sur sa
cheminée, des plantes grasses naines sur son étagère, et un
assortiment de plantes variées dans sa jardinière d'appartement. Il peut se procurer en horticulture des plaisirs encore
plus variés s'il est en mesure de se donner le luxe d'une serre
portative, soit froide, soit chauffée par une lampe à esprit-de-
vin. Sous cet abri, placé sur le guéridon au centre du salon,
il pourra, dans des pots semblables à ceux des plantes grasses naines remplis de terre de bruyère, multiplier de semis,
de bouture, de marcotte et de greffe, presque toutes les séries de végétaux d'ornement, d'orangerie, de serre froide et
de serre tempérée.

La sphère du jardinage, praticable pour l'amateur sans sortir de chez lui, s'élargit de plus en plus lorsque l'appartement
qu'il occupe est orné de balcons à l'exposition du midi, de l'est
ou de l'ouest ; celle du nord n'admet pas d'autre décoration
qu'un encadrement de lierre, qui ne manque pas de charme
par la perpétuité de sa verdure ; mais aucune plante florifère
ne peut y prospérer. Si l'exposition des fenêtres est favorable
et qu'elles ouvrent sur une rue suffisamment spacieuse, où l'air
et la lumière ne manquent pas, on peut d'abord les entourer
d'une arcade de treillage au centre de laquelle on suspend un
vase de terre cuite garni de plantes retombantes : le treillage
est dissimulé sous des *volubilis*, des *cobéas*, des *haricots d'Espagne*, et d'autres plantes grimpantes annuelles ou vivaces.
L'appui de la fenêtre reçoit, comme la jardinière d'appartement, tout un assortiment de plantes florifères qui peuvent
s'y succéder du printemps à l'automne : c'est, à proprement
parler, le vrai jardin en miniature de l'habitant des grandes
villes, le jardin sur la fenêtre. Toutes les plantes d'ornement
de pleine terre indiquées dans le cours de cet ouvrage comme
pouvant figurer dans le parterre, sont à la disposition de

l'amateur réduit au jardin sur la fenêtre; il ne peut, on le comprend, en adopter qu'un nombre très-limité; mais il a du moins la satisfaction de les faire croître du commencement à la fin, de leur voir parcourir en entier toutes les phases de leur végétation. Si, dans les angles des balcons, il place dans des caisses des lilas de Perse, des rosiers greffés à haute tige, ou quelques autres arbustes florifères, choisis parmi ceux qui supportent bien à l'air libre les hivers du climat de Paris, il peut les y conserver pendant un nombre d'années indéfini, surtout s'il prend la précaution de renouveler de temps en temps la terre des caisses et de les retourner une fois au moins par semaine, afin que toutes les parties des têtes de ces arbustes soient tour à tour également exposées à l'air et à la lumière. Le retour périodique du lilas, des roses, du jasmin, sur des arbustes qu'on a fait croître et qui vous tiennent depuis nombre d'années fidèle compagnie, est pour l'habitant des villes un des plus précieux dédommagements qui puisse lui faire moins regretter la privation d'un vrai jardin.

Cette privation disparaît pour ainsi dire quand, au lieu d'un ou de plusieurs balcons plus ou moins étroits, l'amateur citadin peut avoir à sa disposition une terrasse de plain-pied avec son appartement, surtout quand cette terrasse n'est pas dominée par d'autres constructions qui en excluent l'air et la lumière : c'est alors un vrai parterre en miniature. Le treillage dont une terrasse dans de telles conditions peut être couverte admet, moyennant quelques caisses assez grandes et remplies de bonne terre, le *chèvrefeuille*, la *clématite*, les *rosiers sarmenteux*, le *jasmin de Virginie*, la *glycine de la Chine;* enfin, l'amateur peut choisir entre toutes les plantes de cette série que nous avons précédemment indiquées, et qui, sous le climat de Paris, n'appartiennent ni à la serre froide, ni à la serre tempérée.

Pour se livrer avec sécurité à son goût de prédilection, l'amateur d'horticulture doit prendre toutes ses mesures, afin que ce qu'il lui est possible de faire de jardinage sur la fenêtre et sur la terrasse ne contrevienne à aucun règlement et ne puisse en rien incommoder ses voisins ou les passants. Cette

recommandation concerne surtout les arrosages; il n'arrive
que trop souvent qu'en donnant à boire aux plantes de son
balcon qui peuvent avoir soif, un jardinier citadin maladroit
arrose en même temps les passants qui n'en ont pas besoin,
et s'expose même à dégrader plus ou moins la façade extérieure de la maison qu'il habite. Chaque pot isolé doit être
posé dans une écuelle en terre destinée à recevoir l'eau superflue des arrosages; les caisses, sur la terrasse, faisant l'office de plates-bandes, doivent être, comme l'intérieur de la
jardinière d'appartement, doublées en zinc, afin de ne jamais
donner lieu à des dégradations par l'égouttement de l'eau des
arrosages et bassinages.

La partie gastronomique de l'horticulture n'est pas complétement exclue du jardinage sur la terrasse ; quelques ceps
de vigne cultivés dans des pots, et des cerisiers nains préparés
comme on l'a indiqué pour ceux qui doivent être forcés, peuvent vivre longtemps sur une terrasse bien exposée et y
fournir leur contingent annuel de raisin et de cerises. Quand
même l'amateur qui les soigne, conjointement avec les végétaux d'ornement, n'en obtiendrait qu'un dessert par an, ce
dessert serait assurément pour lui une récompense suffisante
de ses soins; ce serait, à son avis, le meilleur de ses desserts
de toute l'année.

Telle est, en abrégé, la somme très-considérable de plaisirs variés que peut procurer le jardinage dans l'appartement, sur la fenêtre et sur la terrasse, à ceux qui ont la
passion de l'horticulture et qui pourtant sont forcés de se
passer d'un vrai jardin.

FIN.

LISTE

DES PLANTES ET ARBUSTES

DONT LA CULTURE EST DÉCRITE DANS CE VOLUME.

Melons.

Melons brodés.
— maraîcher.
— de Honfleur.
— de Cavaillon.
— sucrin de Tours.
— — à chair blanche.
— de Chypre.
— ananas d'Amérique.
— Beechwood.
— vert hâtif du Japon.
— d'Arkhangel.
— de Malte d'été.
— d'hiver.
— de Perse.
Cantalous orange.
— noir des Carmes.
— de 28 jours, Cantalou Prescott à châssis.
— Prescott fond blanc, 1re saison.
— — fond gris, 2e saison.
— — fond noir galleux, 3e saison.
— à chair verte.
— d'Alger.
— noir de Hollande.
— — de Portugal.

Fraisiers.

A buisson sans filets à fruits rouges.
— à fruits blancs.
De Gaillon ou des quatre saisons sans filets à fruits rouges.
— — à fruits blancs.
De Montreuil.
Petite hâtive de Fontenay.
Ananas de la Caroline.
Adair.
Aneth.
Athlète.
Australie.
Alphonsine.
Barne's large white.
Bostock.
Baron Salomon.
Bristish Queen.
Black Prince.
Belle de Paris.
Capron framboisé.
— royal.
Comte de Paris.
Comtesse de Marnes.
Captain Cook.
Crystal Palace
Cook's hybrid.

Cook's du Mogol.
Carolinea superba.
Crémone.
De Bath.
Du Chili.
Downton.
Deptford's pine.
Ecarlate américaine.
— de Virginie.
Elton.
Eléonore.
Fill Basket.
Goliath.
Globe.
Hooper's seedling.
Impériale.
Jucunda.
Keen's seedling.
Lady's Finger.
Le baron
La merveille.
Mammoth.
Marie-Amélie.
Marquise de la Tour-Maubourg.
Mount Vésuvius.
Nec plus ultra.
Old pine.
Prémices de Bagnolet ou Napo-
léon.
Prince Albert.
Princesse Alice.
— royale.
Prince Arthur.
— of Wales.
— Alfred.
Queen Victoria.
Royal-Pine.
Swainstone's seedling.
Surprise.
Sir Charles Napier.
— Walter Scott.
— Harry.
Turner's Pine.
Triumph.
Vicomtesse Héricart de Thury.
Willmott's superb.

Arbres fruitiers.

POIRIERS.

Alexandre Bivort.
Ananas.
Angélique de Bordeaux.
Archiduc Charles.
Belle de Berry.
Belle épine.
Bellissime d'Automne.
Bergamotte Crassane.
— de Bruxelles.
— d'Angleterre.
— de Pâques.
— Espéren.
Beurré Amiral.
— Capiaumont.
— de Rance,
— Clairgeau.
— d'Amanlis.
— d'Angleterre.
— d'Aremberg.
— Passe Colmar.
— Superfin.
Bon chrétien Napoléon.
— de Bruxelles.
— Williams.
Bonissime de la Sarthe.
Calebasse d'été.
Colmar d'Aremberg.
Doyenné d'été.
— d'hiver.
— Sieulle.
Duchesse d'Angoulême.
Fondante de Malines.
Héricart de Thury.
Marie-Louise.
Nectarine.
Passe tardive.
Pater noster.
Rousselet de Reims.
— Jamin.
Saint-Germain d'été.
— d'hiver.
Sainte-Dorothée.
Simon Bouvier.
Sucrin vert.

Triomphe de Jodoigne.
Vergaline musquée.
Verte-longue.
Virgouleuse.
Washington.
Willermoz.

POMMIERS.

Api d'été.
Belle d'Esquerme.
— de Rome.
— de Saumur.
— fille normande.
Calville blanc.
— rouge d'été.
— rouge d'Anjou.
Court-pendu.
Pomme d'Ève.
— impériale.
— perle.
Postophe d'hiver.
Rambourg d'Amérique.
Reinette d'Angleterre.
— grise.
— du Canada.
— de Rouen.
— de Portugal.
Vermeille d'hiver.
Violette.

ABRICOTIERS.

Beaugé.
— de Hollande.
— de Portugal.
— de Nancy.
— de Versailles.

PÊCHERS.

Belle de Vitry.
— de Paris.
Grosse mignonne.
De Saint-Laurent de Liége.
Téton de Vénus.
Vineuse.
d'Egypte.

BRUGNONIERS.

Gros violet.
Blanc.
Jaune.

Impératrice.
Newington.
Stanwick.

CERISIERS.

Admirable de Soissons.
Anglaise hâtive.
— tardive.
Belle Audigeoise.
— de Choisy.
— de Sceaux.
Magnifique.
Griotte de Portugal.
Montmorency.
Episcopale.
Reine Hortense.
Bigarreau Napoléon.
— de Florence.
— gros cœuret.
— de Hollande.

PRUNIERS.

Drap d'or d'Espéren.
De deux fois l'an.
Damas de Tours.
Favorite hâtive.
de Monsieur.
Mirabelle de Metz.
Ottomane.
Surpasse Monsieur.
Reine-Claude verte.
— rouge.
— violette.
Reine Victoria.

NOISETIERS.

Aveline rouge longue.
— — ronde.
d'Alger.
Pourpre.
Franc, à fruits blancs.

GROSEILLIERS A GRAPPE.

Groseilliers-cerise.
— blanc de Hollande.
— fertile de Berlin.
— — de Paluau.
— Gonduin.
— Couleur de chair.
— Victoria.

GROSEILLIER ÉPINEUX.

Abraham.
Champagne.
Commodore.
Compagnon.
Reine Charlotte.
Rob-Roy.
Wellington.
Ours blanc.

Plantes grimpantes de pleine terre.

Akebia quinnata.
Arristolochia sipho.
— sempervirens.
Apios tuberosa.
Bignonia capreolata.
— grandiflora.
— radicans.
— thumbergii.
Boussingaultia baseloïdes.
Calystegia Dahurica.
— pubescens.
Celastrus punctatus.
Cissus heterophyllus var.
— quinquefolius.
— Reylii.
Clematis azurea grandis.
— bicolor.
— Héléna.
— iudica pl.
— monstruosa.
— lanuginosa.
— Sophia.
Decumaria sarmentosa.
Glycine fratescens.
— sinensis.
— — alba.
Hedera aurea.
— argentea.
— Algeriensis.
— hibernica.
— Regnauriana.
— taurica.
Humulus lupulus.
Lathyrus latifolius.
Lonicera brachypoda.

Lonicera fragrantissima.
— Ledebouri.
— sinensis.
— standishii.
Polygonum sieboldii.
— sinenses.

Plantes aquatiques.

SUBMERGÉES.

Alisma plantago.
Aponogeton distachyon.
Butomus umbellatus.
Calla Æthiopica.
— palustris.
Cyperus.
Iris pseudo-acorus.
Limnocaris Humboldtii.
Limnanthemum Humboldtia.
Nymphea aiba.
— cœrula.
— lutea.
— rubra.
Polygonum amphybium.
Pontederia cordata.
Ranunculus fluitans.
Sagittaria sagittæfolia.
— fl. pleno.
— sinensis.
Sium latifolium.
Stratiotes aloïdes.
Sparganium ramosum.
Tipha.
Valisneria spiralis.
Villarsia nymphoïdes.

ÉMERGÉES.

Acorus calamus.
Arundo donax.
— Mauritanica.
— phragmites.
Caltha monstruosa.
— palustris.
Epilobium hirsictum.
Jussieua grandiflora.
Houtwinia cordata.
Marsilea quadrifolia.
Mentha aquatica.
— gentilis var.

Myrica galæ.
Myosotis palustris.
Orchis.
Osmonda regalis.
Parnassia palustris.
Phalaris picta.
Pinguicula vulgaris.
Rumex hydrolapatum.
Saururus cernuus.
Spirea venusta.
Scirpus sylvaticus.

Tulipes.

SIMPLES HATIVES.

Belle alliance.
Candeur.
Duc de Thol.
Favorite.
Standart.

DOUBLES.

Candeur.
Nec plus ultra.
Rex rubrorum.
Reine Hortense.
Voltaire.

Glaïeuls.

VARIÉTÉS ANCIENNES.

Aglaé.
Amabilis.
Comtesse de Bresson.
Courantii carneus.
— Fulgens.
Docteur Andry.
Don Juan.
Hector.
Léon le Guay.
Madame Couder.
— Hérincq.
Mademoiselle Fanny Rouget.
Monsieur Corbay.
— Blouct.
— Gorgeon.
Triomphe d'Enghien.

VARIÉTÉS NAINES.

Anna.
Circé.

Esope.
Eugène Verdier.
Isabelle.
Laure.
Le chamois.
Rosalie.
Zoé.

VARIÉTÉS DE 1855.

Adonis.
Adrien de Mérinville.
Atalante.
Aristide.
Aristote.
Archimède.
Aurantia.
Bérénice.
Charles Michel.
Danaé.
Daphné.
Docteur Marjolin.
Edith.
Égérie.
Endymion.
Éveline Bryère.
Galathée.
Goliath.
Hébé.
Hélène.
Impératrice.
Janire.
Jenny Lebas.
Madame Furtado.
— Paillet.
— Pelé.
— Souchet.
— Victor Verdi
Mademoiselle Quetel.
Monsieur Keteleêr.
— Vinchon.
Pallas.
Pellonia.
Pégase.
Pénélope.
Vesta.

VARIÉTÉS DE 1856.

Berthe Rabourdin.
Calendulaceus.

Gil Blas.
Madame Thibaut.
Némésis.
Neptune.
Ninon de l'Enclos.
Oracle.
Osiris.
Rébecca.
Sulphureus.

NOUVEAUTÉS DE 1857.

Antiope.
Claire Courant.
Bicolor.
Clémence.
Florian.
Keteleerii.
Madame Binder.
— Haquin.
— Marc Caillard.
— Place.
— Vilmorin.
Mathilde de Landevoisin.
Mazeppa.
Miniatus.
Vulcain.

Dahlias.

Antinoüs.
Antoinette.
Baronne de Mousin.
Charles Perry.
Circé.
Comte de Morny.
Coquette de Marly.
Duc de Malakoff.
Étoile du Nord.
Galathée.
Joséphine Salembier.
J. Walner.
Le défi.
Lucile.
Mademoiselle Marie Dumas.
— Mathilde Bourdin.
Margaret.
Monsieur Albert Gaudry.
— Chaix.
— Jérôme Léon.

Monsieur Lebel.
— Paul Labbé.
— Robert aîné.
Pindare.
Polyphemus.
Prince impérial.
Protée.
Triomphe du Pecq.
— de Tournan.
Annibal.
Auréole.
Bombe de Sébastopol.
Blumauer.
Céline.
Cockatoo.
Cossach.
Côte-d'Or.
Déjanire.
Duc Maximilien d'Este.
Empereur Napoléon.
Espartero.
Fanny Keynes.
Général Bosquet.
Invincible.
Jeanne d'Arc.
Jaune de Passy.
Jules Biarne.
Kaiserin von Asterich.
La mère de Poidevin.
Le pirate.
Lord Palmerston.
Madame Alfred Pérignon.
— Bauduin.
— Gonzalve.
Magicien.
Monsieur Brimeur.
— Gaudry.
— Gérard.
Noir et blanc.
Othello.
Pandore.
Prééminant.
Rose d'amour.
Sœur Anne-Marie.

Chrysanthèmes.

A. D. Durville.

Antigone.
Argentine.
Autumna.
Asmodée.
Age d'or.
Andromède.
Aigle d'or.
Arc-en-ciel.
Alexandre Pelé.
Albin Goudareau.
Astrolabe.
Berthile.
Comte Vigier.
— de Morny.
Comtesse de La Chastre.
Cedo Nulli.
Coquette.
Docteur Bois-Duval.
Delphine.
Eugénie.
Etoile du berger.
Eole.
Flore.
François Ier.
Favorite.
Frédéric Pelle.
Général Canrobert.
Hendersoni.
Héloïse Chevallier.
Hardy.
Jeanne d'Arc.
Le Prophète.
La Sultane.
La Vogue.
La Neige.
La Provençale.
Mont-Blanc.
Madame Maillard.
— Gaudareau.
— Guillaume.
Mignonette.
Madame Loise.
Monsieur Ménière.
Madame Vilmorin.
— Fould.
Maréchal Magnan.
Marabout.

Marseaux.
Ninon.
Pluie d'or.
P. Décisue.
Persane.
Rolé.
Surprise.
Sicile.
Sésostris.
Trilby.
Trophée.
Thaïs.
Vapeur.

Phlox.

Admirabilis.
Atropurpurea.
Comte de Sainte-Croix.
Crépuscule.
Docteur Drouot.
— Parnot.
Hendersonii.
Henri de Saint-Cyr.
Impératrice Eugénie.
Jacques Duval.
James Weitch.
La croix de Saint-Louis.
La comète.
Laurence Lecerf.
Louis Van-Houtte.
Madame Andry.
— Aubin.
— Choplin
— Dounaud.
— Drouot.
— Durdan.
— Eug. Verdier.
— Lecerf.
— Pescatore.
— Piquetté.
— Prial.
Mademoiselle Berthe.
— Judith.
— Maria.
— Marie Carteron.
Magnificens.
Marie Gros.

Marie Lierval.
Maréchal Pélissier.
Minerva.
Monsieur Bienvenu.
— Chaix d'Est-Ange.
— Chaperon.
— Duboulet.
— Guezon-Duval.
— Gros.
Orientalis.
Président Morel.
Purpurea nova.
Purpurea superba.
Spectabilis.
Souvenir du 29 octobre.
Saint-Arnauld.
Triomphe de Twickel.
Vicomte Albert de Beaumont.
Zoé Baron.

Rosiers.

DAMAR.

Madame Hardy.
OEillet parfait.
Tricolore de Gand.

CENT-FEUILLES.

Comtesse de Ségur.
Pompon de Bourgogne.
Unique de Provence.

CENT-FEUILLES MOUSSEUX

Aïxa.
Cœlina.
Carné.
Duchesse d'Abrantès.
Gloire des mousseuses.
Jeanne de Montfort.
Pourpre du Luxembourg.
Sœur Marthe.
Précoce.
Vandael.
Zoë.

ROSIERS-THÉ.

Adam.
Belle Marguerite.
Clara Sylvain.
Gigantesque.

Hyménée.
Narcisse.
Solitaire.
Sombreuil,
Triomphe du Luxembourg.
Walter Scott.

BENGALE.

A cinq couleurs.
Archiduc Charles.
Cramoisi supérieur.
Douce aurore.
Régulière.
Victorieuse.
Marjolin.
Prince Eugène.
Reine blanche.

NOISETTES.

Aimé Vibert.
Chromatella.
Jacques Amyot.
Lamarque.
Solfatarre Desprez.

ILE-BOURBON.

Acidalie.
Anne Beluze.
Blanche Lafitte.
Rambuteau.
Etoile du Nord.
Hermoza.
Hyppolyte Jamain.
Reine de l'île Bourbon.
Madame Angélina.
— Charlet.
Marquis de Balbiano.
Milton.
Paul-Joseph.
Pharaon.
Prince Albert.
Dumont d'Urville.
Vierge de Lemnos.
Vorace.

HYBRIDES REMONTANTS.

Elisa Miellez.
Thérèse Appert.
Pauline Bonaparte.

Toujours fleurie.
Alphonse Lamartine.
Bacchus.
Béranger.
Cérès.
Chateaubriand.
Clémentine Séringe.
Cléopâtre.
Comte Cavour.
Coquette de Bellevue.
Duc de Malakoff.
Empereur Napoléon.
Etendard de Marengo.
Génie de Chateaubriand.
La Bouquetière.
L'Elégante.
La Noblesse.
Lion des combats.
Louise Aimé.
Madame Lassay.
Alice Leroy.
Louise de Vitry.
Maxime.
Mignonette.
Ornement des jardins.
Pauliska.
Pie IX.
Prince de la Moskowa.
Raphaël.
Rébecca.
Reine de Castille.
Robin Hood.
Sidonie.
Triomphe de Montrouge.

ROSIERS PERPÉTUELS.

Abbé de l'Epée.
Bernard.
Cœlina Dubois.
Georges d'Amboise.
Julie de Krudner.
Portland blanc.

Plantes vivaces de pleine terre.

Achillée filipendule.
   — rose.
Aconit.

Acté en épi.
Agrotemme.
Alicé rose trémière.
Alstræmeria.
Anémone hépatique.
   — du Japon.
Antirrhynum-Muflier.
Ancolie.
Astrantia.
Asphodèle.
Asters.
Buphtalme.
Campanules.
Centaurée.
Coréopsis.
Delphinium.
OEillets des jardins.
Dictame.
Doronic.
Echinops.
Ferule.
Gentiane.
Guaphalium immortelle.
Hellébore rose d'hiver.
Hémérocalle.
Hybiscus.
Hyperic.
Lin vivace de Sibérie.
Lysimaque.
Lychnis.
Mauve hétérophylle.
Mimules.
Monarde.
Onagre.
Orobe.
Pavot de Tournefort.
Pentstemons.
Phlomis.
Potentilles.
Podalyre.
Pyrèthres.
Rudbeckia.
Sauge argentée.
   — éclatante.
Saxifrage double.
   — à feuilles épaisses.
Solidages.

Spirées.
Spigélie.
Swertia.
Tradescante éphémère.
Tussilage-vanille.
Valériane des Pyrénées.
Molènes.
Véroniques.
Zanschnéria de Californie.

Arbustes d'orangerie.

Abelia floribunda.
  — rupestris.
Abutilon Mexicanum.
  — vanhoutti.
Akania malvaviscus.
Anthyllis hermania.
Aster cabulucus.
  — moschatus.
Azara crassifolia.
Benthamia fragifera.
Brugmansia arborea.
  — Knightii double.
Campunala vidali.
Cassia grandiflora.
Capparis spinosa.
Cariophyllus myrtifolius.
Ceanotus azureus.
  — californicus.
  — lobianus.
  — papillosus.
  — roseus grandiflorus.
Cestrum Warcewicksii.
Chrysanthème frutescens.
  — alba.
Chamerops humilis.
Cistus la laniferus.
Clerodendrum Bungeii.
  — sinensis.
Coronilla glauca.
Cosbea coccinea.
Dictamnus creticus.
Edworthia chrysantha.
  — microphylla.
Erythrina bidweeliana.
  — caffra.
  — crista galli.

Erythrina coothiana.
Escalonia densa.
  — floribunda.
  — macrantha.
Eugenia apiculata.
  — Ugni.
Eurybia Gunneii.
Fabiana imbricata.
Guaphalium orientale.
  — rosmarinifolium.
Gordonia Javanica.
Griselinia littoralis.
Grevilea lavendulace.
Habrotamnus amantiacus.
  — Bondouxii.
Hypocalyptus obcordatus.
Hypericum grandiflorum.
Indigofera cytisoïdes.
Iochroma coccinea.
Laurus indica.
  — regalis.
Lavathera maritima.
Lagerstrœmia indica.
Lemonias laurcola.
Leptospermum scoparium.
Léonitis léonorus.
Métrosideros albicans.
  — florida.
Melaleuca hypericifolia.
Mitraria coccinea.
Myoporum parviflorum.
Myrtus apiculatus.
Olea Europea.
  — fragrans.
Pittospermum Mahy.
  — floribundum.
Pomaderis buxifolia.
Poinciana Gillesii.
Solanum Amazonicum.
Spleimania Africana.
Sparmania Africana.
Tasmania aromatica.
Vaccinium caracasanum.
Veronica decussata.
  — Devoniana.

Camellias.

Abate Bianchi.
 — Branzini.
Adrien Lebrun.
Alba Boldina.
— Casoretti.
— splendens.
Alexina Low.
Altheiflora.
Amélie.
Annetta.
Archiduchesse Augusta.
Arnoldii.
Aulica Loddige.
Aurora.
Ayez.
Baltimoriana.
Bealli rosea.
Bellina major.
Bérénice.
Billoti.
Brozzoni.
Bruceana.
Buniana.
Calypso.
Camellia de la reine.
Candidissima.
Carbonara.
Carlo Magno.
Caroline Smith.
Centifolia.
Chandlerii.
 — — elegans.
Climax superba.
Colletti.
Colvilii.
Commensa.
Comte Fose.
— de Paris.
Comtesse Bethelem.
 — de Bouterlin.
Coquettii.
Coronata crispata rosea.
Crétri.
Cruciata.
Daniel Vebster.

Davies.
Delicatissima.
Derbyana.
Dride.
Duchesse d'Etrurie.
 — de Kent.
 — de Northumberland.
 — d'Orléans.
Eclipse de Preston.
Egérie.
 — Campioni.
 — Gandiflora.
Emperor.
Etna.
Eva.
Evenite.
Exquisita.
Fabroniana.
Feastü.
 — striata.
Fimbriata alba.
Fornarina.
Général Marescottii.
Georges Washington.
Gillesii.
Gloria del Verbano.
 — Isola Boromeo.
Grandiflora maculata.
Grunellii.
Guillaume-Tell.
Hallayi.
Hampsteadii.
Hendersoni.
Hudsonii.
Imbricata alba.
 — rubra.
Impératrice de Russie.
Imperialis.
Incarnata.
Innocenza.
Jardin d'hiver.
Juliana.
Kelwingtoniana.
Kelwingtoniana.
King.
Lady Broughton.
 — Grafton.

Lady Henriette
— Sefton.
La Favorite.
Landrethii.
Latifolia rosea.
— macrantha.
Leana superba.
Lineata.
Lombardi.
Lowii.
Madoni.
Maestosa nova.
Magdalena.
Manetti.
Marchioness of Exeter.
— Theresa.
Mathotiana.
Mazeppa.
Micans.
Miniata de Low.
— striata.
Minerva.
Monarch Hallay.
Montblanc.
— de Casoretti.
Mullerii.
Mutabilis violacea.
Néron.
Nobilissima.
Ochroleuca.
Opizina.
Optima.
Orientalis.
Palagie.
Palade.
Palmer's perfection.
Pictorum coccinea.
— rosea.
Picturata.
Pie IX.
Pluton.
Prattii.
Preniland.
Prince Albert.
Princesse Baciocchi.
— de Joinville.
— Mathilde.

Princesse Marie.
Principessa Maria Pia.
Procrastinans.
Punctata.
— major.
Queen of Great Britain.
— England.
Radiata.
Regina d'Inghilterra.
— nova.
Reine de Danemark.
— de France.
— des Fleurs.
Reticulata.
Robertsonii.
Sarra Frost.
Siccardii.
Souverain.
Spectabilis maculata.
Spiralis rosea.
Squamosa.
— alba.
Sweetii.
Teutonia.
Tornielli.
Tricolor de Siebold.
Triomphans alba.
— rubra.
Variegata.
— alba.
Werschaffeltii.
Vespuzio.
Vexilo di flora.
Victor Hugo.
Victoria manosa magnisi.
Villageoise (Agenoria).
Vittata.

Rhododendrums de serre froide.

Ærriginosum.
Albo-nigrum.
Album.
Alstræmericïdes.
Aukland.
Aureum superbum.
Barbatum.

Beauté de Bellevue.
Blandus.
Calophyllum.
Campbell.
Carneum.
Ciliatum.
Cinnabarinum.
Cordatum ferrugineum.
Diamant.
Duchesse de Brabant.
Fraîcheur.
Globosum.
Jasminiflorum.
Neige et cerise.
Ochraceum.
Ornatum.
Retusum.
Robustum.
Torlonianum.
Victor Jacquemont.
Yellow perfection.

Azalées.

Alba perfecta.
Amæna (de Chine).
Auriculæflora.
Barkleyana.
Beauté de l'Europe.
Broughtonii.
Caryophylloïdes.
Chelsoni.
Coccinea major.
     — superba.
Coquette de Flandre.
Criterion.
Colorans.
Delecta.
Distincta.
Docteur Augustin.
Duke of Devonshire.
Duc Adolphe de Nassau.
Duchesse Adélaïde de Nassau.
Eulalie van Geert.
Exquisita.
Extranei.
Flora superba.
Formosa.

Frostii.
Iveryana.
Juliana.
Lateritia.
     — alba.
     — alba lutescens.
     — — suprema.
     — ardens.
     — illustris.
     — superba.
     — variegata.
Magnificens.
Marie-Louise.
Multiflora perfecta.
Nivea fl. plena.
Optima.
Perryana.
Præstantissima.
Prince Albert.   [sau.
Princesse Bathilde d'Anhalt Des-
     — Frédéric —
     — Hilda —
Reine des Belges.
Refulgens.
Rosea elegans.
Rosea magna.
Rosea punctata.
Rubra plena.
Ruckeri.
Semi Duplex maculata.
Striata formosissima.
Symmetry.
Tenella.
Trotteriana.
Vesta.
Vittata (de Chine).
     — Fortunei.
     — punctata.
     — rosea.
Admiration.
Baronne de Rothschild.
Cléopâtre.
Empress Eugénie.
Leeana.
Louise Margottin.
Louis Napoléon.
Madame de Lagallisserie.

Madame Miellez.
Optima nova.
Petuniæ flora.
Princesse Marie of Cambridge.
Souvenir de l'Exposition.
The Bride.

Plantes grimpantes de serre.

Aranja albens.
Arristolochia triloba.
Bignonia capensis.
— jasminoïdes.
— speciosa.
— sempervirens.
Cissus discolor.
Clematis Hendorsonii.
— indivisa lobata.
— smilacifolia.
Convolvulus altheifolius.
— brionæfolius.
Delairea scandens.
Dioclea glycinoïdes.
Eccremocarpus scaber.
Echites suaveolens.
Ficus repens.
Hexacentris coccinea.
— Myosorensis.
Illairea Causrinoïdea.
Ipomea dignita.
— grandis alba.
— Horsphaelii.
— Leari.
Kennedya andomariensis.
— bytuminosa.
— intermedia.
— ovata.
— alba.
Lophospermum Henders.
Maurandia alba
— cœrula.
— rosea.
Passiflora albo nigra.
— Bellotii.
— cærulea.
— — grandiflora.

Passiflora Decaisneana.
— edulis.
— Gontierii.
— Hartwiziana.
— Loudonii.
— racemosa.
Phaseolus Caracalla.
Plumbago capensis.
Polygonum cordifolium.
Rhincospermum jasmin.
Solanum jasminifolium.
Stauntonia latifolia.
Stephanotis floribunda.
Timpananthe suberosa.
Tropeolum majus.
— auvine.
— Louise Koehl.
— Massiliensis.

Cactées.

Céréus (cierges) Acifer.
— Akermanis.
— Bonplandi.
— Cavendishi.
— Cinnabarinus.
— Cocrineus.
— Cærulescum.
— Colubrinus.
— Crenatus.
— Formosissimus.
— Grandiflorus.
— Marginatus.
— Pertiniferus.
— Polyacanthus.
— Rhodacanthus.
— Speciosissimus.
— Variabilis.
Echinocacte anfractueux.
— bicolor.
— Capricorne.
— féroce.
— de Schlumberger
Mélocaste commun.
— de Dubois.
— agréable
Mammillaire pulchelia.
— dent d'éléphant.

Mammillaire formosa.
— naine.
— à plusieurs têtes.
Opuntia de Cels.
— du Brésil.
— en diadème.
— à grandes fleurs.

Broméliacées.

Æchmea cœrula à fruits bleus.
— fulgens.
— — discolor.
— glomerata.
— Melinonii.
— miniata.
Bromelia bractenta.
— carnea.
— Joinvillei.
— Species.
Bilbergia amœna.
— Croyana.
— — fasciata.
— granulosa (rosea).
— Leopoldi.
— Liboniana.
— Morelliana.
— porteana.
— pyramidalis.
— rhodocyanea.
— thyrsoidea.
— vittata.
Caragunta.
Disteganthus basilateralis.
Echinostachys Pinelianus.
Guzmannia tricolor.
Hohenbergia strobilacea.
Nidularium fulgens.
— spleudens.
Pitcairnia muscosa.
— splendens.
Portea Kermesina.
Pourretia frigida.
Puya Altensteinii.
Tillandsia zonata fol. brunneis.
Vriesia psittacina.
— splendens.

Orchidées.

Acineta Humboldtii.
— pallida.
— longiscapa.
Aerides affine.
— crispum.
— odoratum.
Angræcum bilobum.
— Brongniartianum.
Anguloa Clasesii.
— purpurea.
— Ruckeri.
Ansellia Africana.
Arpophyllum giganteum.
Arundina bambusæfolia.
Barkeria Lindleyana.
— skinneri.
— spectabilis.
Bifrenaria atropurpurea.
— Harrisoniana.
— — alba.
— thyrianthina.
Bletia Shepherdii.
Bolbophyllum barbigerum.
Brassavola glauca.
— grandiflora.
Brassia brachiata (vera).
— caudata.
— Jostiana.
Broughtonia sanguinea.
Burlingtonia candida.
— decora.
Calanthe vestita.
— — rosea.
Camaratis obtusa.
— purpurea.
Cattleya Acklandiæ.
— amethystina.
— bicolor.
— Skinneri.
Chysis bractescens.
Cœlogyne asperata.
— maculata.
Cymbidium aloifolium.
— giganteum.
— madidum.

Cypripedium barbatum.
—   superbum.
Cyrtopodium punctatum.
Dendrobium albo sanguineum.
—   aggregatum.
—   Cambridgeanum.
—   chrysanthum.
Epidendrum aciculare.
—   aromaticum.
—   ciliare.
—   fucatum.
Gongora atropurpurea speciosa.
—   bufonia.
—   quinquenervis.
Grammatophyllum multiflorum.
—   speciosum.
Huntleya violacea.
Houtuetia brocklehurstiana.
Lælia anceps.
—   —   Barkeri.
—   autumnalis.
—   aurantiaca.
Leptotes bicolor.
Lycaste balsamea.
—   cruenta.
—   Deppei.
Luddemannia Pescatorei.
Maxillaria inteo alba.
—   nigrescens.
—   leptosepala.
—   picta.
Miltonia candida.
—   clowesii.
—   flavescens.
Odontoglossum bictoniense.
—   citrosmum.
—   cordatum.
Oncidium albo-violaceum.
—   altissimum.
—   ampliatum majus.
—   ascendens.
—   Batemani.
Peristeria elata.
Phajus grandifolius.
—   maculatus.
—   Wallichii.
Phalænopsis amabilis.

Phalænopsis grandiflora.
Renanthera coccinea.
—   matutina.
Saccolobium Blumei.
—   guttatum.
—   retusum.
Schumburgkia rosea.
—   tibicinis.
—   undulata.
Scuticaria Steelii.
Sobralia dichotoma.
—   liliastrum.
—   macrantha.
Stanhopea bucephalus.
—   guttata.
—   Devoniensis.
—   eburnea.
—   tigrina.
Stanhopeastrum ecornutum.
Thunia alba.
Uropedium Lindenii.
Vanda cærulea.
—   suavis.
—   tricolor.
Zigopetalum crinitum.
—   Mackayii.
—   —   album.
—   —   minus.
—   —   pallidum

Palmiers.

Acrocomia Guyanensis
—   lasiospatha.
—   sclerocarpa.
Arenga sæcharifera.
—   obtusifolia.
Areca clatechu.
—   lutescens.
—   oleracea.
—   rubra.
Astrocaryum Airi.
—   Chichon.
—   Mexicanum.
Attalea compta.
—   speciosa.
Bactris flavispina.
—   major.

Bactris setosa.
— spinosa.
Calamus ciliaris.
— flabellatus.
— micranthus.
— Rotang.
— viminalis.
Carludovica acaulis.
— plicata.
— palmata.
Caryota excelsa.
— sobolifera.
— ureus.
Ceroxylon andicola.
— ferrugineum.
— niveum.
Chamædorea Arembergii.
— concolor.
— desmoncoïdes.
— élegans.
— geonomæformis.
— Lindenii.
— Martiana.
— lunata.
Chamærops excelsa.
— gracilis.
— histrix.
— humilis.
— Martiana.
— Palmetto.
Cocos amara.
— comosa.
— flexuosa.
Copernicia Miraguana.
Corypha gebanga.
Cyclanthus cristatus.
Dæmonorops melanochætes.

Dæmonorops latispinus.
— spectabilis (calamus flabellatus).
Desmoneus horridus.
Elate Sylvestris.
Elais Guineensis.
Geonoma latifrons.
— interrupta.
— Porteana.
— verdugo.
Iriartea altissima.
Jubæa spectabilis (cocos chilensis).
Latania borbonica.
— Jenkinsonii.
Martinezia caryotæfolia.
— Lindenii.
Moremia Lindenii.
OEnocarpus pulchellus.
Orcodoxia regia.
Phœnix dactylifera.
— Leonensis.
Pinenga latisecta.
— Nenga.
Rhapis flabelliformis.
— sierotsik.
Sabal Andansoni.
— glaucescens.
— Havanensis.
— umbraculifera.
Saribus olivæformis.
Seafortia Dicksonii.
— elegans.
Thrinax argentæa.
— parviflora.
— radiata.
— stellata.
Thrithrinax mauritiæfolius.

TABLE ALPHABÉTIQUE

FIN DE LA TABLE.

Paris. — Imp. Viéville et Capiomont, rue des Poitevins, 6.